Principes de chimie redox en écologie microbienne

Alejandro Pidello
Traduction de Robert Lensi et Lucile J. Monrozier

Éditions Quae
RD10, 78026 Versailles Cedex

Collection Synthèses

La symbiose mycorhizienne
Une association entre les plantes et les champignons
Jean Garbaye
2013, 280 p.

Les sols et leurs structures
Observations à différentes échelles
D. Baize, O. Duval, G. Richard, coord.
2013, 264 p.

S'adapter au changement climatique
Agriculture, écosystèmes et territoires
J.-F. Soussana, coord.
2013, 296 p.

Le virus du Nil occidental
D.J. Bicout, coord.
2013, 242 p.

Les milieux rupicoles
Les enjeux de la conservation des sols rocheux
P. Pech
2013, 168 p.

Flores protectrices pour la conservation des aliments
M. Zagorec, S. Christieans
2013, 160 p.

ISBN : 978-2-7592-2079-3 ISSN : 1777-4624

Table des matières

Avant-propos

Savoir qu'un phénomène est présent ou qu'il existe ne suffit pas,
il faut savoir pourquoi il est présent ou pourquoi il existe

M. Tschapek

L'objectif principal de cet ouvrage est de sensibiliser le lecteur au domaine de l'écologie des micro-organismes dans ses aspects relatifs aux réactions chimiques qui impliquent des transferts d'électrons (e^-) ou, en d'autres termes, les réactions chimiques de réduction-oxydation (redox). Ce champ de la biologie a connu, ces dernières années, un essor spectaculaire. Ses développements fondamentaux ou appliqués couvrent presque toutes les thématiques de l'étude du vivant : la durabilité des biosystèmes, la santé animale ou humaine ou la contamination de la biosphère soumise aux activités anthropiques.

L'écologie microbienne a pour objet l'étude des interrelations entre les micro-organismes et les composantes de l'écosystème où ils vivent. Un écosystème est un système limité dans l'espace, constitué par l'ensemble des communautés d'êtres vivants qui l'occupent et par l'ensemble des conditions énergétiques, physiques, chimiques et biologiques qui règnent à proximité immédiate des organismes.

Dans ce livre, les micro-organismes occupent une position dominante, en quelque sorte hiérarchique, par rapport aux réactions redox dans les écosystèmes. Deux faits principaux expliquent les raisons d'une telle hiérarchisation. D'une part, la disponibilité et les modalités de transfert des e^- sont parmi les principales variables qui définissent les caractéristiques et la diversité de la chimie et de la biochimie des systèmes vivants. D'autre part, les micro-organismes sont probablement la composante la plus importante dans la détermination du *statut redox* dans les écosystèmes ; en d'autres termes, ils influent sur l'ensemble des circonstances et des conditions particulières qui régulent l'*état redox*. Ce dernier est la variable qui définit, pour un système donné, la disponibilité des e^- (facteur de capacité redox) et le fait que cette quantité d'e^- se déplace dans le système (facteur d'intensité ou potentiel redox).

Un livre de petite taille doit être sélectif. Dans le cas présent, ceci s'avère particulièrement complexe. En effet, il est nécessaire de relier des aspects appartenant à des disciplines dont les vastes bases conceptuelles peuvent rendre l'exercice difficile. Néanmoins, j'ai décidé d'affronter ce risque de façon relativement simple. J'ai utilisé une stratégie de rédaction équivalente aux cours magistraux que j'ai délivrés aux étudiants pendant d'assez nombreuses années, en particulier pour développer les aspects théoriques de la chimie redox, c'est-à-dire en essayant de réduire la formulation mathématique au minimum indispensable. J'ai toujours tenté de présenter les notions fondamentales par le biais de démarches explicatives plutôt que descriptives, dans le but de mettre en évidence presque naturellement les interrelations au niveau systémique. Indépendamment du caractère intellectuellement stimulant de cette manière de voir, je pense qu'elle permet sans aucun doute une relation directe avec les études expérimentales. L'utilisation de l'ensemble des outils analytiques disponibles permet alors d'obtenir des informations dans ce champ de connaissance, en faisant appel au développement et à la stimulation des capacités à développer des modèles conceptuels aptes à expliquer le fonctionnement des systèmes naturels.

Il me faut ajouter que j'ai toujours ressenti une prédilection pour les petits livres qui sont probablement les livres qui m'ont le plus marqué. En ce qui concerne les sujets chimiques, je n'oublierai jamais l'effet considérable que produisit sur mon jeune cerveau la lecture de *Qu'est-ce que la vie ?* d'Erwin Schrödinger (1946), ou *L'univers des sept éléments* de M. Vassiliev et K. Stanioukovitch (1960). Un peu plus tard, j'ai vécu en compagnie constante du petit livre *Thermodynamique chimique* de D.H. Everett (1964).

J'ai une très grande reconnaissance vis-à-vis de personnes qui m'ont guidé au travers de mes inquiétudes initiales : Anibal Merzari (†) (Universidad de Buenos Aires, Argentine), Nélida Giambiaggi (Instituto Nacional de Tecnologia Agropecuaria, Buenos Aires, Argentine), Lillian Frioni (Universidad de la Republica, Uruguay), Rodolfo Puche (Universidad Nacional de Rosario, Argentine), et plus tard, Gabriel Favelukes (Universidad Nacional de La Plata, Argentine) et Ramon Rosell (Universidad Nacional del Sur, Argentine).

J'ai une dette très importante vis-à-vis de mes maîtres et collègues du CNRS et de l'université de Nancy (France), en particulier pour Yvon Dommergues (†) qui a dirigé avec Jacques Balandreau mes premiers pas dans le monde spectaculaire des scénarios microbiens naturels, et pour L. Jocteur Monrozier dont les opinions et les travaux sur la chimie de l'azote et du carbone organique dans les environnements microbiens m'ont influencé et m'influencent encore profondément.

J'ai aussi une dette considérable vis-à-vis de mes amis et collègues français, Robert Lensi, Chantal Lescure et Bernard Montuelle, avec qui j'ai partagé de nombreux moments extraordinaires aussi bien dans le laboratoire d'Écologie microbienne (CNRS, Université Lyon 1) et au laboratoire d'Écodynamique des sédiments à Irstea (précédemment Cemagref) de Lyon. Cette dette amicale s'étend également à Thierry Heulin (CEA, Cadarache) et Hélène Cérémonie (CNRS, École centrale de Lyon, Ecully).

Je remercie particulièrement ceux qui m'ont accompagné depuis le début dans le laboratoire Química Biológica de la F.C.V., Universidad Nacional de Rosario, Hugo Faienza (notamment pour les commentaires pertinents sur l'enseignement de la chimie redox, et ses intelligentes suggestions sur ce texte), Victor Cortés, Ana Smacchia, Elda Perotti. Ces derniers et ceux qui ont suivi ainsi que la Carrera del Investigador Científico et le Consejo de Investigaciones de la Universidad Nacional de Rosario ont rendu possible la réalisation de ce livre.

En addition à l'édition originale, il m'est agréable de remercier les traducteurs bénévoles, mes collègues et amis écologistes microbiens, Robert Lensi, directeur de recherche au CNRS (dont l'espagnol est la langue maternelle) et Lucile J. Monrozier, chercheur (retraitée) au CNRS (dont l'électrochimie est une des spécialités), qui ont proposé et réalisé, en plus de leurs obligations, la traduction d'espagnol en français.

Je remercie également le professeur J.L. Dandurand pour son investissement dans la révision finale de cet ouvrage.

Introduction

Les micro-organismes ont créé et créent les conditions d'habitabilité de la planète ; ils ont généré et continuent à contribuer à la diversité des scénarios biotiques présentés par la planète Terre. Néanmoins, dans l'imaginaire populaire les micro-organismes font peur. Cette idée, relativement ancienne, s'est renforcée à partir de faits qui mettaient les micro-organismes en relation directe avec un nombre considérable d'effets nocifs pour l'humanité : nombre d'entre eux sont la cause de maladies pour les animaux et pour les plantes cultivées (micro-organismes pathogènes), sont responsables de la détérioration des aliments, de contamination des habitations et des outils nécessaires au développement des activités humaines. De plus, leur diversité est également facteur de peur. Ainsi les micro-organismes pathogènes se répartissent en quatre groupes : les bactéries, les champignons ou fonges, les protozoaires et les virus (on n'en trouve ni dans les *Archae*, ni dans les algues). D'autre part, si les progrès réalisés par la science à partir du XIXe siècle ont réduit significativement la morbidité et la mortalité dues à de nombreux agents microbiens pathogènes, la lutte de l'humanité contre ces organismes est loin d'être terminée. Par exemple, l'infection par le virus de l'immunodéficience humaine (VIH), identifié pour la première fois en 1981, fut la cause d'une pandémie, toujours active de nos jours, qui affecte 33 millions d'humains et dont on estime qu'elle a provoqué la mort de plus de 15 millions de personnes. Ces effets nocifs qui nous ont affectés et qui nous affectent encore en tant qu'espèce, ont en réalité à voir avec un fait qui, en tant que postulat biologique, cause plus que de la peur, de la terreur : les micro-organismes sont partout dans toutes les parties de la biosphère. En parallèle avec des effets pour nous indésirables, les micro-organismes ont eu, ont et auront des effets très positifs pour la biosphère, incluant le développement de l'espèce humaine. Les effets bénéfiques des micro-organismes dérivent, à l'instar des effets indésirables déjà évoqués, de leur diversité métabolique qui leur permet de récupérer de l'énergie et de croître en utilisant une quantité incroyable de composés chimiques, y compris les plus inattendus. On peut également noter leur capacité à coloniser une pluralité d'environnements, à s'adapter aux variations de ces environnements et à s'associer avec des plantes et des animaux.

Dans ce livre, j'ai privilégié la problématique du fonctionnement des micro-organismes en relation avec les réactions chimiques au travers desquelles se cèdent ou s'acceptent des électrons (e^-), réactions dites de réduction-oxydation (réactions redox). Les mécanismes fondamentaux de cette relation bilatérale agissent de la même manière dans les scénarios les plus divers. Cela signifie qu'ils fonctionnent en accord avec les lois fondamentales de la thermodynamique et de la bioénergétique. Ce livre traite donc d'analyse (avec les outils conceptuels de ces disciplines) de l'impact des micro-organismes qui vivent dans les environnements naturels sur les réactions redox, et de l'impact de ces réactions sur le fonctionnement des micro-organismes eux-mêmes et de leurs environnements.

Chapitre 1

Notions de base, définitions et concepts

▸▸ Chimie redox

Les réactions chimiques au cours desquelles se transfèrent des électrons (e^-) ont une importance à la fois pratique et fondamentale. Aussi bien dans les environnements naturels que les systèmes industriels, ces réactions occupent une place prépondérante.

Dans la nature (incluant des processus technologiques conduits par l'homme), l'oxygène joue un rôle important car il intervient dans des réactions productrices d'énergie telle que la combustion du carbone organique. Dans ce processus, l'oxygène moléculaire (O_2 ; état d'oxydation 0) gagne des e^- ce qui aboutit à la formation d'un oxyde très commun, l'eau (H_2O ; état d'oxydation de l'oxygène égal à – 2). Les e^- gagnés par l'oxygène proviennent du composé carboné (glucose par exemple) : le composé organique, ayant perdu des e^-, change aussi d'état d'oxydation. La réaction globale de combustion du glucose peut s'écrire de la manière suivante (l'énergie étant exprimée en Joules[1]) :

$C_6H_{12}O_6 + 6\ O_2 \rightarrow 6\ CO_2 + 6\ H_2O$ énergie libérée = 2803 kJ/mol.

Alors que dans un processus de combustion technique cette réaction se déroule telle qu'elle est écrite ci-dessus, dans les organismes vivants la réaction se déroule en quatre étapes :
– la glycolyse, qui transforme le glucose en 2 molécules de pyruvate (CH_3-CO-COO^-) ;
– la décarboxylation oxydative de 2 molécules de pyruvate qui produit 2 molécules de CO_2 et 2 molécules d'acetylCoA ;
– le cycle de l'acide citrique qui transforme successivement les 2 molécules d'acetylCoA en 4 molécules de CO_2 ;
– la chaîne respiratoire dans laquelle O_2 est réduit (gagne des e^-) et produit H_2O.

Dans la photosynthèse, qui se situe au premier rang des cycles de la biosphère, la réaction globale inverse se produit grâce à l'énergie solaire et l'O_2 se recycle.

1. Le Joule (J) dans le système SI (système international d'unités) représente l'unité de travail et d'énergie. Il équivaut à 0,2388 calories et à 10^7 ergs.

D'autre part, l'accumulation de CO_2, qui est une molécule extrêmement stable, est à l'origine de problèmes de réchauffement de l'atmosphère (phénomène généré par les gaz à effet de serre) et, au travers de ce processus le CO_2 est une cause importante de modification des équilibres écologiques de la planète.

Dans les grands cycles industriels, la production d'énergie thermique repose sur des réactions redox qui, dans de nombreux cas, conduisent à la libération de CO_2. Un exemple serait la première étape de la sidérurgie qui fournit énergie et dioxyde de carbone nécessaires pour les étapes ci-dessous :

$C + O_2 \rightarrow CO_2$

$C + CO_2 \rightarrow 2\ CO$

$3\ CO + Fe_2O_3 \rightarrow 2\ Fe + 3\ CO_2$.

Les sols représentent d'autres sources de gaz à effet de serre, tels que la vapeur d'eau, CH_4 et N_2O. Les mécanismes impliqués, essentiellement catalysés par les micro-organismes, sont régulés par la disponibilité de trois facteurs majeurs : O_2, NO_3^- et carbone organique, qui interagissent de façon complexe au travers de mécanismes redox.

▸▸ Nombre d'oxydation

L'O_2 et le carbone, en intervenant de manière conjointe dans le processus de combustion, changent d'état d'oxydation, ce qu'on exprime par un changement du nombre d'oxydation.

Le nombre d'oxydation caractérise l'état d'oxydation d'un élément dans un composé déterminé et est le reflet d'une propriété des atomes nommée *électronégativité* (encadré 1.1). Le nombre d'oxydation est un nombre, positif ou négatif, qui indique la quantité d'e^- perdus ou gagnés par l'élément (élément réducteur ou oxydant, respectivement) dans un composé donné par rapport à l'atome neutre. Autrement dit c'est une mesure du contrôle que possède l'atome en question sur les e^-, comparé avec l'atome dans l'état élémentaire. Le signe indique si le contrôle a augmenté (négatif) ou diminué (positif).

Sa valeur indique le nombre des e^- mis en jeu. Le nombre d'oxydation se représente par un exposant à coté du symbole de l'élément ou de l'ion. Les atomes neutres sans liaison ont un nombre d'oxydation égal à 0 par définition. Les ions monoatomiques ont un nombre d'oxydation égal à la valeur algébrique de leur charge ionique comme par exemple :

$Zn^0(s) \rightarrow Zn^{2+}\ (aq) + 2\ e^-$.

Le nombre d'oxydation d'un élément constitutif d'une molécule peut être calculé indirectement à partir de sa formule générale. Pour cela on utilise (i) le nombre d'oxydation de l'*hydrogène* qui, dans tous les composés, excepté dans les hydrures métalliques[2], est égal à + 1 et (ii) celui de l'*oxygène* qui, dans tous les composés, exceptés les peroxydes et les super-oxydes[3], est égal à – 2.

---

2. Le nombre d'oxydation de l'hydrogène dans les hydrures métalliques est – 1 (exemple: $Li^{+1}H^{-1}$)
3. Le nombre d'oxydation de l'oxygène dans les peroxydes est – 1 (exemple : le peroxyde de baryum $(O_2)^{-2}Ba^{+2}$) et de – 1 et 0 dans les superoxydes.

Encadré 1.1. L'électronégativité

L'électronégativité est une mesure de la tendance de l'atome, inclus dans une molécule stable, à attirer les e^- impliqués dans une liaison. Les valeurs numériques de l'électronégativité (qui sont incluses normalement dans les versions du tableau périodique des éléments) ont été calculées par Linus Pauling à partir des énergies de dissociation des liaisons chimiques covalentes et des énergies d'ionisation. L'électronégativité augmente dans le tableau périodique de la gauche vers la droite et de bas en haut, comme l'indique la représentation simplifiée suivante :

H				
2,1				
Li	**C**	**N**	**O**	**F**
1,0	2,5	3,0	3,5	4,0
Na	**Si**	**P**	**S**	**Cl**
0,9	1,8	2,1	2,5	3,0
				Br
				2,8
				I
				2,5

On considère également que les métaux alcalins dans tous les composés ont un nombre d'oxydation égal à + 1, et les éléments alcalino-terreux un nombre d'oxydation égal à + 2. La somme des nombres d'oxydation de tous les éléments constitutifs est égale à 0 pour les composés neutres, ou égale à la charge de l'ion pour les espèces ioniques. Le nombre d'oxydation de tous les autres éléments dans un composé donné se calcule par différence. Par exemple, le nombre d'oxydation du carbone (C) dans Na_2CO_3, en prenant en compte les règles énoncées, se calcule de la manière suivante : Na^+ correspond à une valeur de + 1 et chaque O à une valeur de – 2. De ce fait, le nombre d'oxydation du C sera de + 4, puisque l'état d'oxydation global du composé doit être égal à 0 et que les éléments auxquels est lié le carbone présentent un nombre d'oxydation de (3 × – 2) pour l'oxygène et de (2 × + 1) pour le sodium, soit une somme égale à – 4.

Dans un composé covalent de structure connue, le nombre d'oxydation de chaque atome est la charge permanente dudit atome, quand chaque paire d'e^- partagée est assignée au plus électronégatif des deux atomes qui sont en liaison. Un même atome peut donc avoir un nombre d'oxydation très différent selon le composé considéré : par exemple le carbone du CO_2 a un nombre d'oxydation de + 4 alors que dans l'acide méthanoïque (acide formique) HCOOH la valeur est de + 2, et de – 4 dans CH_4.

Si cette manière de calculer le nombre d'oxydation est pratique, elle peut néanmoins conduire à des résultats erronés. Dans une molécule polycarbonée, les différents atomes de C ne se trouvent généralement pas dans le même état d'oxydation. En appliquant à cette situation les règles énoncées pour calculer le nombre d'oxydation, on obtient une valeur moyenne qui ne reflète pas la situation réelle de chaque atome de carbone dans les différentes parties de la molécule. Le tableau 1.1 montre l'échelle de variation que présente le carbone lorsqu'il constitue certains groupes fonctionnels simples sans tenir compte du reste de la molécule. Néanmoins, pour certains calculs, la valeur moyenne est utile (comparaison de l'aptitude de différents substrats à produire de la biomasse microbienne par exemple, tableau 1.2).

Tableau 1.1. Nombre d'oxydation du carbone selon le groupe fonctionnel dans lequel il est intégré.

– 3	**– 2**	**– 1**	**0**	**+ 1**	**+ 2**	**+ 3**
R-CH_3	RR'-CH_2	R-CH_2OH	RR'-CHOH	R-CHO	RR'-CO	R-COOH
		RR'R''-CH		RR'R''-COH		

R : représente le reste du squelette carboné.

Tableau 1.2. Valeurs du nombre d'oxydation de différents composés carbonés qui peuvent être utilisés par les cellules microbiennes comme sources de carbone (synthèse de biomasse) ou d'énergie.

Composé	**Formule moléculaire**	**[(+ 1) × n H] + [(– 2) × m O]**	**Nombre d'oxydation par atome de carbone (valeur moyenne)**
Méthanol	CH_4O	[(+ 1) × 4] + [(– 2) × 1] = + 2	– 2/1 = – 2
Éthanol	C_2H_6O	[(+ 1) × 6] + [(– 2) × 1] = + 4	– 4/2 = – 2
Formaldéhyde	HCHO	[(+ 1) × 2] + [(– 2) × 1] = 0	0
Glucose	$C_6H_{12}O_6$	[(+ 1) × 12] + [(– 2) × 6] = 0	0
Acide Pyruvique	$C_3H_4O_3$	[(+ 1) × 4] + [(– 2) × 3] = – 2	+ 2/3 = + 0,66
Acide Succinique	$C_4H_6O_4$	[(+ 1) × 6] + [(– 2) × 4] = – 2	+ 2/4 = + 0,5
Acide Malique	$C_4H_6O_5$	[(+ 1) × 6] + [(– 2) × 5] = – 4	+ 4/4 = + 1
Acide Citrique	$C_6H_8O_7$	[(+ 1) × 8] + [(– 2) × 7] = – 6	+ 6/6 = + 1

Le concept d'e^- *disponibles* a été développé en premier lieu par Mayberry, Prochzka et Payne (Mayberry *et al.*, 1967). Le nombre d'équivalents (ou moles) (encadré 1.2) de e^- disponibles est une valeur quantitative qui informe sur le contenu en énergie des substrats et peut être utilisée pour exprimer le rendement énergétique de la croissance de la biomasse, pour étudier des processus de transfert de e^-, soit à l'échelle cellulaire soit à l'échelle de la biosphère, ou dans des études sur la biodégradation de composés xénobiotiques. Conceptuellement proche du nombre d'oxydation, il informe sur le niveau de réduction de chaque atome de carbone dans une molécule déterminée (encadré 1.3).

Si on considère une molécule polycarbonée (relativement simple comme un saccharide ou un phénol, ou de grande complexité comme les acides humiques), les processus de réduction ou d'oxydation vont être centrés dans les parties les plus vulnérables de la molécule. C'est-à-dire sur les groupes fonctionnels présents qui soient les plus aptes à recevoir ou donner e^- : dans un milieu réducteur, recevront les e^- les groupes qui présentent les numéros d'oxydation les plus élevés donc les groupes où il y a le moins d'e^- disponibles.

Encadré 1.2. Équivalent chimique

En général, l'utilisation du concept d'équivalent chimique est déconseillée. Il est néanmoins employé tant dans des articles scientifiques que dans des textes universitaires récents. Dans les réactions redox, un équivalent est une mole d'e^-. En partant du concept que la masse molaire d'un atome, d'une molécule ou d'un ion est la masse d'une mole d'atome (ou d'une mole de molécule ou d'une mole d'ion), la masse équivalente est la masse de substance (gramme) qui contient ou génère une mole d'e^-. En accord avec ce qui a été dit par Brito Evora (2006), on peut comprendre que le concept d'équivalent e^- constitue une alternative qui s'avère utile dans certaine procédures de calculs chimiques, comme les réactions redox et acide-base, et particulièrement pour visualiser, probablement de manière plus intuitive qu'à travers les réactions molaires, certains exemples qui sont présentés p. 19 (Cupples *et al.*, 2005 ; D'Hondt *et al.*, 2002 ; Eroshin, 1977 ; Freedman *et al.*, 2004 ; Harvey, 2002 ; Riondet *et al.*, 2000 ; Rubinson et Rubinson 2000 ; Scott et Ludwig, 2004).

Encadré 1.3. Calcul du nombre d'électrons disponibles dans une molécule

Le nombre d'e^- disponibles par atome (γ) ou la quantité (gramme) de carbone peut se calculer en appliquant la formule suivante : $\gamma = 4 + m - 2\,l$, où m et l correspondent au nombre d'atomes d'hydrogène et d'oxygène respectivement, qui accompagnent chaque atome de carbone. La valeur 4 se réfère au nombre d'e^- disponibles par atome de carbone (Eroshin, 1977). Pour obtenir la quantité d'équivalent ou de moles d'e^- disponibles par gramme de composé, on divise γ par la masse de carbone contenue dans la molécule (quantité d'atomes de C × 12 g, 12 g étant la masse atomique du carbone).

Exemple : calcul de la quantité d'équivalents (ou moles) d'e^- disponibles de l'acide p-coumarique par gramme de C et par masse de C dans une mole.

9 × masse de C dans une mole → 108,09 g
108,09 g C → 38 équiv. e^-

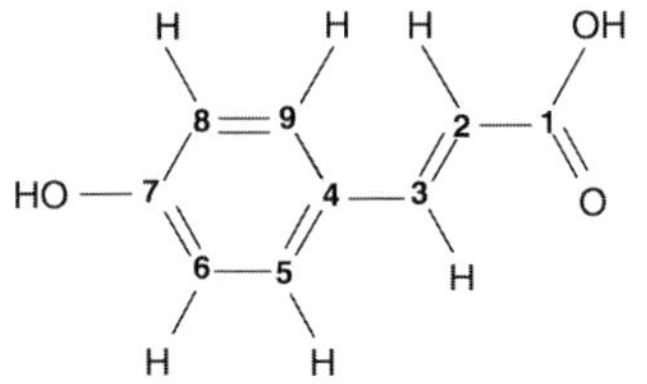

$\gamma_1 = 4 + 1 - (2 \times 2) = 1$
$\gamma_2 = 4 + 1 - (2 \times 0) = 5$
$\gamma_3 = 4 + 1 - (2 \times 0) = 5$
$\gamma_4 = 4 + 0 - (2 \times 0) = 4$
$\gamma_5 = 4 + 1 - (2 \times 0) = 5$
$\gamma_6 = 4 + 1 - (2 \times 0) = 5$
$\gamma_7 = 4 + 1 - (2 \times 1) = 3$
$\gamma_8 = 4 + 1 - (2 \times 0) = 5$
$\gamma_9 = 4 + 1 - (2 \times 0) = 5$

équiv. de e^- : 38

D'où :
1 g C → 0,351 équiv. e^-
12 g C (masse de C dans 1 mole) → 4,21 équiv. e^-

▸▸ Réactions redox

La réaction de réduction-oxydation (redox) est une réaction chimique dans laquelle se produit un transfert d'e^- depuis une espèce chimique[4] vers une autre et qui résulte en un changement d'état d'oxydation. Les e^- sont des particules fondamentales qui n'existent pas en conditions normales à l'état libre[5]. Pour cette raison, ni la réduction ni l'oxydation ne peuvent se réaliser de manière individuelle, les deux réactions partielles interviennent toujours simultanément, on dit qu'elles sont couplées. La réduction utilise les e^- produits par l'oxydation. Analysons un exemple :

Zn^0 (s) + Cu^{2+} (aq) → Zn^{2+} (aq) + Cu^0 (s).

Le zinc est oxydé puisque son niveau d'oxydation change de 0 à + 2 (c'est l'espèce qui joue comme réducteur dans cette réaction, c'est-à-dire qui cède e^-). Le cuivre est réduit puisque son état d'oxydation passe de + 2 à 0 (c'est l'espèce qui joue comme oxydant dans cette réaction, c'est-à-dire qui gagne e^-). Toutes les réactions redox peuvent se séparer en deux semi-réactions ; une réaction dans laquelle le réducteur s'oxyde et l'autre dans laquelle l'oxydant se réduit. En utilisant le même exemple que précédemment nous avons :

Zn^0 (s) → Zn^{2+} (aq) + 2 e^- (réaction d'*oxydation*),

Cu^{2+} (aq) + 2 e^- → Cu^0 (s) (réaction de *réduction*).

Dans la chimie de nombreux composés, l'oxydation se traduit parfois par une perte d'hydrogène et/ou une incorporation d'oxygène dans la molécule, et la réduction correspond dans de nombreux cas à un enrichissement en hydrogène et/ou une perte d'oxygène. Exemples :

– réaction d'oxydation de la fonction alcool primaire en acide carboxylique

H_2O + R-CH_2OH → R-CO_2H +4 H^+ + 4 e^- ;

– réaction de réduction de la fonction aldéhyde en alcool primaire

R-CHO +2 H^+ + 2 e^- → R-CH_2OH ;

– réduction du groupe quinonique en anthraquinone-2,6-disulfonate (AQDS)[6] (figure 1.1).

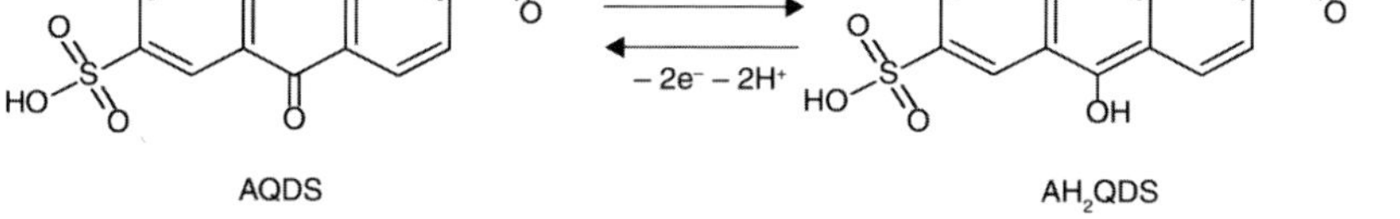

Figure 1.1. Réduction de l'anthraquinone-2,6-disulfonate (AQDS).

4. Une *espèce chimique* est une entité chimique, comme un atome particulier, un ion ou une molécule.
5. Bien que les e^- libres n'existent pas en solution aqueuse, la quantité d'e^- disponibles (qui parfois est appelée activité virtuelle d'e^-) peut se quantifier en utilisant l'expression $p\varepsilon = -\log$ (l'activité de e^-), qui se définit de manière analogue au pH qui est discutée p. 37.
6. Les quinones jouent un rôle important dans les organismes vivants (par exemple : transfert d'e^- dans la photosynthèse ou dans la vitamine K) et sont utilisées dans une large gamme de procédés industriels. Majoritairement elles sont représentées par des benzoquinones, naphtoquinones et anthraquinones. Une caractéristique importante est leur aptitude à jouer réversiblement dans les processus redox (voir p. 44 et 93).

Tableau 1.3. Mécanismes électrochimiques impliqués dans des réactions chimiques. D'après Mabbott, 1983.

I Transfert réversible d'e^-, sans complication chimique	$O + n\,e^- \leftrightarrow R$
II Transfert réversible d'e^-, suivi d'une réaction chimique réversible (mécanisme RE*r*RQ*r*)*	$O + n\,e^- \leftrightarrow R$ $R \leftrightarrow Z$
III Transfert réversible d'e^-, suivi d'une réaction chimique (mécanisme RE*r*RQ*irr*)	$O + n\,e^- \leftrightarrow R$ $R \rightarrow Z$
IV Réaction chimique réversible précédant un transfert réversible d'e^- (mécanisme RQ*r*RE*r*)	$Z \leftrightarrow O$ $O + n\,e^- \leftrightarrow R$
V Réaction chimique réversible précédant un transfert irréversible d'e^- (mécanisme RQ*r*RE*irr*)	$Z \leftrightarrow O$ $O + n\,e^- \rightarrow R$
VI Transfert réversible d'e^-, suivi d'une régénération irréversible du matériel de départ (mécanisme catalytique)	$O + n\,e^- \leftrightarrow R$ $R + Z \rightarrow O$
VII Transfert irréversible d'e^-, suivi d'une régénération irréversible du matériel de départ	$O + n\,e^- \rightarrow R$ $R + Z \rightarrow O$
VIII Transfert multiple d'e^-, avec intervention d'une réaction chimique (mécanisme RERQRE)	$O + n_1\,e^- \leftrightarrow R \; R \leftrightarrow Y$ $Y + n_2\,e^- \leftrightarrow Z$

*RE : réaction électrochimique ; RQ : réaction chimique.
r et *irr* signifient réversible et irréversible.
O : oxydant ; R : réducteur ; Z, Y : espèces impliquées dans des réactions chimiques couplées.

Lorsque on considère les différents champs de la chimie de manière individuelle — inorganique, coordination, organique, organo-métallique —, on observe que beaucoup de réactions différentes sont considérées comme du même type. Inversement, on considère de nombreuses réactions comme étant de différents types, alors qu'en réalité elles ont beaucoup en commun. Malheureusement, ces situations sont basées sur des conventions qui ne suivent pas toujours des règles objectives et cohérentes (Imyanitov, 1993). Néanmoins, les différentes classifications peuvent être correctes et il est normal que, dans un domaine déterminé, l'une d'entre elles soit préférée à une autre. Dans notre cas, il peut être instructif de considérer une oxydation-réduction comme une substitution nucléophile, une substitution électrophile comme un transfert anionique et un transfert de e^- comme une substitution[7] de e^-.

7. L'affinité pour les e^- (tendance à gagner des e^-) d'un atome combiné est connue comme *électrophilie*, et inversement la tendance à céder des électrons se nomme *nucléophilie*. Les ions positifs (comme H^+) sont électrophiles et les ions négatifs (comme Cl^-) sont nucléophiles. Un composé peut être considéré comme étant la combinaison d'un radical électrophile avec un radical nucléophile et les réactions peuvent être supposées comme le produit du déplacement d'un radical électrophile ou nucléophile faible par un autre plus fort.
Exemple : l'hydrolyse du chlorure de méthyle est une réaction de substitution nucléophile où l'ion OH^-, qui est un agent nucléophile, attaque l'extrémité positive (δ+) de la molécule polaire CH_3Cl avec celui qui partage ses e^-, déplaçant ainsi l'ion Cl^-.
$(\delta+)H : OH(\delta-) + CH_3(\delta+) : Cl\,(\delta-) \rightarrow CH_3 : OH + Cl^- : H^+$.

Un autre aspect qui doit être pris en compte en relation avec les réactions redox est le fait que dans certains cas, la complémentarité des deux semi-réactions peut se voir perturbée par la présence de réactions chimiques qui ont lieu de manière couplée, en présence de l'espèce réduite ou oxydée. Cette situation peut être assez commune dans les systèmes naturels et doit être prise en compte dans l'étude de l'interrelation entre les processus redox et les micro-organismes.

Ceci est à considérer, au niveau conceptuel comme au niveau des outils analytiques utilisés, pour caractériser un système redox déterminé. En effet, une telle situation peut masquer ou transformer l'espèce oxydée ou réduite et conduire à l'obtention ou à l'interprétation erronée de résultats, spécialement dans des techniques analytiques comme la voltammétrie (tableau 1.3).

⏵⏵ Dismutation

On appelle *dismutation* et *antidismutation* (se traduit en anglais par *disproportionation/comproportionation*) les cas spéciaux des réactions redox dans lesquelles un élément se comporte en même temps comme agent oxydant et agent réducteur (Segel, 1976 ; Trémillon, 1993 ; Harris, 2005). Dans l'exemple suivant, le brome (état d'oxydation 0) se comporte comme un oxydant à l'origine de l'ion bromure (état d'oxydation – 1) et comme un réducteur à l'origine de l'ion bromate (état d'oxydation + 5) :

$3\ Br_2\ (aq) + 6OH^-\ (aq) \rightarrow 5\ Br^-\ (aq) + BrO_3^-\ (aq) + 3\ H_2O.$

(0) (– 1) (+ 5)

Dans le cas inverse, deux réactifs qui contiennent le même élément à différents états d'oxydation réagissent conjointement pour donner des produits dans lesquels l'élément possède un état d'oxydation intermédiaire. Cela se nomme antidismutation.

⏵⏵ Balance d'électrons

La semi-réaction d'oxydation doit produire une quantité d'e^- égale à celle qui est nécessaire dans la semi-réaction de réduction, à savoir la réaction globale redox doit être équilibrée au niveau des e^- produits et des e^- utilisés.

Si on analyse le cas de la dénitrification biologique[8], processus par lequel un grand nombre de micro-organismes peut réduire NO_3^- pour donner N_2O en présence de différentes sources carbonées qui sont oxydées en CO_2. On peut écrire la réaction équilibrée en appliquant la procédure suivante :

– On doit connaître les réactifs et les produits (ceci peut s'obtenir en étudiant la réaction au laboratoire ou en cherchant les données dans la bibliographie). Dans le cas de la dénitrification en présence d'un hexose, les réactifs sont $C_6H_{12}O_6 + NO_3^-$, et les produits sont CO_2, N_2O et H_2O[8].

8. Dans le cas où la source de carbone est du glucose, la réaction globale de ce processus est la suivante : $C_6H_{12}O_6 + 6\ NO_3^- + 6\ H^+ \rightarrow 6\ CO_2 + 3\ N_2O + 9\ H_2O$.

– Les deux semi-réactions qui interviennent dans la réaction redox s'écrivent séparément

$NO_3^- \rightarrow N_2O$ (réaction de *réduction*),

$C_6H_{12}O_6 \rightarrow CO_2 + H_2O$ (réaction d'*oxydation*).

– Les deux membres de chaque semi-réaction s'équilibrent comme suit :
- dans une réaction acide, équilibrer O et H en utilisant H_2O et H^+ en quantité nécessaire pour équilibrer électriquement en ajoutant e^- ;
- dans une réaction basique, équilibrer O et H en utilisant H_2O et OH^- en quantité nécessaire et équilibrer électriquement en apportant e^-.

Ainsi, les semi-réactions sont les suivantes :

$2\,NO_3^- + 10\,H^+ + 8\,e^- \rightarrow N_2O + 5\,H_2O,$

$C_6H_{12}O_6 + 6\,H_2O \rightarrow 6\,CO_2 + 24\,H^+ + 24\,e^-.$

– On multiplie les semi-réactions par des facteurs appropriés de façon à ce que le nombre d'e^- associés à chaque réaction soit égal dans les deux. Dans notre cas :

$3\,(2\,NO_3^- + 10\,H^+ + 8\,e^- \rightarrow N_2O + 5\,H_2O)$

$6\,NO_3^- + 30\,H^+ + 24\,e^- \rightarrow 3\,N_2O + 15\,H_2O$

$C_6H_{12}O_6 + 6\,H_2O \rightarrow 6\,CO_2 + 24\,H^+ + 24\,e^-.$

– On réduit les coefficients des réactions au nombre le plus petit possible. Ainsi :

$6\,NO_3^- + 6\,H^+ \rightarrow 3\,N_2O + 9\,H_2O$

$C_6H_{12}O_6 \rightarrow 6\,CO_2.$

– Dans ce cas la réaction globale s'écrit de la manière suivante :

$C_6H_{12}O_6 + 6\,NO_3^- + 6\,H^+ \rightarrow 6\,CO_2 + 3\,N_2O + 9\,H_2O.$

⏩ Concept d'électrons disponibles dans les systèmes microbiens

Identification de substrats carbonés efficients pour maintenir une activité microbienne hétérotrophe[9] déterminée

Le calcul du pouvoir réducteur théorique (quantité d'équivalents ou moles d'e^- disponibles) s'avère d'une grande utilité quand il s'agit de déterminer le type de substrats qui permettent une efficience supérieure dans l'expression d'une fonction microbienne dans un écosystème donné (fixation biologique de l'azote ou dénitrification, par exemple).

9. Les micro-organismes hétérotrophes utilisent des composés organiques pour leur croissance (voir p. 53).

L'efficience de l'expression des fonctions microbiennes se définit à la fois par une vitesse spécifique maximale dans la transformation et par une production de biomasse minimale. Le bilan des équivalents d'e^- permet de classifier l'aptitude des différents composés carbonés pour soutenir par exemple une dénitrification efficiente dans des milieux avec un fort contenu en nitrates, comme dans les stations d'épuration (Fass, 1994). Dans ce cas, le substrat carboné représente pour la bactérie dénitrifiante à la fois la source de carbone pour son matériel cellulaire et la source d'énergie. Plus la source de carbone est réduite, plus élevée est sa valeur énergétique, parce qu'elle peut transférer une quantité d'e^- importante *via* la chaîne respiratoire à un accepteur d'électrons déterminé (dans le cas de la dénitrification, c'est le nitrate). En conséquence, un composé comme l'acétate (état d'oxydation moyen par atome de C égal à 0) devrait générer une réduction moindre du nitrate qu'un composé comme le propionate (état d'oxydation moyen par atome de C égal à – 0,66) pour un poids de carbone égal (voir exemple p. 20). Tant dans des systèmes naturels que dans des processus biotechnologiques, ces principes généraux peuvent ne pas se réaliser totalement en raison de l'existence de nombreux facteurs (qui jouent en général de manière simultanée) : entre autres, la diversité de la population microbienne fonctionnelle, ou la co-existence de voies métaboliques, qui peuvent utiliser le même substrat donneur d'électrons pour différents accepteurs.

La figure 1.2 montre, à titre d'exemple, l'impact produit par quatre sources de carbone qui possèdent différentes quantités d'équivalents e^- disponibles par masse molaire (glucose, acétate, malate et citrate), sur la dénitrification biologique

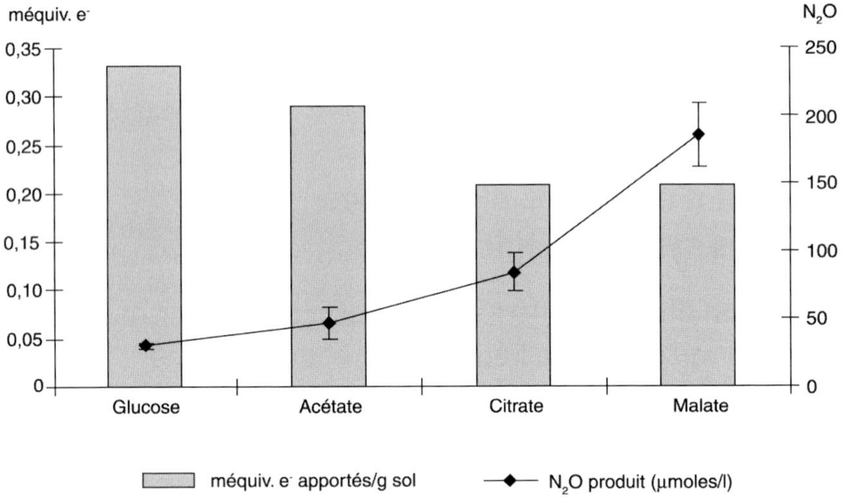

Figure 1.2. Production de N_2O en microcosmes de sol (Mollisol vertique, Casilda, Argentine) enrichis avec des sources de carbone (1 mg C/g sol) qui possèdent différentes quantités d'équivalents e^- par g de carbone. D'après Lescure *et al.*, 1992.

dans un sol. Les résultats observés montrent que l'activité dénitrifiante a présenté une corrélation négative avec les e^- équivalents des substrats carbonés ($r = -0,79$; $p < 0,05$), qui suggère que, dans les conditions étudiées, ces substrats étaient fortement impliqués dans des voies métaboliques différentes de la dénitrification, comme la fermentation ou la réduction dissimilative de NO_3^- en NH_4^+ (Wlodardzyk *et al.*, 2003). D'autre part, si on étudie l'impact des constituants majeurs de la paille (glucose, xylane et cellulose qui dans les trois cas possèdent une disponibilité d'e^- de 0,33 équiv. e^-/g de C) (encadré 1.3) lorsque on les incorpore avec N-NO_3^- dans un sol inondé (conditions d'anaérobiose), on voit que l'effet sur l'activité biologique peut être très différent en fonction du composé. L'analyse de la production de CO_2 et N_2O 24 h après l'incorporation des sources carbonées indique que la quantité d'équivalents e^- dans le système n'était reliée ni avec la production de gaz ni avec le quotient CO_2/N_2O (tableau 1.4 ; Pidello *et al.*, 1996 ; Jackson, 1979). L'analyse de la production de CO_2 et N_2O en relation avec la stoechiométrie redox (calcul développé p. 18) ont montré que :
– le quotient entre la production de CO_2 et N_2O a été dans tous les cas supérieur à 2, ce qui nous amène à conclure que la dénitrification et la production fermentative de CO_2 sont intervenues simultanément ;
– la signification relative des deux processus était différente entre les traitements, ce qui probablement a été associé avec la nature chimique ou structurelle de la source saccharidique donneuse d'électrons et avec la capacité fonctionnelle de la composante microbienne présente dans le système pour les utiliser (Lescure *et al.*, 1992).

Tableau 1.4. Équivalents de e^- et production de CO_2 et N_2O dans un Mollisol vertique traité avec les constituants majeurs de la paille en conditions d'anaérobiose (Pidello *et al.*, 1996).

	Témoin	**Glucose**	**Xylose**	**Cellulose**
Équiv. e^-/g sol*	4,26 (0,16)**	4,72 (0,09)	4,7 (0,05)	4,63 (0,09)
CO_2 (μmol/g sol)	2,65 (0,22)	4,41 (0,25)	4,19 (0,53)	2,13 (0,01)
CO_2/N_2O	4	4	6	4,5

* Titration avec $Cr_2O_7^{2-}$ (Jackson, 1979), ** Entre parenthèses : erreur standard.

L'exemple considéré reflète la complexité des phénomènes redox en milieux microbiens aussi bien naturels qu'anthropisés. Il montre également que, à partir des équivalents e^- associés avec les produits d'oxydation (dans les exemples la quantité de CO_2) et avec les produits de réduction (dans les exemples la quantité de N_2O), on peut réaliser des approximations assez précises qui apportent des informations utiles pour comparer intégralement le comportement de ce type de système.

Exemple 1.1. Efficience de la dénitrification biologique en fonction des substrats carbonés disponibles

En utilisant l'information donnée par Fass (1994), on montre une procédure pour sélectionner les substrats carbonés optimaux pour faire fonctionner des processus qui visent à éliminer le nitrate, évitant l'accumulation de nitrite. Dans ces expériences, on compare de façon séparée l'efficience de la dénitrification et de la croissance bactérienne en présence de deux acides gras volatils, l'acide acétique et l'acide propionique. On a utilisé une culture bactérienne mixte, provenant d'un réacteur de dénitrification, adaptée aux sources carbonées que l'on veut comparer. La culture bactérienne a été centrifugée, remise en suspension et on a mesuré la quantité de cellules bactériennes par unité de volume. Des quantités égales de cette suspension bactérienne ont été utilisées comme inoculum en microcosmes anaérobies (atmosphère Argon ou N_2 sans oxygène). Au début et à la fin de l'expérience (état stationnaire), on a déterminé la concentration de nitrate, nitrite, ammonium, carbone, DCO (demande chimique en oxygène) et MES (matières en suspension).
Voici la procédure et ses résultats :

a) Les réactions biochimiques dans les microcosmes anaérobies peuvent s'écrire comme suit :

$$NO_3^- \rightarrow NO_2^- \rightarrow N_2$$

$$\text{Acides gras volatils} \rightarrow \underset{\text{(biomasse)}}{< C_4H_{6,8}O_{1,8}N_{0,7} >} + CO_2 + H_2O$$

b) Concentrations initiales et finales des substrats et des produits (mg/l)

	NO_3^-	NO_2^-	C	MES*	DCO**
Acétate					
État initial	331	1	461	137	1227
État final	78	110	10	480	34
Propionate					
État initial	326,7	0,1	447,3	128,3	1413
État final	44	94,4	20	360	83

* MES : matières en suspension (mg/l) ; ** DCO : demande chimique en oxygène.

c) Valeurs en équiv. e^- /mol des composés carbonés et azotés présents dans le réacteur*

Composé carboné	Carbone (équiv. e^-/mol)	Composé azoté	Azote (équiv. e^-/mol)
CO_2	0	$N\text{-}NO_3^-$	0
C-cellules**	4,27	$N\text{-}NO_2^-$	2
C-acétate	4	N_2	5
C-propionate	4,67	N-biomasse	8
		$N\text{-}NH_4^+$	8
		N-inorganique	8

* Les valeurs sont obtenues en utilisant le calcul donné dans l'encadré 1.3. **Formule élémentaire pour une cellule bactérienne : $< C_4H_{6,8}O_{1,8}N_{0,7} >$ selon les données de l'auteur.

d) Potentiel d'e⁻ initial et final (méquiv. e⁻/mmol)

État initial

Composé	Calcul	Acétate	Propionate
Carboné	Concentration × E*/14	154	174
$N\text{-}NO_3^-$	Concentration × 0/14	0	0
$N\text{-}NO_2^-$	Concentration × 2/14	0,14	0,01
$N\text{-}NH_4^+$	Concentration × 8/14	0	0
N- cellules (N-MES)	Conc.[1] × 0,102** × 8/14	8,0	7,5
C- cellules (C-MES)	Conc.[1] ×0,48***×4,27/14	23,5	21,9

*E = (équiv. e⁻) / masse molaire. Dépend de l'acide gras considéré ; est égal à + 4 pour l'acétate et + 4,67 pour le propionate (voir le calcul dans l'encadré 1.3).

[1] La concentration correspond à la valeur de MES (matières en suspension ; mg/l). La valeur expérimentale, en l'état initial, est de 137,5 mg/l pour l'acétate et de 128,3 mg/l pour le propionate.

État final

Composé	Calcul	Acétate	Propionate
CO_2	0	0	0
N_2	$(\Sigma N_i - \Sigma N_f) \times 5/14$	38,5	58,8
$N\text{-}NO_3^-$	Concentration × 0/14	0	0
$N\text{-}NO_2^-$	Concentration × 2/14	15,9	13,5
$N\text{-}NH_4^+$	Concentration × 8/14	0	0
N- cellules (N-MES)	Conc.[2] × 0,102** × 8/14	27,9	20,9
C- cellules (C-MES)	Conc.[2] × 0,48***×4,27/14	82,0	61,5
DCO****	Conc.[2] × 0,125****	4,3	10,3
Σ		**168,6**	**165,0**

** N de la cellule bactérienne = 10,2 % ;

*** C de la cellule bactérienne = 48,0 % ;

**** 1 mg DCO = 0,125 milliéquivalents e⁻ (méquiv. e⁻).

Les valeurs correspondent à la DCO finale (voir tableau b).

[2] La concentration correspond aux valeurs de MES (matières en suspension ; mg/l). La valeur expérimentale, en l'état final, est de 480 mg/l pour l'acétate et de 360 mg/l pour le propionate.

En résumé, les résultats expérimentaux montrent que :

i) la quantité d'équiv. e⁻ transférés a été similaire avec les deux acides gras étudiés ;

ii) dans les deux cas il s'est produit une accumulation similaire de NO_2^- ;

iii) en utilisant le propionate on a obtenu une quantité supérieure de N_2.

Quantité d'électrons dans la biomasse microbienne

L'efficience de la croissance microbienne hétérotrophe[9] est fonction de la quantité de carbone/quantité d'énergie (quantité d'e^- disponibles) dans les substrats assimilés pour la synthèse de biomasse versus la quantité dissimilée pour la production d'énergie[10] (Harris et Adams, 1979). Quand on connait la composition élémentaire de la molécule carbonée, la méthode de l'ion-électron peut représenter un outil très utile pour déterminer la quantité d'e^- disponibles associés avec la présence de substrats, des métabolites intermédiaires produits par le métabolisme bactérien ou des cellules microbiennes elles-mêmes. En effet, si on constitue un système redox dans lequel l'oxygène intervient dans la semi-réaction de réduction, et dans la semi-réaction d'oxydation intervient la molécule réduite dont nous souhaitons connaître la quantité d'e^- disponibles, il peut être analysé par la méthode de l'ion électron. Exemple : la formule d'une cellule d'Azospirillum à partir de l'analyse chimique de sa composition[11] est $C_{3,99}H_{6,54}O_{1,19}N$.

À travers elle, on peut déterminer la quantité d'e^- disponibles qui lui est associée de la manière suivante :

– la semi-réaction d'oxydation est

$$<C_{3,99}H_{6,54}O_{1,19}N> + 6,79\ H_2O \rightarrow 3,99\ CO_2 + NH_3 + 17,12\ H^+ + 17,12\ e^-,$$

– la semi-réaction de réduction[12] est

$$4,28\ O_2 + 17,12\ H^+ + 17,12\ e^- \rightarrow 8,56\ H_2O.$$

La réaction globale résultante est :

$$<C_{3,99}H_{6,54}O_{1,19}N> + 4,28\ O_2 \rightarrow 3,99\ CO_2 + NH_3 + 1,77\ H_2O.$$

À partir de ces calculs stœchiométriques il est possible de calculer la quantité d'équivalents (moles) e^- par gramme de biomasse microbienne ou par mole de C de la biomasse[13].

Étude de composés carbonés réduits qui affectent les activités microbiennes dans les écosystèmes

Les animaux ruminants possèdent comme part de leur système digestif le rumen (voir p. 123), qui contient une grande diversité microbienne. Nombre des micro-organismes qui initient la digestion des aliments ingérés par l'animal sont celluloly-

10. Dans les processus assimilatifs, les substrats s'incorporent dans la cellule microbienne et s'enrichissent en e^-. Dans les processus dissimilatifs, les substrats perdent e^- qui ne sont pas incorporés au matériel cellulaire.

11. Composition élémentaire d'une cellule d'*Azospirillum lipoferum* : C % : 49,25 ; H % : 6,78 ; O % : 19,57 ; N % : 14,40 ; composés inorganiques % : 10 ; masse molaire (g/mol) : 97,29 (Harris et Adams, 1979).

12. Expérimentalement, ces études utilisent des agents oxydants comme le dichromate de potassium (le Cr(VI) est réduit en Cr(III)).

13. Pour l'exemple analysé[11,12] nous avons : *équivalents (ou moles) d'e^- par gramme de biomasse microbienne* = 1 g × (17,12 moles d'e^- / 97,29 g) = 0,17 moles d'e^- ; *équivalents (ou moles) d'e^- par mole de C de biomasse* = 1 mole C × (17,12 moles d'e^- / 3,99 moles de C) = 4,29 moles d'e^-.

tiques et peuvent adhérer à la surface des particules d'aliments (figure 1.3), ce qui joue un rôle important en faveur de leur capacité de compétition ou de survie dans ce milieu (Van Soest, 1982).

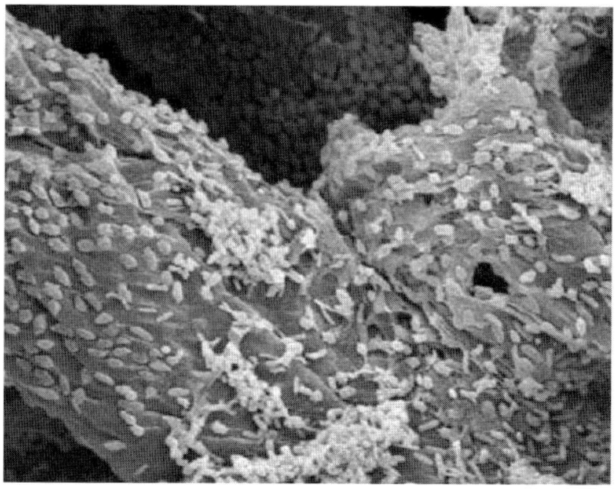

Figure 1.3. Suspension de bactéries du rumen adhérant à des particules de cellulose (× 2 000).

Il existe des évidences qui montrent que les composés phénoliques libres et constituants de la lignine affectent les activités cellulolytiques et en général les processus de dégradation ruminale (Akin *et al.*, 1992 ; Tanaka *et al.*, 1992). Parmi eux l'acide p-hydroxybenzoïque (pHB), qui a été rencontré dans la fraction libre des tiges de maïs (Galletti *et al.*, 1996 ; Alonso-Díaz *et al.*, 2010) — et est donc un des composés les plus rapidement libérés dans le liquide ruminal —, a été décrit comme l'inhibiteur majeur de l'activité fermentative (Jung, 1988) et comme inhibiteur de la croissance de certaines bactéries ruminales (Borneman *et al.*, 1986). D'autre part, il a également été démontré une augmentation de l'efficience des levures ruminales pour dégrader la matière sèche du foin et pour produire du gaz (Zelenak *et al.*, 1997). Ces résultats indiquent, comme les exemples antérieurs, que de manière générale les particularités de chaque système (tant des composantes biotiques qu'abiotiques) sont à la base de l'existence de résultats expérimentaux souvent controversés, en relation avec le fonctionnement de différents scénarios où jouent les micro-organismes. En raison de cette situation, chaque système doit être étudié en fonction de ses particularités.

En relation avec l'impact de pHB sur la production de CH_4 dans le milieu ruminal, l'expérience suivante montre comment l'analyse de l'équilibre des e^- peut constituer un outil utile pour contribuer à définir des comportements particuliers d'un milieu microbien. On a démontré il y a relativement longtemps (Demeyer et Henderickx, 1967) que la production de CH_4 dans le milieu ruminal est directement associée avec la réduction de CO_2 selon la réaction suivante :

$$CO_2 + 8\ H^+ + 8\ e^- \rightarrow CH_4 + 2\ H_2O.$$

D'autre part, en faisant l'hypothèse que le produit final de l'oxydation de pHB est seulement du CO_2, on peut écrire la réaction stœchiométrique suivante :

$$C_7H_6O_3 + 11\ H_2O \rightarrow 7\ CO_2 + 28\ H^+ + 28\ e^-.$$

En équilibrant les deux réactions, la participation de l'acide pHB comme source de carbone peut se résumer comme suit :

$C_7H_6O_3 + 4\ H_2O \rightarrow 3{,}5\ CH_4 + 3{,}5\ CO_2$.

Les résultats expérimentaux sont présentés dans le tableau 1.5.

Les systèmes enrichis avec 0,1 et 0,2 % de pHB (ce qui équivaut à 217 et 434 μmoles de pHB) ont augmenté la production de CO_2 de 34 à 67 moles respectivement. Si la production finale de l'oxydation de l'acide pHB est seulement du CO_2 (dans ce cas la relation molaire est 1 mole de pHB = 7 moles de CO_2), l'apport doit produire 1 519 et 3 038 μmoles additionnelles de CO_2. Les accroissements observés représentent seulement un peu plus de 2 % de ces valeurs théoriques. Par ailleurs, également théoriquement, l'incorporation de 217 et 434 μmoles de pHB a constitué un apport de 6 076 et 12 152 microéquivalents d'e^- respectivement. Comme il n'a été observé aucune augmentation de la production de CH_4, cet apport d'e^- n'a pas été utilisé pour la réduction de CO_2.

Étant donné que les mesures d'absorbance du fluide ruminal, au début et à la fin de l'expérience, indiquent que l'acide pHB a été dégradé par la microflore (tableau 1.5 ; Smacchia et Pidello, 1995), les résultats suggèrent que, dans les conditions étudiées, l'acide pHB a été utilisé comme substrat, réduit par la communauté microbienne, et s'il n'a pas inhibé la production de CH_4, sa contribution en terme d'équivalents e^- n'a pas modifié significativement la quantité de CO_2 produite et n'a pas été utilisée pour réduire CO_2 en CH_4.

Tableau 1.5. Effet de l'acide p-hydroxybenzoïque (pHB) sur la production de CH_4 et CO_2 en liquide ruminal (Smacchia et Pidello, 1995) .

	Témoin	**pHB 0,1 %**	**pHB 0,2 %**
CH_4 (μmoles)	57,3 (4,8)^{a}	57,1 (2,9)^{a}	57,3 (1,2)^{a}
CO_2 (μmoles)	199,0 (12,1)^{a}	233,0 (12,3)^{ab}	266,1 (24,0)^{b}
Absorbance (245 nm)			
Initiale	0,31^{ax}	0,71^{bx}	1,05^{cx}
Finale	0,27^{ax}	0,35^{ay}	0,84^{by}

Le liquide ruminal a été incubé *in vitro* pendant 22 h et enrichi avec 0,1 et 0,2 % d'acide p-hydroxybenzoïque (pHB). La dégradation du pHB a été évaluée *via* la lecture de l'absorbance (245 nm) au début et en fin d'incubation.
Entre parenthèses : erreur standard de la moyenne. Des lettres différentes (a, b, c) dans la même ligne indiquent des différences significatives ($p < 0{,}01$). Des lettres différentes dans la même colonne (x, y) indiquent des différences significatives ($p < 0{,}01$).

Production de CO_2 comme indicateur de la disponibilité des électrons en systèmes aérobies

Comme on peut le déduire des différents exemples précédents, la production de CO_2 quand O_2 n'est pas limitant (systèmes aérobies) est directement proportionnelle à la quantité totale d'e^- qu'est capable d'apporter un composé carboné. La figure 1.4 présente les résultats expérimentaux qui montrent la relation directe que présente la

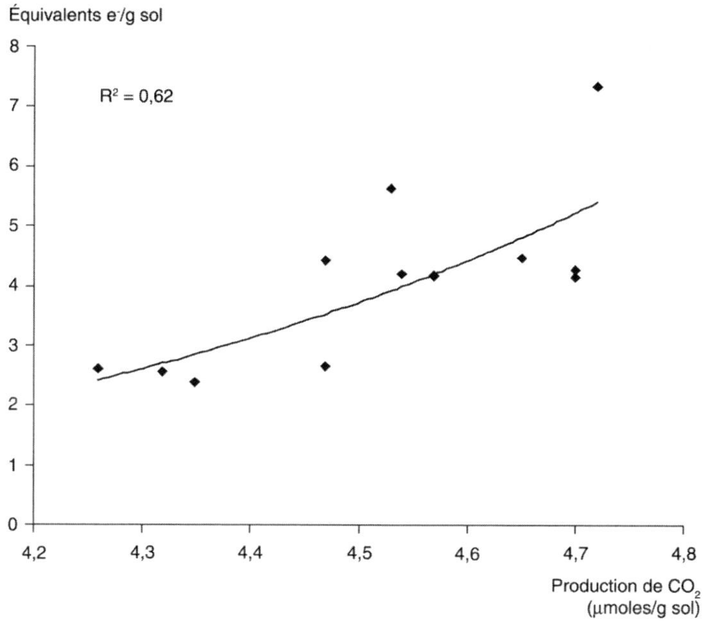

Figure 1.4. Production de CO_2 versus quantité d'équivalents e^- dans un Mollisol vertique enrichi avec des sources saccharidiques. Les équivalents e^- par gramme de sol ont été déterminés par oxydation avec un excès de $Cr_2O_7^{2-}$ puis titré avec $FeSO_4$ (Harris et Adams, 1979).

production de CO_2 avec la quantité d'équivalents e^- disponibles (Harris et Adams, 1979) qui existait dans un sol agricole au moment de la mesure (Pidello *et al.*, 1997). Comme présenté précédemment, la semi-réaction d'oxydation du glucose comme exemple de composé carboné réduit peut s'écrire :

$$C_6H_{12}O_6 + 6\ H_2O \rightarrow 6\ CO_2 + 24\ H^+ + 24\ e^-.$$

En considérant la relation qui montre qu'on obtient 24 moles d'e^-/mole de glucose, on peut calculer indirectement la quantité de moles d'e^- libérées à partir de la quantité de CO_2 produit[14]. La production de CO_2, dans ces conditions, constitue également un outil utile pour quantifier la réserve de pouvoir réducteur d'un système, c'est-à-dire la capacité redox d'un système donné (Kludze et DeLaune, 1995).

Détermination de la quantité d'e^- disponibles avec des agents oxydants

Dans le cas de l'oxydation du glucose (équation de l'exemple précédent), l'oxydant est l'oxygène (l'espèce qui reçoit les e^-), la semi-réaction qui décrit l'équation de sa réduction peut s'écrire :

$$6\ O_2 + 24\ H^+ + 24\ e^- \rightarrow 12\ H_2O,$$

14. La quantité de moles de CO_2 produit peut se mesurer facilement soit par titration acide-base en faisant barboter le gaz produit dans une solution de base de titre connu (0,1 M NaOH, par exemple), soit par chromatographie en phase gazeuse.

On attribue à cette semi-réaction un potentiel de réduction égal à 0,000 V en conditions standards SATP (Standard Ambient Temperature and Pressure ; 25 °C ; concentration en réactifs[3] et produits égale à 1,00 M, et pour les gaz, pression égale à 1 atmosphère).

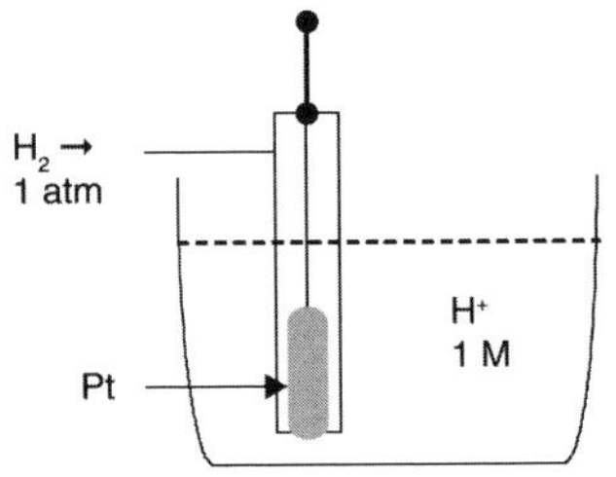

Figure 2.1. Électrode standard à hydrogène (ESH).

Dans l'ESH, on introduit un courant d'hydrogène (gaz) avec une activité égale à 1 (pression = 1 atm) dans une solution acide dans laquelle l'activité des ions H^+ est égale à 1 (pH = 0). Le conducteur de e^- est une lame de platine (Pt).

La valeur du potentiel électrique résulte de la comparaison du comportement de la semi-réaction étudiée face à l'électrode standard à hydrogène au niveau de l'aptitude à gagner des e^-. Ce potentiel définit le *facteur d'intensité redox* de la demi-pile ou demi-paire redox considérée. On l'appelle potentiel de réduction standard de la demi-pile et la représentation est Eh^0.

Le *potentiel de réduction standard* d'une demi-paire redox (Eh^0) est donc une différence de voltage que l'on peut mesurer facilement avec un voltmètre quand une semi-réaction redox, par exemple la paire Ag^+/Ag, se couple avec une électrode à hydrogène ($H^+/½H_2$) en conditions standard (figure 2.1). On peut aussi le mesurer en couplant la semi-réaction étudiée avec n'importe quelle autre électrode qui fonctionne comme une référence[4], c'est-à-dire que son potentiel de réduction par rapport à l'électrode à hydrogène soit connu. Étant donnée la complexité de l'utilisation de l'électrode à hydrogène, cette dernière situation est la plus commune (figure 2.4).

Lorsque que l'on couple la demi-pile ESH à la demi-pile standard Ag^+/Ag (à travers un pont salin), et que l'on connecte le pôle négatif du voltmètre à ESH et le pôle positif à la demi-pile de Ag, on lit un potentiel de + 0,799 V, le flux de e^- va de ESH à la demi-pile de Ag.

3. Dans le strict respect des règles, on ne doit pas utiliser les concentrations de réactifs et de produits dans les équations de réactions chimiques, mais l'activité (a). L'activité est la quantité appropriée qui doit être considérée comme la concentration effective, thermodynamiquement beaucoup plus précise que la concentration molaire. L'activité a d'une molécule ou d'un ion est reliée à la concentration c (mol/l) par le coefficient d'activité (γ) ce qui est exprimé par $a = \gamma c$. Dans les solutions diluées, γ tend vers 1 et la concentration devient quasi équivalente à l'activité. C'est la raison pour laquelle la valeur numérique de l'activité peut alors être considérée comme égale à la valeur numérique de la concentration exprimée en moles par litre. Ainsi pour des calculs opérationnels, en biochimie en général et en écologie microbienne en particulier, il est fréquent que les spécialistes utilisent indistinctement l'une et l'autre.

4. Une électrode de référence maintient un potentiel constant et peut être utilisée pour des observations, mesures, contrôles de potentiel d'une électrode indicatrice ou *électrode de travail*. Les électrodes de référence sont l'électrode saturée de calomel (consiste en mercure, chlorure mercurique et ions chlorure en solution ; son potentiel standard par rapport à l'ESH est + 242 mV) ; électrode d'argent/chlorure d'argent (potentiel standard par rapport à ESH + 222 mV) ; électrode de mercure/sulfate de mercure (potentiel standard par rapport à ESH + 615 mV) (modifié de Zhang, 1993).

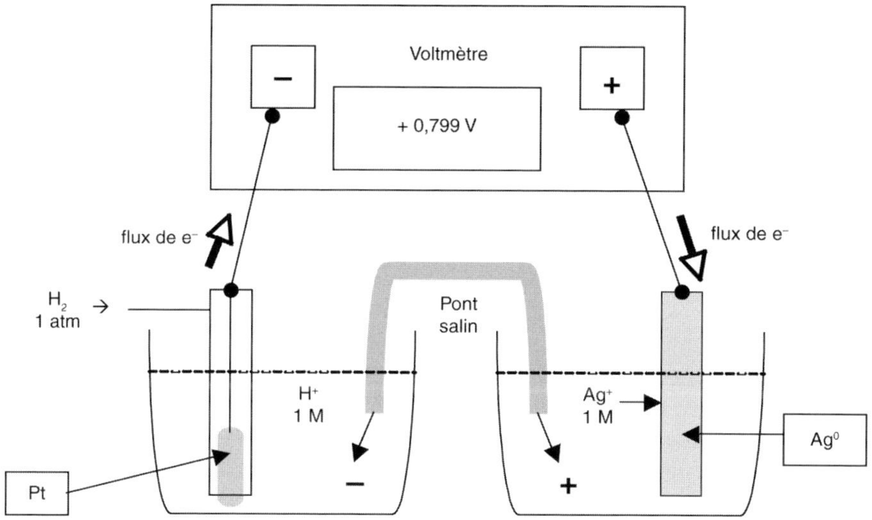

Figure 2.2. Mesure du potentiel de la semi-réaction Ag^+/Ag par rapport à l'électrode standard à hydrogène (H^+/ H_2).

Le pont salin, qui contient un électrolyte (KCl par exemple) qui ne participe pas à l'oxydation-réduction, connecte les deux demi-piles et rend possible qu'elles se maintiennent en équilibre de charge, en permettant que se produise un pont ionique (K^+ ou Cl^-) entre les deux solutions. Ce pont de charges compense, dans ce cas, l'augmentation de charges positives dans la semi-pile ESH et la diminution de charges positives dans la demi-pile de Ag, dues au dépôt d'ions Ag^+ sur l'électrode de Ag^0.

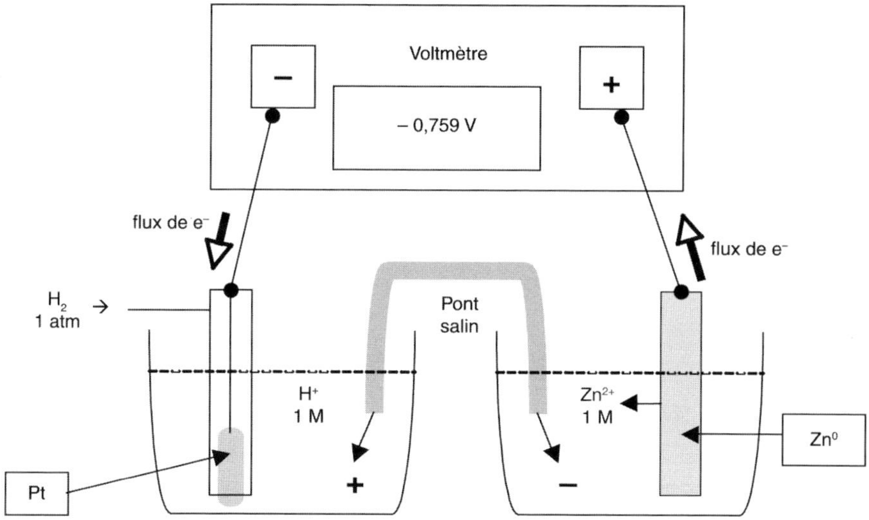

Figure 2.3. Mesure du potentiel de la semi-réaction Zn^+/Zn par rapport à l'électrode standard à hydrogène (H^+/H_2).

Le pont salin compense, dans ce cas, la diminution de charges positives de la demi-pile ESH et l'augmentation de charges positives dans la demi-pile de Zn, dues à la dissolution de l'électrode de Zn^0.

La différence de potentiel qui en résulte est dans ce cas :

$V_{Ag+/Ag} - V_{ESH}$ (par convention $V_{ESH} = 0{,}000$ V).

En conditions standard cette différence de potentiel $V_{Ag+/Ag}$ se nomme *potentiel standard de réduction de la paire Ag+/Ag*. Il s'écrit $Eh^0_{Ag+/Ag}$, sa valeur est $Eh^0 = + 0{,}799$ V et correspond à la semi-réaction :

$Ag^+ (aq) + e^- \leftrightarrow Ag^0 (s)$.

En fonction de ce qui est exposé, connectant ESH avec la sortie négative du voltmètre, on assume que ESH se comporte comme une anode (lieu où intervient une oxydation ; $Red_1 \rightarrow Ox_1 + e^-$). En connectant l'autre pôle du voltmètre à l'autre demi-pile on assume donc que celle-ci se comporte comme une cathode (lieu où intervient une réduction ; $Ox_2 + e^- \rightarrow Red_2$). Si le voltage mesuré est positif, le flux d'e^- confirme notre supposition ; si le voltage avait été négatif, le flux d'e^- indique que la supposition est contraire à ce qui se passe réellement. En d'autres termes, ESH peut jouer comme une anode ou comme une cathode en fonction du potentiel de réduction de la demi-pile couplée. Par exemple, si on couple la demi-pile ESH à la demi-pile standard Zn^{2+}/Zn (à travers un pont salin) et si on connecte le pôle négatif du voltmètre à l'ESH et le pôle positif à la demi-pile de Zn, on lit un potentiel de – 0,759 V (figure 2.4). Dans ce cas le flux d'e^- va de la demi-pile de Zn vers ESH.

Dans le cas de la figure 2.4, il existe une différence de potentiel qui résulte de :

$V_{Zn^{2+}/Zn} - V_{ESH}$ avec par convention $V_{ESH} = 0{,}000$ V.

En conditions standard, cette différence de potentiel $V_{Zn^{2+}/Zn}$ se nomme *potentiel standard de réduction* de la paire Zn^{2+}/Zn, sa valeur est $Eh^0 = – 0{,}759$ V et correspond à la semi-réaction :

$Zn^{2+} (aq) + 2 e^- \leftrightarrow Zn^0 (s)$.

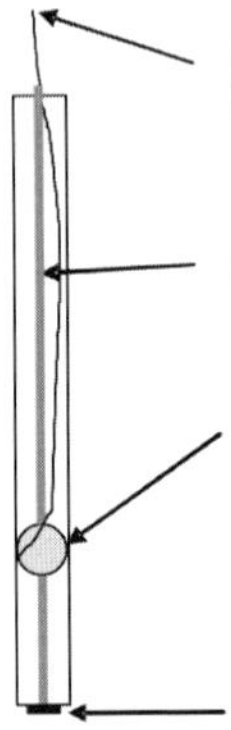

Figure 2.4. Électrode redox combinée, formée d'un capteur de Pt couplé avec une électrode de référence pour des mesures directes de potentiel redox (E) en milieux aqueux.

Le potentiel mesuré (E) peut se référer à ESH (dans ce cas nommée Eh) en appliquant le calcul suivant : $E_{ESH} = Eh = E + R\, E_{ESH}$ où Eh est le potentiel redox de l'échantillon qui se réfère à ESH en suivant les conventions expliquées dans le texte ; E est le potentiel enregistré par l'électrode indicatrice de Pt qui correspond à la demi-pile espèce oxydée/espèce réduite présente dans le milieu que l'on cherche à étudier. R est le potentiel qui correspond à l'électrode de référence utilisée en relation avec ESH qui est étalonnée par le fabriquant. Au cas où l'ajustement n'est pas réalisé, il est nécessaire de mentionner explicitement le système redox employé comme référence[3] (exemple : le potentiel redox a été mesuré par rapport à l'électrode au calomel).

Quand un système redox est en équilibre thermodynamique, le potentiel d'oxydoréduction peut se mesurer avec une électrode inerte, comme l'électrode de platine (Liu, 1993). Une électrode inerte est celle qui ne peut transférer que des e^-, sans réagir chimiquement avec la solution. Ce type d'électrode se nomme *électrode redox*. Quand l'électrode de Pt est submergée dans la solution qui contient le système redox, à l'interface électrode-solution se crée une différence de potentiel due au transfert d'e^- depuis la solution vers l'électrode ou en direction contraire. Une solution avec un fort pouvoir réducteur (valeurs négatives du potentiel de réduction) tend à libérer e^- vers l'électrode en la rendant négative (anode). Au contraire, une solution avec un fort caractère oxydant (valeurs positives du potentiel de réduction) tend à accepter des e^- depuis l'électrode qui donc se charge positivement (cathode). Donc l'électrode de Pt couplée à une électrode de référence est un outil utile pour indiquer la tendance d'un système redox à céder ou gagner des électrons. Il convient

Encadré 2.1. Contrôle et maintenance de l'électrode de platine

• *Contrôle du fonctionnement de l'électrode redox*

La *solution de ZoBell* est une solution standard pour tester les instruments redox. Elle consiste en une solution 0,1 M de KCl qui contient des quantités équimolaires de $K_4Fe(CN)_6$ et $K_3Fe(CN)$. Cette solution est décrite comme stable pendant au moins 90 jours à 4 °C.
Préparation :

A. Peser les réactifs après les avoir maintenus une nuit en dessiccateur
– 1,4080 g $K_4Fe(CN)_6.H_2O$ (ferrocyanure de potassium)
– 1,0975 g $K_3Fe(CN)_6$ (ferricyanure de potassium)
– 7,4557 g KCl (chlorure de potassium)

B. Dissoudre ces composés dans de l'eau déionisée et désoxygénée et diluer la solution jusqu'à un volume final de 1 000 ml.

C. Conserver la solution en flacon brun.
Le potentiel de la pile formé par l'électrode de Pt dans cette solution et l'électrode de calomel comme référence est + 186 mV à 25 °C. En utilisant comme référence Ag/ClAg la valeur est aux alentours de + 234 mV (les valeurs reportées sont relatives à un électrolyte KCl saturé).

Précaution : la *solution de ZoBell* est très toxique.

• *Maintenance de l'électrode de platine* (fil, lame ou disque de platine) (Radiometer Analytical SA, Villeurbanne, France)

Pour parvenir à des résultats reproductibles et exacts, il faut réaliser certains traitements physiques et chimiques qui dépendent des mesures réalisées auparavant :
– la surface active de l'électrode peut être polie avec un papier abrasif fin (grain 0,3 μm) ;
– pour éliminer les huiles minérales laver l'électrode avec du trichloroéthylène et la sècher avec un papier absorbant ;
– l'électrode peut être lavée avec une solution sulfochromique ou une solution d'acide chlorhydrique à chaud ;
– l'eau régale (une part d'acide nitrique et trois parts d'acide chlorhydrique) peut également être utilisée comme agent de nettoyage (dans ce cas suivre les recommandations du fabricant).

néanmoins de souligner que l'électrode de Pt n'est pas strictement inerte et, dans certains systèmes, peut s'oxyder ou adsorber des substances tant inorganiques qu'organiques. Il est important d'effectuer un contrôle routinier de son fonctionnement, en employant des solutions de potentiel connu et de maintenir en parfait état de propreté la surface de l'électrode de Pt (encadré 2.1).

En général, la mesure du potentiel se réalise en utilisant des électrodes combinées qui réunissent, dans une même électrode, l'électrode de référence (dont la correspondance ESH a été étalonnée par le fabricant pour différentes températures) et un élément sensible aux espèces oxydées et réductrices qui peuvent se trouver dans la solution. Le plus souvent cet élément est le platine, bien que ce puisse être également du Pt platinisé, de l'or, du palladium, du tungstène, du graphite solide ou en pâte, du carbone vitrifié, parmi les plus importants (figure 2.4).

Le tableau 2.1 montre une liste des potentiels de réduction standard (Eh^0, Volt) de certaines semi-réactions qui mettent en jeu les éléments relativement communs dans les écosystèmes microbiens (Stone *et al.*, 1994 ; Rochaix, 1996 ; Sarrazin et Verdaguer, 1991 ; Zehnder, 1988 ; Thauer *et al.*, 1977 ; Antelman, 1982).

Nous voyons donc que les e^- de la forme réduite d'une demi-pile redox sont potentiellement transférables à travers des réactions chimiques ou biochimiques (ces dernières étant catalysées par les organismes ou par leurs enzymes) s'il existe dans le système une autre demi-pile et que celle-ci possède un potentiel de réduction plus élevé. Dans ce cas, les e^- cédés vont être capturés par l'espèce oxydée de cette demi-pile (avec

Tableau 2.1. Potentiels de réduction standard (Eh^0) de certaines réactions électrochimiques communes dans les systèmes naturels mesurés par rapport à l'électrode standard à hydrogène (ESH) à 25 °C, avec toutes les espèces à une activité égale à l'unité. D'après Rochaix (1996) ; McBride (1994) ; Sarrazin et Verdaguer (1991) ; Zehnder (1988) ; Antelman (1982) et Thauer *et al.* (1977).

Semi-réaction de réduction	Potentiel de réduction (Eh^0, Volts ; 25 °C)
$MnO_4^- + 8\,H^+ + 5\,e^- = Mn^{2+} + 4\,H_2O$	+ 1,51
$Cr_2O_7^{2-} + 14\,H^+ + 6\,e^- = 2\,Cr^{3+} + 7\,H_2O$	+ 1,33
$1/4\,O_2(g) + H^+ + e^- = 1/2\,H_2O$	+ 1,229
$NO_3^- + 3\,H^+ + 2\,e^- = NO_2H + H_2O$	+ 0,94
$Ag^+\,(aq) + e^- = Ag^0\,(s)$	+ 0,799
$Fe^{3+} + e^- = Fe^{2+}$	+ 0,771
$Cu^{2+} + 2\,e^- = Cu^0\,(s)$	+ 0,34
$1/8\,CO_2\,(g) + H^+ + e^- = 1/8\,CH_4(g) + 1/4\,H_2O$	+ 0,169
$H^+ + e^- = 1/2\,H_2$	0,000
$1/4\,CO_2\,(g) + H^+ + e^- = 1/24$ glucose $+ 1/4\,H_2O$	– 0,011
$C_{oxydé} + H^+ + e^- = C_{réduit}$	entre – 0,070 et – 0,500
$Zn^{2+} + 2\,e^- = Zn^0\,(s)$	– 0,759
$Mn^{2+} + 2\,e^- = Mn^0\,(s)$	– 1,17
$Mg^{2+} + 2\,e^- = Mg^0\,(s)$	– 2,37

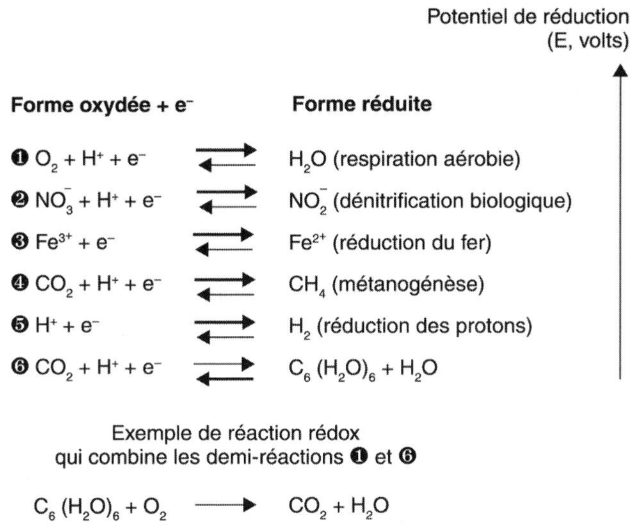

Figure 2.5. Exemples simplifiés de certaines réactions de réduction, catalysées par des micro-organismes, qui peuvent se coupler à l'oxydation du carbone organique. Les flèches en gras indiquent le sens théorique des réactions redox en présence de $C_n(H_2O)_n$ (considéré comme formule moyenne du carbone organique). D'un point de vue thermodynamique, les e^- sont apportés par la molécule $C_6(H_2O)_6$, qui est la forme réduite de la semi-réaction redox avec un potentiel de réduction plus bas entre les 6 demi-piles qui apparaissent dans la figure (voir tableau 2.1). Les e^- seront en priorité utilisés à la réduction de O_2. Puis lorsque O_2 aura été consommé, ils seront utilisés pour la réduction de NO_3^- et successivement. La numérotation des réactions suit l'ordre des potentiels de réduction décroissants (modifié de Pidello, 2003c).

un potentiel supérieur) qui passera à la forme réduite. Dans les systèmes naturels en aérobiose, la demi-pile de potentiel de réduction le plus élevé est en général la demi-réaction O_2/H_2O (dans ce cas la forme oxydée prédominante est O_2). Une fois épuisé cet accepteur, les autres formes oxydées présentes recevront les e^- en suivant l'ordre des potentiels de réduction décroissants comme indiqué dans la figure 2.5.

Dans les systèmes naturels, le transfert d'e^- selon cette séquence théorique (qui présuppose que les formes électroactives se trouvent en conditions standard SATP, c'est-à-dire concentration 1 M à 25 °C et à pression égale à 1 atmosphère) est conditionné par différents facteurs et les processus de transfert d'e^- sont beaucoup plus complexes (Ottow et Fabig, 1985 ; Pidello, 2003c).

Les modalités des changements redox dans un système naturel sont le résultat de variations (parfois abruptes) de potentiel redox (*intensité redox*) ou de la *capacité redox*, c'est-à-dire de la quantité d'e^- disponibles. La nécessité de ces différenciations se base sur le fait que les processus redox effectuent un *travail* dans le sens thermodynamique. En ceci ils sont associés à l'énergie de la réaction. L'énergie électrochimique peut être analysée, de même que n'importe quelle forme d'énergie, comme le produit de deux facteurs : l'un associé à la masse, à la quantité de matière, appelé *facteur de capacité* (ou de quantité ou d'extension) et l'autre, indépendant de la masse, mais dépendant de la position de celle-ci par rapport à un état-type, appelé *facteur d'intensité* (ou de potentiel ou de tension). Ce dernier est celui qui détermine la direction vers laquelle tend à évoluer le facteur de capacité. Quand deux systèmes similaires se combinent pour en former un seul, le facteur de capacité redox est doublé, tandis que le facteur d'intensité demeure invariable[5].

Dans le cadre des travaux sur les écosystèmes microbiens où l'objectif est de déterminer les relations de causalité entre les différentes composantes biotiques et abiotiques, il apparaît évident que la démarche qui discrimine les facteurs d'intensité et de capacité doit être hiérarchisée. En effet, l'expression d'une fonction microbienne dans un milieu déterminé (dénitrification, méthanogénèse, par exemple) sera différente selon qu'elle est affectée par l'état redox en termes de potentiel redox ou en termes de capacité. Bien que le premier terme informe sur le sens du processus (conditions favorables ou défavorables), le second informe sur le degré d'extension possible de la transformation impliquée, et peut, de cette manière, apporter une information plus détaillée sur les processus qui se produisent dans les systèmes naturels. À titre d'exemple, le facteur de capacité permet de déterminer l'amplitude de la respiration microbienne que le milieu considéré peut supporter au niveau théorique (Pidello, 2003c).

▸▸ Intensité redox et équation de Nernst

Si on considère que les deux semi-réactions qui interviennent dans une réaction redox constituent une pile capable de produire un travail (W) sous forme d'énergie électrique et que

$$W = q \cdot U,$$

où q est la charge (coulombs) qui se transfère. Cette charge est égale au nombre de moles d'e^- (n) multipliée par la charge d'une mole d'électron soit F = 96 487 coulombs/mol (ou aussi F = 96,4 kJ/V/mol). U est la différence des potentiels ΔE des semi-réactions qui constituent la pile. On peut écrire :

$$W = -n \cdot F \cdot \Delta E.$$

Le signe négatif indique que le travail (W) est exergonique. Selon la thermodynamique, dans ces conditions, le travail électrique est égal à la variation d'énergie libre standard[17] (ΔG^0). L'énergie liée à une réaction redox est donc proportionnelle à la différence qui existe entre le potentiel de réduction de l'accepteur et celui du donneur d'e^- (ΔE^0) (encadré 2.2) selon la réaction

$$\Delta G^0 = W = -n \cdot F \cdot \Delta E^0. \quad (1)$$

D'autre part, si on considère la réaction

$$\text{oxydant} + e^- = \text{réducteur} \quad (2)$$

selon la thermodynamique on peut également écrire

$$\Delta G = \Delta G^0 + R \cdot T \cdot \ln [(a_{\text{Réducteur}}) / (a_{\text{Oxydant}})]$$

5. À titre d'explication complémentaire, si on considère deux systèmes acide-base, on peut dire que si on mélange deux solutions d'HCl de concentration égale, par exemple 0,1 M, (pH = 1), tandis que le pH (facteur d'intensité acide-base) ne varie pas, le facteur de capacité (quantité de protons disponibles) augmente.

où R est la constante des gaz (8,314 J/mol/^{0}K) et **a** signifie *activité*. En combinant les deux relations on peut écrire :

$$\mathbf{E = E^0 - (\mathit{R} \cdot T / \mathit{n} \cdot \mathit{F}) \ln [(a_{Réducteur})/ (a_{Oxydant})].} \quad (3)$$

Cette relation qui établit le potentiel relatif (potentiel comparé avec le potentiel de réduction de la semi-réaction $H^+/\frac{1}{2}H_2$) avec les activités de l'espèce oxydante et de l'espèce réduite se nomme *relation de Nernst*. L'expression graphique de la relation de Nernst (qui constitue un diagramme d'équilibre) représente les points successifs d'équilibre entre le potentiel relatif (E) et le quotient (activité réducteur/activité oxydant) (figure 2.6).

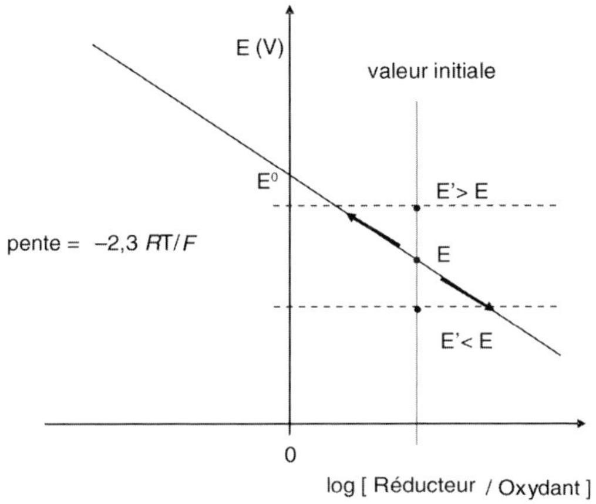

Figure 2.6. Équilibre redox en fonction du potentiel imposé au système. D'après Everett, 1964.

Encadré 2.2. Calcul de la différence entre le potentiel de réduction de l'accepteur et celui du donneur d'e⁻ (ΔE^0)

ΔE^0 peut être calculé de deux manières techniquement équivalentes : (1) comme une différence de potentiel ($\Delta E^0 = E^0$cathode – E^0anode ; où E^0cathode et E^0anode sont les potentiels de réduction standard de la demi-réaction de réduction et d'oxydation respectivement), ou (2) en utilisant une méthode additive où l'on additionne les potentiels des demi-réactions redox associées après avoir établi le sens des réactions.

$\mathbf{\Delta E^0 = E^0ox + E^0red}$

où E^0red est le potentiel de réduction de la semi-réaction de réduction et E^0ox se détermine en prenant le potentiel de réduction de la semi-réaction d'oxydation et en changeant le signe. Exemple :

$1/5\ NO_3^- + 6/5\ H^+ + e^- \rightarrow 1/10\ N_2 + 3/5\ H_20$ **Eh^0 = + 0,74 V** (pH = 7)

$1/4\ CO_2 + H^+ + e^- \leftarrow 1/4\ CH_2O + 1/4\ H_2O$ **Eh^0 = – 0,48 V** (pH = 7)

$\mathbf{\Delta E^0 = E^0ox + E^0red = + 0{,}48\ V + 0{,}74\ V = + 1{,}22\ V}$

Pour approfondir ces aspects, consulter Sanger et Greenbowe (1999).

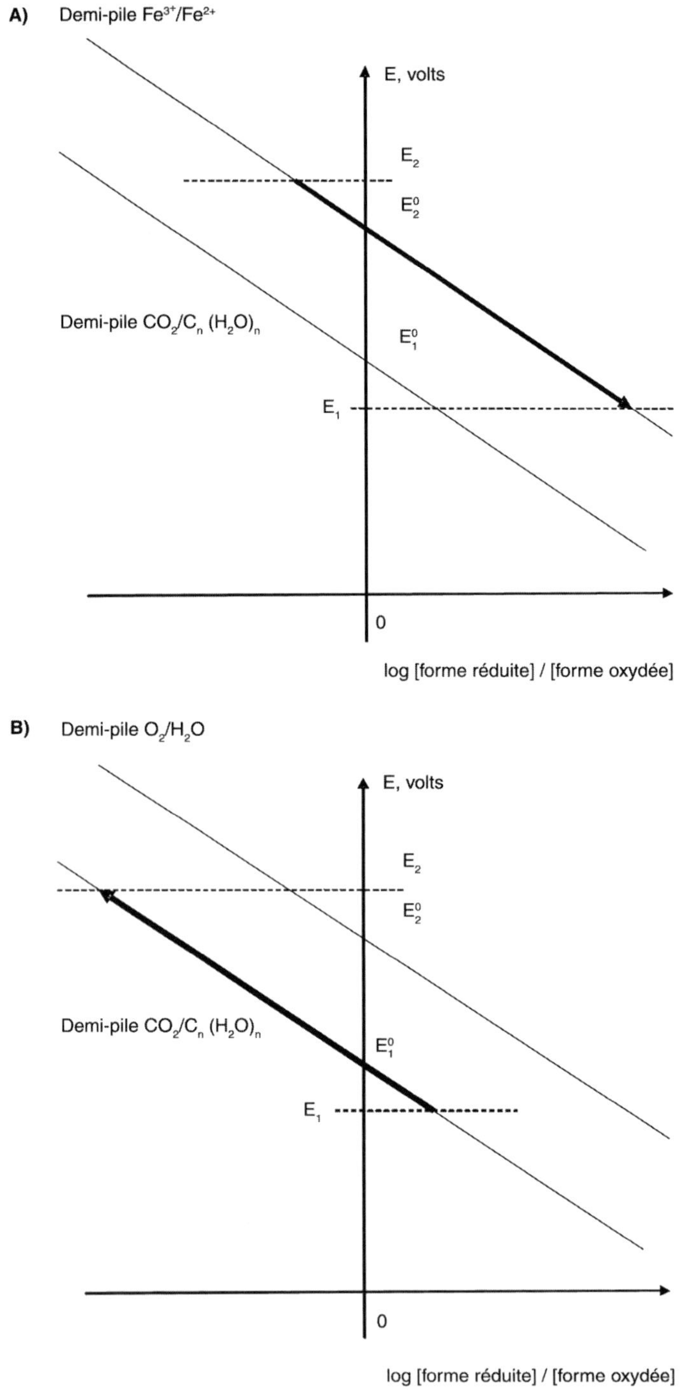

Figure 2.7. Équilibre entre deux systèmes redox : A. système avec bas potentiel (E_1 ; exemple $CO_2/C_n(H_2O)_n$) se trouve en excès ; B. le système avec un potentiel élevé (E_2 ; exemple O_2/H_2O) se trouve en excès. D'après Pidello, 2003c.

Si on admet que le système est soumis à un potentiel E' différent de E et si l'on suppose que E' est < E (et le pH se maintient constant), la réaction (2) évoluera en diminuant la concentration de la forme oxydée et en augmentant la concentration de la forme réduite jusqu'à parvenir de nouveau à l'équilibre pour la valeur E'. Si, au contraire, on suppose que E' est > E le sens de la réaction s'inversera, à savoir la forme réduite diminuera et la forme oxydée augmentera (à condition qu'un capteur d'électron soit présent).

Dans le cas où le système possède un potentiel E_1 (figure 2.7 A) qui reflète la présence d'une grande quantité d'un composé réducteur (par exemple, dans un système terrestre, on incorpore des résidus végétaux non décomposés), il apparaît une petite quantité d'un composé oxydant (MnO_2, Fe^{3+}, O_2, par exemple) avec un potentiel E_2, ce composé oxydant sera réduit jusqu'à parvenir au potentiel d'équilibre E_1.

Au contraire, si un composé avec un potentiel élevé apparaît en excès (par exemple quand un sédiment s'oxygène lorsque l'aération augmente), la paire qui possède le potentiel E_1 (carbone organique par exemple) s'appauvrira en sa forme réduite alors que sa forme oxydée augmentera (production de CO_2 ou de groupes fonctionnels plus oxydés) (figure 2.7 B).

La relation de Nernst indique que E peut être modifié en altérant le quotient des activités des états oxydés et réduits. D'autre part, elle indique également, qu'en connaissant les activités d'une espèce déterminée, on peut déterminer la valeur de E.

Pour les systèmes redox plus complexes, on peut proposer la réaction suivante :

$\nu_1\, a_{\text{oxydant 1}} + \ldots + \nu_i\, a_{\text{oxydant i}} + n\, e^- = \nu_J\, a_{\text{reducteur J}} + \ldots + \nu_k\, a_{\text{réducteur k}}$

où **a** représente les activités et **ν** les facteurs stœchiométriques. Cette équation peut s'écrire :

$\Sigma_{ox}\, \nu_{ox}\, a_{ox} + n\, e^- = \Sigma_{red}\, \nu_{red}\, a_{red}$.

Ceci étant, l'équation de Nernst (3) peut s'écrire de manière plus générale :

$E = E^0 - (R \cdot T / n \cdot F) \ln (\Pi_{red}\, a_{red}{}^{\nu} / \Pi_{ox}\, a_{ox}{}^{\nu})$,

Π étant le produit de toutes les activités, chacune d'entre elles élevée à une puissance égale à son coefficient stœchiométrique.

▸▸ Eh et le concept de pε

De manière analogue au raisonnement appliqué dans la théorie acide-base, et bien qu'il n'existe pas d'e^- libre en solution aqueuse, l'activité virtuelle d'e^- (a_e) qui représente la quantité d'e^- dans un système peut s'exprimer comme le logarithme négatif de l'activité (pε) de manière que $p\varepsilon = -\log a_e$.

Pour la réaction (2), dans l'équilibre nous avons :

K = (réducteur) / (oxydant) (e^-)

et donc en conditions standard[6] $p\varepsilon^0 = \log K$.

6. En conditions standard, toutes les formes chimiques ont une activité égale à 1, dans le cas d'un gaz, il faut

Comme l'énergie libre standard (ΔG^0) est en relation avec la constante d'équilibre (K) et avec le potentiel de réduction E^0, on peut écrire :

$\Delta G^0 = R \cdot T \ln K = -n \cdot F \cdot E^0$,

donc comme $\ln K = 2{,}3\ p\varepsilon^0$, $E^0 = (2{,}3\ R \cdot T / n \cdot F) \cdot p\varepsilon^0$.

Si $n = 1$, à 25 °C, nous avons $E^0 = 0{,}059 \cdot p\varepsilon^0$.

Si le potentiel de réduction se réfère au potentiel de réduction de la paire $H^+ / ½\ H_2$ (ESH), nous avons :

$p\varepsilon^0 = Eh^0 / 0{,}059$. (4)

La valeur de pε est donc une autre variable qui comme E s'utilise fréquemment dans les études de l'état redox des systèmes aqueux.

Dans les systèmes naturels microbiens, il varie entre – 10 (milieux fortement réduits) et + 17 (milieux fortement oxydés) (Stumm et Morgan, 1996).

▸▸ Influence du pH

La relation de Nernst permet de calculer l'effet sur le pε ou Eh produit par les variations dans les relations oxydant/réducteur pour une semi-réaction donnée. En relation avec la concentration de H^+, si l'on considère la réaction

oxydant + H^+ + e^- = réducteur,

et si l'on applique la relation de Nernst, nous avons :

$Eh_{\text{oxydant/réducteur}} = Eh^0_{\text{oxydant/réducteur}} + (RT / F)\ [\ln (\text{oxydant}) \cdot (H^+) / (\text{réducteur})]$.

Comme le ln N = 2,3 log N et que pH = – log (H^+), il s'en suit

$Eh_{\text{ox/red}} = Eh^0_{\text{ox/red}} + (2{,}3\ RT / F)\ [\log (\text{oxydant}) / (\text{réducteur})] - (2{,}3\ RT / F) \cdot pH$,

et que le *potentiel standard apparent* $Eh^{0'}$, quand le quotient (oxydant) / (réducteur) est égal à l'unité, est

$Eh^{0'} = Eh^0_{\text{ox/red}} - (2{,}3 \cdot R \cdot T / F) \cdot pH$ et à 25 °C, il en résulte :

$Eh^{0'} = Eh^0_{\text{ox/red}} - 0{,}059 \cdot pH$. (5)

Le potentiel Eh^0 a du sens à des valeurs de pH pour lesquelles existent tant la forme oxydée que la forme réduite de la paire redox considérée. Le tableau 2.2 présente une liste de valeurs de Eh^0_7 de réactions redox communes dans les systèmes naturels. La valeur Eh^0_7 présuppose que l'activité de H^+ et celle de OH^- ont une valeur qui correspond à la neutralité (10^{-7} M) au lieu d'être égales à 1 M (comme l'établit la condition standard). Dans les études qui concernent le domaine

considérer la pression égale à 1 atm. Ces conditions sont peu réalistes dans les systèmes naturels, où pour une part il est difficile de rencontrer ces niveaux de concentration et où d'autre part, il est très improbable que les concentrations d'oxydants et de réducteurs dans les différentes semi-réactions soient identiques.

du vivant, l'utilisation de $Eh^0{}_7$ est obligatoire puisque la vie ne se développe pas à pH = 0 (1 M de H^+)[7].

Étant donnée l'importance des effecteurs redox de nature carbonée dans les systèmes naturels, nous avons inclus dans le tableau 2.3 un nombre important de semi-réactions qui complètent le tableau 2.2 et qui, bien que ce ne soit pas une liste exhaustive, mettent en relation la chimie redox avec les intermédiaires métaboliques familiers au lecteur ayant une formation en chimie biologique.

Tableau 2.2. Valeurs de potentiel de réduction corrigées pour une valeur de pH = 7 (Eh^0_6) correspondant à des réactions redox les plus communes dans les systèmes naturels. D'après Stumm et Morgan, 1996.

Réaction de réduction	Eh^0_7 (Volts)
$\frac{1}{4} O_2 + H^+ + e^- = \frac{1}{2} H_2O$	+ 0,811
$1/5\ NO_3^- + 6/5\ H^+ + e^- = 1/10\ N_2 + 3/5\ H_2O$	+ 0,746
$\frac{1}{2} MnO_2 + \frac{1}{2} HCO_3\ (10^{-3}\ M)^* + 3/2\ H^+ + e^- = \frac{1}{2} MnCO_3 + H_2$	+ 0,525
$\frac{1}{2} NO_3^- + H^+ + e^- = \frac{1}{2} NO_2^- + \frac{1}{2} H_2O$	+ 0,421
$1/8\ NO_3^- + 5/4\ H^+ + e^- = 1/8\ NH_4^+ + 3/8\ H_2O$	+ 0,362
$1/6\ NO_2^- + 4/3\ H^+ + e^- = 1/6\ NH_4^+ + 1/3\ H_2O$	+ 0,343
$\frac{1}{2} CH_3OH + H^+ + e^- = \frac{1}{2} CH_4 + \frac{1}{2} H_2O$	+ 0,169
$\frac{1}{4} CH_2O + H^+ + e^- = \frac{1}{4} CH_4 + \frac{1}{4} H_2O$	– 0,003
$Fe\ OOH + HCO_3^-\ (10^{-3}\ M) + 2\ H^+ + e^- = FeCO_3 + 2\ H_2O$	– 0,047
$\frac{1}{2} CH_2O + H^+ + e^- = \frac{1}{2} CH_3OH$	– 0,177
$1/6\ SO_4^{2-} + 4/3\ H^+ + e^- = 1/6\ S + 2/3\ H_2O$	– 0,194
$1/8\ SO_4^{2-} + 5/4\ H^+ + e^- = 1/8\ H_2S + \frac{1}{2} H_2O$	– 0,206
$1/8\ SO_4^{2-} + 9/8\ H^+ + e^- = 1/8\ HS^- + \frac{1}{2} H_2O$	– 0,221
$\frac{1}{2} S + H^+ + e^- = \frac{1}{2} H_2S$	– 0,242
$1/8\ CO_2 + H^+ + e^- = 1/8\ CH_4 + \frac{1}{4} H_2O$	– 0,243
$1/6\ N_2 + 4/3\ H^+ + e^- = 1/3\ NH_4^+$	– 0,276
$H^+ + e^- = \frac{1}{2} H_2$	– 0,413
$\frac{1}{4} CO_2 + H^+ + e^- = 1/24\ (glucose) + \frac{1}{4} H_2O$	– 0,424
$\frac{1}{2} HCOO^- + 3/2\ H^+ + e^- = \frac{1}{2} CH_2O + \frac{1}{2} H_2O$	– 0,453
$\frac{1}{4} CO_2 + H^+ + e^- = \frac{1}{4} CH_2O + \frac{1}{4} H_2O$	– 0,483
$\frac{1}{2} CO_2 + \frac{1}{2} H^+ + e^- = \frac{1}{2} HCOO^-$	– 0,491

* Dans les réactions dans lesquelles intervient HCO_3^-, les valeurs de concentration correspondent à des valeurs 10^{-3} M, ce qui représente mieux les conditions réelles du milieu aquatique.

7. Le même critère s'applique à la valeur de $p\varepsilon^0$, qui à pH = 7 peut être représenté comme $p\varepsilon$ (W).

Tableau 2.3. Potentiels de réduction de semi-réactions qui impliquent des espèces carbonées en relation avec le sol, les eaux naturelles, les plantes et les systèmes microbiens. La forme oxydée d'un composé avec un potentiel de réduction supérieur peut oxyder la forme réduite d'un composé avec un potentiel de réduction inférieur avec un changement d'énergie libre $\Delta G^0 = -n \cdot F \cdot \Delta E^0 = -n \cdot 96{,}49$ kJ/mol $\cdot \Delta E^0$ où n est le nombre d'e^- transférés depuis le réducteur vers l'oxydant. ΔE^0 se calcule comme indiqué dans l'encadré 2.2. D'après Metzler (2003) et Stone *et al.* (1994).

Composé oxydé	Composé réduit	n (e^-)	E^0_7 (volts)
acétate + CO_2	pyruvate	2	– 0,70
succinate + CO_2 + 2 H^+	α-cetoglutarate + H_2O	2	– 0,67
2 HCO_3^-	oxalate	2	– 0,66
acétate	acétaldéhyde	2	– 0,60
glycéraldéhyde-3-P	3-Pglycéraldéhyde + H_2O	2	– 0,55
CO_2	méthanoate	1	– 0,51
CO_2	méthanal	1	– 0,47
ferredoxine (ox)	ferredoxine (réd)	1	– 0,43
CO_2	formiate	2	– 0,42
α-cetoglutarate + CO_2 + 2 H^+	isocitrate	2	– 0,38
acétoacétate	hydroxy-butyrate	2	– 0,35
cystine	cystéine	2	– 0,34
pyruvate + CO_2	malate	2	– 0,33
méthanoate	méthanal (formaldéhyde)	1	– 0,32
dehydro-ascorbate	ascorbate	1	– 0,32
NAD^+ + 2 H^+	NADH + H^+	2	– 0,32
$NADP^+$ + 2 H^+	NADPH + H^+	2	– 0,32
FMN	$FMNH_2$	2	– 0,30
acide lipoïque, ox	acide lipoïque, réd	2	– 0,29
1,3 diphospho-glycérate + 2 H^+	3P-glycéraldéhyde + Pi	2	– 0,29
méthanal (formaldéhyde)	méthanol	1	– 0,28
glutathion, ox	glutathion, réd	2	– 0,23
FAD + 2 H^+	$FADH_2$	2	– 0,22
acetaldéhyde + 2 H^+	éthanol	2	– 0,20
pyruvate + 2 H^+	lactate	2	– 0,19
oxalo-acétate + 2 H^+	malate	2	– 0,17
α-cetoglutarate + NH_4^+	glutamate	2	– 0,14
glucose	éthanol	1	– 0,11
FAD + 2 H^+	$FADH_2$	2	0,003-0,09
fumarate + 2 H^+	succinate	2	0,03
ubiquinone (UQ) + H^+	$UQH^{\bullet}$	1	0,03

Tableau 2.3. suite

Composé oxydé	Composé réduit	n (e^-)	$E^0{}_7$ (volts)
$UQ + 2\,H^+$	UQH_2	2	0,06
acide dehydro-ascorbique	ascorbate	2	0,06
ubiquinone, ox	ubiquinone, réd	2	0,10
cytochrome b_2 ; Fe^{3+}	cytochrome b_2 ; Fe^{2+}	1	0,12
cytochrome c_1 ; Fe^{3+}	cytochrome c_1 ; Fe^{2+}	1	0,22
acide humique, ox	acide humique, réd		0,23
cytochrome c ; Fe^{3+}	cytochrome c ; Fe^{2+}	1	0,25
1/2 p-quinone	1/2 hydroquinone	1	0,27
cytochrome a ; Fe^{3+}	cytochrome a ; Fe^{2+}	1	0,29
$1/2\,O_2 + H_2O$	H_2O_2	2	0,30
1/2 o-quinone	1/2 diphénol	1	0,34
cytochrome a_3 ; Fe^{3+}	cytochrome a_3 ; Fe^{2+}	1	0,35
ferricyanure	ferrocyanure	2	0,36
benzoquinone	catéchol	2	0,38
cytochrome f ; Fe^{3+}	cytochrome f ; Fe^{2+}	1	0,37
photosystème P700	photosystème P700	1	0,43

▸▸ L'eau, réducteur et oxydant

L'eau correspond à deux paires redox. Dans l'une d'entre elles, H_2O peut subir une réduction (joue comme oxydant), son élément réductible est H^+ et la réaction conduit à une libération de H_2. La réaction qui intervient si le milieu est acide est la suivante :

$2\,H^+ + 2\,e^- = H_2$

$Eh^0 = 0{,}00$ V ; $p\varepsilon^0 = 0{,}00$.

À partir de l'expression de Nernst, le potentiel est défini par l'expression :

$E_{H^+/H_2} = E^0{}_{H^+/H_2} + (0{,}059/\,2)\log[(H^+)^2 / (H_2)]$

où (H^+) est donné en mol/l et (H_2) en atm. À une *pression partielle* H_2 de 1 atm, le potentiel standard apparent, $Eh^{0'}$ est :

$Eh^{0'}{}_{H^+/H_2} = 0 - 0{,}059 \cdot pH$ (6)

à $pH = 0$; $Eh^{0'} = 0{,}00$ V

à $pH = 7$; $Eh^{0'} = -\,0{,}059 \cdot 7 = -\,0{,}42$ V.

Ce qui indique que H_2O est plus oxydant à de basses valeurs de pH, c'est-à-dire quand le milieu devient plus acide (encadré 2.3).

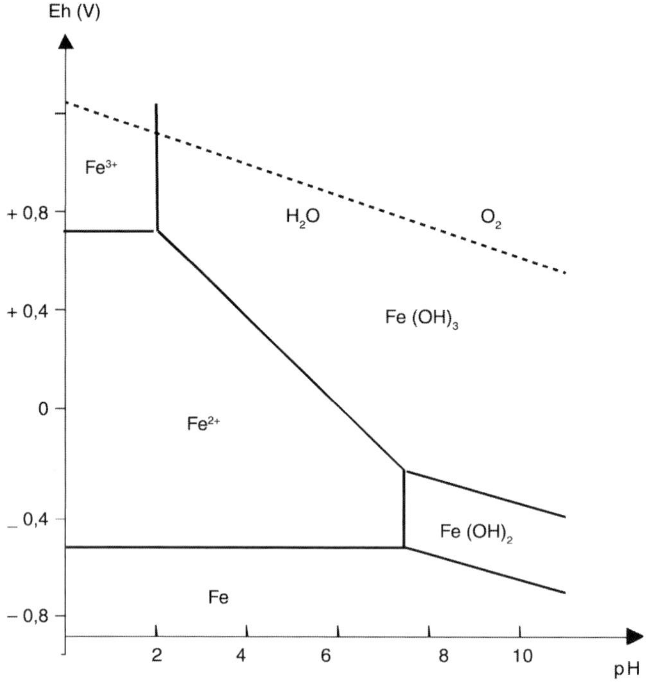

Figure 2.9. Aires prédominantes des espèces dans le diagramme Eh-pH simplifié pour le système Fe^{3+}/Fe^{2+} (concentration en ions dissous égale à 10^{-2} mol./l) à 25 °C et 1 atm. La ligne pointillée délimite les conditions inaccessibles dues à la décomposition de l'eau.

potentiel alors que les droites horizontales représentent les équilibres redox dans les cas où le pH n'intervient pas. Les droites obliques représentent les équilibres redox dans les cas où il y a une incidence du pH. Sur les droites qui séparent les zones de prédominance des deux espèces le quotient de leurs concentrations est égal à 1. La zone située au-dessus de la droite correspond à la prédominance de la forme oxydée et celle située en dessous la prédominance de la forme réduite (Nordstrom et Munoz, 1994 ; Stumm et Morgan, 1996 ; Tratnyek *et al.*, 2012).

Pour établir ce type de graphique, on doit considérer d'un côté le comportement de la paire redox, évidemment comme un système qui échange e^-, mais aussi comme un système ayant un comportement déterminé comme acide-base. Autrement dit, comme discuté dans une partie antérieure, en plus d'intervenir dans le transfert d'e^-, de nombreuses réactions redox sont impliquées dans le transfert de protons. De la résultante de chacun de ces processus émerge l'information qui permet de construire un diagramme E-pH ou pε-pH.

Dans l'écologie microbienne des systèmes naturels, les composés phénoliques de type quinoniques sont d'importants effecteurs redox (figure 1.1 et 2.10). Comme déjà signalé dans un paragraphe précédent, les quinones jouent un rôle important dans les organismes vivants (par exemple transferts de e^- dans la photosynthèse, ou dans la vitamine K). En majorité elles sont constituées par des benzoquinones, naphtoquinones et anthraquinones. Leur caractéristique importante est l'aptitude à jouer réversiblement sur les processus redox. En fonction de ce fait, il semble

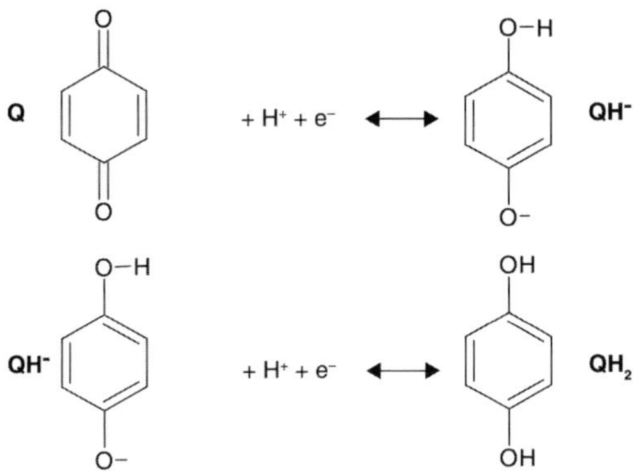

Figure 2.10. Équilibre redox entre les formes quinone (Q), semi-quinone (QH^-) et hydroquinone (QH_2).

intéressant d'utiliser ce type de composé comme exemple pour expliquer avec un certain niveau de détail un procédé pour construire des diagrammes E-pH. Ce développement, qui illustre des aspects particuliers qui doivent être pris en compte au moment d'élaborer ce type de diagramme, prétend être une introduction à un sujet qui est spécialement important tant dans ses aspects théoriques qu'appliqués dans des domaines essentiels de la géochimie comme le sont la microbiologie et la chimie des systèmes aquifères et édaphiques.

Le diagramme E-pH de la paire quinone/hydroquinone est présenté dans la figure 2.11B.

Encadré 2.4. Construction du diagramme E-pH pour la paire redox quinone/ hydroquinone

Certaines classes de composés organiques, comme les phénols et les amines aromatiques sont sujets à la dégradation par oxydation par des agents tant abiotiques que biotiques. Compte tenu du caractère ubiquiste de ce type de composés dans les milieux naturels, il s'avère intéressant d'étudier dans le détail la répartition d'espèces dans les systèmes aqueux en relation avec la chimie redox et la chimie acide-base (Costentin *et al.*, 2009). Les espèces qui mettent en jeu l'hydroquinone dans ces systèmes sont les suivantes :

– l'hydroquinone (H_2Q) s'oxyde en quinone (Q) selon l'équation

$Q + 2\,H_3O^+ + 2\,e^- = H_2Q + H_2O \quad E^0 = 0{,}70$ V,

– d'autre part, H_2Q est un diacide

$H_2Q + H_2O = HQ^- + H_3O^+ \quad pK_1 = 10$,

$K_1 = (HQ^-)\,(H_3O^+)\,/\,(H_2Q)$,

$\log K_1 = \log (HQ^-) + \log (H_3O^+) - \log (H_2Q)$.

On en déduit :

$-\log K_1 = pK = 10 = -\log (HQ^-) - \log (H_3O^+) + \log (H_2Q)$.

Donc quand $(HQ^-) = (H_2Q)$, on obtient :
$pK_1 = 10 = -\log (H_3O^+) = pH$.

De la même façon, pour la réaction de dissociation acide de HQ^-, on obtient :
$HQ^- + H_2O = Q^{2-} + H_3O^+ \quad pK_2 = 11{,}5$,

$pK_2 = 11{,}5 = -\log (H_3O^+) = pH$. Les valeurs de pH 10 et pH 11,5 définissent les lignes verticales dans la figure 2.11A et marquent les zones de pH qui correspondent aux différentes espèces associées à la H_2Q dans sa condition d'effecteur acide-base. Il est nécessaire de considérer la réduction de Q en H_2Q (figure 2.10), qui met en jeu les trois équilibres suivants :

(1) Paire Q/H_2Q

$Q + 2\,H^+ + 2\,e^- = H_2Q$ (1)

$E_1 = E^0_1 + (0{,}059/2) \log [(Q)\,(H^+)^2 / (QH_2)]$

$E^{0'}_1 = E^0_1 + 0{,}059 \log (H^+) + (0{,}059/2) \log (Q) - (0{,}059/2) \log (QH_2)$.

On en déduit le potentiel apparent [où $(Q) = (QH_2)$] (voir p. 38), il en résulte :

$E^{0'}_1 = E^0_1 - 0{,}059\ pH$. (i)

(2) Paire Q/QH^-

$Q + H^+ + 2\,e^- = QH^-$ (2)

Quand $(Q) = (QH^-)$, le potentiel standard apparent est :

$E_2 = E^0_2 - (0{,}059/2) \log (H^+) = E^0_2 - (0{,}0295 \cdot pH)$.

La valeur de E^0_2 se détermine en calculant la valeur de E_1 à pH = 10, à partir de (i) :

$E_1 = 0{,}70 - (0{,}059 \cdot 10) = 0{,}112$ V,

donc

$E^0_2 = 0{,}112 + (0{,}0295 \cdot pH) = 0{,}407$ V.

En remplaçant il vient :

$E_2 = 0{,}407 - (0{,}0295 \cdot pH)$. (ii)

(3) Paire Q/Q^{2-}

$Q + 2\,e^- = Q^{2-}$ (3)

$E_3 = E^0_3 + (0{,}059/2) \log [(Q) / (QH_2)]$

ceci étant, le potentiel apparent $E_3 = E^0_3$.

En appliquant le même calcul utilisé dans la paire (2), le potentiel E_2 à pH 11,5 permet de déterminer la valeur de E^0_3

$E_2 = 0{,}407 - (0{,}0295 \cdot 11{,}5) = 0{,}068$ V.

Donc $E_3 = E^0_3 = 0{,}068$ V. (iii)

Les valeurs déterminées permettent de tracer le diagramme E-pH pour la réduction de benzoquinone tel que présenté dans la figure 2.11B.

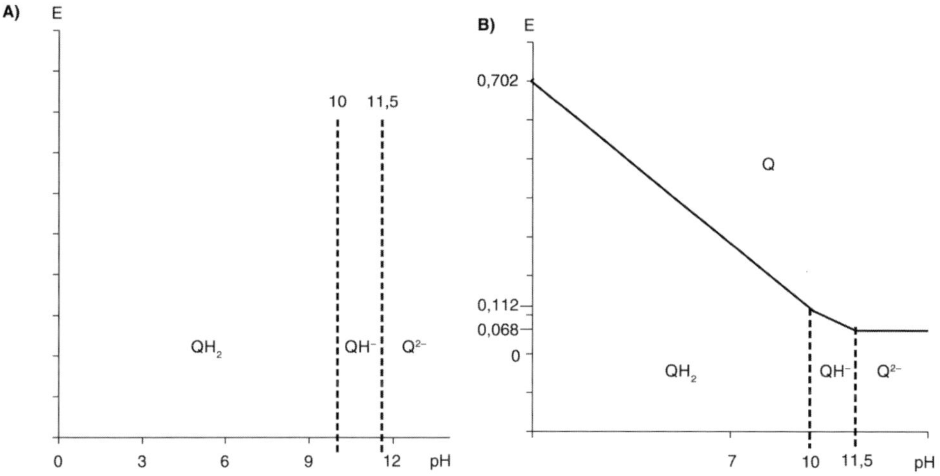

Figure 2.11. Diagramme E-pH pour la paire quinone/hydroquinone. Le diagramme regroupe en forme graphique un ensemble d'informations relatives aux équilibres qui peuvent se manifester entre différentes espèces chimiques qui incluent l'hydroquinone à différents stades d'oxydation. Ces espèces se forment les unes à partir des autres à travers des réactions acide-base ou des réactions redox. A. À partir de la constante d'équilibre acide-base (Ka) se définissent d'abord les zones de prédominance des espèces en fonction du pH. B. Le diagramme final représente les équilibres définis par la loi d'action de masse et l'équation de Nernst.

▸▸ Capacité redox

L'aptitude d'un système à s'opposer à l'établissement de conditions oxydées ou réduites dépend de sa disponibilité en espèces chimiques réduites (donneurs d'électrons) ou oxydées (accepteurs d'électrons), en d'autres termes de sa capacité réductrice (Cred) ou oxydante (Cox).

La capacité réductrice Cred peut donc se définir en fonction de la quantité d'oxydant nécessaire pour changer le potentiel redox du système Cred = $\rho = \Delta O_{total} / \Delta Eh$, O_{total} étant la concentration totale en oxydant.

Comme on le voit dans le tableau 2.4, la capacité redox (en solution idéale) présente de nombreuses similitudes avec la capacité tampon des systèmes acide-base (Grudl, 1994).

De même que pour le potentiel redox, la capacité ne peut être déterminée parfaitement dans des systèmes qui seraient en déséquilibre. La mesure directe dans ces systèmes est donc une mesure approximative qui ne peut être utilisée dans un contexte thermodynamique (Barcelona et Holm, 1991). La détermination de la capacité réductrice, d'un point de vue méthodologique, peut être considérée comme identique à la demande chimique en oxygène (DCO) et à la détermination du carbone oxydable par la méthode d'oxydation par le dichromate (Walkley et Black, 1934). Dans ces méthodes, les résultats s'expriment en mg/l et dans le cas de ρ en quantité d'oxydant nécessaire pour modifier le potentiel redox du système.

Tableau 2.4. Analogies entre la capacité redox et la capacité acide-base (tampon) dans les solutions idéales. D'après Grudl, 1994.

Capacité redox	Capacité tampon
Cred = $\rho = \Delta O_{total} / \Delta Eh$	$\beta = \Delta HA / \Delta pH$
est fonction du Eh de la solution	est fonction du pH de la solution
ρ est maximum pour les valeurs de Eh qui correspondent à des concentrations égales des espèces oxydées et des espèces réduites ($Eh = Eh^0$)	β est maximum pour les valeurs de pH qui correspondent à des concentrations égales d'acide et de base conjuguée correspondante ($pH = pK_a$)
est fonction de la concentration totale de la paire redox	est fonction de la concentration totale de l'acide et de la base conjuguée

Il est possible de mesurer la capacité redox en déterminant la quantité de composés en condition de céder des e^- (Fe^{2+}, Mn^{2+}, carbone organique, S^{2-}) ou bien d'accepter des e^- (Fe^{3+}, Mn^{4+}, NO_3^-, SO_4^{2-}) (McBride, 1994 ; Noyhouzer *et al.*, 2009).

Chapitre 3

Micro-organismes et systèmes redox

▸▸ Écologie des micro-organismes et écosystème redox

Les micro-organismes sont probablement la variable la plus importante qui régit le statut redox des systèmes naturels. En d'autres termes, les micro-organismes jouent un rôle au travers de leurs variations rapides tant dans leurs composantes numériques que fonctionnelles sur l'ensemble des circonstances et des conditions qui régulent l'état redox, ce dernier étant une variable majeure qui définit la disponibilité d'e^- dans un système donné (Pidello, 2003c) (encadré 3.1).

La compréhension des mécanismes au travers desquels la communauté microbienne, ou la population d'une espèce dans cette communauté, affecte l'intensité et/ou la capacité redox, permet de discuter, entre autres, le rôle de cette aptitude en tant que facteur de sélection des populations dans les environnements naturels. Autrement

Encadré 3.1. L'état redox et le statut redox

On définit *l'état redox* comme la condition redox générale du système (exemple : système réduit, système oxydé, système anaérobie) et le *statut redox* comme une situation du système à un instant particulier (par exemple, concentration critique de paire redox avec de bas potentiel de réduction). Le *statut redox* est plus précis que l'*état redox* et bien que l'*état redox* ne nécessite pas d'interprétation, le *statut redox* en nécessite.

Le *statut redox,* selon un raisonnement utilisé par Schafer et Buettner (2001), peut être défini comme la somme des produits de potentiel de réduction (facteur d'intensité) (E ; Volt) et la quantité de composés électroactifs (facteur de capacité) des différentes paires redox présentes dans un système donné (Pidello *et al.*, 2007).

La *capacité redox* est quantifiée par le rapport nanoA/mV déterminé par voltammétrie à impulsion différentielle (qui dans ce cas est proportionnelle à la concentration totale des espèces oxydables ou réductibles présentes dans un système donné) (p. 64, 68, 70, 72). Le statut redox — qui peut être déterminé comme statut oxydant (SO) ou statut réducteur (SR) — peut être défini par l'expression suivante :

$$\text{statut oxydant} = \sum_{i=1}^{n\,(\text{paires})} E_i\,(\text{mV}) \times [\text{espèces oxydées ; nA/mV}]_i$$

où E_i est le potentiel qui correspond à chaque paire détectée lorsqu'on réalise le balayage voltammétrique dans le sens des potentiels de réduction décroissants, et nA/mV représente approximativement la dérivée de I = f(E).

dit, si une bactérie modifie la diversité (facteur d'intensité redox) ou la quantité de composés électroactifs (facteur de capacité redox), elle peut contribuer significativement à influencer ou à conditionner l'expression d'un groupe microbien déterminé à l'intérieur de la communauté fonctionnelle propre à son environnement.

Les micro-organismes influent sur l'état redox de l'environnement à travers certains des mécanismes suivants : (i) capture des e^- de composés chimiques afin d'obtenir (libérer) de l'énergie ; (ii) incorporation d'e^- dans une pluralité de composés chimiques, ce qui, entre autres choses, diversifie qualitativement et quantitativement l'offre de substrats bio-énergétiques utilisables par la composante microbienne de l'environnement.

Les micro-organismes et leurs activités métaboliques se situent dans des scénarios qu'on rencontre dans les niveaux dimensionnels les plus bas des écosystèmes, tout en étant les agents centraux de leur propre régulation (Hinsinger *et al.*, 2009 ; Newman et Banfield, 2002 ; Martinovich *et al.*, 2010). Comme montré dans la figure 3.1, les écosystèmes complexes compris entre 0,01 m (comme les strates sédimentaires, ou l'environnement ruminal) et 1 000 ou 100 000 m (comme les dépôts de déchets ou l'atmosphère terrestre) sont influencés par les micro-organismes. L'indicateur de cette influence est la présence dans les compartiments globaux de produits

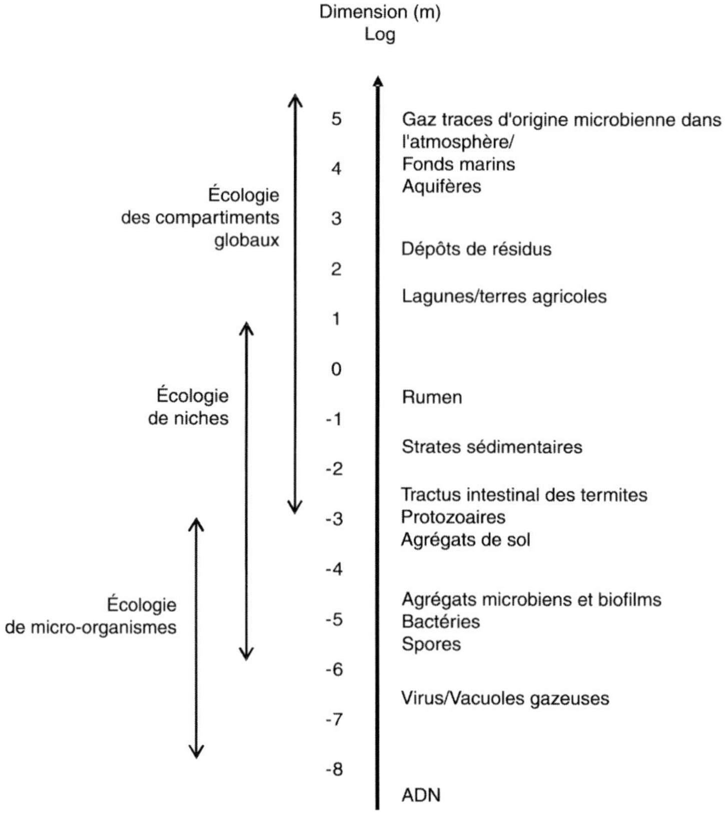

Figure 3.1. Échelle dimensionnelle des écosystèmes influencés par les micro-organismes. D'après Hanselmann, 1994.

qui résultent de l'expression des activités métaboliques des micro-organismes (S^{2-}, gaz traces tels que CH_4 ou N_2O, entre autres).

À quelle échelle doit-on étudier la relation bidirectionnelle entre la chimie redox et les micro-organismes ? Une grande quantité de facteurs complexes contribuent à l'hétérogénéité de tous les environnements naturels. Cette situation s'aggrave lorsqu'on étudie des phénomènes associés aux micro-organismes dans des échelles spatiales de grandes dimensions (hectare par exemple). À ces échelles, il est pratiquement systématiquement impossible d'établir des relations de cause à effet claires entre les variables physico-chimiques en général (dans ce cas l'état redox) et les variables biotiques (communautés et populations microbiennes). De nombreuses études effectuées à l'échelle agronomique sur des processus microbiens redox-dépendants ont mis en évidence des variations spatiales marquées comme le montre la figure 3.2. Dans cette étude, la distribution spatiale d'une activité microbienne typiquement redox-dépendante est déterminée : il s'agit de la dénitrification biologique (comme décrit précédemment $NO_3^- + e^-$ conduit à N_2O). La production de N_2O a été mesurée en 60 sites sur une superficie de 104 m^2 après apport 24 h précédemment de 43 kg d'azote N-NO_3^-/ha. Les valeurs obtenues ont montré un coefficient de variation de 140,1 %. D'autre part, la relation de la production de N_2O

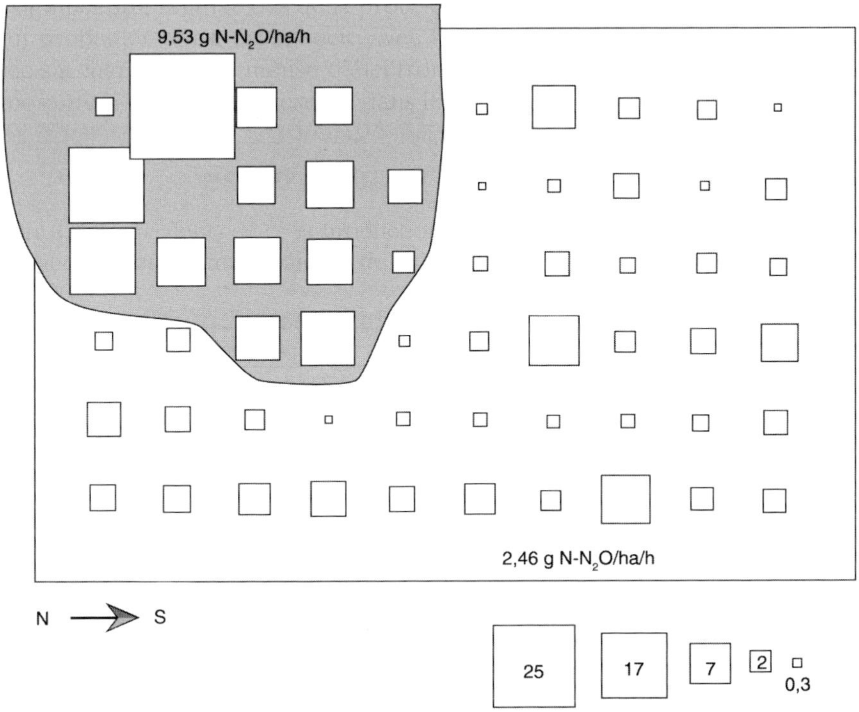

Figure 3.2. Répartition spatiale des valeurs de production de N-N_2O (g par hectare et par h) au sein d'un site expérimental (sol agricole de la Pampa humide argentine, Argiudoll USDA class, série Pergamino). Deux zones se différencient une zone Nord et une zone Nord Est. Chaque point représente un carré dont la superficie est proportionnelle à la valeur moyenne de production de N_2O. La relation entre la taille des carrés et la valeur observée est illustrée avec quelques exemples sous la figure. D'après Lensi *et al.*, 1990.

avec d'autres variables étudiées (en théorie étroitement associées avec ce processus) telles que la concentration en nitrate NO_3^-, en carbone organique et en composés glucidiques, par exemple, a montré des coefficients de variation qui ne dépassaient pas ± 0,3 et, dans la majorité des cas, ces coefficients n'étaient pas significatifs. En appliquant le test non paramétrique de Geary (1954), il a été mis en évidence l'existence de variations spatiales marquées qui différencient clairement à l'intérieur du site étudié deux zones de production de N_2O significativement différentes entre elles, ce résultat n'ayant pas reçu d'explication. En synthèse, bien que l'étude ait permis de déterminer des différences significatives de la production biologique de N_2O à l'échelle agronomique, elle a également mis en évidence, en raison de la grande variation spatiale de la production de N_2O (échelle observée entre 0,42 et 38,57 g de N-N_2O/ha/h) et des autres variables associées étudiées, l'impossibilité de trouver des explications causales d'un phénomène redox à cette échelle.

De ce fait, il résulte clairement que si la microbiologie des environnements naturels prétend apporter des informations pour mieux connaître les écosystèmes, l'explication causale des phénomènes qui relient les composantes physico-chimiques avec le microbien, indépendamment de la taille de l'écosystème considéré, devra se rechercher à l'échelle de l'écologie microbienne, qui au niveau dimensionnel se situe à une échelle inférieure à 10^{-3} m (figure 3.1).

⏩ Micro-organismes et chimie redox de la biosphère : environnements aérobies et anaérobies

L'O_2 est l'accepteur préférentiel d'e^- dans la biosphère. Un environnement qui contient de l'oxygène dissous est nommé aérobie ; la teneur en oxygène de l'eau en équilibre avec l'atmosphère est autour de $2{,}4 \cdot 10^{-4}$ M à 20 °C. Cette valeur est dépendante de la température et de la concentration d'autres éléments dissous. Lorsque la concentration en O_2 représente un petit pourcentage de cette valeur, le milieu est considéré comme micro-aérobie. Lorsque ce milieu est presque ou totalement privé de O_2, on le considère comme anaérobie (concentration de $O_2 < 10^{-6}$ M).

La présence de O_2 dans le milieu est fondamentalement régie par la solubilité de l'O_2 atmosphérique, ce qui détermine les états et processus redox dans lesquels participent relativement peu d'éléments chimiques : C, N, O, Fe et Mn. Donc, dans un système en équilibre avec l'O_2 atmosphérique, tous ces éléments devraient exister dans leur état d'oxydation maximal : CO_2, HCO_3^- ou CO_3^{2-}, pour le carbone ; NO_3^- pour l'azote, SO_4^{2-} pour le soufre ; FeOOH ou Fe_2O_3 pour le fer et MnO_2 pour le manganèse. Cependant, cette situation ne se rencontre jamais car la présence d'une espèce chimique donnée dépend moins d'un équilibre statique que de l'ensemble des réactions redox et de processus de diffusion et de mélange, qui interviennent avec des cinétiques différentes (Barroin, 1995). Cette situation définit un scénario dans lequel l'environnement microbien peut passer d'aérobie à micro-aérobie ou à anaérobie. Il peut donc co-exister de l'O_2 avec du carbone à l'état de matière organique ($Cn(H_2O)n$) et avec l'azote à l'état de NH_4^+ ou N_2, par exemple.

Pour résumer, la population microbienne se trouve confrontée à une large offre d'accepteurs d'e^- (en plus de l'O_2) et de donneurs d'e^- comme la matière organique et les composés inorganiques réduits tels que Fe (II). Cependant, il faut considérer que le rôle des micro-organismes dans ces processus de transfert d'e^- n'est pas toujours direct ; par exemple une bactérie peut exsuder des composés capables de céder des e^- (polysaccharides ou autres exopolymères, sidérophores, acides organiques, autres métabolites et gaz, comme H_2S) et ce sont ces composés qui permettent la transformation redox du Fe^{3+} en Fe^{2+}.

⏩ Réactions assimilatives et dissimilatives

Comprendre comment les micro-organismes participent aux réactions redox, qui interviennent dans les systèmes biologiques et géochimiques, est une clé pour pouvoir décrire et expliquer les causes de nombreux phénomènes qui se passent à l'échelle microbienne ; parmi eux, par exemple, la modalité à travers laquelle un micro-organisme bénéfique ou pathogène colonise un système donné. Dans ce qui suit, on se réfèrera à certains aspects généraux de ces phénomènes, en essayant de mettre en relation de manière simple les principes thermodynamiques qui régissent et conditionnent les échanges d'e^- entre les micro-organismes et leur environnement.

L'énergie libre (G ; kJ/mole) est une quantité thermodynamique qui représente l'énergie qui peut être libérée ou absorbée au cours d'un processus réversible à température et pression constantes. C'est une mesure de la capacité d'un système pour produire un travail. Les changements d'énergie libre (ΔG) indiquent dans quelles conditions une réaction chimique peut se produire. Soit une réaction chimique :

réactifs ↔ produits

$\Delta G° = (\Sigma\ \Delta G°f \text{ produits}) - (\Sigma\ \Delta G°f \text{ réactifs})$.

Soit $\Delta G°$ la variation des valeurs d'énergie libre dans les conditions standards en biochimie, c'est-à-dire à 25 °C et à une pression partielle (p) égale à 1 atmosphère (760 mm Hg) pour les gaz et une concentration égale à 1 M pour les autres constituants.

Alors $\Delta G°_f$[1] est la variation d'énergie libre standard de formation, c'est-à-dire le changement d'énergie libre quand 1 mole de réactif ou de produit dans son état standard se forme à partir de ses éléments constitutifs dans leur état standard.

Quand ΔG est négatif (réaction exergonique), la réaction est spontanée. Quand ΔG est positif (réaction endergonique), elle n'est pas spontanée et requiert un apport d'énergie pour se produire. Quand $\Delta G = 0$, le système est en équilibre.

Les réactions du métabolisme microbien peuvent dépendre de l'énergie qui provient d'oxydations chimiques (*chimiotrophiques*) ou de l'énergie solaire (*phototrophiques*). Les micro-organismes peuvent aussi être classés, selon la source de carbone utilisée,

1. Ces valeurs pour des composés d'intérêt biologique sont incluses dans le travail classique de Thauer *et al.*, 1977.

en *hétérotrophes* (le carbone provenant de composés organiques) ou *autotrophes* (le carbone provenant de CO_2). En relation avec la source d'e^-, ils peuvent être classés en organotrophes (les équivalents e^- proviennent de composés organiques), ou lithotrophes (les équivalents e^- proviennent de composés inorganiques). Dans la pratique, ces termes se combinent presque librement (exemples : les chimio-litho-hétérotrophes sont des micro-organismes comme *Nitrobacter* spp. qui obtiennent de l'énergie de l'oxydation de composés inorganiques mais ne peuvent pas utiliser CO_2 comme source de carbone ; ou chimio-organo-hétérotrophes (*Bacillus* spp.) qui sont des micro-organismes qui obtiennent leur énergie, leur carbone et leurs e^- de composés organiques).

D'autre part, la synthèse de biomasse implique deux types de réactions :
– réactions d'assimilation qui décrivent la combinaison stœchiométrique de substrats qui produisent la composition élémentaire d'*unité de biomasse* ($C_{3,82}H_{5,99}O_{1,20}N$ pour *Escherichia coli* ; Harris et Adams, 1979), sachant que, en général, les biomolécules sont plus riches en e^- que les substrats de départ ;
– réactions de dissimilation qui pourvoient de l'énergie additionnelle pour les processus de synthèse de biomasse quand ceux-ci la requièrent (Fenchel et Blackburn, 1979 ; Fenchel *et al.*, 2012 ; Hanselmann, 1994).

Dans le cas d'*Azospirillum lipoferum*[2], la réaction de formation de biomasse microbienne à partir du glucose peut s'écrire de la manière suivante :

$$\underset{\text{glucose}}{0{,}85\ C_6H_{12}O_6} \rightarrow \underset{\text{biomasse}}{<C_4H_{6,5}O>} + 1{,}85\ H_2O + 1{,}1\ CO_2.$$

Une partie du glucose qui présente un état d'oxydation moyen[3] de 0 s'enrichit en e^- et se transforme en biomasse ($C_4H_{6,5}O$; état d'oxydation moyen du carbone = – 1,12) et une autre partie du glucose perd e^- et se transforme en CO_2, réaction par laquelle il fournit l'énergie requise (production d'adénosine-5'-triphosphate, ATP) pour la synthèse de biomasse.

En utilisant les valeurs de $G°_f$ issues de la bibliographie (Thauer *et al.*, 1977), et en assignant une valeur de $G°_f$ égale à – 280,6 kJ/mol pour l'unité de biomasse (calcul réalisé à partir de valeurs d'énergie libre des groupes fonctionnels)[4], nous obtenons :

$$\begin{aligned}\Delta G° &= [(-280{,}6\ \text{kJ/mol}) + (1{,}85 \cdot -237\ \text{kJ/mol}) + (1{,}14 \cdot -386\ \text{kJ/mol})] - (0{,}85 \cdot 917{,}2\ \text{kJ/mol})\\ &= -379{,}47\ \text{kJ/mol}.\end{aligned}$$

Dans ce cas, il est évident que la production de biomasse est exergonique, à savoir viable du point de vue thermodynamique et l'énergie qu'elle produit indique que la croissance d'*Azospirillum lipoferum* à partir du glucose ne nécessite pas d'être couplée à une réaction additionnelle de type dissimilative.

2. On a considéré la composition réduite de l'unité de biomasse comme étant égale à $C_4H_{6,5}O$. Cette valeur résulte d'une approximation des données expérimentales correspondant à la composition des cellules bactériennes diazotrophes *Azospirillum lipoferum*, publiées par Harris et Adams (1979).

3. Comme il a été discuté p. 10, pour estimer l'état d'oxydation du carbone, on compte – 2 par atome d'O, et + 1 par atome d'H.

4. La valeur de $G°_f$ pour la biomasse a été calculée à partir des valeurs d'énergie libre des groupes composants l'unité de biomasse (Dean, 1979) à laquelle a été assignée en fonction des données de la bibliographie la formule structurale suivante : [-CH2-HCOH-CH2-HC(O-)-].

Il n'en reste pas moins que ce micro-organisme peut également croître avec d'autres sources de carbone comme l'acétate (Hartmann et Ziemmer, 1994). Dans ce cas, l'énergie du processus est légèrement plus compliquée et pour que les réactions d'assimilation et de dissimilation impliquées puissent se comprendre plus facilement, on peut les analyser en séparant la réaction globale en deux semi-réactions : les réactions donneuses d'e^- et les réactions acceptrices d'e^- (Hanselmann, 1994). La variation d'énergie libre de la réaction (ΔG_r) de production de biomasse lorsque *Azospirillum* croît, avec l'acétate comme source de carbone, indique que cette réaction assimilative est endergonique (ΔG_r = + 102,42 kJ/mol). Dans ce cas, les e^- requis pour la synthèse de biomasse peuvent être fournis par une réaction additionnelle dans laquelle l'acétate se comporte également comme un donneur d'électrons. Les deux réactions impliquées peuvent s'écrire de la manière suivante :

$$2\ CH_3COO^- + 4{,}5\ e^- + 6{,}5\ H^+ \rightarrow <C_4H_{6,5}O> + 3\ H_2O, \qquad (1)$$

$$4{,}5/8\ [CH_3COO^- + 2\ H_2O \rightarrow 2\ CO_2 + 8\ e^- + 7H^+]. \qquad (2)$$

Les valeurs de ΔG_r obtenues après avoir équilibré les coefficients stœchiométriques des deux réactions sont :

$$\Delta G_{r\,[1]} = [-\,280{,}6\ \text{kJ/mol} + (1{,}875 \times -\,237{,}2\ \text{kJ/mol})] - (2 \times -\,369{,}41\ \text{kJ/mol})$$
$$= +\ 13{,}45\ \text{kJ/mol},$$

$$\Delta G_{r\,[2]} = (1{,}12 \times -\,386{,}02\ \text{kJ/mol}) - (0{,}56 \times -\,369{,}41\ \text{kJ/mol})$$
$$= -\,225{,}4\ \text{kJ/mol}.$$

De ce fait, la biosynthèse est possible si une réaction endergonique (la production de biomasse $<C_4H_{6,5}O>$) se couple avec une autre réaction fortement exergonique. Dans le cas considéré, l'addition de 0,56 mole d'acétate fournit les e^- pour assurer la croissance.

En relation avec les réactions dénommées dissimilatives (aucun des réactifs n'est assimilé), il est intéressant en tant qu'exemple, de considérer de nouveau la dénitrification biologique et de la comparer du point de vue de l'énergétique avec d'autres processus redox catalysés par des micro-organismes, comme la production de méthane ou la fermentation. La figure 3.3 montre le fonctionnement de la dénitrification biologique en termes de transfert d'e^- indiquant le sens de la semi-réaction associée[5].

Comme énoncé précédemment, de manière générale on peut dire que l'espèce réduite de la paire redox qui possède le potentiel de réduction (Eh) inférieur (dans le cas de l'exemple, le carbone organique CH_2O) sera consommée entrainant l'augmentation de la concentration de l'espèce oxydée. La paire redox qui possède le potentiel de réduction le plus élevé s'appauvrira en espèce oxydée (dans le cas de l'exemple, le nitrate) avec une augmentation concomitante de la concentration de l'espèce réduite.

5. Les micro-organismes dénitrifiants sont des bactéries aérobies (anaérobies facultatives) banales, qui appartiennent aux genres *Pseudomonas*, *Bacillus*, *Achromobacter*, *Micrococcus* etc. Néanmoins, parmi les bactéries anaérobies, *Thiobacillus denitrificans* réalise l'oxydation du S moléculaire par une réaction dans laquelle intervient le nitrate comme accepteur d'e^-, ce qui explique son utilisation dans des systèmes d'épuration biologiques (Labroue *et al.*, 1995) :
$5\ S + 6\ NO_3^- + 2\ H_2O \rightarrow 3\ N_2 + 5\ SO_4^{2-} + 4\ H^+$.

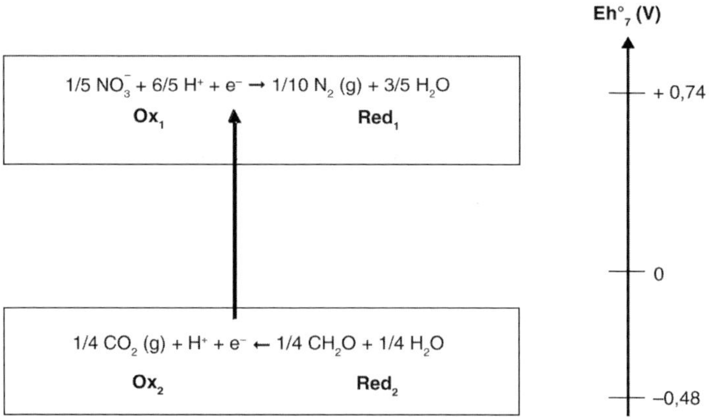

Figure 3.3. Exemple de la situation qui se présente quand deux couples se confrontent. Les e^- qu'obtiennent les micro-organismes dénitrifiants chimio-organotrophes (qui appartiennent au genre *Bacillus*, *Pseudomonas*, par exemple) en oxydant des composés du carbone organique (CH_2O) (sur la figure, la paire présentant le potentiel redox standard le plus bas) sont utilisés par la paire qui a le potentiel le plus élevé (dans ce cas le nitrate) qui passe à la forme réduite.

Si on reprend l'expression qui définit la variation d'énergie libre en fonction de la relation entre les potentiels de réduction de deux semi-réactions redox (Pidello, 2003c), on obtient :

$\Delta G = -n \cdot F \cdot \Delta E$ ou $\Delta G° = -n \cdot F \cdot \Delta E°$, à l'état standard.

En appliquant cette expression à la réaction redox globale de la figure 3.3, il en résulte :

$\Delta G° = -[(1)\ (96{,}4\ kJ/V/mol)\ (0{,}48\ V + 0{,}74\ V)] = -117{,}7\ kJ/mol$.

Ceci indique que ce processus microbien est énergétiquement favorable.

En considérant les différentes paires redox qui sont présentées dans les tableaux 2.2 et 2.3, et en fonction de ce qui a déjà été exposé, la composante microbienne des sols, aquifères, sédiments ou divers systèmes aquatiques naturels, constitue donc un agent de changement important qui joue sur les conditions dans lesquelles adviennent les réactions qui échangent des e^- en imposant le *statut redox*. En ce sens, elles catalysent l'apparition de réactions redox complètes qui résultent de la combinaison, par exemple, des réactions suivantes[6] :

– respiration aérobie :
  $\frac{1}{4} CO_2 + H^+ + e^- = 1/24\ (glucose) + \frac{1}{4} H_2O$ ($E°_7 = -0{,}424$ V)
  $\frac{1}{4} O_2 + H^+ + e^- = \frac{1}{2} H_2O$ ($E°_7 = +0{,}811$ V)
  $\Delta G° = -125{,}1$ kJ/mol ;
– fermentation :
  $\frac{1}{4} CO_2 + H^+ + e^- = 1/24\ (glucose) + \frac{1}{4} H_2O$ ($E°_7 = -0{,}424$ V)
  $\frac{1}{2} CH_2O + H^+ + e^- = \frac{1}{2} CH_3OH$ ($E°_7 = -0{,}177$ V)
  $\Delta G° = -29{,}6$ kJ/mol ;

6. Les valeurs de $\Delta G°$ proviennent de Zehnder et Stumm, 1988.

Encadré 3.2. Le transporteur universel de l'énergie biologique

En relation avec les processus qui permettent d'obtenir de l'énergie, il est nécessaire de se souvenir que le transporteur universel de l'énergie biologique est le système dans lequel intervient la molécule d'adénosine-5'-triphosphate (ATP). L'énergie présente dans les cellules microbiennes synthétisées est utilisée pour produire de l'ATP à partir de l'adénosine-5'-diphosphate ou de l'adénosine-5'-monophosphate ou du phosphate inorganique. L'énergie conservée dans les liaisons phosphate de l'ATP est utilisée pour catalyser tous les processus de la cellule microbienne qui requièrent un travail. En dehors de quelques rares exceptions, l'énergie requise pour produire de l'ATP provient de réactions de transfert d'e^- (Fenchel et Blackburn, 1979). L'ATP, sans prendre en compte les phosphorylations photosynthétiques, se synthétise au travers de deux mécanismes : i) la phosphorylation associée avec le flux d'électrons (provenant du NADH, H_2, succinate, etc.) dans une chaîne de transport électronique et ii) les phosphorylations au niveau du substrat (Metzler, 2003). Dans le premier processus, un grand nombre d'accepteurs finaux d'e^- peuvent intervenir — O_2, CO_2, NO_3^-, NO_2^-, N_2O, SO_4^{2-}, diméthylsulfoxyde (DMSO), etc. — et les produits finaux ne sont pas assimilés. Comme nous venons de le signaler, en fonction de la situation de l'accepteur d'e^- dans l'échelle des potentiels de réduction, le rendement énergétique de la réaction varie et ainsi la capacité de la cellule microbienne à générer de l'ATP.

– méthanogénèse :

$\frac{1}{4}\, CO_2 + H^+ + e^- = 1/24\,(\text{glucose}) + 1/4\, H_2O$ $\quad (E°_7 = -0{,}424\ V)$

$1/8\, CO_2 + H^+ + e^- = 1/8\, CH_4 + \frac{1}{4}\, H_2O$ $\quad (E°_7 = -0{,}243\ V)$

$\Delta G° = -23{,}2$ kJ/mol.

Par ce type de processus, un groupe fonctionnel microbien donné peut conduire à l'apparition, ou au contraire à l'élimination, tant des accepteurs d'électrons que des donneurs d'e^-.

D'autre part, il apparaît évident, en relation avec l'énergétique de ces réactions, que plus le potentiel des deux semi-réactions qui se combinent diffère, plus grande est l'énergie libre libérée par le système redox (encadré 3.2).

Donc, théoriquement, le rendement énergétique d'une bactérie anaérobie facultative (qui dénitrifie, c'est-à-dire respire le nitrate comme accepteur d'e^-) n'est pas significativement différent de ce qu'obtient une bactérie aérobie stricte. Mais le rendement énergétique qu'obtiennent ces deux types de micro-organismes est significativement supérieur à celui d'une bactérie fermentative ou méthanogène poussant sur le même substrat.

▸▸ Intensité et capacité redox dans les systèmes biologiques

Eh, pε et potentiels redox critiques

Comme le montre le tableau 3.1 (Delaune *et al.*, 1981), la corrélation entre le Eh et le couple Eh/pH, pour des variables d'intérêt associées à la caractérisation des milieux naturels, comme C, Fe, Mn, P et NH_4^+ peut être importante. Néanmoins la signification et l'explication de ce type de résultat dans les échelles moyennes ou grandes (10^2 à 0, et 10^2-10^5 m ; figure 3.1), tant en termes chimiques que biologiques, n'est pas évidente dans la majorité des cas. En général, la valeur de Eh constitue dans ce genre de cas une information descriptive qui s'intègre difficilement dans l'explication de mécanismes écologiques. Différentes raisons sont à l'origine de cette situation.

D'un côté, en conditions naturelles normales, les valeurs de Eh ou pε présentent une variabilité spatiale importante qui est le reflet direct de la grande hétérogénéité existant dans les concentrations des composés électroactifs (Barcelona *et al.*, 1989). De plus, dans les systèmes naturels, une électrode *inerte* de Pt répond mieux face à certains couples redox que face à d'autres (Mac Bride, 1994).

En relation avec les aspects discutés p. 51, l'hétérogénéité de l'expression de la composante microbienne à grande échelle (dans le cas discuté, il s'agissait de la dénitrification biologique à l'hectare) reflète également l'hétérogénéité chimique et électrochimique, qui est celle qui compte à l'échelle du micro-organisme. Chaque microsite fonctionne comme un *hot spot* (Drewitt et Warland, 2007) (centre d'activité) où les variables abiotiques et biotiques interagissent et définissent les conditions dans lesquelles un phénomène donné s'exprime. Autrement dit, chaque microsite (ou micro-habitat) se comporte d'une manière particulière. Lorsque, en fonction des dimensions du système, le nombre de ces compartiments microbiens et leurs différences sont grands, les variables abiotiques (quantités de composés électroactifs, par exemple) fluctuent dans un large intervalle. Dans ce cas, les valeurs moyennes (production de N_2O/ha dans l'exemple donné) décrivent ou informent de façon acceptable sur le phénomène au niveau macro (et peuvent servir à comparer

Tableau 3.1. Analyse statistique qui montrent les effets indépendants (valeurs de r) et combinés (valeurs de R^2) du potentiel redox et du pH en fonction de la concentration de la solution en carbone organique dissous (COD), Fe, Mn, P et NH_4^+ dans un système sédiment-eau (étang côtier en Louisiane, USA). D'après Delaune *et al.*, 1981.

Variables	Valeur de r
Eh vs. COD	- 0,759**
Eh vs. Fe	- 0,409
Eh vs. Mn	- 0,046
Eh vs. P	- 0,563*
Eh vs. NH_4^+	- 0,563*
	Valeur de R^2
COD = f(pH, Eh)	0,857**
Fe = f(pH, Eh)	0,469*
Mn = f(pH, Eh)	0,851**
P = f(pH, Eh)	0,627**
NH_4+ = f(pH, Eh)	0,481*

* significatif à 5 % et ** significatif à 1 %.

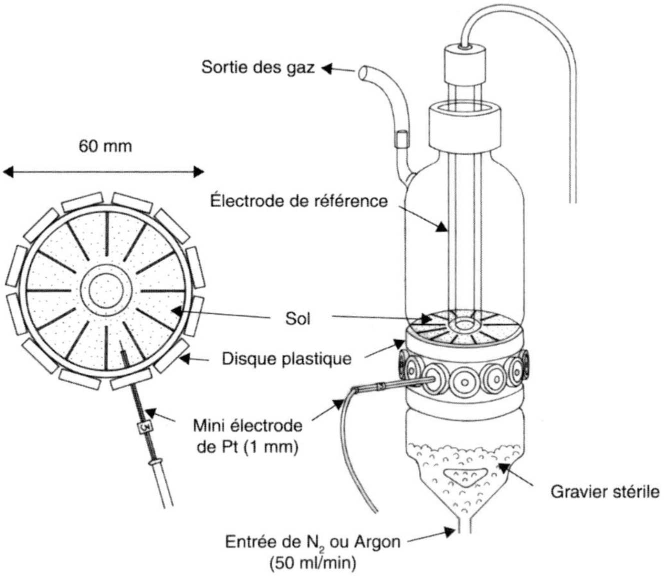

Figure 3.4. Dispositif expérimental utilisé pour maintenir le système sous flux modéré de N_2 et suivre les changements de Eh enregistrés simultanément avec 12 mini-électrodes de Pt. D'après Pidello *et al.*, 1993.

entre eux des systèmes de cette taille). Mais en général, ce ne sont pas des outils adaptés à la réalisation d'une analyse explicative de ces phénomènes, dans la mesure où les relations de causalité qui les conditionnent sont établies à l'échelle des micro-organismes.

Dans une échelle pertinente à l'étude des fonctionnalités microbiennes (le micro-habitat), ces difficultés peuvent être levées en utilisant un nombre élevé de mesures et en utilisant des mini- ou des micro-électrodes (1 mm-25 μm). Les figures 3.4 (Pidello *et al.*, 1993) et 3.5 (Percherancier et Montuelle, 2003) montrent des dispositifs expérimentaux qui permettent d'améliorer la mesure en augmentant le nombre d'électrodes de Pt/nombre d'échantillons. D'où l'intérêt de travailler avec des électrodes de taille réduite. Dès lors on peut parvenir à définir de manière acceptable les potentiels redox d'un micro-habitat.

La figure 3.6 (Pidello et Jocteur Monrozier, 2006), par exemple, montre le comportement du Eh en fonction de la profondeur de pénétration dans un agrégat de sol (2 mm) avec ou sans inoculation par *Pseudomonas fluorescens* souche C7R12. Les mesures qui ont été réalisées avec une micro-électrode de Pt (25 μm) montrent des profils de Eh dans les agrégats inoculés avec des fluctuations plus faibles que celles observées dans le témoin sans inoculation. Ceci permet de détecter clairement l'influence de la bactérie inoculée.

En raison de ce qui a été exposé précédemment, même dans un système qui comprend de nombreux couples redox, on peut déduire théoriquement la valeur du potentiel redox ou de pε, à partir des activités des composantes redox présentes. Cependant, si ce raisonnement s'applique à un système naturel, et si, à partir des informations apportées par un système analytique des couples redox présents, on

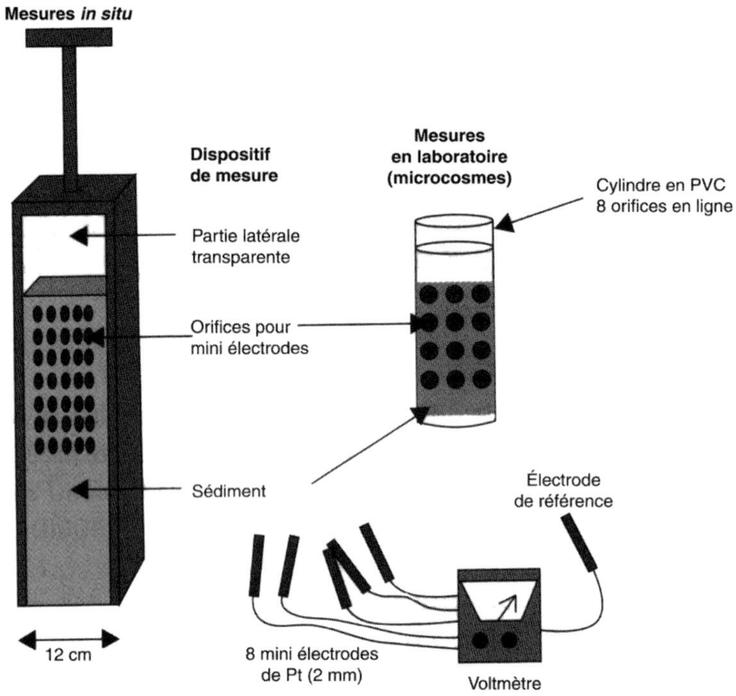

Figure 3.5. Dispositif pour mesurer les changements de Eh dans des sédiments fluviaux, *in situ* ou au laboratoire sur du matériel remis en suspension. D'après Percherancier et Montuelle, 2003.

calcule le Eh ou le pε, les valeurs obtenues ne coïncideront sans aucun doute pas avec les valeurs moyennes. Lindberg et Runnels (1985) ont calculé les potentiels redox au travers de l'équation de Nernst à partir d'informations analytiques des couples redox présents dans des sédiments de différentes zones géographiques et ont observé que ces valeurs ne coïncidaient pas avec les valeurs expérimentales mesurées au champ avec une électrode de Pt. Ils ont ainsi montré que les couples redox mesurés dans un environnement donné ne présentaient pas un état d'équilibre interne ; cette situation ne semble pas être l'exception, mais bien la règle (Nordstrom et Munoz, 1994).

En dépit des inconvénients liés à l'interprétation de la mesure de Eh ou de pε dans les systèmes naturels, cette mesure peut être utile, en particulier si on la couple avec des mesures directes qui informent le plus possible sur les paires redox[7]. L'utilisation de valeurs *critiques* de Eh ou de pε définies pour un système naturel déterminé et qui correspondent à une valeur seuil pour une oxydation ou une réduction (Pardue et Patrick, 1995) apparaît comme un outil utile. Les valeurs critiques de Eh, qui peuvent être assez nettement différentes des valeurs standards, et l'information la plus complète possible sur les paires électroactives présentes, permettent d'avancer dans la compréhension de mécanismes comme la spéciation de composés métalliques

7. DOE, Environmental Remediation Sciences Program Strategic Plan. Version 9, Office of Biological and Environmental Research, Environmental Remediation Sciences Division. US Department of Energy, 2006.

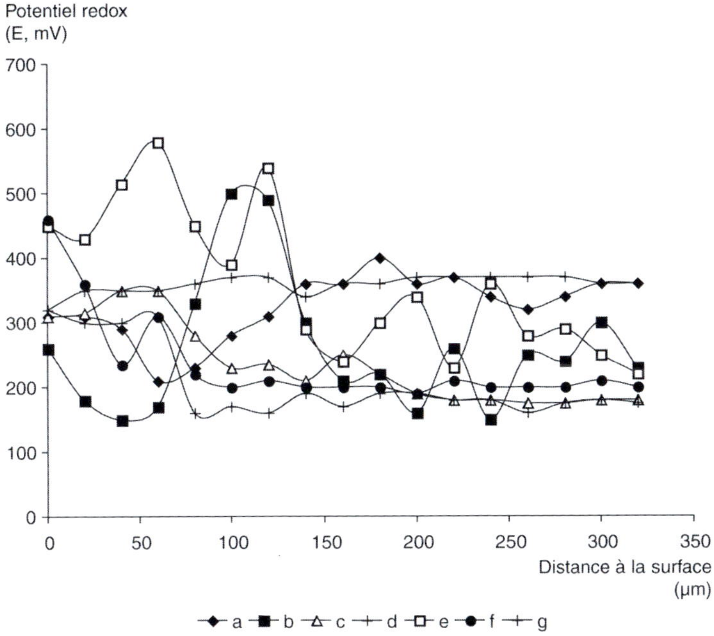

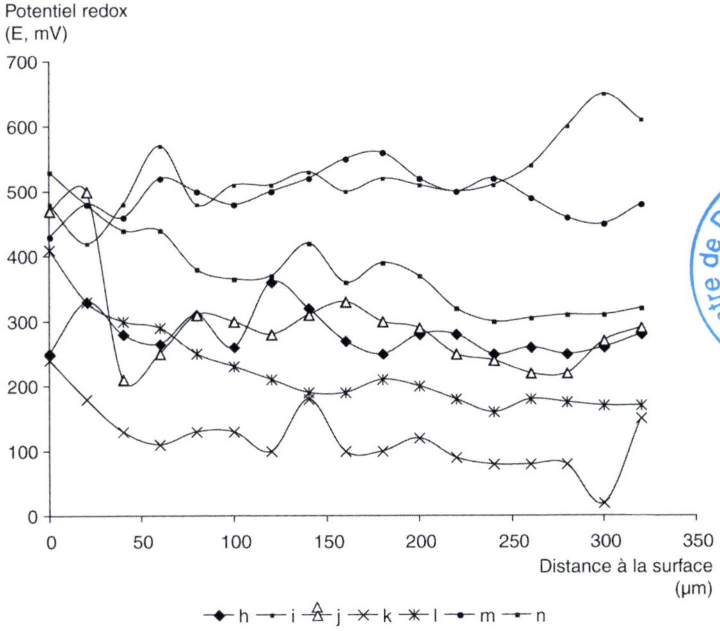

Figure 3.6. Changement du potentiel redox (E ; mV) avec la distance à la surface d'agrégats de sol incubés pendant 30 jours à humidité constante et température ambiante (22 °C). Graphique haut, 7 agrégats inoculés avec *Pseudomonas fluorescens* C7R12 (a-g), graphique du bas : 7 agrégats non inoculés (témoins) h-n. Modifié de Pidello et Jocteur Monrozier, 2006.

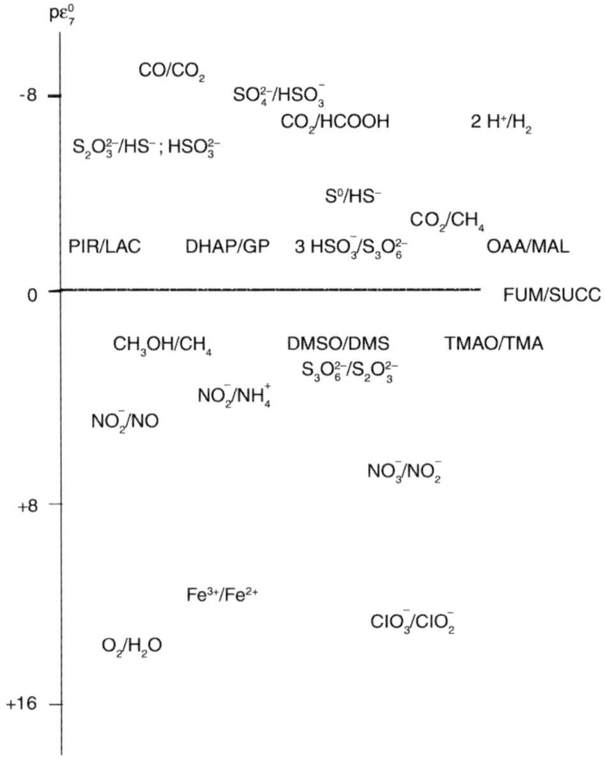

Figure 3.8. Exemples de la diversité de paires redox organiques et inorganiques qui peuvent intervenir dans l'écosystème microbien. Les paires redox se distribuent dans une grande amplitude à l'intérieur de l'échelle électrochimique et certaines paires présentent des potentiels très proches. D'après Moodie et Ingledew, 1990.

DHAP : dihydroxyacétone phosphate ; GP : α glycero-phosphate ; OAA : oxalo-acétate ; DMS : diméthylsulfure ; DMSO : diméthylsulfoxyde ; TMAO : triméthylammonium oxyde ; TMA : triméthylamine.

Pour illustrer ce rôle, il convient de mentionner le résultat d'une étude réalisée après apport d'un extrait de sol contenant 28,8 et 57,2 mmol/l d'hydroquinone ($C_6H_4O_2$) (Pidello, 2003b). La détermination de la valeur de E n'a pas mis en évidence de différence entre les deux systèmes, bien que la variation dans les apports d'hydroquinone représente un accroissement de la disponibilité théorique d'e$^-$ capable d'augmenter de 432 μmol/l la consommation d'O_2 du système. Cependant, cette augmentation de la quantité d'e$^-$ disponibles (facteur capacité redox) a été clairement démontrée par voltammétrie[9] (figure 3.9 et p. 72). En résumé, cette étude illustre de façon simple la difficulté qui existe pour définir l'état redox dans des environnements microbiens

9. Les *techniques voltammétriques* permettent d'obtenir des courbes qui mettent en relation l'intensité électrique (microAmpères) avec les potentiels de réduction (mV) ; ceci permet de détecter la présence de paires électroactives à l'intérieur d'une échelle déterminée de potentiels de réduction. Dans la technique de voltammétrie impulsionnelle différentielle (VPD), l'amplitude des pics (μA/mV) est proportionnelle à la concentration de composés capables d'être réduits ou oxydés qui sont présents dans le système (Chang–pu et Zhi-guand, 1985) (p. 49, 68, 70, 72).

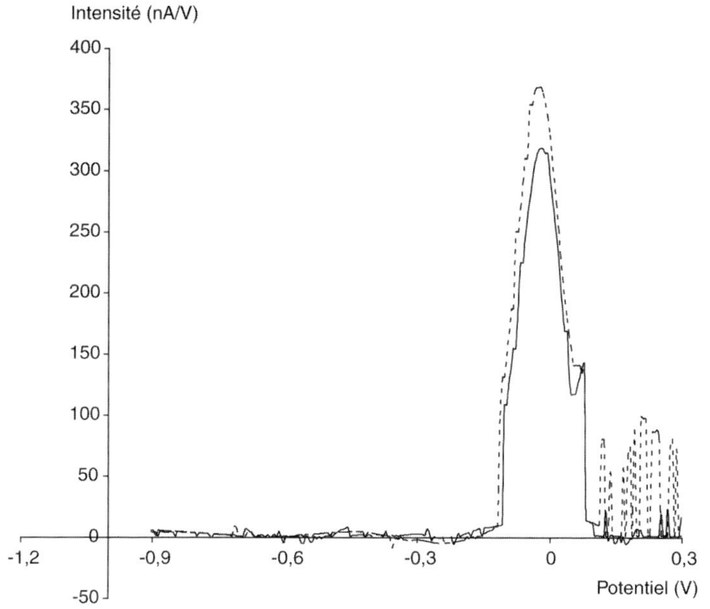

Figure 3.9. Moyenne des polarogrammes d'extraits de sols enrichis en hydroquinone (QH_2). [QH_2] = 28,4 μmol/l (ligne continue) ; [QH_2] =57,2 μmol/l (ligne pointillée). Dans les deux traitements enrichis le pic centré autour d'environ – 0,020 V explique les valeurs de Eh inférieures dans ces traitements par comparaison à un témoin sans apport, et correspond exactement au pic typique observé dans les polarogrammes d'une solution de QH_2 pure. D'après Pidello, 2003b.

naturels, en utilisant la seule valeur du potentiel E (Pidello *et al.*, 1997 ; Pidello, 2003c ; Drewitt et Warland, 2007 ; Nordstrom et Munoz, 1994).

D'autre part, lors d'études réalisées avec des organismes ubiquistes comme *Pseudomonas fluorescens,* on a également observé des comportements qui confirment la nécessité de caractériser les changements redox dans les systèmes naturels en utilisant une analyse de l'évolution des deux facteurs de manière simultanée. Le tableau 3.2 (Pidello, 1999) montre que l'utilisation de la souche C7R12 (productrice du sidérophore pyoverdine[10]) a permis de diminuer la capacité redox en comparaison avec l'effet de son mutant isogénique PL1 (non producteur de pyoverdine). Cependant, les systèmes ne présentent pas de différences significatives au niveau du facteur intensité.

10. La souche C7R12 de *Pseudomonas fluorescens* (productrice du sidérophore pyoverdine) et son mutant isogénique PL1 (non producteur) (Mirleau *et al.*, 2000) ont été inoculés en sol autoclavé à une teneur en eau égale à 100 % de la capacité au champ (10^7 cellules/g sol). L'intensité *redox* (pε 7) a été déterminée avec une électrode combinée de Pt. Pour déterminer la capacité *redox* (disponibilité d'électrons e^-) le sol a été enrichi de Chlorure de TriphenylTetrazolium (TTC) qui possède un potentiel de réduction supérieur à celui de la matière organique (arbitrairement considérée dans la littérature comme étant proche de – 0,4 V) et on a mesuré la quantité produite de la forme réduite TriPhenylFormazan (TPF) (Alef, 1995). La quantité d'espèces électroactives a été déterminée par polarographie d'impulsions différentielles (DPP) (Davison, 1977).

Tableau 3.2. Intensité et capacité redox 6 jours après inoculation d'un sol stérile avec *Pseudomonas fluorescens* (souches C7R12 et PL1, respectivement productrices et non productrices de sidérophore[11]).

Souche *P. fluorescens*	Intensité redox ($p\varepsilon^7$)[1]	Capacité redox	
		μg TPF/g sol[2]	Quantités d'espèces électroactives (nA/mV)[3]
C7R12	7,34 (0,27)	756 (114)	0,539 (0,133)
PL1	7,28 (0,17)	1 223 (140)	0,788 (0,271)

[1] $p\varepsilon^7 = p\varepsilon + (pH - 7)$; $p\varepsilon = Eh / 0{,}059$ (V) (Glinski et Stepniewski, 1985) ; [2] production de TriPhenyl-Formazan (TPF) à partir de la réduction du chlorure de TriphenylTetrazolium (TTC) ; [3] La quantité d'espèces électroactives a été déterminée par polarographie impulsionnelle différentielle (PPD). Dans le tableau est présentée la quantité totale d'espèces électroactives détectées en balayage polarographique réalisé sur un surnageant d'extrait aqueux de sol (1:50 p/v centrifugé, 3 000 g ; 10 min), dans une échelle de voltage comprise entre + 200 et – 500 mV.

La compréhension des mécanismes au travers desquels varie la capacité redox des systèmes naturels est très difficile si on utilise uniquement les calculs d'équilibre chimique du résultat de mesures réalisées avec des électrodes (Barcelona et Holm, 1991). Différentes stratégies ont été proposées avec l'objectif d'élucider ces mécanismes dont la complexité est due à l'imbrication d'accepteurs et de donneurs d'e^-, propre à l'hétérogénéité spatio-temporelle que présentent les molécules électroactives de ces systèmes.

Ces dernières années, de nombreuses études ont été réalisées en vue de déterminer la capacité d'oxydation et de réduction dans différents environnements naturels (par exemple dans des aquifères, tant dans la phase sédimentaire que dans la colonne d'eau) (Barcelona et Holm, 1991). Elles ont été également utilisées pour identifier les principales espèces oxydées ou réduites qui contribuaient à la capacité redox du système sur toute la gamme de potentiels de réduction.

La *capacité d'oxydation du système* (Cox) se détermine en agrégeant des composés réducteurs et en quantifiant la production de la forme oxydée. Divers agents réducteurs ont été utilisés et parmi eux Cr^{2+} (Barcelona et Holm, 1991) et Ti^{3+} (Herom *et al.*, 1994). La capacité de réduction (Cred) se détermine en agrégeant un excès d'oxydants ($Cr_2O_7^{2+}$; H_2O_2 ou MnO_4^-) et en mesurant la quantité résiduelle non réduite (Barcelona et Holm, 1991 ; Chang-pu et Zhi-guand, 1985).

La capacité redox peut être calculée en multipliant la concentration molaire des espèces redox actives par la quantité d'e^- nécessaire pour sa réduction, ou libérée pendant son oxydation (Buffle et Stumm, 1994). Les semi-réactions de réduction (tableau 3.3) et les valeurs analytiques des espèces redox actives identifiées peuvent, de ce fait, permettre de calculer les valeurs de la Cox et la Cred, aussi bien dans la phase particulaire que dans la phase aqueuse.

La Cox de l'eau, dans le cas des aquifères, peut être calculée à l'aide de l'expression suivante (Barcelona et Holm, 1991 ; Buffle et Stumm, 1994) :

$Cox = 4\,(O_2) + 5\,(NO_3^-) + 8\,(SO_4^{2-}) + 4\,(COT)$,

11. Les sidérophores sont des molécules chélatantes du fer et donc d'actifs effecteurs *redox*.

Tableau 3.3. Principales semi-réactions de réduction en aquifère. Modifié de Herom *et al.*, 1994.

$O_2 + 4\,H^+ + 4e^- = 2\,H_2O$	aq
$NO_3^- + 6\,H+ 5\,e^- = 0,5\,N_2 + 3\,H_2O$	aq
$Fe(OH)_3 + 3\,H+ + e^- = Fe^{2+} + 3\,H_2O$ (1)	solide
$MnO_2\ 4\,H^+\ 2\,e^- = Mn^{2+} + 2\,H_2O$ (1)	solide
$SO_4^{2+} + 9\,H^+ + 8\,e^- = HS^- + 4\,H_2O$ (1)	aq + solide
$CH_2O + 4\,e^- + 4\,H^+ = CH_4 + H_2O$ (2)	aq + solide

[1] L'inverse de la semi-réaction Fe, Mn et S peut être utilisé pour calculer la capacité de réduction à partir de données analytiques.
[2] La semi-réaction pour la matière organique varie selon les auteurs.

COT étant le carbone organique total pour lequel on considère qu'il passe d'un état d'oxydation de 0 à – 4.

Pour les solides dans les aquifères, on obtient :

Cox = Fe (III) + 2 Mn (IV) + 4 (COT).

L'inverse des réactions pour Fe, Mn et S (tableau 3.3) peut servir pour déterminer la Cred (Barcelona et Holm, 1991).

La figure 3.10 montre que les concentrations présentes en O_2, NO_3^- et SO_4^{2-} (environ 0,25, 0,06 et 0,08 mmol respectivement) constituent des causes majeures de la capacité d'oxydation totale (2 mmol e^- observées dans le lac de Bret, Canton de Vaud, Suisse ; Buffle et Stumm, 1994). En dépit de l'intérêt conceptuel de cette démarche, il faut noter que ce type de calcul est basé sur certaines présomptions qui doivent être confirmées pour chaque système étudié. D'un coté, certains éléments inorganiques ne sont pas considérés dans tous leurs états de spéciation possibles (cas de Fe et Mn dans l'étude précitée). En relation avec le carbone organique, on considère qu'un seul type de composés est prédominant (par exemple, glucose et quinone comme composés modèles d'hydrates de carbone et de composés phénoliques). Ceci est très discutable puisque dans un système naturel, une grande variété d'espèces carbonées redox actives co-existent (figure 3.8).

D'autre part, il est fort probable que dans certains systèmes, la capacité redox soit surévaluée compte tenu du fait que sa détermination se base sur l'emploi de réducteurs ou d'oxydants chimiques forts comme Cr^{2+} ou $Cr_2O_7^{2-}$. Toutes les situations mentionnées contribuent à expliquer que, dans certaines études, les capacités d'oxydation et de réduction, mesurées et calculées à partir des analyses chimiques de composés redox actifs, se révèlent différentes (Nordstrom et Munoz, 1994 ; Stumm et Morgan, 1996 ; Tratnyek *et al.*, 2012).

La chimie analytique, aidée par le développement de techniques informatiques, a permis ces dernières années non seulement l'identification et la quantification d'éléments ou d'espèces chimiques (Webster, 2012), mais également d'obtenir rapidement de nombreuses connaissances utiles dans les études d'écologie microbienne.

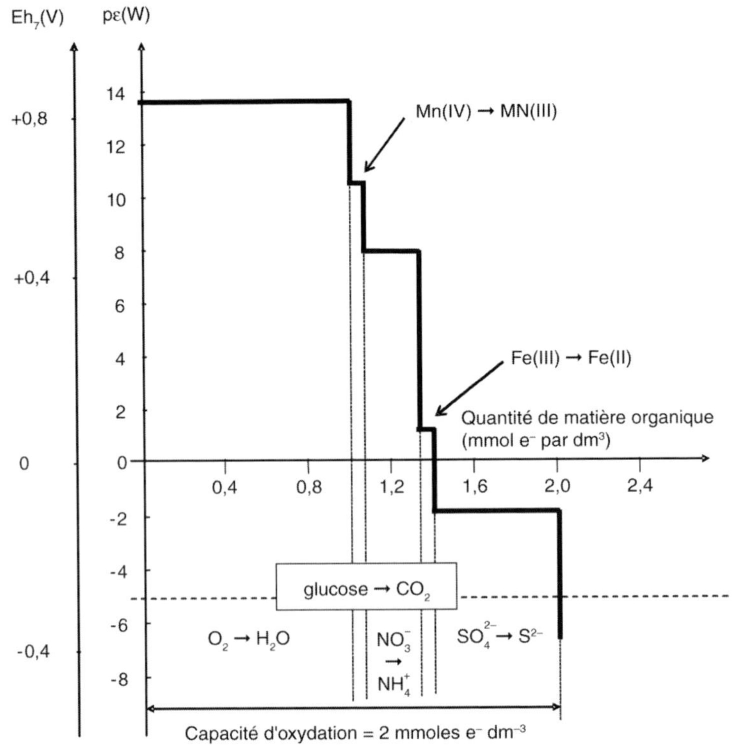

Figure 3.10. Courbe simplifiée de titration des composés oxydants du lac de Bret (Canton de Vaud, Suisse). La longueur de chaque plateau correspond à la capacité d'oxydation (Cox) de chaque espèce oxydante, montrant sa contribution à la capacité totale d'oxydation du système (égale à 2 mmoles d'e^-/dm^3). D'après Buffle et Stumm, 1994.

Les techniques polarographiques[12] et plus généralement les techniques voltammétriques dans leurs différentes variantes continuent à être les outils communs utilisés avec la plus grande fréquence en électrochimie. En chimie électroanalytique, le terme voltammétrie se réfère à une méthode grâce à laquelle on mesure la dépendance du courant vis-à-vis du potentiel d'électrode. On enregistre un courant électrique produit après application d'un potentiel électrique qui augmente de façon contrôlée au moyen d'une électrode (électrode de travail qui, en polarographie, est une électrode à goutte de Hg) et provoque la réduction ou l'oxydation des composés électroactifs présents à la surface de l'électrode. Ces techniques permettent de détecter et de quantifier les espèces redox dans le courant d'une même expérience de manière quasi simultanée et sans étape de séparation préalable. Le potentiel augmente très rapidement jusqu'à parvenir au potentiel redox de chaque paire électroactive et le graphique obtenu

12. Jaroslav Heyrovsky (Prague, 1890-1967) a été l'inventeur de la méthode polarographique et fondateur de la chimie électroanalytique. Toutes les méthodes voltammétriques utilisées actuellement ont pour origine les travaux sur la polagraphie que lui et son groupe de travail ont développé à la Charles University à Prague. Parmi ses collaborateurs, on peut noter R. Brdicka, W. Kemula, G. Semerano et D. Ilkovic. Il a reçu le prix Nobel de Chimie en 1959.

montre la valeur du courant face au potentiel correspondant. Ceci permet d'obtenir une courbe qui montre la présence et la concentration des composés redox du système. En conditions expérimentales contrôlées et avec une surface d'électrode de travail constante, le courant (courant de diffusion ; Id) est proportionnel à la concentration (C) de l'espèce électroactive, soit **Id = k · C**. Les progrès réalisés avec ces outils analytiques ont conduit au développement de méthodes très sensibles comme la polarographie à impulsions ou pulsions différentielles (PPD) ou la voltammétrie à impulsions ou pulsions différentielles (VPD), (Trémillon, 1993 ; Brett et Oliveira Brett, 1998) que l'on utilise depuis un temps relativement important dans des études liées à l'environnement (Davison, 1976 ; Zuman, 2012 ; Whitfield, 1975) (p. 49, 64, 72).

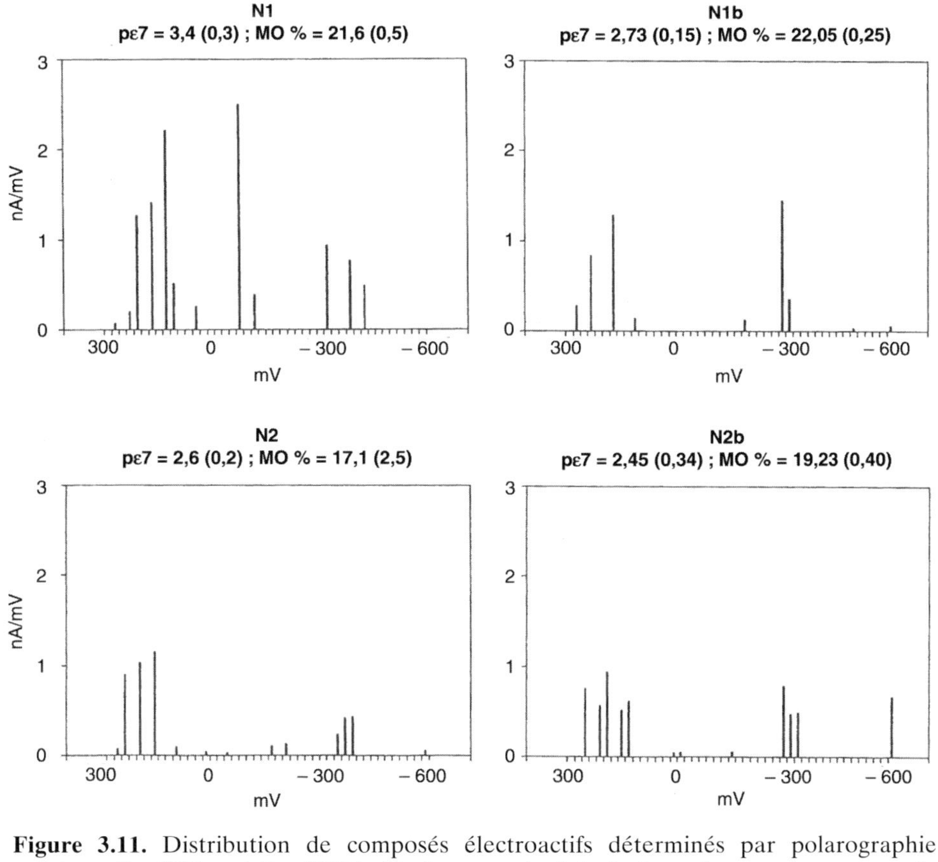

Figure 3.11. Distribution de composés électroactifs déterminés par polarographie impulsionnelle différentielle (PPD) (*Radiometer Analytical*) dans des extraits aqueux de sédiments fluviaux (Saône, France). Les sédiments sont remis en suspension puis laissés au repos pour sédimenter en conditions contrôlées de laboratoire (cylindre de PVC, diamètre 10 cm, hauteur 25 cm, figure 3.5) et laissés sous submersion pendant 30 jours. À des dates prédéfinies, 3 cylindres ont été échantillonnés pour déterminer le potentiel redox, le pH et le contenu en matière organique (MO) à différentes profondeurs. Les résultats présentés ont été obtenus à 1 et 2 cm de profondeur après 21 jours (N1 et N2) et 29 jours de re-sédimentation (N1b et N2b). La démarche expérimentale a permis de déterminer de façon simultanée les changements rapides qu'ont présentés les systèmes en ce qui concerne l'intensité et la capacité redox. D'après Montuelle *et al.*, 1999.

La figure 3.11 (Montuelle *et al.*, 1999) montre la répartition des composés électroactifs dans une échelle de potentiels comprise entre + 300 et – 700 mV, déterminés à partir d'échantillons de sédiments fluviaux par la technique PPD.

Ce type d'information permet :
– de mieux définir le statut redox associé au potentiel redox mesuré ($E_{mélange}$) avec les composés électroactifs réellement présents (encadré 3.1 ; Schafer et Buettner, 2001) ;
– de déterminer la stabilité temporelle d'un système en fonction du type et de la quantité de composés électroactifs (facteur capacité), comme le montre la figure 3.11 ;
– d'établir des relations de causalité entre la quantité de composés électroactifs observés dans une échelle déterminée de potentiel et l'expression de un ou plusieurs groupes fonctionnels microbiens.

➤ Utilisation des techniques électrochimiques

Dispositif pour le contrôle et le suivi du potentiel redox (E) dans des systèmes microbiens

Les méthodes analytiques électrochimiques sont une catégorie de méthodes utilisées pour l'étude de la composition et des propriétés du milieu, basées sur des réactions électrochimiques qui interviennent à l'interface électrode/solution. Comme mis en évidence précédemment, dans toutes les méthodes analytiques électrochimiques, on obtient des enregistrements qui reflètent le résultat des réactions qui interviennent lors de l'introduction des électrodes dans le milieu à étudier. De ce fait, l'électrode est le lieu dans lequel interviennent les réactions électrochimiques et, pour cette raison, un élément fondamental dans toutes les méthodes électrochimiques.

Parmi les méthodes électrochimiques, on rencontre des méthodes potentiométriques avec lesquelles on mesure la relation entre le potentiel de l'électrode et la quantité d'ions. Le potentiel redox (E) peut être mesuré en utilisant la potentiométrie.

La méthode la plus commune pour la mesure du potentiel redox est d'immerger une électrode de platine (Pt) avec une électrode de référence (généralement Ag/AgCl ou calomel, comme mentionné p. 28) dans la solution ; les électrodes sont connectées à un potentiomètre qui mesure la différence de potentiel entre les deux électrodes. Les espèces chimiques réduites présentes dans la solution tendent alors à céder des e^- à l'électrode de Pt, tandis que les espèces oxydées tendent à accepter les e^- en provenance de l'électrode. Ce processus crée un flux d'électrons dans l'électrode.

Il existe sur le marché de nombreux modèles d'électrodes redox de différentes tailles (macro, mini, et microélectrodes) qui sont fabriqués avec différents matériaux (verre ou résine époxy). L'existence d'une telle variété d'électrodes s'explique d'une part en fonction de la nature ou des caractéristiques des milieux où doit être effectuée la mesure du potentiel redox : solution chimique, ou biologique, environnement naturel comme le sol ou l'eau, matériaux semi-solides comme des produits lactés, ou des produits de la filière viande. Par ailleurs, les dimensions du compartiment à analyser (sols ou eau à l'échelle de l'écosystème, agrégats ou biofilm à l'échelle du micro-organisme) influent également.

Dans les environnements naturels, le potentiel redox présente une grande hétérogénéité spatiale et temporelle. Ce fait qui reflète la complexité des interactions biotiques et abiotiques qui se présentent dans de tels environnements (Buffle et Stumm, 1994), exige de nombreuses répétitions de la mesure, et celle-ci doit se réaliser en conditions telles que le milieu soit le moins perturbé possible. Une des difficultés, qui généralement apparaît en étudiant les systèmes complexes tant chimiques que biochimiques, a pour origine le fait que la surface de l'électrode peut perdre de la sensibilité pour enregistrer le potentiel redox du milieu car il peut s'établir une barrière chimique. Cette barrière est due à la formation de produits de réaction à la surface (Liu, 1993) qui empêche ou rend difficile le flux d'électrons entre le milieu et l'électrode.

D'autre part, quand on utilise des mini ou des micro-électrodes de Pt, la possibilité que se produise une polarisation de l'électrode doit être prise en compte.

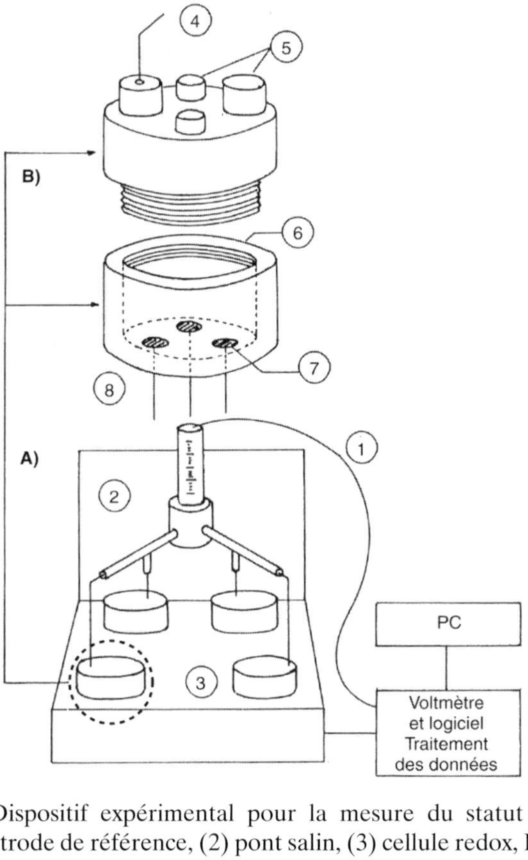

Figure 3.12. A. Dispositif expérimental pour la mesure du statut redox en solutions biologiques : (1) électrode de référence, (2) pont salin, (3) cellule redox, B. détail de la cellule redox : (4) pont salin, (5) orifice pour l'introduction des éléments accessoires (par exemple électrode de pH ; prise d'échantillons), (6) O-ring, (7) disque de Pt, (8) connecteur au volt/ampèremètre. D'après Pidello, 2003a, 2005.

Encadré 3.3. Description du dispositif à trois capteurs par cellule de mesure

L'évolution de Eh est déterminée en utilisant le système composé de 4 microcosmes en acrylique de 10 ml (50 mm de diamètre, 20 mm de hauteur) équipés de trois disques de Pt de 10 mm chacun (figure 3.12). Après l'introduction de l'échantillon, les microcosmes sont hermétiquement clos. L'échantillon est connecté à une cellule qui contient une électrode de référence à travers des ponts salins constitués de tubes de polypropylène (2 mm de diamètre) insérés dans les cellules. La cellule qui contient l'électrode de référence et les tubes de polypropylène sont préalablement remplis avec de l'agar stérile additionné de KCl (0,005 g/ml). Chaque disque de Pt et l'électrode de référence se connectent à un système d'acquisition de données comportant 12 canaux analogiques. Le système permet d'enregistrer les valeurs de Eh dans des intervalles de temps choisis avec un logiciel adapté pour des mesures séquentielles. Avant le début des mesures, les capteurs de Pt sont calibrés avec une solution 3 mM de ferricyanure de K, 3 mM de ferrocyanure de K et 100 mM de KCl (1:1:1). Cette solution possède un potentiel redox de + 430 mV à 25 °C (par rapport à l'électrode standard à hydrogène).

En supposant que la surface de l'électrode de Pt soit de 0,01 cm^2 et que le courant soit de 10^{-10} A, la densité du courant à la surface de l'électrode serait de 0,01 $\mu A/cm^2$. Comme l'électrode de Pt est une électrode polarisable cette situation pourrait avoir comme conséquence une erreur de la mesure (Liu, 1993). De plus, compte tenu des considérations théoriques sur lesquelles repose le principe de cette mesure potentiométrique, pendant le passage du courant, la densité du courant dans l'électrode sera inversement proportionnelle à la surface de l'électrode. De ce fait, il est préférable de disposer d'une électrode ayant une surface la plus grande possible (Yu, 1993). Bien que la surface réelle ne dépende pas seulement de la surface géométrique, l'utilisation de procédés comme l'augmentation du facteur de rugosité de la surface (électrode de Pt platinisée) visant à augmenter la surface utile n'est pas totalement applicable quand les mesures exigent que la surface de l'électrode doive être maintenu propre en utilisant des méthodes physiques ou chimiques assez énergiques (Liu, 1993). Pour cette raison, pour que la mesure soit fiable, il convient de réaliser différentes répétitions de chaque mesure. Dans la figure 3.12 est présenté un dispositif qui possède trois capteurs incorporés dans chaque cellule de mesure qui peuvent chacun réaliser des enregistrements à intervalles de temps très courts (encadré 3.3).

Utilisation de l'analyse voltammétrique pour étudier les changements de la capacité redox dans les systèmes naturels microbiens

Un développement détaillé de ces techniques dépasse le propos de ce livre. Cependant, il paraît convenable de discuter brièvement de certains aspects généraux, relatifs à certaines d'entre elles, avec l'objectif de stimuler l'approfondissement du thème chez le lecteur intéressé dans la caractérisation de scénarios naturels. Pour cela, on peut citer d'excellents ouvrages généraux : Hamann *et al.*, 1998 ; Kissinger et Heineman, 1996 ; Yu et Ji, 1993 ; Trémillon, 1993. Comme vu p. 64, dans la voltaampérométrie, le courant (Ampères ; A) est mesuré comme le signal analytique quand le potentiel (Volts ; V) varie à vitesse constante depuis les potentiels les plus

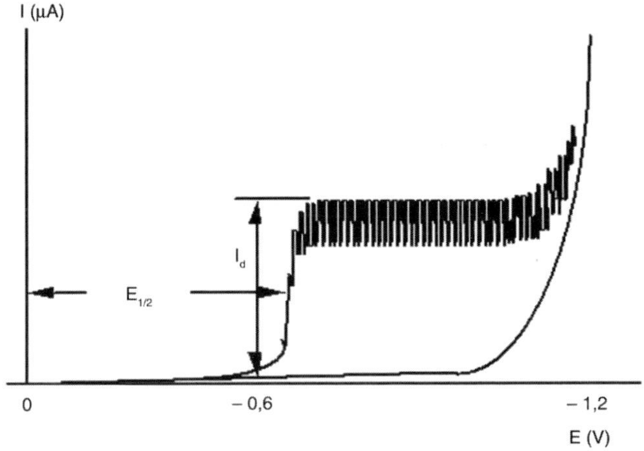

Figure 3.13. Courbes Intensité (I ; µA) en fonction du potentiel (E ; Volts). L'accroissement de I (au potentiel – 0,6 V) résulte de la présence d'une paire électroactive dans la solution analysée. La différence de courant entre la ligne de base et la courbe supérieure est proportionnelle à la concentration de l'espèce qui a subi une réduction. Le potentiel auquel intervient la réduction est nommé potentiel de demi-vague, ou $E_{1/2}$, et est caractéristique pour chaque paire analysée. De ce fait, la technique permet de détecter la présence de nombreuses substances réductibles à l'intérieur d'une échelle de potentiels déterminée.

positifs vers les plus négatifs (figure 3.13) ou vice-versa. Le courant mesuré dans le cas de la figure 3.13 est fonction de la vitesse à laquelle les ions peuvent parvenir à l'électrode, ce qui est également fonction de la concentration. Cette vitesse est généralement contrôlée par diffusion. Le courant qui en résulte est nommé courant de diffusion (Id) et, en conditions idéales, il est directement proportionnel à la concentration (C). Comme nous l'avons vu **Id = k · C**.

Quand le potentiel est variable, le courant se maintient à une valeur basale jusqu'à ce que le potentiel parvienne à des valeurs suffisamment négatives pour entraîner la réduction de la substance à analyser. À ce moment là, le courant augmente et parvient à une valeur constante (courant de diffusion ; Id).

Des méthodes plus avancées comme la *voltammétrie impulsionnelle différentielle* (VPD) (Trémillon, 1993) sont beaucoup plus rapides et sensibles (détection limite 10^{-9} M contre 10^{-4} M avec la méthode classique que l'on vient de décrire). La cellule voltammétrique ou polarographique consiste en trois électrodes immergées dans la solution qui contient les substances à analyser : (a) l'électrode de travail (électrode de Hg dans le cas de la polarographie) qui fonctionne comme cathode dans ce système[13] ; (b) une électrode de référence utilisée pour mesurer le potentiel entre la solution et l'électrode de travail ; (c) l'électrode auxiliaire (Pt), qui fonctionne comme une anode, fournit du courant.

13. Dans cette technique, on peut employer différentes électrodes de travail. Si on emploie l'électrode de Hg, la méthode s'appelle polarographie impulsionnelle différentielle (PPD). On peut également employer une électrode de carbone, carbone vitrifié, ou de Pt. Le choix de l'électrode qui convient se détermine en fonction de l'échelle de potentiel qui doit être explorée. Par exemple, l'électrode à goutte de Hg ne peut être utilisée si on explore des potentiels > + 0,4 V, parce que le Hg peut s'oxyder alors que les électrodes de carbone peuvent parfaitement être utilisées dans ces conditions.

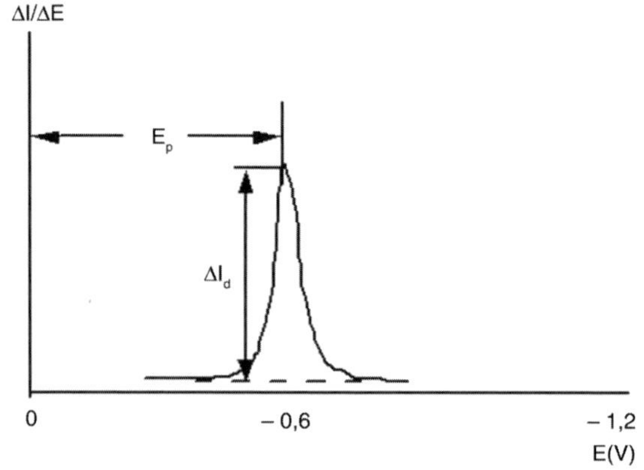

Figure 3.14. Courbe typique obtenue en utilisant la technique de impulsionnelle différentielle (VPD ou PPD). L'emplacement dans l'échelle de potentiels de la paire redox présente dans la solution analysée apparaît clairement défini et la concentration de la substance est donnée par la hauteur maximale du signal (ΔId).

La courbe tracée en VPD ou en PPD (figure 3.14) correspond approximativement à la dérivée première des valeurs de I (intensité du courant = *f*(E) (potentiel)) qui se détermine en voltammétrie *classique*. Cette dérivée passe par un maximum (point d'inflexion) qui est proportionnel à la concentration.

Appliquée aux systèmes biologiques, cette technique permet d'identifier clairement soit la composition électroactive d'un scénario microbien soit les changements au niveau du statut redox qui dérivent de l'interaction bilatérale entre les composantes biotiques et abiotiques[14]. La technique PPD a permis de montrer l'impact de différentes concentrations en hydroquinone sur le statut redox d'extraits de sol (voir figure 3.9) (Pidello, 2003b).

La figure 3.15 présente l'impact de l'inoculation avec une bactérie ubiquiste, qui en général est un effecteur redox, *Pseudomonas fluorescens*, sur la composition électroactive d'extraits d'agrégats de sol. La PPD n'apporte alors pas d'information spécifique sur la nature des paires redox ; mais cette technique peut cependant donner une information concernant la concentration totale et sa position dans l'échelle des potentiels redox. La figure 3.16 montre comparativement la quantité accumulée de composés électroactifs présents dans les extraits aqueux d'agrégats témoins et inoculés. Les courbes montrent clairement que même si dans les deux traitements ces composés se situent dans une échelle comprise entre + 200 mV et – 600 mV (axe des Y), la présence de la bactérie a eu pour conséquence d'augmenter significativement les composés avec des potentiels entre 0 et – 120 mV.

D'autre part, le calcul du *statut oxydant* (encadré 3.1) indique que la valeur de cette variable dans les extraits d'agrégats témoins est égale à + 9,61, alors que dans le cas des extraits d'agrégats inoculés, sa valeur est de – 40,19. Ceci signifie que la bactérie a augmenté d'environ 5 fois le potentiel oxydant du système.

14. Dans le chapitre 4, on trouve de nombreux exemples en relation avec la caractérisation électroactive des écosystèmes microbiens par le moyen de données analytiques obtenues avec des techniques voltammétriques.

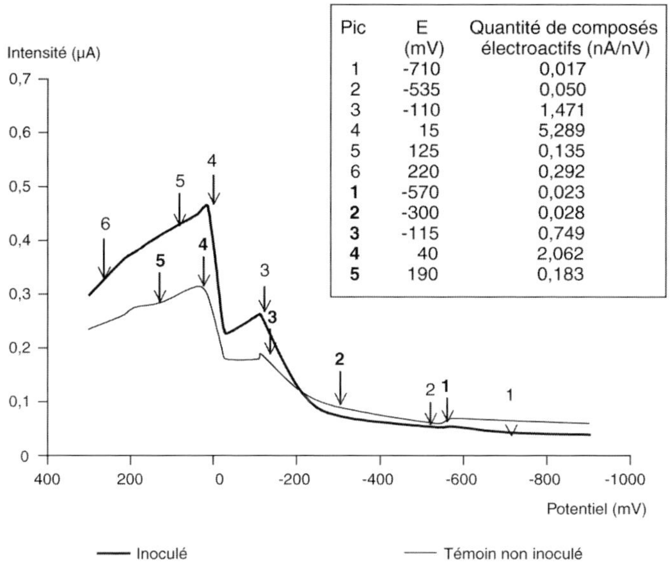

Figure 3.15. Balayage PPD (Intensité/Potentiel) d'extraits aqueux d'agrégats de sol inoculés avec *Pseudomonas fluorescens* C7R12 (ligne pointillée) et d'extraits d'agrégats de sol non inoculés (témoin ; ligne continue). Les flèches indiquent les pics de potentiel observés sur chaque polarogrammes. Chaque pic a été identifié par un numéro dans le traitement correspondant. Le tableau montre la quantité du composé électroactif qui correspond au pic indiqué sur la courbe. D'après Pidello et Jocteur Monrozier, 2006.

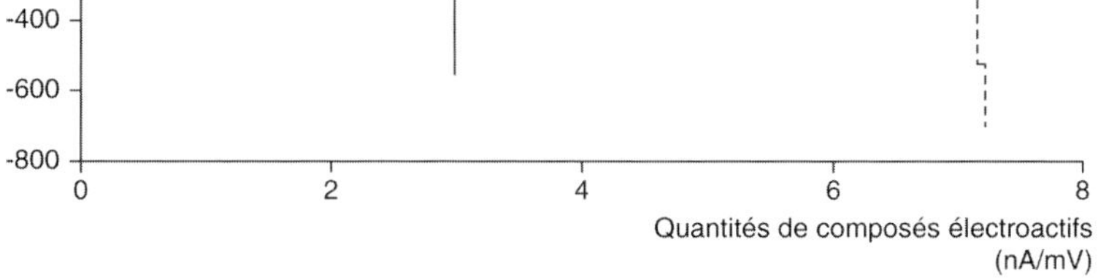

Figure 3.16. Courbe cumulative de la quantité d'espèces électroactives rencontrées dans les extraits témoins (—) et dans les extraits d'agrégats inoculés avec *Pseudomonas fluorescens* C7R12 (---). La longueur des plateaux correspond à la capacité d'oxydation de chaque paire redox. D'après Pidello, 2003a.

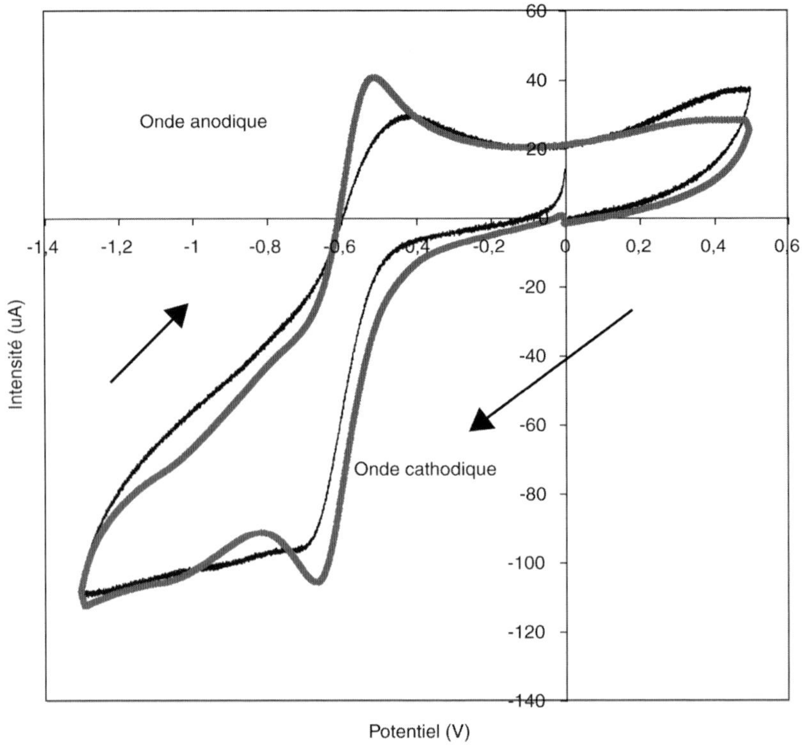

Figure 3.17. Balayage voltammétrique en VC pour une réaction réversible. Les enregistrements qui ont été obtenus en utilisant le DMSO comme solvant permettent de visualiser clairement le pic qui correspond à sa réduction (onde cathodique) et à son oxydation (onde anodique). Les flèches indiquent le sens des balayages. Une électrode de travail en carbone vitrifié a été utilisée et les balayages ont été réalisés sous courant de N_2 exempt d'O_2, avec une vitesse de balayage égale à 25 mV/s. Dans cet exemple, les courbes ont été obtenues avec des extraits de sol soumis à de hauts voltages (ligne grise) et avec des extraits témoins (ligne noire). Ces expériences avaient pour objectif de déterminer la stabilité électroactive des écosystèmes microbiens édaphiques face aux électrotransformations naturelles (NET, acronyme de Natural Electro-Transformation) (Ceremonie *et al.*, 2006). Les enregistrements soit de l'onde cathodique soit de l'onde anodique montrent que les solutés ont été modifiés après avoir été exposés à de hauts voltages (Cérémonie et Pidello, 2007). D'après Cérémonie *et al.*, 2006 ; Cérémonie et Pidello, 2007, données non publiées.

Une autre technique qui s'avère d'une grande utilité dans les études d'écologie microbienne en relation avec les processus redox est la *voltammétrie cyclique* (VC). La VC est une technique très utilisée dans différents champs de la chimie. Généralement elle ne s'emploie pas en priorité dans les déterminations quantitatives, mais plutôt pour étudier des processus redox et comprendre les réactions intermédiaires[15].

15. Un développement détaillé de ces techniques dépasse le propos de ce livre. Le lecteur intéressé trouvera des exemples d'un traitement approfondi et des possibilités de la voltammétrie cyclique dans Webster (2012).

La technique est basée sur la variation du potentiel appliqué à l'électrode de travail dans les deux directions possibles : par exemple, des potentiels positifs vers les négatifs, ce qui génère ce qu'on appelle une onde cathodique (E_c) qui montre des pics d'intensité qui correspondent à la réduction des composés électroactifs de la solution à analyser et un balayage inverse qui indique lorsque le potentiel négatif prévu est atteint. De ce fait, le sens du balayage s'inverse et passe des potentiels négatifs vers les potentiels positifs. Ce balayage est à l'origine de l'onde anodique (Ea), où les pics d'intensité qui apparaissent indiquent les potentiels dans lesquels se produisent les oxydations dans les composés électroactifs présents. Le nombre de fois où ces cycles se produisent dépend de l'objectif analytique. Ce peut être un cycle partiel, un cycle complet ou plusieurs cycles. À titre d'exemple, la figure 3.17 montre le comportement d'extraits de sol en utilisant du diméthylsulfoxyde (DMSO) (encadré 3.4) comme solvant.

Un paramètre important de VC est le potentiel des pics (E_C, E_A) et le courant des pics (I_C, I_A) dans les ondes cathodiques et anodiques respectivement. Si le processus de transfert d'e^- est rapide par comparaison avec d'autres processus (comme la diffusion, par exemple), la réaction se définit comme électrochimiquement réversible et la séparation entre les deux pics est donnée par :

$\Delta E_P = (E_{PC} - E_{PA}) = 2{,}3\ (R \cdot T)/(n \cdot F) = 0{,}059\ /\ n,$

n étant égal au nombre d'e^- qui s'échangent dans la réaction (dans le cas de l'exemple $n = 2$). Dans la pratique, on parvient difficilement à cette valeur pour différentes raisons et $\Delta E_P > 0{,}059\ /\ n$.

Dans la VC, le potentiel de réduction (E^0) pour une paire réversible est :

$E^0 = (E_{PC} + E_{PA})\ /\ 2.$

Encadré 3.4. DMSO : un solvant aprotique polaire

La molécule de DMSO est un produit secondaire de la pulpe de bois. Elle constitue un des produits majeurs de la dégradation des composés soufrés organiques. En anaérobiose, le DMSO est dégradé en DMS par des bactéries qui se développent dans les eaux résiduaires, ce qui représente un des responsables majeurs de l'odeur désagréable associée avec les dépôts de résidus. Dans ces conditions, il constitue le système redox diméthylsulfoxyde (DMSO)/diméthylsulfure (DMS), dans lequel le DMSO est réduit selon la réaction suivante :

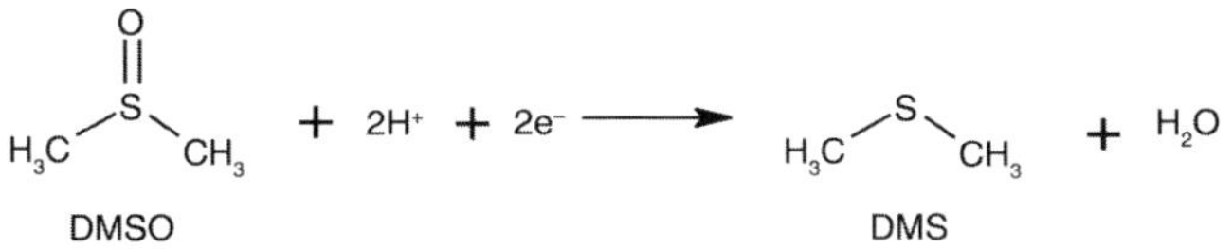

D'autre part, le DMSO est un important solvant aprotique polaire, qui dissout aussi bien les composés polaires comme les non polaires, et est miscible dans l'eau et dans une large gamme de solvants organiques. Le S dans le DMSO est nucléophile face à des agents électrophiles doux et le O est nucléophile face à des agents électrophiles forts. Le DMSO est utilisé comme solvant dans les balayages voltammétriques dans les cas où on doit explorer des échelles de potentiels dans lesquels peut se produire la décomposition de l'eau.

En général, on peut dire que la VC apporte des informations utiles pour l'étude des scénarios naturels. Par exemple, dans le cas où un pic de l'onde cathodique n'aurait pas de signal d'intensité correspondant dans l'onde anodique, le système contient des composants qui sont capables de transformer la forme réduite par d'autres mécanismes chimiques (Imyanitov, 1993) la rendant indisponible pour sa réduction. Dans ce cas, le balayage voltammétrique nous permet de prévoir le comportement des paires électroactives identifiées, au niveau de leur potentiel dans le système étudié.

Utilisation de la VPD pour déterminer la concentration des composés électroactifs et la valeur du statut redox

À titre d'exemple, voici un calcul mathématique simple qui aide à comprendre le principe sur lequel est fondé la VPD. Le tableau 3.4 inclut les valeurs de potentiel enregistrées pendant un balayage voltammétrique (V ; volts), les valeurs d'intensité des courants correspondants (I ; μA) et les valeurs du quotient $\Delta I/\Delta E$, qui représentent approximativement les valeurs de la dérivée de $I = f(E)$, avec un maximum à – 0,6 V (figure 3.14). Considérant maintenant le comportement d'une solution 1 dans laquelle se trouve un mélange d'un réducteur organique, le composé A, en excès (paire redox Aox / Ared ; $Eh^0 = + 0{,}9$ V) et une solution cérique (paire redox Ce^{4+}/Ce^{3+} ; $Eh^0 = + 1{,}7$ V) (figure 3.18). Il se produit la réaction suivante : Ared + $Ce^{4+} \rightarrow$ Aox + Ce^{3+}.

La solution 2 contient les mêmes composés mais avec une plus grande concentration de la solution cérique. Si, à partir des balayages voltammétriques correspondant aux deux solutions, on effectue le calcul décrit précédemment, on obtient les valeurs du tableau 3.5 et le graphique I (μA/mV) = f E (V) correspondant (figure 3.19).

Si on applique alors l'équation proposée dans l'encadré 3.1, on peut obtenir les valeurs du *statut oxydant* dans la solution 1 et dans la solution 2 :

statut oxydant 1 = $(1{,}7 \times 5{,}0) + (0{,}9 \times 8{,}3) = + 15{,}97$,

statut oxydant 2 = $(1{,}7 \times 7{,}2) + (0{,}9 \times 8{,}0) = + 19{,}44$.

Ce calcul indique que l'augmentation des ions cériques produit une élévation de 21 % du *statut oxydant* du système.

Tableau 3.4. Calcul du quotient $\Delta I/\Delta E$ (microA/mV).

– V (volts)	I (μA)	ΔE	ΔI	ΔI / ΔE
0,2	0,01			
0,4	0,02	0,2	0,01	0,05
0,45	0,075	0,05	0,055	1,1
0,6	**0,3**	**0,15**	**0,225**	**1,5**
0,75	0,38	0,15	0,08	0,53
0,8	0,42	0,15	0,04	0,26
1,0	0,435	0,2	0,015	0,075
1,1	0,442	0,1	0,007	0,07

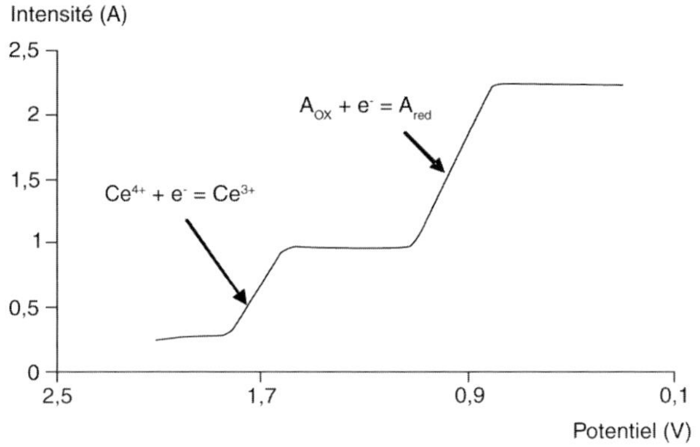

Figure 3.18. Enregistrement du balayage voltammétrique correspondant à la solution 1.

Tableau 3.5. Quotient ΔI/ΔE (microA/mV) du mélange d'un réducteur organique et de solutions cériques (1 et 2) pendant un balayage voltammétrique.

volts	Solution 1	Solution 2
	μA/mV	μA/mV
2,1	0,1	0,1
2	0,1	0,1
1,9	1	1
1,8	2,8	2,9
1,7	5	7,2
1,6	1,2	2,9
1,5	0,5	0,5
1,4	0,05	0,05
1,3	0,05	0,05
1,2	0,2	0,2
1,1	1,4	1,4
1	4,1	4,2
0,9	8,3	8
0,8	7,3	6,9
0,7	3	3
0,6	0,5	0,5
0,5	0,05	0,05
0,4	0,05	0,05
0,3	0,05	0,05

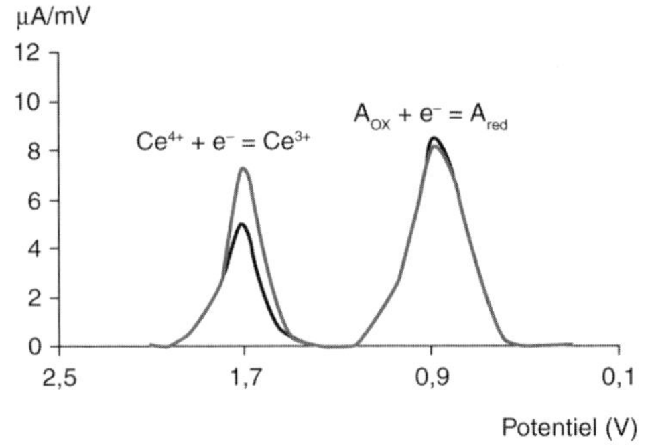

Figure 3.19. Quotient ΔI/ΔE (microA/mV) en fonction du potentiel (V) (données présentées dans le tableau 3.5).

▸▸ Tactisme redox

Percevoir des composés chimiques dans l'environnement et réagir à leurs changements de concentration est une propriété fondamentale des cellules vivantes. Cette capacité est particulièrement importante chez les organismes unicellulaires qui interagissent de façon permanente avec le milieu ambiant (Alexandre et Zhulin, 2001). La capacité à détecter et répondre stratégiquement face aux variables qui sont impliquées dans la génération d'énergie, comme O_2, c'est-à-dire le tactisme redox (tactisme face à différentes molécules donneuses ou acceptrices d'e^-), a été décrite dans un grand nombre de micro-organismes comme par exemple *Escherichia*

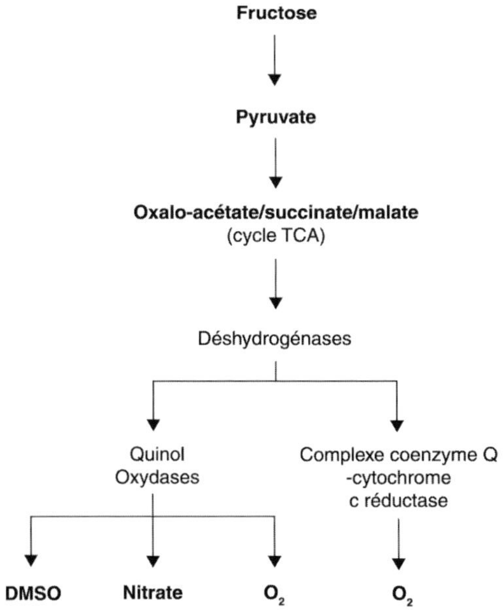

Figure 3.20. Métabolisme énergétique chez *Azospirillum brasilense* et sites d'action ou molécules qui exercent une attraction sur la bactérie. Les molécules qui exercent cette attraction, qui dans ce cas sont toutes des composés électroactifs, apparaissent en gras. D'après Alexandre *et al.*, 2000.

coli (Clancy *et al.*, 1981), *Rhodobacter spheroides*, *Sinorhizobium meliloti* (Armitage et Schmitt, 1997), *Azospirillum brasilense* (Barak *et al.*, 1983). À titre d'exemple, on peut observer dans la figure 3.20 un schéma du métabolisme énergétique chez *Azospirillum brasilense* et les sites d'action de différents composés redox actifs qui exercent une attraction pour la bactérie (Alexandre *et al.,* 2000).

▸▸ Systèmes bio-électrochimiques

Les systèmes bio-électrochimiques (*bio-electrochemical systems* ; BES) sont apparus récemment comme une technologie intéressante (Rabaey *et al.*, 2007). Dans ces systèmes, les bactéries interagissent avec les électrodes mettant en jeu les e^- qui peuvent être captés ou apportés au travers d'un circuit électrique (figure 3.21) (Rao *et al.*, 1976 ; Rabaey *et al.*, 2006 ; Bergel *et al.*, 2005 ; Clauwert *et al.*, 2007 ; Gregory et Lovley, 2005). Ce type de transport d'e^-, dénommé transport extracellulaire d'e^-, a déjà été décrit avec les métaux comme Fe et Mn (Lovley *et al.*, 1996).

Le système BES est décrit plus amplement comme une pile à combustible microbienne (*Microbial Fuel Cell* ; MFC). Dans une MFC, la bactérie oxyde un donneur d'e^- avec une électrode anodique comme accepteur d'e^- (figures 2.2 et 2.3). Il se

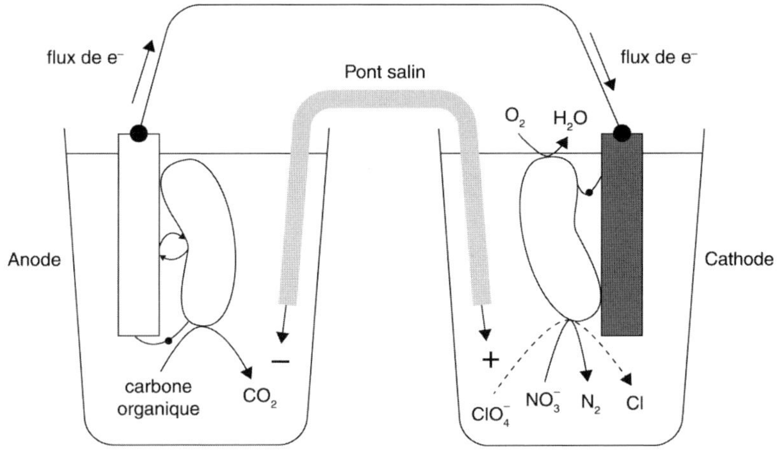

Figure 3.21. Réactions possibles qui interviennent dans les anodes et les cathodes catalysées biologiquement. Dans l'anode, les électrons arrivent à travers l'oxydation de composés organiques réduits (Rao *et al.*, 1976). Il est également possible qu'ils arrivent par l'oxydation de sulfures (Rabaey *et al.*, 2006). Les électrons peuvent être transportés vers l'anode soit par transfert direct soit par transfert indirect. Dans la cathode, la manière dont les électrons sont transportés vers les bactéries n'a pas été suffisamment étudiée, les voies représentées sont néanmoins probables. Jusqu'à présent, on a démontré la réduction en biocathode (Bergel, *et al.*, 2005) pour le nitrate (Clauwaert *et al.*, 2007), l'uranium hexavalent (Gregory et Lovley, 2005) et le perchlorate. Il est intéressant de noter que l'hydrogène est un possible transporteur d'électrons dans la cathode dans le cas où le potentiel d'électrode correspond à des valeurs fortement négatives. Quand l'anode et la cathode se combinent et dans le cas où l'un des deux compartiments utilise des bactéries comme catalyseur, un système bio-électrochimique (BES) est généré.

produit alors un flux d'e⁻ depuis l'anode à travers un circuit électrique jusqu'à un accepteur d'e⁻ avec un potentiel de réduction élevé dans la cathode (comme déjà vu, dans cette catégorie on peut considérer O_2 et NO_3^-). Les cations se répartissent depuis le compartiment anodique vers le cathodique pour équilibrer les charges dans le système. D'autre part, les bactéries peuvent consommer e^- dans la cathode, réduisant ainsi différents composés qui peuvent agir comme accepteurs d'e^-. La base de ce fonctionnement repose sur les principes théoriques décrits p. 27.

Indépendamment de l'intérêt que les BES présentent pour la technologie, l'importance de ce type de mécanisme apparaît clairement pour expliquer des processus redox qui interviennent dans des environnements biologiques naturels (cycles biogéochimiques en général, colonisation de niches dans le corps animal) ou également dans des environnements affectés par les activités anthropiques (environnements contaminés par exemple).

Le principe des BES repose sur la théorie classique du fonctionnement d'une pile à combustible. La puissance P développée dans un circuit de courant électrique direct est définie par l'expression $P = V \cdot I$ où V est la différence de potentiel en Volts et I l'intensité de courant en Ampères. Bien que le voltage idéal soit défini par la différence de potentiel formelle[16] de l'oxydant et du composé combustible ($Eh^{0'}_{oxydant} - Eh^{0'}_{combustible}$), il existe dans la pratique des pertes irréversibles de voltage (η) qui résultent de limitations cinétiques dans les processus de transferts d'e^-, de résistance électrique et de gradients de concentration. Il en résulte :

$$V_{pile} = (Eh^{0'}_{oxydant} - Eh^{0'}_{combustible}) - \eta.$$

Par ailleurs, le courant de la pile dépend également d'une série de facteurs, tels que la dimension des électrodes, la perméabilité ionique et le transport à travers la membrane qui sépare le compartiment anodique et le compartiment cathodique. Ces facteurs qui affectent de manière conjointe la puissance de la pile à combustible s'appliquent généralement également aux BES. Donc, pour améliorer l'efficience de ces systèmes, la biotechnologie devra améliorer l'efficience des valeurs V_{pile} et I_{pile}.

En ce qui concerne l'écologie microbienne appliquée à l'étude des cycles biogéochimiques particulièrement dans sa relation avec les BES, il serait nécessaire d'avancer dans la compréhension de ces phénomènes tant au niveau des mécanismes qu'au niveau des agents microbiens impliqués. Il faudrait également avancer dans la modélisation de scénarios où l'on explore aussi bien la signification potentielle des BES que leurs limites dans le fonctionnement des systèmes édaphiques et aquifères. Cette idée repose sur différents arguments. En tout premier lieu, des phénomènes de transferts d'e^- extrêmement divers se produisent dans ces systèmes biologiques dans lesquels les micro-organismes jouent un rôle protagoniste d'efficients effecteurs redox.

Comme expliqué p. 56, le rendement en production de biomasse dépend de la différence de potentiel entre le donneur d'e^- et l'accepteur d'e^-, ce qui se traduit par la production d'énergie disponible pour la bactérie[17]. Ceci peut différencier la

16. Le potentiel apparent ou formel est le potentiel d'électrode mesuré sous des conditions spécifiques où les concentrations des états d'oxydation varient.

17. En théorie, le rendement énergétique d'une bactérie anaérobie facultative qui dénitrifie est significativement supérieur à celui d'une bactérie méthanogène croissant sur le même substrat.

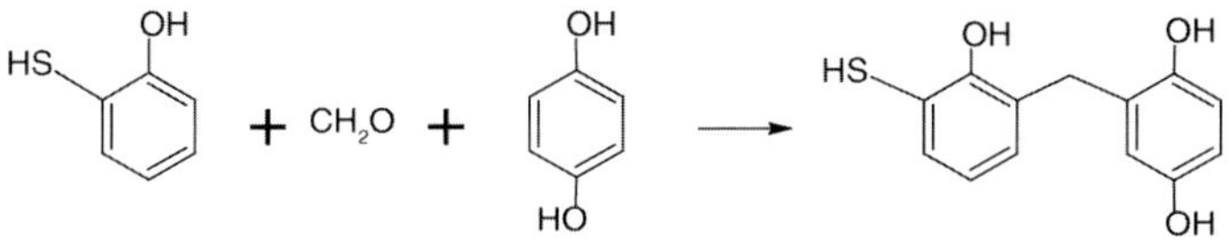

Figure 3.22. Schéma réactionnel pour la synthèse des substances humiques enrichies en constituants phénoliques à partir de la condensation entre le formaldéhyde (CH_2O), des fragments phénoliques de composants végétaux (ou de substances humiques préexistantes, SH) et l'hydroquinone. L'hydroquinone proviendrait d'une oxydation suivie d'une réduction de résidus phénoliques de SH. D'après Perminova *et al.*, 2005.

potentialité de certaines populations ou communautés fonctionnelles au détriment d'autres. En d'autres termes, les populations ou communautés peuvent être classées en fonction de leur efficience bio-énergétique (centrée sur les *aptitudes redox*) ce qui constitue un indéniable avantage adaptatif des micro-organismes face à ce type de pression de sélection imposée par le milieu ambiant dans son rôle quasi-monopolistique de pourvoyeur de substrat.

Nous avons vu également que les systèmes naturels (sédiments ou sols, par exemple) sont complexes tant au niveau de la diversité des populations microbiennes fonctionnelles qu'au niveau des constituants électroactifs. On aboutit ainsi à des scénarios s'élaborant à partir de constituants qui vont de grands assemblages moléculaires comme les substances humiques (SH), jusqu'à de petites molécules comme DMSO par exemple. Face à cette situation, le plus logique est de supposer qu'il doit exister une multiplicité de relations bilatérales redox clairement établies entre les composants biotiques et les composants abiotiques. Ces relations, que l'on connait partiellement, constituent également de la part des micro-organismes une sorte de réaction face à la pression sélective du milieu ambiant et qui conduit à une adaptation ou à une sélection des populations et/ou des communautés. Concernant la composante abiotique, on peut également penser que des molécules électroactives ubiquistes qui représentent une masse carbonée impressionnante, doivent exister et se maintenir pour une raison plus fondée que celle d'être des produits stables de la néoformation ou de la dégradation des matériaux biologiques. Bien qu'on ait peu de données sur ce sujet, il apparaît évident que ces composés, dont les promoteurs moléculaires sont majoritairement des restes de matériel vivant (tableau 3.6), peuvent subir un processus d'incorporation graduelle au scénario redox du milieu microbien. Autrement dit, des composés traditionnellement considérés comme récalcitrants dans les sols et les sédiments[18] (du point de vue de leur utilisation comme source de carbone, comme les substances humiques) seraient le résultat d'une intégration graduelle de matériaux qui s'incorporent au système (en majorité des constituants de la biomasse), intégration qui est fondamentalement conduite par les changements subis par les structures initiales au niveau de leur nature redox (Perminova *et al.*, 2005 ; figure 3.22). En conséquence, le résultat est un *assemblage redox* stabilisé qui est une composante quantitativement importante et parfaitement intégrée au fonctionnement redox du système et qui de ce point de vue produit des effets

18. Les datations ^{14}C du carbone d'une prairie climacique (Larguia, Argentine) montrent que les micro-agrégats (250-2 000 μm) présente un âge moyen de 1 445 ± 60 ans (Jocteur Monrozier, 2001).

Tableau 3.6. Quantité de C des débris végétaux qui retourne annuellement au sol. D'après White, 1987.

Type de végétation	Carbone organique (t/Ha)
Forêt alpine	0,1 – 0,4
Sol arable	1,0 – 2,0
Prairie tempérée	2,0 – 4,0
Forêt de conifères	1,5 – 3,0
Forêt de feuillus	1,5 – 4,0
Forêt tropicale	5,0 – 10,0

bio-énergétiques beaucoup plus importants que le rôle de simple pourvoyeur de carbone (Lovley *et al.*, 1999).

Nonobstant, la majorité des enzymes redox n'ont pas de participation dans les transferts directs d'e^- vers des supports conducteurs. Cependant, un certain nombre de ces nombreux composés associés aux SH, de fort caractère électroactif (tels que les monomères humiques), ont été décrits comme transporteurs d'e^- (navette électronique, *electron shuttle*) (Van der Zee et Cervantes, 2009). Ces composés pourraient donc jouer le rôle d'intermédiaires dans des processus de type BES et rendre possible des transferts non spécifiques d'e^-. Ceci conduirait à une augmentation significative de la capacité du système à pourvoir soit des accepteurs soit des donneurs d'e^-. Les processus décrits dans les premiers travaux sur ce sujet établissaient un lien entre le transfert d'e^- et les associations précises entre certains micro-organismes et certains donneurs et/ou accepteurs d'e^-. Le comportement qui s'impose, par l'intermédiaire de transporteurs non spécifiques, serait beaucoup plus ouvert et, par conséquent, son impact sur le système serait beaucoup plus significatif car il permettrait l'expression fonctionnelle non plus seulement au niveau de types donnés de micro-organismes, mais également au niveau de la communauté fonctionnelle.

En synthèse, l'existence de mécanismes BES ouvre la possibilité qu'existent des scénarios non encore imaginés pour la bio-énergétique redox des systèmes naturels.

Chapitre 4

Phénomènes d'oxydo-réduction dans la nature

⏩ Introduction

De nombreux facteurs physiques, chimiques et biotiques influent sur les conditions environnementales des différents systèmes microbiens (systèmes terrestres, aquatiques, micro-habitats chez les organismes végétaux ou animaux). Certains de ces facteurs — qui constituent d'importantes *forces de régulation* de l'activité biologique du milieu et par conséquent doivent être hiérarchisées dans les études d'écologie microbienne — sont fortement interdépendants. C'est le cas de la structure et de la texture du milieu ambiant, de la quantité de carbone, d'effecteurs acide-base et d'oxydo-réduction qui sont des régulateurs proximaux ou distaux (Tiedje, 1988) de variables plus synthétiques comme l'état redox du système[1]. Cette variable, qui est considérée comme une variable majeure (MacBride, 1994), synthétise la situation physico-chimique générale et caractéristique du système (figure 4.1).

Ce chapitre vise à réaliser une synthèse d'une bonne quantité de phénomènes redox liés à l'activité des micro-organismes dans divers scénarios. Dans l'approche de ces phénomènes est présenté un traitement centré sur l'analyse des situations du point de vue des transferts d'e^-. Toutefois, cette approche n'est pas exhaustive ni très détaillée en relation avec les systèmes ou scénarios où ces phénomènes se manifestent. On a essentiellement recherché à mettre en évidence l'importance du transfert d'e^-. Le lecteur intéressé pourra accéder avec une certaine facilité à l'information qui se réfère aux aspects non traités ou à la signification des phénomènes en relation avec d'autres facettes de ceux-ci, comme les dérivations vers l'appliqué, le technologique ou le thérapeutique.

Les travaux réalisés sur les aspects généraux de nombre de ces sujets (et dans certains les traitements ont une grande profondeur) apportent de l'information tant fondamentale qu'appliquée, qui sert pour interpréter des situations dans une multiplicité de scénarios microbiens. Parmi ces travaux, les recherches sur les

1. L'*état redox* est une variable majeure qui définit la disponibilité prévisible d'e^- en fonction des composants d'un système donné (Pidello, 2003 ; encadré 3.1). Exemple : un système à fort contenu en carbone organique et peu oxygéné aura un état redox complètement différent d'un autre de moindre teneur en carbone et très oxygéné. On appelle *statut redox* une situation à un moment particulier qui peut être créée tant par des facteurs abiotiques que biotiques (dans ce dernier cas, par exemple, changements au niveau du nombre et/ou de la composante fonctionnelle microbienne) (Davison, 1976).

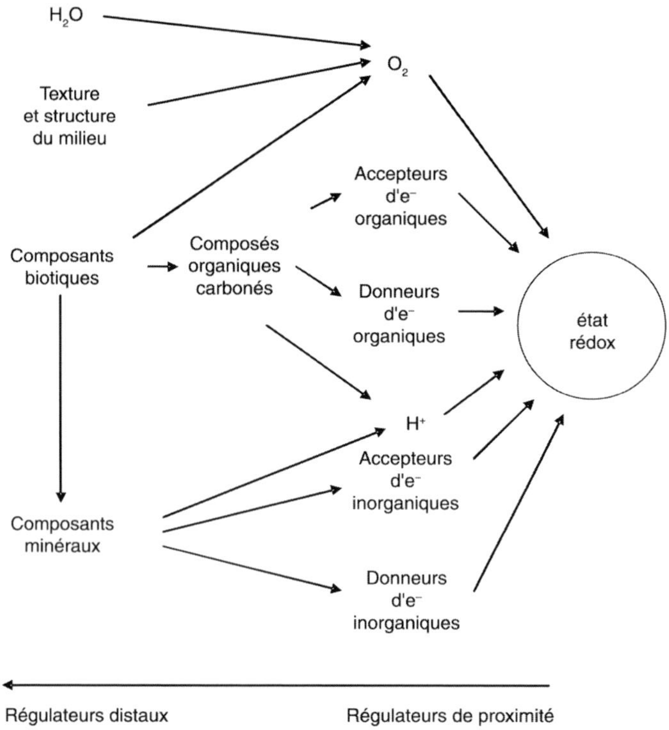

Figure 4.1. Modèle conceptuel de la régulation de l'état redox dans les écosystèmes microbiens. D'après Pidello, 2003c.

systèmes aquatiques réalisées par Stumm et Morgan (1996) constituent une référence dans le domaine[2]. On peut également considérer comme fondamentaux les travaux de MacBride (1994), Buffle et DeVitre (1994) et Vanden Driessch (2000).

▸▸ L'oxygène dans l'eau

Le mot oxygène est à l'origine du mot *oxydation*, pourtant, comme nous l'avons vu, celui-ci signifie une perte de e^- que l'oxygène soit présent ou non. Le contraire, la *réduction*, signifie un gain d'e^-.

La réaction globale de réduction de O_2 en H_2O, qui implique 4 e^- s'écrit comme suit :

$$O_2\,(g) + 4\,H^+ + 4\,e^- \leftrightarrow 2\,H_2O \qquad (1)$$

$\log K = 83{,}1$; $Eh^0 = +\,1{,}23$ V ; $p\varepsilon^0 = 20{,}78$.

2. Werner Stumm (1924-1999) a été professeur émérite de l'Institut Fédéral de Technologie de Zurich, en Suisse et James Morgan (1933) professeur Goldberger de sciences de l'ingénieur en sciences environnementales de l'Institut de technologie de Californie à Pasadena, États-Unis. Ils se sont connus à l'Université de Harvard en 1960 et ont été pendant des décennies les scientifiques les plus importants dans le domaine de la chimie aquatique. Cette discipline traite des comportements chimiques des eaux naturelles et des processus qui affectent la distribution et la circulation des substances chimiques. Ils publièrent conjointement *Aquatic Chemistry*, 1996.

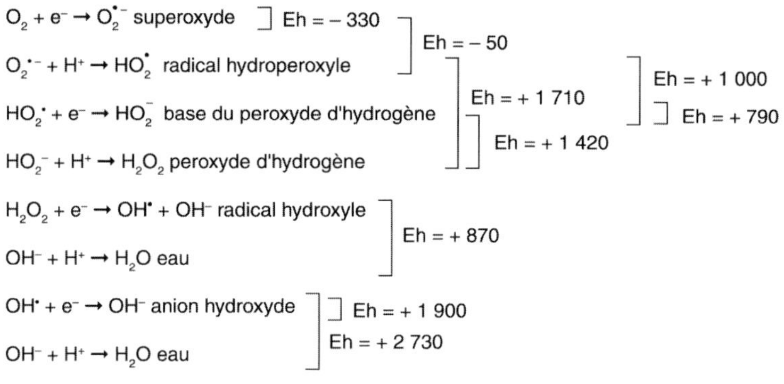

Figure 4.2. Étapes de la réduction de O_2 dans des réactions qui mettent en jeu un électron. Les valeurs de Eh s'expriment en mV et ont été adaptées de Stumm et Morgan, 1996 ; Wardman, 1989.

Cette réaction peut se diviser en deux séquences dans lesquelles interviennent 2 e^- dans chacune d'entre elles.

$$O_2\,(g) + 2\,H^+ + 2\,e^- \leftrightarrow H_2O_2 \qquad (2)$$

$\log K = 23{,}5$; $Eh^0 = +\,0{,}69$ V ; $p\varepsilon^0 = 11{,}75$

et

$$H_2O_2 + 2\,H^+ + 2e^- \leftrightarrow 2\,H_2O \qquad (3)$$

$\log K = 59{,}6$; $Eh^0 = +\,1{,}76$ V ; $p\varepsilon^0 = 29{,}8$.

D'un point de vue thermodynamique, la réduction échelonnée de l'O_2 avec 4 e^- (équation 1), si elle intervient synchroniquement, correspond à un oxydant fort. Comparativement, si on considère seulement la première réaction partielle avec 2 e^- (équation 2) il apparaît comme un oxydant faible ($\log K = 23{,}5$).

H_2O_2 apparaît évidemment comme un oxydant plus fort que O_2, ce qui paraît étrange puisqu'il s'agit d'un produit intermédiaire de la réduction de O_2.

D'autre part, l'analyse des réactions échelonnées de la réduction de O_2, qui incorpore un e^- par étape, peut s'écrire comme montré dans la figure 4.2.

En fonction des potentiels que présentent les premières étapes de la réduction de O_2, on peut douter, comme l'ont fait différents auteurs, de la force oxydante de la molécule O_2. En réalité, la première réduction qui met en jeu un e^- est thermodynamiquement défavorable et l'ion superoxyde est un réducteur modéré (encadré 4.1 ; Fossey *et al.*, 1993). La force de O_2 comme oxydant est évidente dans les valeurs de potentiel de réduction qui possède les étapes intermédiaires entre ces premières réductions et celles qui finalisent la formation[3] de H_2O.

3. L'existence de ces phénomènes doit être prise en compte lorsqu'on utilise des balayages voltammétriques pour détecter et/ou quantifier des substances électroactives. La présence de pics de courant dus à l'apparition des espèces de O_2, qui masquent les signaux propres du produit étudié, a pour conséquence que les balayages doivent se dérouler en l'absence d'oxygène. En général, ces déterminations se réalisent sous un flux de N_2 ou en présence de composés capables d'éliminer O_2 comme l'ion sulfite, par exemple.

Encadré 4.1. Le radical superoxyde

L'oxygène, comme on peut le voir dans la première réaction de la figure 4.2, se réduit en un radical anion $O_2^{\bullet -}$ ($Eh°_7 = -330$ mV) qui présente le caractère ambivalent de radical et d'anion et les propriétés chimiques suivantes :

– puissant agent nucléophile en milieu aprotique ;
– base de Bronsted forte ;
– réducteur d'e^- ;
– oxydant qui produit par dismutation induite par protonation O_2 et H_2O_2 (dans l'eau il est meilleur oxydant que O_2).

$$2\,O_2^{\bullet -} + 2\,H^+ \rightarrow O_2 + H_2O_2$$

Cette réaction est très rapide en présence de l'enzyme superoxyde dismutase (SOD), qui joue un rôle important dans la régulation des réactions de O_2. H_2O_2 peut être transformée à travers diverses réactions biochimiques (catalase, peroxydase, Fe^{2+}).

L'oxygène est une source d'énergie et de vie. Paradoxalement, il peut jouer un rôle nocif pour les radicaux oxygénés qui se mettent en place quand il se réduit par étapes qui impliquent un e^- comme le montre la figure 4.2.

Le radical anion superoxyde peut être produit par de nombreux donneurs d'e^- présents dans les systèmes biologiques. C'est le cas des métallo-enzymes comme la xanthine oxydase ou de composés non enzymatiques comme l'hydroquinone ou les thiols (Vander Driessche, 2000). L'acide conjugué du radical anion superoxyde est un autre radical nommé peroxyle :

$$O_2^{\bullet -} + H^+ \rightarrow HOO^{\bullet}.$$

D'autre part H_2O_2, par l'intermédiaire de l'enzyme peroxydase ou de Fe^{2+} peut être transformé en radical hydroxyle ($HO^{\bullet}$).

Donc la réduction de O_2 produit trois radicaux libres $O_2^{\bullet -}$, $HOO^{\bullet}$ et $HO^{\bullet}$. Le radical $O_2^{\bullet -}$ aussi bien que le radical $HOO^{\bullet}$ sont moins réactifs que le radical $HO^{\bullet}$. Ce dernier peut jouer un rôle sur une quelconque molécule biologique, en particulier sur les molécules constitutives de l'ADN (bases puriques, pyrimidiques, désoxyribose), sur les acides aminés et acides gras insaturés (la peroxydation de la membrane lipidique affecte la rigidité, la perméabilité, l'activité des enzymes localisés sur cette membrane, l'activité des récepteurs de membrane).

Les formes vivantes de la planète se développent en présence d'oxygène et développent nécessairement des systèmes de défense contre les réactions radicalaires. Ces multiples stratégies sont les systèmes enzymatiques (SOD, catalases et peroxydases) (Buffle et DeVitre, 1994) et les anti-oxydants biochimiques non enzymatiques (comme l'α-tocopherol et l'acide ascorbique).

▸▸ Le système carbone

L'énergie solaire construit, au travers de la photosynthèse, la réserve de carbone réduit de la biosphère (figure 4.3). Ce processus génère des conditions de déséquilibre puisque la photosynthèse peut s'interpréter comme une dismutation

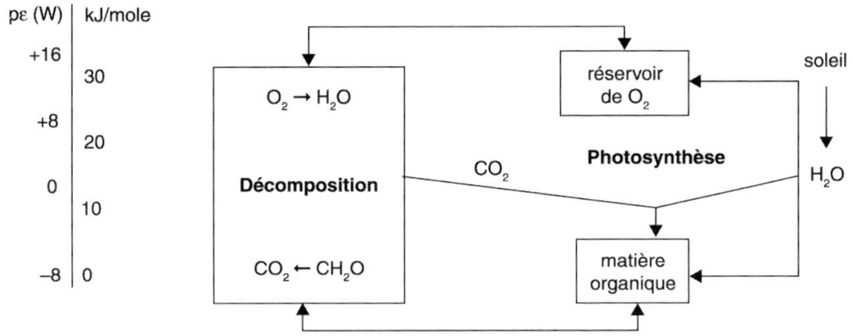

Figure 4.3. Description schématique du cycle du carbone mettant en relation la décomposition des composés carbonés (respiration) et la synthèse des composés carbonés (photosynthèse) sur l'échelle redox (pε(W)) et l'échelle énergétique (kJ/mol). La photosynthèse augmente le *pouvoir réducteur* du système en réduisant le CO_2 en utilisant les e^- libérés par la photolyse de l'eau (le pε(W) atteint une valeur d'environ – 8). Ce gain de e^- permet que se réalisent des processus microbiens qui conduisent en premier lieu à la réduction de O_2. Si la disponibilité en O_2 ne se maintient pas (le système devient anaérobie, c'est-à-dire que s'interrompt son approvisionnement à partir de la réserve atmosphérique), les e^- du matériel organique seront utilisés dans la réduction d'autres paires électroactives selon l'ordre des potentiels de réduction décroissants. À l'intérieur du compartiment « décomposition », on doit inclure la série de paires électroactives présentée dans la figure 2.5.

(disproportionnalisation) (voir p. 16) au sein d'une réserve de O_2 et de matière organique réduite (la biomasse qui est formée d'H, C, N, S et P, possède des liaisons de haute énergie ; Stumm et Morgan, 1996).

Les organismes non photosynthétiques tendent à rétablir l'équilibre en décomposant les produits de la photosynthèse à travers des réactions exergoniques en suivant les lois de la bioénergétique redox comme cela a été développé p. 27 (figure 2.5). Donc dans ce processus se synthétisent, se transforment et se décomposent (majoritairement par des processus catalysés par des micro-organismes) un grand nombre de composés organiques. Les réactions mises en jeu sont aussi des exemples de dismutation.

Nous allons voir le cas de la méthanogénèse. Comme l'indiquent les équations suivantes, l'H_2 est formé par dismutation, par exemple lors de la β-oxydation des acides gras :

$$\text{matériaux organiques} \rightarrow \text{acides organiques} \begin{cases} \nearrow H_2 + CO_2 \rightarrow CH_4 \\ \searrow CH_3COO^- \rightarrow CH_4 \end{cases}$$

Cet H_2 agit comme réducteur du CO_2 selon les réactions suivantes :

$CH_3CH_2CH_2COO^- + 2\,H_2O = 2\,CH_3COO^- + 2\,H_2\,(g) + H^+$,

$CH_3COOH + 2\,H_2O = 2\,CO_2 + 8\,H^+ + 8\,e^-$,

$CO_2 + 8\,e^- + 8\,H^+ = CH_4 + 2\,H_2O$.

D'autre part, dans les réactions redox qui mettent en jeu les composés carbonés, un grand nombre de composés intermédiaires se forment. Les concentrations

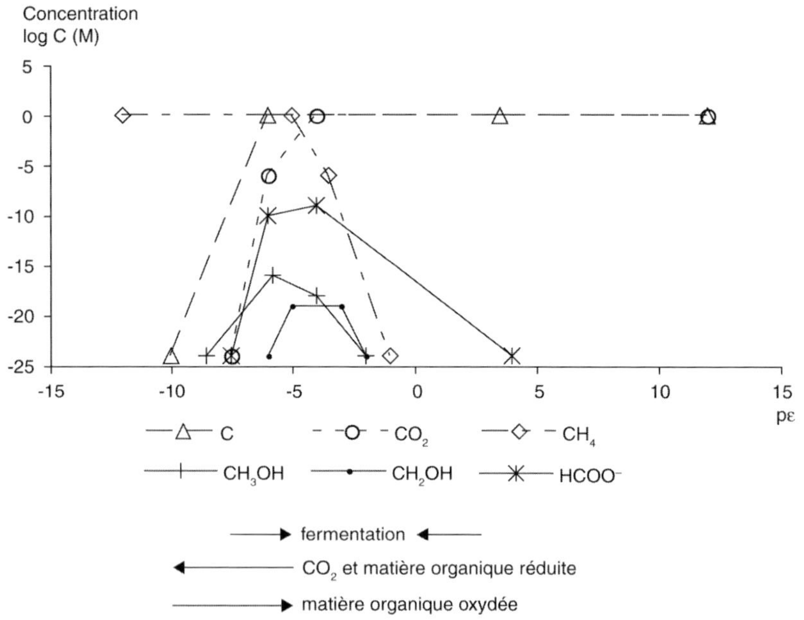

Figure 4.4. Équilibres correspondant aux composés majeurs du système carbone dans des eaux naturelles en fonction du pε à pH = 7. Le graphique a été construit à partir des constantes d'équilibre calculées (voir p. 45). D'après Stumm et Morgan, 1996.

d'équilibre[4] de certains de ces composés avec des états d'oxydation de – 4, – 2, 0, et + 2 (voir tableau 1.1), sont présentées dans la figure 4.4. Il est intéressant de souligner le fait que dans les sols et les eaux naturelles, la plus grande diversité de composés avec des états d'oxydation différents se présente dans des valeurs de pε aux alentours de – 454.

Oxydation et réduction du carbone

Cas de l'oxydation de la matière organique par SO_4^{2-}

L'oxydation du carbone organique est-elle possible thermodynamiquement en conditions naturelles ?

En théorie, toutes les espèces oxydées des paires redox qui présentent des potentiels de réduction supérieurs à la paire CO_2/CH_2O, où la formule CH_2O peut être assimilée au *carbone organique* (tableau 2.2), peuvent être réduites. Néanmoins, si on prend en compte la concentration relative des formes oxydées et réduites des composés organiques présents en conditions réelles, il peut se former des scénarios chimiques assez différents de ceux décrits sur la base de déductions théoriques (par

4. Même si on n'arrive pas à des situations d'équilibre réversible, cette démarche permet d'effectuer des comparaisons utiles dans les études de systèmes naturels.

exemple, le sens des réactions en fonction des potentiels standards qui, comme nous l'avons vu précédemment, sont en général non réels quand on étudie des systèmes naturels). Par ailleurs, la diversité des micro-organismes fonctionnels présents dans un milieu donné (qui peuvent transformer un même substrat de différentes manières, par exemple) est également un facteur important qui influe sur l'établissement d'un état redox dans les systèmes naturels.

Très souvent ces processus, qui conduisent à l'établissement de l'état redox des systèmes naturels, doivent être étudiés à partir de situations particulières. Ils ont été mis en évidence par des travaux approfondis dans quelques écosystèmes (Buffle et Stumm, 1994).

En général, on peut dire qu'à travers ce type de processus qui interviennent entre compartiments comportant de grandes différences de pε, et où les micro-organismes sont des agents fondamentaux, la nature tente de réinstaller les conditions d'*équilibre* dans les systèmes perturbés par les processus de biosynthèse générés par l'énergie solaire[5].

En conditions aérobies, SO_4^{2-} est la forme stable du soufre. Dans la nature, sa réduction est un processus biologique, mais elle est contrôlée par des conditions physico-chimiques (pH, Fe^{2+}, Mn^{2+}, Zn^{2+}) (Pan, 1985). Elle est régulée directement par les conditions réductrices du milieu et indirectement par la teneur en matière organique. La réaction redox du système soufre est la suivante (tableau 2.2 ; figure 4.5, Stumm et Morgan, 1996) :

$$SO_4^{2-} + 10\,H^+ + 8\,e^- = H_2S + 4\,H_2O$$

$$K = 10^{5,12}.$$

En prenant en compte la concentration d'e^-, la réduction du sulfate et en considérant l'activité de H_2O égale à 1 (Hanselmann, 1994), la constante d'équilibre K s'écrit de la façon suivante :

$$K = (H_2S) / (SO_4^{2-})\,(H^+)^{10}\,(e^-)^8.$$

En appliquant le logarithme il en résulte :

$$p\varepsilon = 5,12 - 1/8\ p(SO_4^{2-}) + 1/8\ p(H_2S) - 5/4\ pH$$

ou également :

$$Eh = 86,8 - 2,12\ p(SO_4^{2-}) + 1/8\ p(H_2S) - 21,2\ pH.$$

À pH constant, la réduction ne peut intervenir qu'à des potentiels de réduction bas. L'équation redox indique que dans la réduction du sulfate, il y a consommation de H^+, donc les basses valeurs de pH peuvent favoriser le processus. Cependant, comme la réduction de SO_4^{2-} est réalisée par des bactéries anaérobies, un pH très bas retarde l'activité de ces bactéries, ce qui a pour conséquence une diminution du taux de réduction. Dans cette situation, le taux de réduction du sulfate

5. La photosynthèse peut être considérée comme un processus qui génère des centres localisés avec des valeurs de pε fortement négatives et un réservoir d'oxygène ; c'est-à-dire un processus qui crée des conditions de déséquilibre. À travers la photosynthèse, on favorise l'apparitions de composés *redox* intermédiaires qui peuvent se constituer en substrats utiles pour alimenter les réactions biochimiques productrices d'énergie, tendant à ce que le pε se modifie, passant de valeurs nettement négatives à des valeurs moins négatives ou positives.

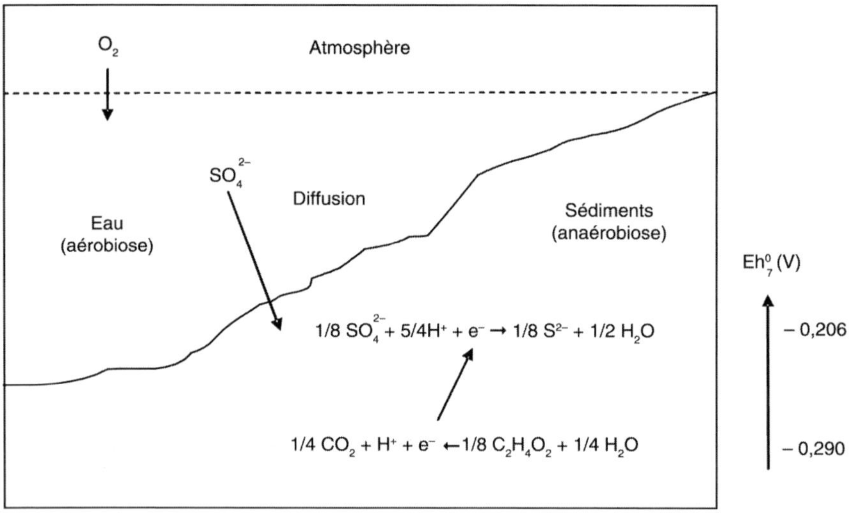

Figure 4.5. Réduction bactérienne anaérobie de SO_4^{2-} en S^{2-} en milieu marin anaérobie spécialement en estuaires et zones cotières. La réduction bactérienne des sulfates (*Desulfotomaculum acetoxidans*) est un processus respiratoire très important dans la dégradation du carbone organique en fonction du contenu en sulfate de l'eau de mer (Ehrlich, 2006). L'échelle de droite, qui montre les potentiels des paires redox mises en jeu, indique que la réaction est favorisée thermodynamiquement en conditions standard (pH = 7). En considérant les concentrations réelles de ces milieux, les valeurs de dG se révèlent plus négatives et en cela la réaction est encore plus favorisée. Les valeurs de potentiel de réduction standard à pH 7 ont été tirées de Stumm et Morgan, 1996 et Thauer *et al.*, 1977.

peut se calculer à partir de l'assimilation de NH_4^+, en assumant que les bactéries fermentatives et sulfato-réductrices utilisent exclusivement l'ammonium comme source d'azote. Fenchel et Blackburn (1979) signalent que dans un système sulfato-réducteur, 69 moles de C s'oxydent et 31 moles de C sont assimilées dans la biomasse. En considérant que le quotient C/N dans la cellule microbienne est de 6,25, cela signifie que dans cette situation 4,96 moles de N sont incorporées. En fonction de la stœchiométrie de la réaction, 1 mole de CH_2O-C oxydée correspond à 0,5 mole de SO_4^{2-} -S réduit, donc 1 mole de NH_3-N incorporée est équivalente à 6,96 moles de SO_4^{2-}-S réduit.

La quantité de carbone réduite est la principale source d'e⁻ pour créer des conditions fortement réduites mais son effet est très influencé par les conditions de chaque système (Pan, 1985).

Réduction des fractions humiques par des effecteurs redox organiques

Les substances humiques (SH) présentent un intérêt particulier comme effecteurs redox dans les systèmes géochimiques naturels, en particulier en relation avec les réactions d'oxydation et de polymérisation promues par des surfaces naturelles (McBride, 1987) ou avec les interactions dans les systèmes bio-électrochimiques (Rabaey *et al.*, 2007) (p. 81). Il est nécessaire pour avancer dans la compréhension

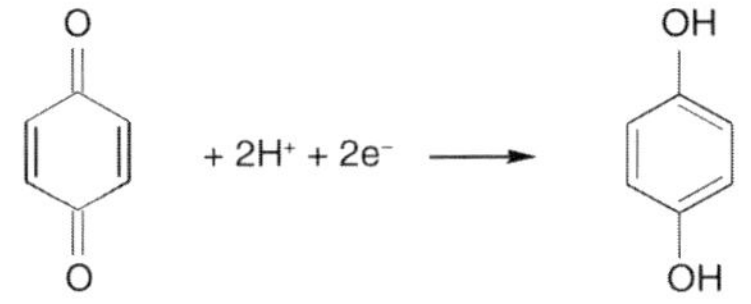

Figure 4.6. Réaction de réduction de la benzoquinone.

de ces systèmes redox de déterminer la réactivité dans les fractions qui s'apparentent aux SH, face à des systèmes ubiquistes en conditions naturelles comme les systèmes quinoniques. Ces systèmes quinoniques, dans des conditions déterminées, peuvent agir comme donneurs ou accepteurs d'e^-. Les SH sont des composés de nature phénolique qui peuvent être extraits des sols ou des aquifères. Dans l'exemple suivant, les SH ont été obtenues à partir d'un sol de prairie climacique (Larguia, Argentine) et présentent deux fractions clairement détectables par spectrométrie UV (260 nm) qui ont été appelées *f*I et *f*II (Pidello *et al.*, 2007, 2013). La mesure des potentiels apparents de ces fractions est :

Eh'_{fI} = + 0,380 V et Eh'_{fII} = + 0,330 V (Pidello et Zerbatto, 2007).

La valeur de Eh^0 de la paire quinone (Q)/hydroquinone (QH_2) est égale à + 0,699 V. La réaction de réduction de la paire Q/QH_2 (voir encadré 2.4) est présentée dans la figure 4.6. Dans ces conditions (E^0), il devient évident que la réduction de Q en QH_2 est favorisée, de sorte que la réduction de ces fractions humiques ne peut se produire de façon spontanée (encadré 4.2). Cependant, la réaction redox du système de la benzoquinone suggère que si l'on diminue la valeur du quotient Q/QH_2 et si on tamponne le système réactionnel en augmentant les valeurs de pH, on peut attendre un effet « catalytique » sur l'oxydation de la QH_2 ; autrement dit, inverser le sens de la réaction montrée dans la figure 4.6. Ce raisonnement se base sur la valeur que

Encadré 4.2. La voie redox dans les changements des molécules humiques

Si on prend en considération les équations du système Q/QH_2 (en conditions standard) et le système *f*I oxydé/*f*I réduit de la manière indiquée dans l'encadré 2.2, il en résulte :

$Q + H^+ + e^- = QH_2$ $\qquad$ Eh^0 = + 0,699 V

*f*I oxydé + e^- = *f*I réduite $\qquad$ Eh' = + 0,380 V.

Dans ce cas nous avons

E = E oxydation + E réduction = – 0,380 V + 0,699 V = **+ 0,319 V**.

La valeur positive de E suggère que l'oxydation de la fraction *f*I par Q peut intervenir spontanément. Considérant le cas de la fraction *f*II, on a :

*f*II oxydée + e^- = *f*II réduite Eh' = + 0,330 V.

Dans ce cas nous avons

E = E oxydation + E réduction = – 0,330 V + 0,699 V = **+ 0,369 V**.

Cette valeur suggère que l'oxydation de *f*II par Q peut également intervenir spontanément.

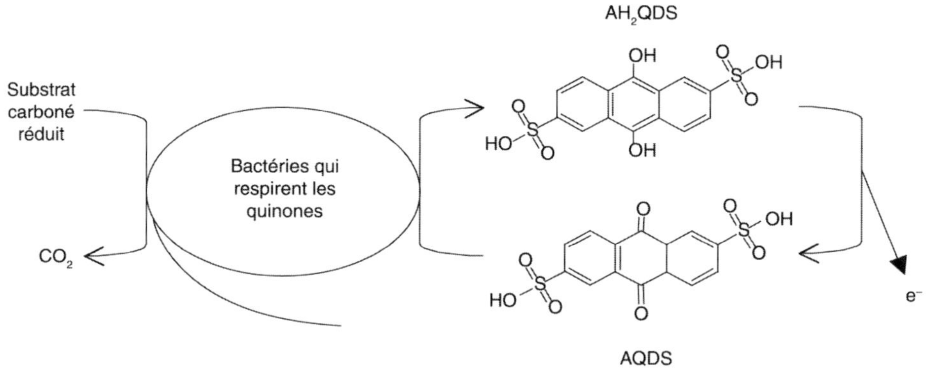

Figure 4.9. Schéma conceptuel qui montre le fonctionnement du système AQDS/AH_2QDS comme transporteur des électrons dont l'origine est l'oxydation microbienne de substrats carbonés.

impliquées que des conditions chimiques dans lesquelles se déroulent ces processus est bien moindre (Hernandez et Newman, 2001). On ne connait pas non plus avec une acuité suffisante nombre des relations bilatérales qui interconnectent le flux d'e^- entre les composants biotiques et abiotiques — bien souvent à la base des mécanismes adaptatifs qu'utilisent les micro-organismes (Pidello et Jocteur Monrozier, 2006 ; Kadian *et al.*, 2012). On ne connait pas non plus avec précision les relations qui s'établissent au niveau de la chimie redox entre les mêmes composantes biotiques en milieu naturel : colonisation de la cavité orale, rumen, tractus intestinal ou urogénital dans le corps animal.

Les composés quinoniques comme le 2,6-anthraquinone disulfonate (AQDS) peuvent agir comme médiateurs dans le transfert d'e^- (navette électronique, *electron shuttle*) et sont impliqués dans l'oxydation microbienne de divers substrats organiques (figure 4.9) (Benz *et al.*, 1998). Ce composé en particulier et les structures similaires quinoniques en général revêtent un intérêt spécial pour l'écologie des micro-organismes. Un nombre considérable d'observations expérimentales impliquent fortement les structures quinoniques comme des constituants clés dans des voies métaboliques privilégiées quand il s'agit de transferts extracellulaires d'e^-. Ce comportement, qui peut avoir une influence significative et être un conditionnant important de mécanismes du système du carbone, peut prendre son origine dans la série complexe de transformations auxquelles ces composés peuvent être confrontés tant au niveau redox qu'au niveau acide-base (figure 4.10 ; Quan *et al.*, 2007).

Aranda Tamaura *et al.* (2007) ont démontré que les formes réduites de AQDS (AH_2QDS) servent de donneurs d'e^- pour la réduction de NO_2^- et de N_2O, ce qui représente la première démonstration du fait que l'hydroquinone puisse supporter la réduction microbienne des intermédiaires de la dénitrification. Ces résultats suggèrent que certaines quinones peuvent augmenter significativement le taux de conversion de S et N en conditions dénitrifiantes (figure 4.11).

Récemment, il a été également démontré que des composés analogues au AQDS, comme la 2-hydroxy-1,4-naphtoquinone, ou le 1,2-naphtoquinone-4-sulfate (NQS) peuvent également agir comme transporteurs d'e^- dans des processus extracellulaires

Deux électrons

$AQDS^{2-} + 2\,e^- + 2\,H^+ = AH_2DS^{2-}$ $E^0 = +\,0{,}253$

$AQDS^{2-} + 2\,e^- = AH_2DS^{4-}$ $E^0 = -\,0{,}298$

Un électron

$AQDS^{2-} + e^- + H^+ = AHDS^{2-\bullet}$ $E^0 = -\,0{,}055$

$AHDS^{2-\bullet} + e^- + H^+ = AH_2DS^{2-}$ $E^0 = +\,0{,}561$

$AQDS^{2-} + e^- = AHDS^{3-\bullet}$ $E^0 = -\,0{,}244$

$AHDS^{3-\bullet} + e^- = AQDS^{4-}$ $E^0 = -\,0{,}351$

$AHDS^{1-} + e^- = AHDS^{2-\bullet}$ $E^0 = -\,0{,}012$

$AHDS^{2-\bullet} + e^- = AHDS^{3-}$ $E^0 = -\,0{,}085$

$AH_2DS^0 + e^- = AH_2DS^{1-\bullet}$ $E^0 = +\,0{,}341$

$AH_2DS^{1-\bullet}\ e^- = AH_2DS^{2-}$ $E^0 = -\,0{,}002$

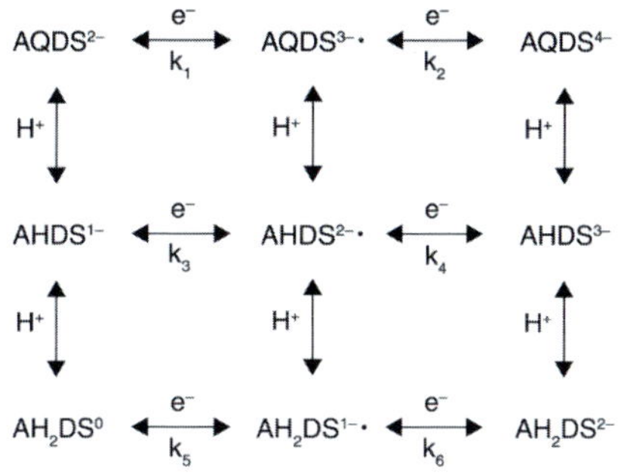

Figure 4.10. Chemins redox du système AQDS (Pacific Northwest National Laboratory, U.S. Department of Energy). Les potentiels standard de réduction (V ; par rapport à l'EEH) sont présentés. D'après Rosso *et al.*, 2004.

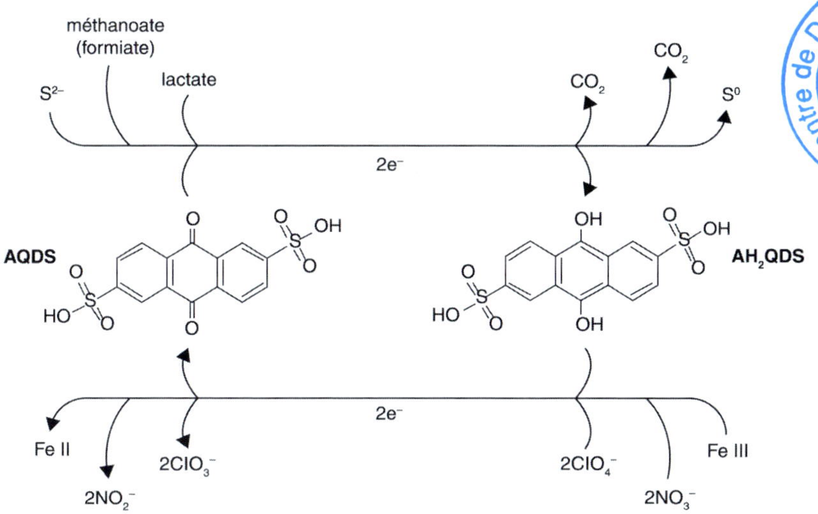

Figure 4.11. Quelques processus de réduction d'espèces inorganiques qui mettent en jeu tantôt des donneurs d'électrons organiques (méthanoate et lactate) ainsi qu'inorganiques (S^{2-}) dans lesquels le système AQDS/AH_2QDS joue comme transporteur extra-cellulaire de e^-. D'après Hernandez et Newman, 2001 ; Van der Zee et Cervantes, 2009.

de transfert d'e^- et jouer un rôle important dans les processus microbiens de respiration de minéraux insolubles (Shyu *et al.*, 2002).

D'autre part, on considère actuellement que les acides humiques (figure 4.12) qui présentent certaines similitudes au niveau de la structure fonctionnelle avec les dérivés de l'anthraquinone, peuvent également agir comme médiateurs dans les processus de réduction chimique (Benz *et al.*, 1998 ; Lovley *et al.*, 1999 ; Shyu *et al.*, 2002 ; Field et Cervantes, 2005 ; Van der Zee et Cervantes, 2009).

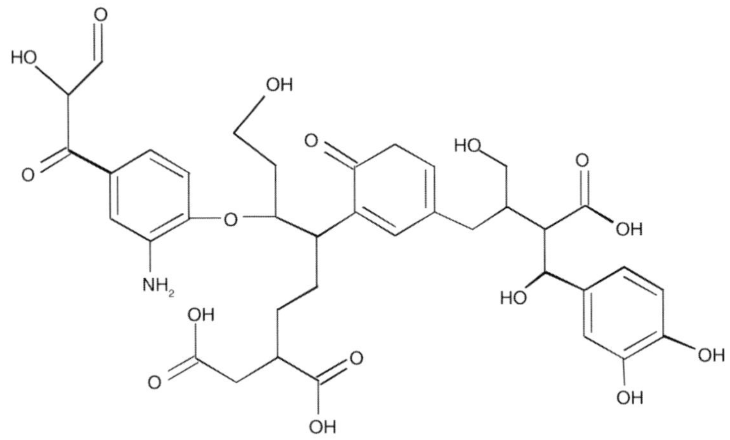

Figure 4.12. Modèle de Steelink pour un monomère de SH.

Les SH sont des produits de la transformation des matières organiques naturelles par action des micro-organismes et des enzymes présents dans le sol ou dans l'eau, et peuvent être définies comme des associations supramoléculaires, formées par des sous-unités de taille moléculaire relativement petite, entre 0,5-1 kDalton. Ce *modèle supramoléculaire* suggère que ces unités relativement petites sont associées entre elles à travers des interactions moléculaires faibles. Les structures résultantes sont capables de se lier fortement avec les ions métalliques qui vont faciliter les changements de conformation, c'est-à-dire qu'ils agiraient comme des agents importants de modification de ces mêmes structures en raison également et probablement de leur taille moléculaire. Les mécanismes mis en jeu dans ces modifications seraient de caractère essentiellement redox (acceptation ou cession d'électrons).

Comme vu précédemment, il est démontré qu'existent dans les SH du sol d'une prairie climacique (Larguia, Argentine) des fractions faciles à différencier en spectrométrie UV (260 nm) et par des techniques voltammétriques (Pidello *et al.*, 2007). Ces fractions qui, en fonction de la taille moléculaire qu'elles présentent, peuvent être considérées comme construites par des acides humiques (cas de la *f*I) et par des acides fulviques (cas de la *f*II) (Pidello *et al.*, 2007) présentent des différences significatives au niveau du statut redox.

Il a été démontré que différentes souches de *Pseudomonas fluorescens* sont capables de modifier le statut redox de milieux naturels tant en terme d'intensité (potentiel redox, Eh) que de capacité (quantité de composés électroactifs) (Pidello, 2003a ; Pidello et Jocteur Monrozier, 2006) et que ces modifications pourraient affecter les caractéristiques électroactives des fractions *f*I et *f*II (Pidello, 2008). Ces résultats suggèrent que ces fractions, différentes entre elles au niveau de la taille moléculaire et de l'état redox, pourraient se comporter comme des transporteurs d'e^-.

On peut donc conclure qu'un des aspects de l'intérêt que présente pour l'écologie des micro-organismes le système navette d'e^- est l'aptitude à modifier le milieu à deux niveaux : i) comme un agent modulateur de l'état redox d'un système en fonction de sa capacité potentielle (modifiant la variable soit en terme d'intensité soit en terme de capacité) ; ii) comme modulateur des réactions bilatérales entre la composante microbienne et les caractéristiques abiotiques du système considéré. Ce qui revient à dire que ces systèmes de transporteurs d'e^- agissent comme des agents modulateurs directs de l'expression de la composante fonctionnelle biotique.

Les résultats expérimentaux qui impliquent certains de ces aspects sont présentés dans le prochain paragraphe. Ces travaux traitent de l'effet de la présence de AQDS, pris comme un modèle de transporteur extra-cellulaire d'e^-, sur l'expression fonctionnelle microbienne et sur l'état redox dans un système naturel (Fracchia *et al.*, 2007, 2008, 2011).

Production potentielle de N_2O et CO_2 et comportement redox dans un système sol-biosolide-bactéries en présence d'un transporteur extra-cellulaire d'électrons

Dans le but de déterminer l'impact de AQDS dans un système microbien constitué par un sol enrichi en carbone réduit (mannitol et biosolides[6]) et inoculé avec une bactérie effecteur redox[7] (*Pseudomonas fluorescens*^{RTcgfp}), les microcosmes suivants ont été mis en place : sol témoin, sol non inoculé enrichi avec le biosolide (6 % ; P/P) et sol inoculé avec *P. fluorescens*^{RTcgfp} et enrichi avec le biosolide (6 % ; P/P). Les variables ont été la production potentielle de N_2O et de CO_2 et la concentration de composés électroactifs[8].

N_2O et CO_2

La production potentielle de CO_2 et N_2O est une mesure qui informe fondamentalement sur les changements au niveau de l'expression de la population microbienne fonctionnelle.

---

6. Le biosolide utilisé dans ces expériences est obtenu dans des bacs de dessiccation des eaux résiduaires d'origine urbaine. Les principales caractéristiques du biosolide utilisé étaient : carbone oxydable 9 % ; azote total 0,68 % ; pH (eau) 6,8 ; humidité 15 % (Ingallinella *et al.*, 2002).
7. La souche *P. fluorescens* 92 (isolée par M.G. Martinotti, Università del Piemonte Orientale « Amedeo Avogadro » – Dipartamento di Scienze Chimiche, Alimentari, Farmaceutiche e Farmacologiche, DISCAFF) possède la caractéristique de produire des sidérophores, de l'acide indole acétique et de solubiliser les phosphates. Elle possède une résistance naturelle à la Rifampycine (100 μg/ml). Cette souche a été conjuguée avec la souche *d'Escherichia coli* S17 *(λPIR): put mini Tn5 gfp Tc* avec une résistance à la Tetracycline (25 μg/ml) (Fracchia, commun. personnelle) avec l'objectif de lui conférer le gène de la *green fluorescent protein*. Le produit de cette conjugaison *P. fluorescens*^{RTcgfp} a été employé pour les inoculations réalisées.
8. Le sol utilisé a été un Argiudoll typique vierge (Larguía, province de Santa Fe, Argentine). Après 168 h de stabilisation (25 °C à l'obscurité), les échantillons ont été retirés des microcosmes, la moitié d'entre eux a été enrichie avec du mannitol (0,2 mg de C/g sol), N-NO_3^- (1 mg N/g sol) et AQDS (250 μl 5 mM/g sol), et incubée à 25 °C pendant 168 h. Des échantillons témoins n'ont pas reçu de AQDS. Après cette période d'incubation, on a mesuré la production potentielle de N_2O et CO_2. L'autre moitié des échantillons a été enrichie ou pas avec AQDS et incubée également pendant 168 h. Après cette période d'incubation, on a réalisé des suspensions-dilution (10^{-1} – 10^{-3}) avec l'objectif de réaliser des numérations bactériennes (micro-organismes totaux et souche inoculée) ainsi que des balayages voltammétriques (VC).

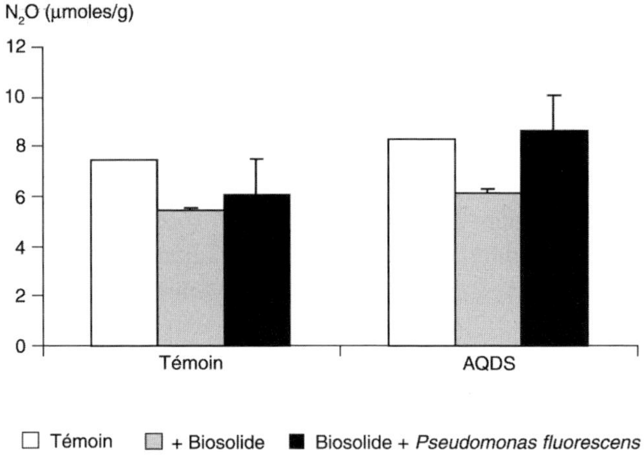

Figure 4.13. Production potentielle de N_2O (μmoles/g/24 h) dans un Argiudoll soumis à différents traitements et incubé pendant 168 h (25 °C) en présence ou absence de AQDS.

La figure 4.13 montre que, dans les systèmes sans apport de AQDS, la production potentielle de N_2O du sol témoin a été supérieure à celle observée dans les sols enrichis avec le biosolide et inoculés (différence non significative) ainsi qu'à celle observée dans les systèmes enrichis avec le biosolide ($p < 0,01$). L'apport de AQDS, en comparaison avec les traitements sans apport, a augmenté significativement la production de N_2O notamment dans le système sol témoin et le système sol + biosolide + *Pseudomonas* ($p < 0,05$). Les systèmes enrichis avec le biosolide n'ont présenté aucune différence significative ($p < 0,05$) avec ou sans apport de AQDS.

Ces comportements suggèrent qu'en présence de AQDS il a existé une tendance similaire dans les trois traitements qui a été de faciliter la dérivation du flux d'e^- vers NO_3^-. En fonction de cette interprétation, les groupes fonctionnels dénitrifiants seraient favorisés et ceci peut expliquer le fait que *Pseudomonas fluorescens*^{RTcgfp}, qui peut utiliser le mannitol comme substrat, présente le comportement le plus évident dans ce sens (ce qui se traduit par la forte signification statistique observée). La production potentielle de CO_2 a été plus élevée dans le sol témoin que dans les deux autres traitements. Alors que l'apport de AQDS augmente significativement la production de CO_2 dans le système sol + biosolide + *Pseudomonas*, en revanche dans les systèmes sol et sol + biosolide, l'apport de AQDS n'a pas généré de modification significative ($p < 0,05$) (résultats non présentés).

Le quotient CO_2/N_2O

L'équation stœchiométrique de production de N_2O à partir de NO_3^- en présence de mannitol (en assumant le fait que le produit final de son oxydation soit seulement CO_2, et que NO_3^- soit l'unique accepteur d'e^-) est la suivante :

$$C_6H_{14}O_6 + 6,5\ NO_3^- + 6,5\ H^+ = 6\ CO_2 + 3,25\ N_2O + 10,25\ H_2O.$$

En conséquence, la relation théorique CO_2/N_2O qui correspond à la réaction est égale à 1,84.

Le tableau 4.1 montre les quotients observés dans les différents systèmes étudiés. En l'absence de AQDS, le système sol et le système sol + biosolide + bactérie présentent des valeurs de quotient CO_2/N_2O proches de la valeur théorique. Le fait que dans le système sol + biosolide on observe une valeur supérieure à la valeur théorique peut s'expliquer par une production additionnelle de CO_2 *via* la fermentation (Pidello *et al.*, 1997) couplée à la réduction de NO_3^- ainsi qu'à la réduction d'autres accepteurs d'e^-.

Tableau 4.1. Quotient CO_2/N_2O en sol non enrichi (témoin) et enrichi avec AQDS.

Traitement	Systèmes sans AQDS (témoin)	Systèmes avec apport de AQDS
Sol	12,8/7,4 = **1,72**	12,9/8,3 = **1,55**
Sol + biosolide	10,9/5,4 = **2,01**	12,1/6,1 = **1,96**
Sol + biosolide + *P. fluorescens*^{RTcgfp}	10,8/6,1 = **1,78**	12,5/8,6 = **1,45**
Biosolide	8,8/10,7 = **0,82**	7,4/11,7 = **0,63**

Le comportement du quotient dans le système biosolide seul suggère que ce système possède une potentialité élevée pour des processus fermentatifs non producteurs de CO_2 (éventuellement dus au fait qu'il s'agissait d'un produit insuffisamment composté[6]) dans la mesure où il a produit la plus haute valeur de N_2O et la plus basse production de CO_2. Les résultats suggèrent qu'il existe, dans les systèmes étudiés, deux scénarios métaboliques bien différenciés : i) les systèmes sol et sol + biosolide + bactérie dans lesquels, quand il existe des conditions favorables, la réduction de NO_3^- apparaît comme le processus prédominant ; ii) les systèmes biosolide seul et sol + biosolide dans lesquels, dans les mêmes conditions, la réduction de NO_3^- apparaît couplée à des processus de fermentation producteurs ou non de CO_2.

L'apport de AQDS a diminué les valeurs du quotient, mais a maintenu égales les différences entre les traitements, ce qui suggère que le composé, s'il a bien influencé le comportement métabolique des systèmes, l'a fait en fonction des potentialités que présentait chacun d'entre eux. Dans les *systèmes classés comme potentiellement réducteurs de* NO_3^-, le quotient s'est éloigné légèrement de la valeur théorique, peut-être en raison de l'augmentation de la quantité de N_2O produite. Dans les systèmes classés comme *potentiellement fermentatifs*, dans le traitement biosolide + sol, le quotient n'a pas varié significativement par comparaison avec la valeur qu'a présenté le système sans AQDS ; alors que le système biosolide seul, en diminuant la production de CO_2 et en augmentant la production de N_2O, a diminué encore davantage le quotient par rapport à la valeur théorique. Les résultats dans leurs capacités à mieux différencier les comportements confirment l'existence de deux scénarios métaboliques dans les systèmes étudiés : tandis que l'apport de biosolide augmente l'activité fermentative du sol, l'apport de biosolide + *Pseudomonas fluorescens*^{RTcgfp} maintient les conditions caractéristiques du sol étudié. Ce fait est important parce qu'une pratique biotechnologique ne doit pas générer de perturbation qui compromette la durabilité du système.

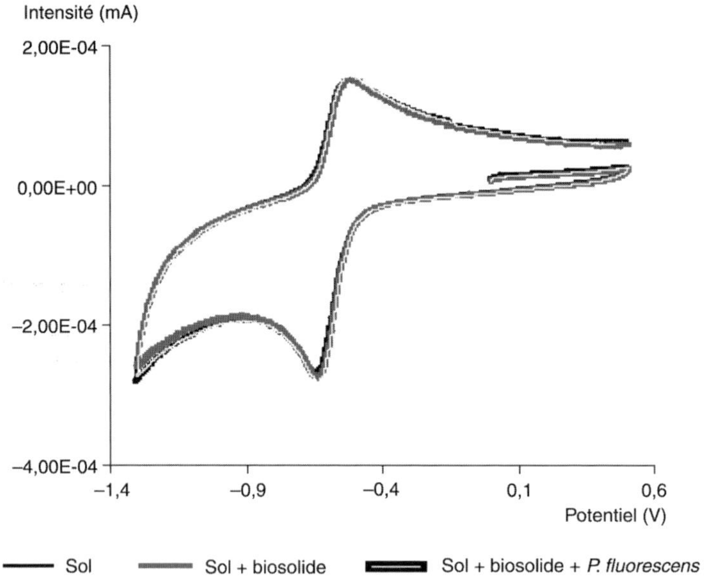

Figure 4.14. Graphique représentant les balayages de VC des solutions de sol, sol non inoculé enrichi avec des biosolides (6 % ; p/p) et sol inoculé avec *P. fluorescens*^{RTcgfp}, enrichi avec des biosolides (6 % ; p/p) après 72 h d'incubation (20 °C à l'obscurité) avec apport d'AQDS.

Les balayages par voltammétrie cyclique (CV) réalisés sur une suspension aqueuse des échantillons obtenus à partir de chacun des systèmes montrent clairement le pic caractéristique de AQDS aussi bien sur la vague anodique que sur la vague cathodique (figure 4.14). Ce fait indique que la paire électroactive AQDS/AH_2QDS a fonctionné de manière réversible et sans que la molécule ne subisse de changement ni dans sa nature électroactive ni dans sa concentration dans tous les cas étudiés.

Par ailleurs, la voltammétrie de pulsion différentielle (VPD) a également indiqué que, après 7 jours, la quantité de AQDS présente dans le système biosolide a été inférieure à celle qu'ont présenté les autres systèmes (figure 4.15). Ceci suggère que le composé a été partiellement métabolisé par la microflore présente dans le biosolide, résultat qui ne coïncide pas avec les données de la bibliographie (Jahn *et al.*, 2005), qui indiquent que la molécule de AQDS ne constitue pas une source d'énergie ni de carbone pour la microflore. Néanmoins, le comportement de l'AQDS dans les systèmes complexes tant au niveau chimique que microbien, comme le biosolide employé (probablement incomplètement stabilisé) doit être mieux étudié pour assurer que cette disparition du composé a pour origine l'action microbienne et n'est pas le produit de réactions chimiques générées par sa grande réactivité électroactive et acide-base (figure 4.10). D'autre part, la quantité totale de paires électroactives détectées dans les différents traitements en présence de AQDS a présenté une forte corrélation avec les quotients CO_2/N_2O ($R^2 = 0,988$; $p < 0,01$).

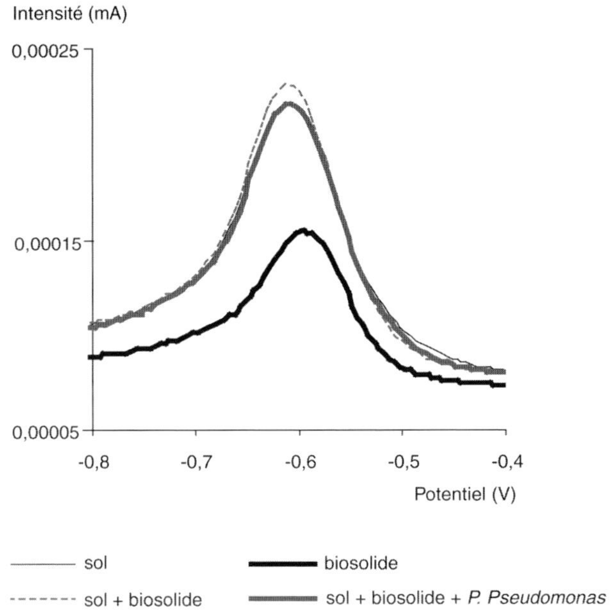

Figure 4.15. Graphique de VPD qui montre que, dans le système biosolide, la concentration de AQDS est significativement diminuée. Ce fait indique que dans des conditions déterminées la molécule peut être transformée ou dégradée.

Survie de l'inoculum

La souche *Pseudomonas fluorescens*^{RTcgfp} et la population hétérotrophe totale n'ont été significativement affectées dans aucun des traitements réalisés (encadré 4.3).

Ce résultat indique que les changements observés reflètent des changements métaboliques qui sont produits dans les systèmes quand le scénario microbien hétérotrophe

Encadré 4.3. Profils ADN des systèmes inoculés avec la souche *Pseudomonas fluorescens*^{RTcgfp}

La présence de la souche inoculée *P. fluorescens* 92RT^{CGPF} dans les différents systèmes a été étudiée par la technique *Single Strand Conformation Polymorphism* (SSCP). Cette technique moléculaire permet la visualisation du profil génétique issu de l'extraction de l'ADN des échantillons, suivi de l'amplification de la sous-unité 16S de l'ADN ribosomal par PCR et de la coloration au nitrate d'argent du profil génétique (d'après Fracchia *et al.,* 2006). Les analyses des profils d'ADN obtenus par la technique SSCP montrent que la bande typique des protéines fluorescentes se maintient dans les profils des trois traitements. Les résultats indiquent aussi que, dans aucun des cas, l'inoculation n'a eu d'influence sur la composition génétique de la communauté autochtone (figure ci-contre).

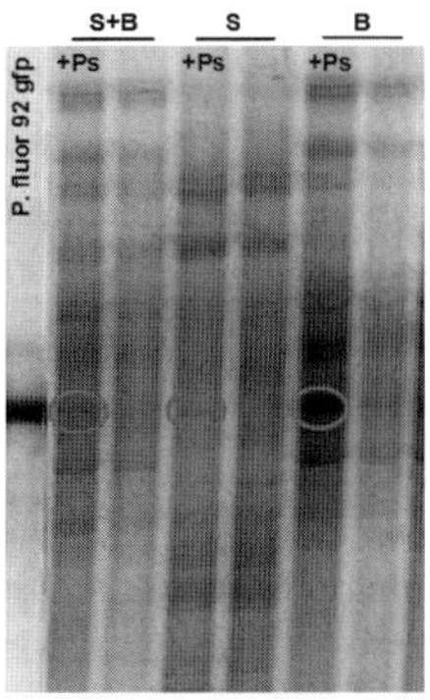

au niveau de la structure et du nombre de bactéries de la population introduite n'a pas été affecté.

Les résultats des expériences présentées dans cette partie confirment le rôle de transporteurs d'e^-, type AQDS, sur le système carboné en présence et en absence de micro-organismes avec une capacité démontrée en tant qu'effecteur redox.

Les résultats indiquent que l'apport de 2,6-anthraquinone-disulfonate (AQDS) comme transporteur d'e^- amplifie les phénomènes de transport d'e^-. Les résultats suggèrent que l'impact combiné de l'apport carboné étudié (biosolide) et la souche utilisée comme inoculum serait conditionné par la quantité de composés électro-actifs qui existent dans le système à un moment donné et à une échelle déterminée de potentiel de réduction.

⏩ Le système azote

L'azote est le constituant le plus abondant dans l'atmosphère terrestre. Il est fondamental pour la croissance des formes vivantes (synthèse d'amino-acides et protéines, acides nucléiques, chlorophylle) et peut par ailleurs apparaître associé avec des problèmes environnementaux (réchauffement global, pluies acides, contamination des nappes phréatiques). Ces processus constituent un système fondamental pour la biosphère, nommé cycle de l'azote, dans lequel les différentes espèces impliquées apparaissent en relation (figure 4.16). Un aspect très important de ce cycle est constitué par les échanges dynamiques des espèces qui interviennent entre l'atmosphère et la surface terrestre et océanique. Un autre aspect qui doit être mis en évidence, davantage en relation avec les caractéristiques générales de la chimie ou de la biochimie de l'azote, est que, puisque cet élément se trouve dans différents états d'oxydation, il a un métabolisme complexe.

La forme chimique la plus stable de l'azote dans les solutions de sol aéré est le nitrate (NO_3^-) ; cependant, le gaz N_2 est la forme prédominante dans l'atmosphère et dans les pores du sol. L'oxydation de N_2 en NO_3^- bien que favorable thermodynamiquement est rendu difficile en raison de la grande énergie de la triple liaison de la molécule de N_2 (940,5 kj/mol) (McBride, 1994). Ceci étant, l'azote moléculaire dans l'atmosphère est relativement non réactif et ne peut être utilisé directement ni par les plantes ni par les animaux. Il est converti en *biologiquement utile* à travers un processus nommé *fixation biologique de l'azote* (encadré 4.4 ; Boddey, 1987 ; Perotti, 2001 ; Pidello, 1979, 1981) que réalisent certains micro-organismes, essentiellement des bactéries, qui possèdent l'enzyme nitrogénase, qui catalyse la réaction suivante :

$$N_2 + 8\,H^+ + 8\,e^- + 16\,ATP \rightarrow 2\,NH_3 + H_2 + 16\,ADP + 16\,P(i).$$

Le cycle de l'azote dans le cadre des réactions redox auxquelles sont confrontées les espèces qui interviennent dans ce cycle sera brièvement analysé.

Comme dit précédemment, un aspect notable de la chimie de l'azote dans les environnements naturels est la co-existence d'espèces réduites ($N\text{-}NH_4^+$; état d'oxydation – 3) et d'espèces complètement oxydées (NO_3^- ; état d'oxydation + 5)

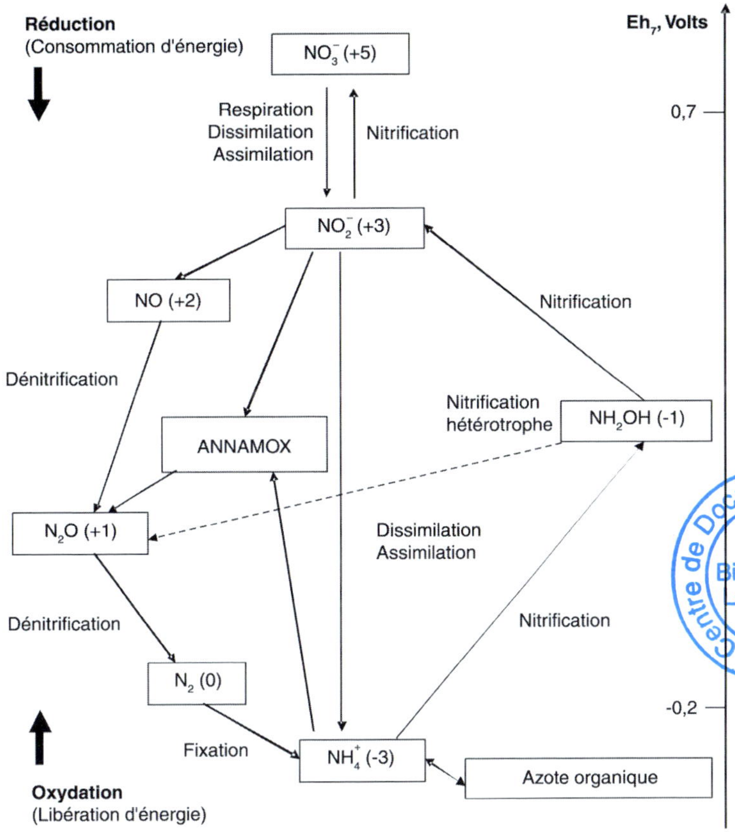

Figure 4.16. Description schématique du cycle de l'azote en relation avec l'échelle redox. Entre parenthèses figure l'état d'oxydation de l'espèce. Les flèches à gauche de la figure indiquent le sens des processus de réduction et d'oxydation. D'après McBride, 1994 ; Richardson, 2000.

ANAMMOX : oxydation anaérobie de l'ammonium (*Anaerobic Ammonium Oxydation*).

Encadré 4.4. Une enzyme importante dans la biosphère : la nitrogénase

La nitrogénase catalyse la réduction de N_2 en NH_3, qui met en jeu 6 e^- et peut également réduire beaucoup d'autres composés, par exemple l'acétylène en éthylène, propriété utilisée pour mesurer *via* la chromatographie en phase gazeuse l'activité de l'enzyme tant en conditions de laboratoire qu'en étude au champ (Boddey, 1987) ; la réduction des azides en N_2 et NH_4^+, des cyanures en CH_4 et NH_4^+, les alkylo-nitriles, N_2O et des protons en H_2. Certaines des équations correspondantes sont les suivantes :

$$HC{\equiv}CH + 2\,H^+ + 2\,e^- \rightarrow H_2C{=}CH_2$$

$$N{=}N{=}N^- + 4\,H^+ + 2\,e^- \rightarrow N_2 + NH_4^+$$

$$^-C{\equiv}N + 8\,H^+ + 6\,e^- \rightarrow CH_4 + NH_4^+$$

$$2\,H^+ + 2\,e^- \rightarrow H_2$$

(figure 4.16). Via l'état d'oxydation il est possible de visualiser la chimie globale (Trogler *et al.*, 1997) du cycle :

Potentiel de réduction standard (E^0 ; V)

$$\begin{array}{ccccccccccccc} +0{,}775 & & +1{,}093 & & +0{,}996 & & +1{,}59 & & +1{,}77 & & +0{,}275 & & \\ \mathbf{NO_3^-} & \rightarrow & \mathbf{NO_2} & \rightarrow & \mathbf{HNO_2} & \rightarrow & \mathbf{NO} & \rightarrow & \mathbf{N_2O} & \rightarrow & \mathbf{N_2} & \rightarrow & \mathbf{NH_4^+} \\ +5 & & +4 & & +3 & & +2 & & +1 & & 0 & & -3 \end{array}$$

État d'oxydation de l'azote

Le nitrate est un composant important du cycle de l'azote. Il joue le rôle de substrat pour la dénitrification, processus dans lequel il est réduit en nitrite, oxyde nitrique, oxyde nitreux et finalement N_2 (voir p. 16, où l'on montre le déroulement de la stœchiométrie redox de la réduction du nitrate en oxyde nitreux, et p. 17). Cette voie de réduction joue un grand rôle en agriculture car il peut en résulter une perte d'azote si le nitrate est utilisé comme fertilisant. Il est également à la base du mécanisme permettant d'éliminer l'azote des eaux résiduaires avec l'objectif de pouvoir les réutiliser. D'autre part, il est le produit final de la voie d'oxydation quand l'ammonium s'oxyde *via* l'hydroxylamine et le nitrite par l'action combinée d'espèces microbiennes comme *Nitrosomonas* et *Nitrobacter*.

Dans les milieux aérobies (sols superficiels et rivières), l'azote existe en majeure partie sous forme de nitrate, forme thermodynamiquement favorable en conditions standard.

$$NH_4^+ + 3\,H_2O \rightarrow NO_3^- + 10\,H^+ + 8\,e^- \quad Eh^0 = -\,0{,}881\ V$$

$$O_2 + 4\,H^+ + 4\,e^- \rightarrow 2\,H_2O \quad Eh^0 = +\,1{,}229\ V$$

$$NH_4^+ + 2\,O_2 \rightarrow H_2O + NO_3^- + 2\,H^+ \quad Eh^0 = +\,0{,}348\ V$$

D'autre part, le potentiel de cette paire redox en conditions normales de milieu (pO_2 = 0,2 atm et pH = 7) peut être calculé avec l'expression de Nernst. Si on assume que $[NO_3^-] / [NH_4^+] = 1$, on obtient :

$$E = E^0 - (0{,}059 / n) \log [\,(H^+)^2\,(NO_3^-) / (NH_4^+)\,(pO_2)^2]$$

$$E = 0{,}348 - (0{,}059/8) \log [(10^{-7})^2 / (0{,}2)^2] = 0{,}348 + 0{,}093 = +\,0{,}441\ V.$$

Ce calcul montre clairement que la production de nitrate est favorisée dans les milieux aérés.

▸▸ Le système fer et manganèse[9]

La réduction dissimilative[10] de Fe(III) et Mn(IV) influence profondément le cycle biochimique du carbone et de nombreux métaux. De fait, la réduction de Fe(III)

9. Autant le fer que le manganèse oxydés ou réduits peuvent exister en une quantité d'espèces dissoutes comme minérales particulaires et forment des produits et des réactifs pouvant influer significativement sur le rendement énergétique des réactions. Pour éviter la confusion, les différents états *redox* du fer et du manganèse sont mentionnés seulement dans l'état de valence correspondant sans spécifier les espèces mises en jeu (Lovley, 1991).

10. La différence entre l'assimilation et la dissimilation réductrice de Fe(III) et Mn(IV) est que, en conditions physiologiques normales, d'importantes quantités de Fe(II) et Mn(II) s'accumulent en dehors de la cellule pendant la dissimilation.

est considérée comme l'acteur le plus important qui influe sur le développement des sols anaérobies et dans les sédiments (Lovley, 1991). D'autre part, les réductions de Fe(III) et Mn(IV) sont d'importants mécanismes pour l'oxydation de composés organiques soit naturels soit contaminants dans les milieux aquatiques les plus divers.

En premier lieu, il convient de rappeler que l'extension et la vitesse de ces processus de réduction de Fe(III) et Mn(IV) peuvent être limitées non seulement par la concentration mais également par l'espèce disponible ou prédominante[11]. La grande quantité d'oxyde de Fe(III) et Mn(IV) qui existe, de même que la possibilité que les différentes espèces forment des complexes ou se présentent sous forme colloïdale (avec de grandes variations de taille des particules, surface et état d'oxydation), influent sur le *statut redox* du système. Ceci affecte l'expression non seulement des micro-organismes responsables de la dissimilation réductrice de Fe(III) et Mn(IV), mais aussi l'interaction entre eux et le reste de la communauté microbienne fonctionnelle.

Les premiers micro-organismes observés qui utilisaient Fe(III) et Mn(IV) comme accepteurs d'e^- en anaérobiose étaient les fermentatifs (*E. coli, Clostridium pasteurianum, Lactobacillus lactis, Bacillus polymyxa* entre autres) (Lovley, 1991). Parmi les micro-organismes qui fermentent les sucres ou des amino-acides, la réduction de Fe(III) et Mn(IV) apparaît comme une voie mineure (dans *B. polymyxa*, la majeure partie des équivalents e^- est récupérée sous forme éthanol, acide lactique, acide formique, hydrogène et 2,3-butyleneglycol), avec un rendement très inférieur à celui qu'indique l'équation stœchiométrique globale correspondant à l'oxydation complète d'une mole de glucose, selon laquelle 24 moles de Fe(III) devraient être réduites.

$$C_6H_{12}O_6 + 24\ Fe(III) + 12\ H_2O \rightarrow 6\ HCO_3^- + 24\ Fe(II) + 30\ H^+$$

En général, on considère que dans ce type de micro-organismes moins de 5 % des équivalents réducteurs des substrats oxydés sont dédiés à la réduction de Fe(III) et Mn(IV). Les calculs thermodynamiques suggèrent que la stratégie d'utiliser Fe(III) comme un accepteur mineur d'e^- améliore le rendement énergétique par rapport à la fermentation seule. Ceci expliquerait la diversité des micro-organismes fermentatifs qui dirigent seuls une petite portion du flux d'e^- vers la réduction de Fe(III). On a également observé que, en utilisant du soufre élémentaire (S^0) comme donneur d'e^-, *Thiobacillus thiooxydans* et *T. ferrooxydans* réduisaient Fe(III) en Fe(II) :

$$S^0 + 6\ Fe(III) + 4\ H_2O \rightarrow HSO_4^- + 6\ Fe(II) + 7\ H^+.$$

Néanmoins, aucun des deux organismes ne s'est avéré capable d'obtenir de l'énergie pour sa croissance à partir de l'oxydation du soufre élémentaire.

Dans le cas de *Pseudomonas* sp. et *Shewanella putrefaciens*, les e^- provenant de l'oxydation de H_2 sont canalisés entièrement vers la réduction de Fe(III). Mais dans ce cas non plus les micro-organismes ne sont pas capables d'une croissance autotrophe. La réaction stœchiométrique est la suivante :

$$H_2 + 2\ Fe(III) \rightarrow 2\ H^+ + 2\ Fe(II).$$

11. Dans la figure 2.9 sont présentées les aires prédominantes des espèces dans le diagramme E-pH simplifié pour le système Fe^{3+}/Fe^{2+} à 25 °C et 1 atm.

Les premiers micro-organismes sur lesquels on a observé que la réduction de Fe(III) et de Mn(IV) est effectivement couplée avec l'oxydation des composés organiques ont été les oxydants des acides organiques. Les premières évidences de ce processus ont été découvertes en sols anaérobies caractéristiques des rizières (*paddy soils*) où un apport de ^{14}C-acétate générait une production de $^{14}CO_2$ et une accumulation de Fe(II).

Le premier micro-organisme qui, en culture pure, a oxydé complètement des composés organiques en utilisant Fe(III) et Mn(IV) comme accepteurs d'e^- et qui, au travers de ce métabolisme, a obtenu de l'énergie pour fabriquer de la biomasse a été isolé par Lovley et Phillips (1988). L'équation correspondante est la suivante :

$$\text{acetate}^- + 8\ Fe(III) + 4\ H_2O \rightarrow 2\ HCO_3^- + 8\ Fe(II) + 9\ H^+.$$

Parmi les acides organiques a été également décrite l'utilisation complète comme donneur d'e^- du formiate et l'utilisation incomplète du lactate et du pyruvate — dans ce cas le produit final est l'acétate et Fe(II) ou Mn(II).

Les composés aromatiques sont des constituants importants de la matière organique naturelle et de celle dont l'origine est l'activité anthropique. Lovley *et al.* (1989) et Lovley et Lonergan (1990) ont également décrit le premier exemple d'un micro-organisme qui, en culture pure, pouvait oxyder en anaérobiose des composés aromatiques, démontrant entre autres choses que le métabolisme de ce type d'organismes pouvait jouer un rôle important dans la restauration d'environnements contaminés. La stœchiométrie de la métabolisation de divers substrats phénoliques qui s'oxydent complètement avec Fe(III) comme unique accepteur d'e^- est présentée dans le tableau 4.2.

En relation avec d'autres processus catalysés par les micro-organismes comme la réduction du sulfate et la production de méthane, on doit bien mettre en évidence le

Tableau 4.2. Oxydation complète de composés aromatiques en dioxyde de carbone avec Fe(III) comme unique accepteur d'électrons en présence de bactéries. Aucun des composés inclus dans le tableau ne réduit le Fe(III) en milieu de culture stérile à pH proche de la neutralité. D'après Lovley, 1991 ; Lovley et Lonergan, 1990 ; Lovley *et al.*, 1989.

benzoate$^-$ + 30 Fe(III) + 19 H_2O → 7 HCO_3^- + 30 Fe(II) + 36 H^+
toluène + 36 Fe(III) + 21 H_2O → 7 HCO_3^- + 36 Fe(II) + 43 H^+
phénol + 28 Fe(III) + 17 H_2O → 6 HCO_3^- + 28 Fe(II) + 34 H^+
p-crésol + 34 Fe(III) + 20 H_2O → 7 HCO_3^- + 34 Fe(II) + 41 H^+
acide syringique + 36 Fe(III) + 22 H_2O → 9 HCO_3^- + 36 Fe(II) + 45 H^+
acide férulique + 42 Fe(III) + 26 H_2O → 10 HCO_3^- + 42 Fe(II) + 52 H^+
acide nicotinique + 22 Fe(III) + 16 H_2O → 6 HCO_3^- + 22 Fe(II) + NH_4^+ + 27 H^+
m-hydroxybenzoate- + 28 Fe(III) + 18 H_2O → 7 HCO_3^- + 28 Fe(II) + 35 H^+
2,5-dihydroxybenzoate- + 26 Fe(III) + 17 H_2O → 7 HCO_3^- + 26 Fe(II) + 32 H^+
m-crésol + 34 Fe(III) + 20 H_2O → 7 HCO_3^- + 34 Fe(II) + 41 H^+
acide *o*-phtalique + 30 Fe(III) + 20 H_2O → 8 HCO_3^- + 30 Fe(II) + 38 H^+

fait que ceux-ci sont généralement inhibés dans les milieux dans lesquels l'oxydation de la matière organique est couplée avec la réduction de Fe(III). Il a été suggéré que ceci pourrait être le reflet du fait que le flux d'e^- serait principalement canalisé vers la réduction de Fe(III) ; ainsi la concentration de donneurs d'e^- serait plus basse comme s'il s'agissait de permettre l'expression de ces deux processus. Cette interprétation est en accord avec le comportement bioénergétique théorique d'un système contenant du fer, du sulfate et du CO_2, dont les potentiels de réduction standard des deux dernières paires redox se retrouvent relativement plus bas que la paire Fe(III)/Fe(II) (tableau 2.1 et 2.2). Ceci étant, si la paire Fe(III)/Fe(II) est présente, le système devrait évoluer vers l'accroissement de la formation de Fe(II). Ce n'est que si l'on appauvrit le système en Fe(III) que les autres processus peuvent théoriquement s'exprimer[12].

Pour finaliser ce point, il est nécessaire de souligner que dans les voies de réduction de Fe(III) et Mn(IV) déjà commentées interviennent des mécanismes enzymatiques microbiens. En dépit de l'importance écologique de ces voies, on doit considérer que des micro-organismes peuvent également jouer sur ces processus de réduction au travers d'un modèle redox[11]. Ce modèle est basé sur le fait que si un micro-organisme fait descendre le potentiel de réduction comme résultat de son fonctionnement métabolique général, pour maintenir l'équilibre électrochimique, en théorie se produira une conversion des formes oxydées — Fe(III) et Mn(IV) dans ce cas — vers les formes réduites — Fe(II) et Mn(II) — sans l'intervention de mécanismes enzymatiques. Il peut également exister un modèle de réduction directe, dans lequel de nombreux composés redox actifs du milieu correspondent, avec les semi-réactions du fer et du manganèse, à un système de pile électrochimique, selon les règles développées p. 27.

▸▸ Les surfaces naturelles

Les surfaces minérales peuvent interagir chimiquement avec H^+, OH^-, des cations et des anions. Dans la figure 4.17 sont présentés quelques exemples de complexes qui se forment entre les minéraux du fer et les oxydants ou réducteurs. Dans le cas des hydroxydes de fer, les groupes OH^- facilitent la liaison avec des cations réduits (Cr(II) ; exemple I) ou l'échange des groupes OH^- superficiels avec des ligands réduits (ascorbate ; exemple II) ou oxydés (Cr(VI) ; exemple III) (Stumm, 1992). Des considérations similaires s'appliquent aux surfaces où l'oxygène est remplacé par d'autres éléments comme le soufre (cas de la pyrite (FeS_2) ; exemples VI et VII) qui conduisent également à la formation de complexes avec des oxydants et des réducteurs. Du point de vue thermodynamique, des interactions ont été étudiées principalement dans le cas de Fe(II) et Fe(III) qui, comme dit précédemment, compte tenu de la complexité des espèces qui interviennent, ont une incidence particulière dans les cycles redox des e^- dans les systèmes naturels. À titre d'exemple, nous présentons le potentiel de la paire Fe(III)/Fe(II) et ce en association avec

12. En fonction de l'importance que revêt la contribution du gaz méthane dans l'effet de serre, ce rôle de modulateur que peut exercer la réduction de Fe(III) doit être considéré dans la modélisation des flux de ce gaz, généré tant par les systèmes naturels que par les systèmes perturbés dus à l'activité anthropique.

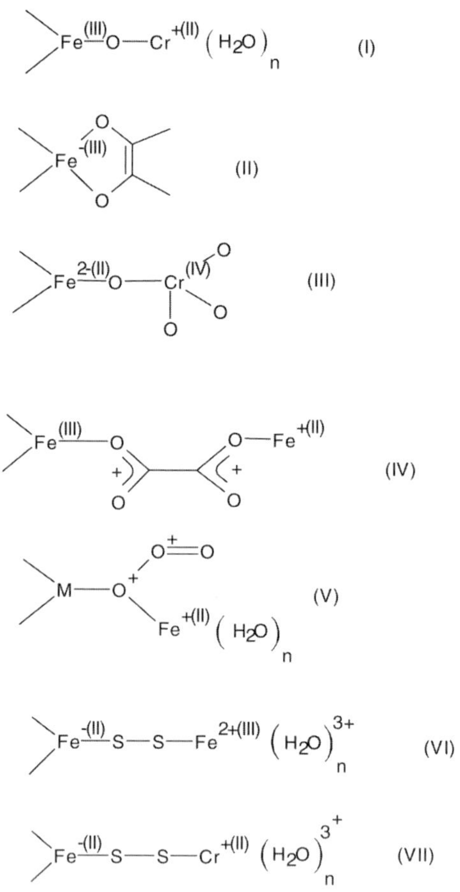

Figure 4.17. Description schématique de l'adsorption d'oxydants et de réducteurs sur des minéraux du fer. La formation de ces complexes superficiels généralement rapide facilite les subséquents transferts de e$^-$. D'après Stumm, 1992.

différents ligands (figure 4.18). En général, Eh^0 (pH = 7) diminue en s'associant avec des agents complexants comportant des atomes d'oxygène comme le citrate, l'EDTA ou le salicylate.

Les matériaux organiques dans les sédiments et dans les sols sont très importants dans l'enrichissement de sites pour l'interaction avec des solutés. Des matériaux de type humique, surfaces biogéniques, restes biologiques, font partie de ces matériaux largement répartis dans la biosphère. Comme le montre la figure 4.12, la structure moléculaire des substances humiques (SH) est constituée principalement par des groupes carboxyliques, OH phénoliques et alcooliques et des groupes aminés. Ces groupes fonctionnels interviennent activement dans les phénomènes d'adsorption. Le pH affecte de manière significative ces processus (Stumm, 1992). La compréhension des phénomènes d'adsorption nécessite que l'interaction d'un soluté (dans ce cas les SH) avec une surface soit caractérisée selon les propriétés physico-chimiques fondamentales du soluté, de la substance qui adsorbe et du solvant (Stumm, 1992). La figure 4.19 montre de manière comparative l'importance de ces phénomènes en

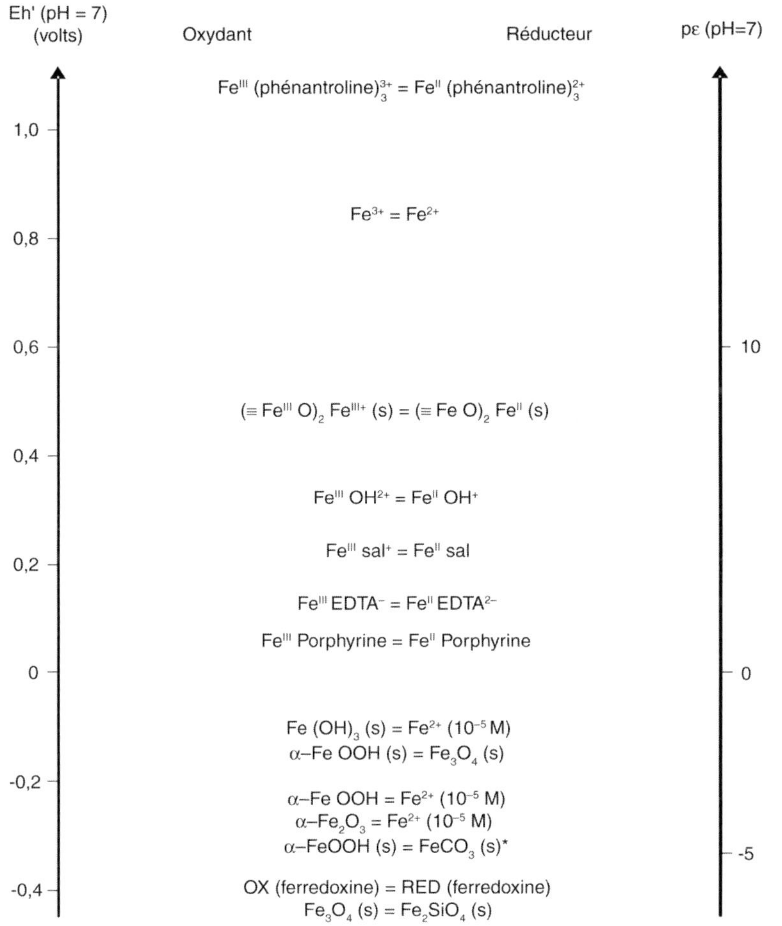

Figure 4.18. Paires représentatives qui mettent en jeu le système Fe(III)/Fe(II) à pH = 7. D'après Stumm, 1992.

La formation de complexes avec le fer a un effet très important sur le potentiel redox tant en phases solides qu'en solutés. À pH = 7, le transfert de e$^-$ *via* le système Fe peut intervenir à l'intérieur de la totalité de l'échelle de stabilité de l'eau (- 0,5 V à + 1,1 V ; voir figure 2.8). L'échelle des potentiels redox pour les dérivés du groupe hémique (entre + 0,4 V et – 0,4 V) illustre l'importance de la paire Fe(III)/Fe(II) dans le système bio-organique. * Valable pour une concentration de HCO_3^- égale à 10^{-3}M.

mettant clairement en évidence la perturbation au niveau de la taille moléculaire et dans le spectre UV (qui indique des modifications des groupes chromophores) qu'expérimente le même extrait humique élué soit sur un tamis moléculaire soit sur un gel cationique.

Corrosion

La corrosion est une réaction non souhaitée d'un matériau qui résulte de la dissolution ou consommation du matériau. Son coût annuel représente entre 3 et 5 % du

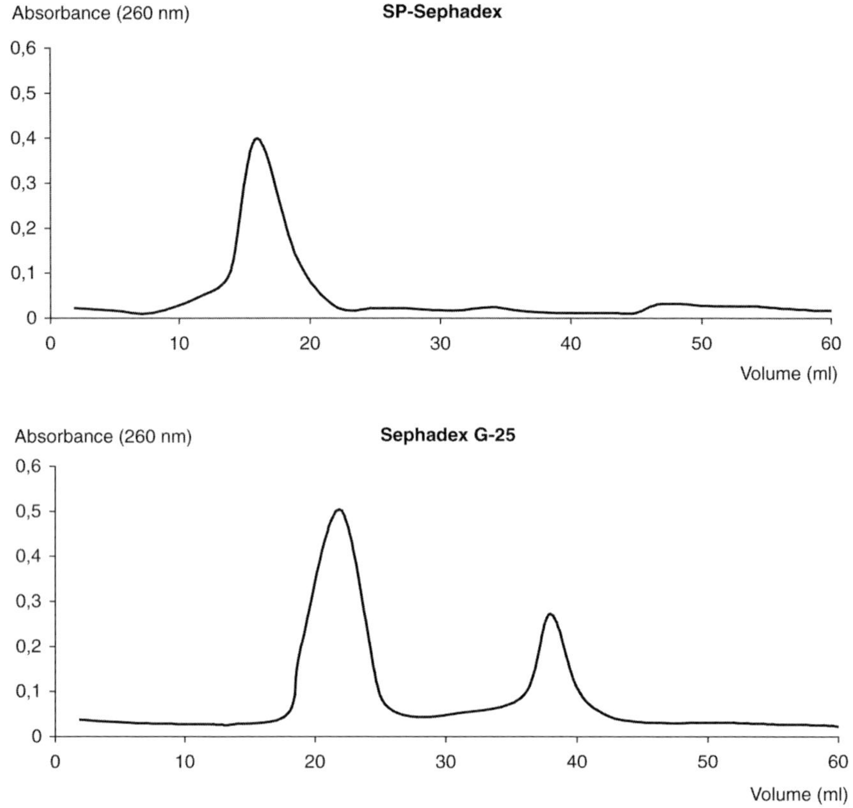

Figure 4.19. Fractionnement des extraits SH-EDTA avec du Sephadex G25® en utilisant comme éluant de l'eau distillée désoxygénée (pH = 7) et avec SP-Sephadex® (gel cationique) en utilisant comme éluant le tampon acide acétique-HCl (pH = 2) (Coletti Zabala T., Pidello A., 2007, données non publiées).

PNB d'un pays industrialisé (Ferreira, 2005). La molécule la plus impliquée dans les phénomènes de corrosion est l'eau. Mais ceci doit être analysé plus finement. Le comportement de l'eau, quand il existe des e^- disponibles dans le système, est donné par l'équation suivante :

$$2\ H_2O\ (l) + 2\ e^- = H_2(g) + 2\ OH^-\ (aq) \qquad E^0 = -0{,}83\ V\ ;\ E^0{}_7 = -0{,}42\ V.$$

Dans cette situation un métal avec un potentiel plus négatif que – 0,42 V peut réduire la molécule d'eau à pH = 7. Cependant dans le cas de $Fe^{2+}/Fe(s)$ le potentiel est de – 0,44 V. En conséquence cette paire a très peu tendance à s'oxyder au contact de l'eau à pH7. Donc, le fer en eau désoxygénée ne s'oxyde pas, bien que lorsqu'il y a de l'oxygène, l'oxydation soit thermodynamiquement favorable et qu'il se forme un oxyde. Quand le fer est exposé à l'air humide, à savoir quand O_2 et H_2O sont présents, comme vu p. 86, on doit considérer la semi-réaction suivante :

$$O_2(g) + 4\ H^+\ (aq) + 4e^- = 2\ H_2O(l) \qquad E^0 = +\ 1{,}23\ V\ ;\ E^0{}_7 = +\ 0{,}82\ V.$$

Cette réaction indique que le fer métal (Fe(s)) peut réduire l'oxygène en donnant Fe^{2+}, lequel à son tour dans ces conditions, en prenant en compte que le potentiel de réduction de la paire Fe^{3+}/Fe^{2+} est de + 0,77 V (tableau 2.1) peut s'oxyder en Fe^{3+} qui précipite comme oxyde de Fe(III) hydraté (Fe_2O_3, H_2O). Cette substance insoluble est communément appelée rouille (figure 4.20 ; encadré 4.5) (Atkins et Jones, 2008).

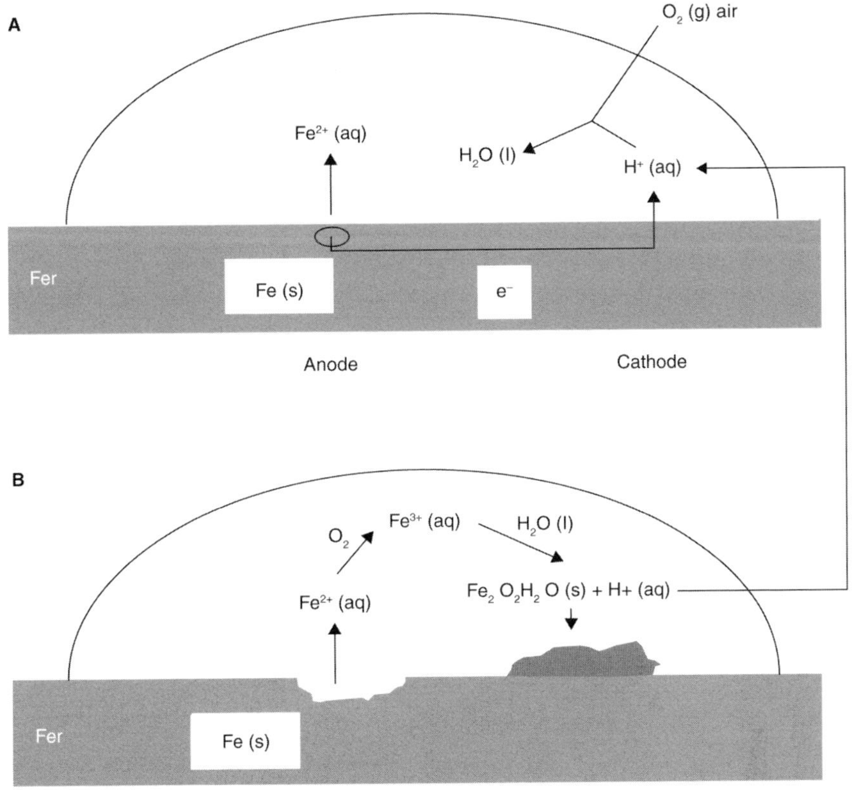

Figure 4.20. Mécanisme de formation de rouille dans une goutte d'eau.

A. Une partie du métal se comporte comme une anode produisant des cations (Fe^{2+}) et libérant e^- ; B. Fe^{2+} s'oxyde en Fe^{3+} qui précipite en générant des H^+ qui seront utilisés dans la réduction de O_2. D'après Atkins et Jones, 2008.

Encadré 4.5. Origine de la rouille en formules chimiques

L'ensemble des réactions qui interviennent dans la corrosion du fer en milieu aqueux sont les suivantes (Atkins et Jones, 2008) :

$2\ Fe(s) = 2\ Fe^{2+}(aq) + 4\ e^-$

$O_2 + 4\ H^+(aq) + 4\ e^- = 2\ H_2O(l)$

$2\ Fe(s) + O_2(g) + 4\ H^+(aq) = 2\ Fe^{2+}(aq) + 2\ H_2O(l)$ (oxydation du fer métal)

$2\ Fe^{2+}(aq) = 2\ Fe^{3+}(aq) + 2\ e^-$

$1/2\ O_2 + 2\ H^+(aq) + 2\ e^- = H_2O(l)$

$2\ Fe^{2+}(aq) + 1/2\ O_2(g) + 2\ H^+(aq) = 2\ Fe^{3+}(aq) + H_2O(l)$ (oxydation du Fe(II))

$4\ H_2O(l) + 2\ Fe^{3+}(aq) = 6\ H^+(aq) + Fe_2O_3.H_2O(s)$ (formation de l'oxyde hydraté).

La corrosion étant un processus électrochimique, on peut utiliser les principes qui régissent le fonctionnement des réactions redox pour s'en protéger. Cependant, l'analyse détaillée de la corrosion, ou l'analyse des procédés pour l'empêcher — comme la galvanisation, l'emploi d'oxyde ou la protection cathodique qui constituent une branche importante de la technologie électrochimique — dépasse le propos de ce livre.

En revanche, il convient d'analyser certains aspects de la corrosion associés à la présence de micro-organismes.

Biofilms et corrosion

La survie et le succès reproductif des bactéries dans de nombreux systèmes requièrent la colonisation de surfaces et/ou l'intégration de la communauté dans un biofilm (Lawrence *et al.*, 1995). Un biofilm est un montage de cellules qui est associé de manière irréversible — il ne se détache pas avec un lavage doux — à une surface, enfermé dans une matrice formée principalement par des matériaux polysaccharidiques. Les stratégies mises en œuvre dans ces processus s'expriment comme des adaptations spécifiques, alternance des cycles de vie entre les cellules adhérentes et les cellules libres en suspension (*planktonic cells*). D'abord, la bactérie s'accroche à la surface, ensuite elle forme une association transitoire avec la surface et/ou avec d'autres micro-organismes qui étaient déjà adhérents. Elle utilise cette association transitoire pour choisir un lieu optimal pour se localiser et il en découle finalement la construction d'un édifice tridimensionnel (figure 4.21) (Watnick et Kolter, 2000).

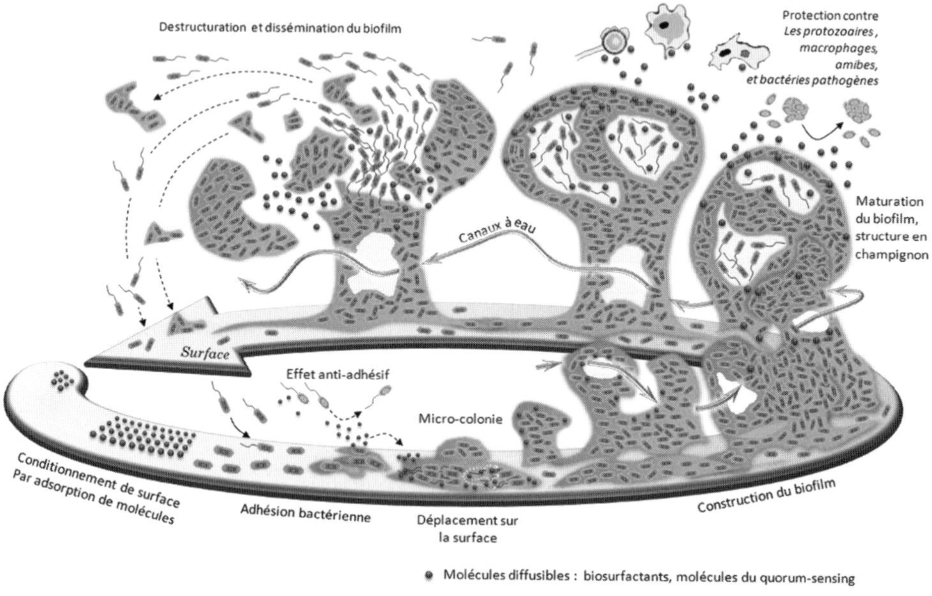

Figure 4.21. La vie d'un biofilm, un perpétuel recommencement depuis l'adhésion des premières bactéries, la construction et la structuration du biofilm jusqu'à sa dissémination (Briandet *et al.*, 2012).

Les biofilms peuvent se former sur une large variété de surfaces incluant des tissus vivants, des dispositifs médicaux insérés dans des systèmes qui transportent des fluides (type valvule cardiaque, cathéter urinaire, dispositif intra utérin etc.) (Donlan et Costerton, 2002), canalisations industrielles ou réseaux d'eau potable, systèmes aquatiques naturels. Les matériaux comme les cristaux minéraux, les particules générées par la corrosion, les argiles ou sables, les composants du sang peuvent se rencontrer dans la matrice des biofilms — en général cela va dépendre du milieu où se forme le biofilm.

Les bases génétiques des étapes de la formation du biofilm ont fait l'objet de recherche chez de nombreuses espèces bactériennes (Fuqua *et al.*, 2001 ; Fry *et al.*, 1997 ; O'Toole et Kolter, 1998), et bien que l'analyse de ces résultats dépassent le propos de ce livre, il est intéressant de signaler que deux aspects fondamentaux dans l'adhésion des cellules planctoniques, comme les flagelles et la synthèse d'exopolysaccharides, sont clairement associés à la composition génique. Il a été démontré que dans certains cas le même facteur régule positivement la synthèse d'un des facteurs d'adhésion et négativement la synthèse de l'autre. Ce fait s'avère intéressant pour l'interaction redox, dans la mesure où aussi bien la mobilité de la cellule microbienne que l'aptitude à produire des exocomposés sont des effecteurs potentiels de l'état redox du système. D'autre part, les phénomènes de ce type, au sein des composants de la communauté et/ou de la population qui composent le biofilm, suggèrent que les bactéries doivent nécessairement se différencier lorsqu'il s'agit de réprimer la synthèse de flagelles — qui déstabilise la structure du biofilm — ou produire des exopolysaccharides qui peuvent la renforcer (Donlan et Costerton, 2002).

En relation avec la communication et les signaux qui s'établissent entre les bactéries (*quorum sensing*[13]), il est intéressant de remarquer qu'entre les biofilms d'une unique espèce et les biofilms multi spécifiques, ces signaux sont significativement différents (Donlan et Costerton, 2002). L'importance des molécules de communication, comme l'acyl-homosérine lactone (acyl-HSL), dans les biofilms d'une espèce a été clairement démontrée (Donlan et Costerton, 2002). Chez *P. aeruginosa*, les acyl-HSL affectent la séparation entre les colonnes de cellules et la structure tridimensionnelle du biofilm (Davies *et al.*, 1998 ; Schaefer *et al.*, 2008). Diverses études suggèrent que les signaux générés par les acyl-HSL jouent également dans la survie des bactéries qui composent le biofilm et qu'à la base de ce phénomène existent des mécanismes d'oxydation complexes qui mettent en jeu les groupes thiols, par exemple le disulfure de glutathion, à travers lequel la molécule de acyl-HSL crée des conditions redox particulières au centre du biofilm (MacLehose *et al.*, 2004 ; Shepherd *et al.*, 1988).

Dans la dernière décennie, on a prêté une attention considérable aux processus microbiens qui affectent les métaux. La présence physique de cellules microbiennes sur une surface métallique, de même que ses activités métaboliques peut générer de la corrosion microbienne (*Microbiologically Influenced Corrosion*, MIC) ou biocorrosion. Les formes de corrosion ayant pour origine des bactéries sont diverses. Comme la corrosion, la MIC produit des cavités, des fentes et des fractures. Pour

13. Le *quorum sensing* est un exemple de comportement communautaire très répandu parmi les espèces bactériennes. Le terme décrit l'aptitude des micro-organismes à percevoir et répondre à la densité de la population microbienne communément dépendant de la production et subséquente réponse des signaux moléculaires diffusibles (Lawrence *et al.*, 1995).

comprendre les effets et les causes de la MIC, il est nécessaire, d'une part, de prendre en compte les principes énoncés dans la partie précédente (figure 4.20), d'autre part, de considérer que la présence de colonies microbiennes non uniformes ou discontinues du biofilm génère des zones avec différents états redox (Marsili *et al.*, 2008). La présence de colonies qui respirent génère, en effet, un épuisement du système au niveau des accepteurs d'e^- (diminution de la concentration de O_2 par exemple), en relation avec les surfaces non colonisées. Le biofilm, en créant des zones pauvres en oxygène, favorise donc la croissance de populations anaérobies, comme les bactéries sulfato-réductrices qu'on peut rencontrer parmi les agents les plus communs qui causent la biocorrosion. Les micro-organismes réduisent les sulfates en sulfure d'hydrogène qui réagit avec le métal pour produire des surfaces métalliques comme produits de corrosion (figure 4.5). Les symptômes de ce processus sont l'odeur caractéristique de H_2S, le noircissement de l'eau et les dépôts sombres de sulfure de fer. Dans ces conditions, les zones où il existe des colonies qui respirent et dans lesquelles s'oxyde le métal forment l'anode et les zones sans colonies qui l'entourent forment la cathode (figure 4.22) (Borenstein, 1994).

Un autre mécanisme de biocorrosion est causé par des sous-produits du métabolisme bactérien. Ce groupe de composés, qui inclut des alcalis, des acides, des agents de réduction, est constitué par des agents corrosifs pour les métaux (aciers, cuivre, alliages de cuivre, fers galvanisés). La production d'acide tant organique (par exemple *Clostridium aceticum* qui produit de l'acide acétique) qu'inorganique (par exemple *Thiobacillus thiooxydans* qui produit de l'acide sulfurique) accélère les processus de corrosion en dissolvant les oxydes (qui après avoir été formés constituent un film protecteur — *passive film* — de la surface métallique) ; ce faisant elle rend plus rapide la réaction cathodique. Le même effet de dissolution des oxydes se produit si les sous-produits d'origine bactérienne sont des ions ou des molécules qui peuvent apporter e^- (ligand) (oxalate par exemple) et des réducteurs (ascorbate par exemple).

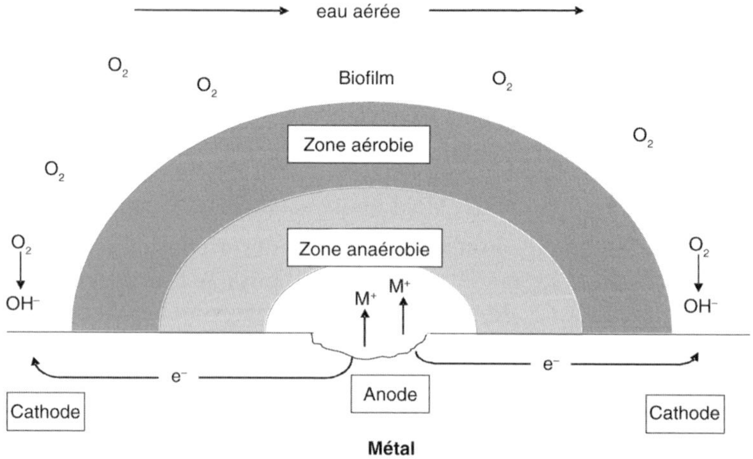

Figure 4.22. Colonisation discontinue de la surface métallique par une partie des bactéries, ce qui produit des gradients de concentration de l'agent oxydant (dans ce cas O_2) sous le biofilm, qui génère à son tour la conformation d'une pile électrochimique. D'après Borenstein, 1994.

⏩ Le corps animal

Le corps animal est en contact permanent avec des micro-organismes. Des milliards de bactéries y sont présentes. Beaucoup d'entre elles ont un rôle bénéfique, parfois essentiel, dans la santé animale. Ces organismes sont connus collectivement comme la microflore normale, constituée par des espèces qui se développent en intimes interrelations avec certains tissus du corps animal provoquant un biofilm (plaque dentaire par exemple). À titre d'exemple, la figure 4.23 montre la localisation et les ordres de grandeurs de la quantité de micro-organismes qui colonisent le corps humain.

La microflore normale peut être remplacée par une microflore pathogène pour l'animal à travers le mécanisme général présenté dans la figure 4.24. Ce mécanisme, avec certaines variations propres aux particularités des différents systèmes, se présente sur toutes les surfaces du corps animal : peau, cavité orale et tractus respiratoire supérieur, système gastro-intestinal et uro-génital.

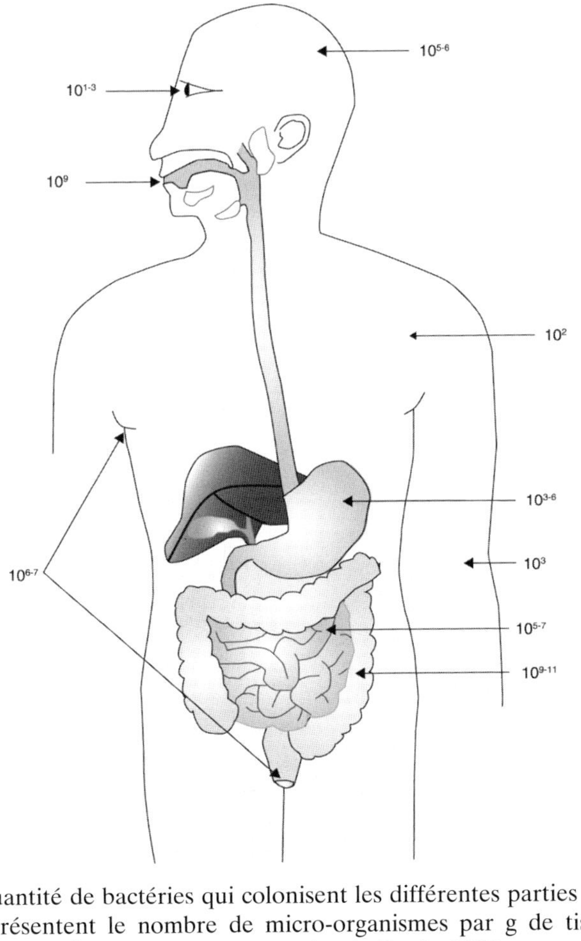

Figure 4.23. Quantité de bactéries qui colonisent les différentes parties du corps humain. Les nombres représentent le nombre de micro-organismes par g de tissus ou de fluide homogénéisé, ou par cm^2 de surface de peau. D'après Davis, 1996.

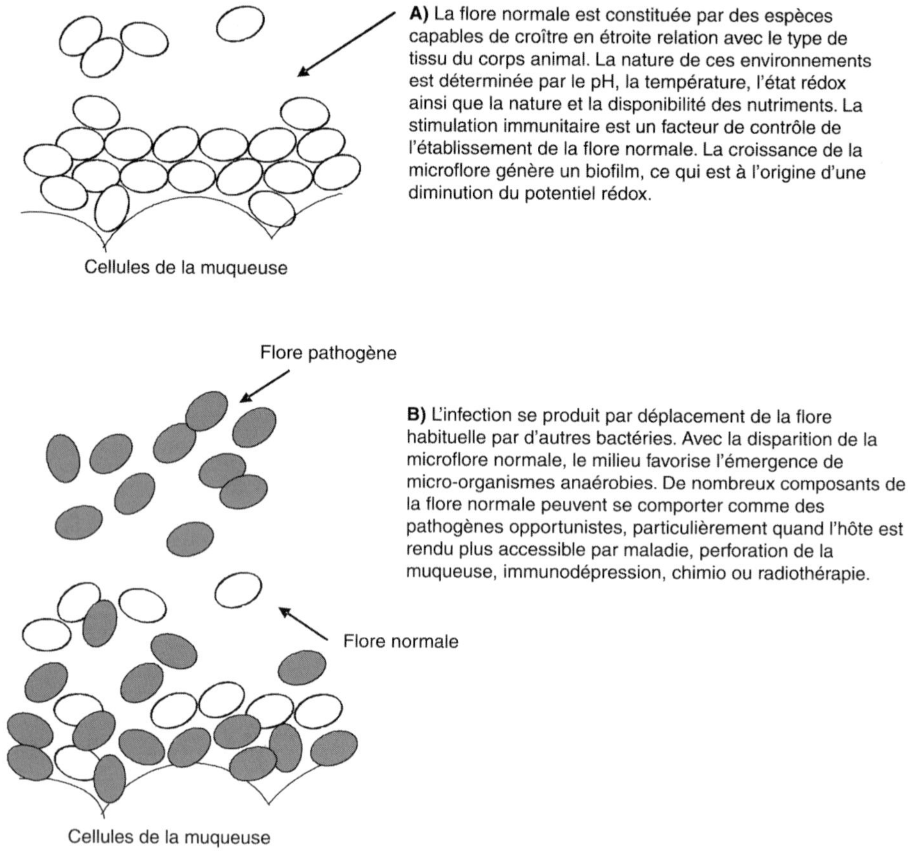

Figure 4.24. Mécanisme séquentiel général de remplacement de la flore bactérienne normale dans les surfaces du corps humain. A. Localisation de la flore normale sur les muqueuses ; B. Remplacement progressif de la flore normale par la flore pathogène.

Cavité orale

En tant que niche écologique et en relation avec les processus redox, la cavité orale comporte une série de particularités. La bouche présente une large échelle de potentiel de réduction qui permet la croissance de bactéries aérobies, aérobies facultatives et anaérobies. Chez les humains, en général, le dos de la langue, la muqueuse buccale et palatale, sont des milieux aérobies avec des potentiels de réduction positifs, avec des valeurs dans la salive qui peuvent varier entre + 50 et + 500 mV, tandis que les fentes gingivales et les surfaces entre les dents présentent des valeurs négatives qui peuvent atteindre – 300 mV (Marcotte et Lavoie, 1998). D'autre part, l'accumulation de biofilm qui constitue la plaque dentaire — qui est favorisé par une alimentation riche en hydrate de carbone et par une hygiène déficiente — conduit à une augmentation des processus inflammatoires causés par des changements allogènes dans la communauté microbienne (Ruby et Goldner, 2007). Il apparaît également une diminution du Eh' depuis des valeurs positives que présente la surface propre des dents (aux alentours de + 300 mV) jusqu'à des valeurs négatives (aux alentours de – 150 mV) (Kenney et Ash, 1969). Kenney et Ash (1969) ont observé des valeurs de potentiel de réduction dans le sac periodontal allant de + 14 à – 157 mV dans les cas de périodontites, alors que le sac gingival sain possède une valeur de Eh de + 74 mV. Ce type de processus, qui évidemment favorise l'installation de populations anaérobies ne diffère pas de ce qui a été décrit p. 114 en relation avec la formation d'un biofilm. Les agents utilisés dans l'hygiène de la cavité orale combattent la formation du biofilm en additionnant l'effet mécanique du brossage avec la présence d'agents oxydants (Marsh, 1992 ; Cummins et Creeth, 1992).

Le système de défenses innées de l'hôte qui met en jeu des mécanismes redox est formé par divers mécanismes coordonnés comme réponse à l'infection microbienne de la cavité orale. Les deux peroxydases défensives qui jouent dans la cavité orale sont la salive (*salivary peroxydase*, SPO) et la myéloperoxydase (*myeloperoxydase*, MPO). Avec H_2O_2 comme oxydant, elles utilisent les ions inorganiques pour produire des composés anti-microbiens qui s'avèrent plus efficaces que H_2O_2 seul (Ashby, 2008). Les concentrations de substances inorganiques sont différentes dans la salive et dans le fluide gingival. Dans le système supra-gingival, SPO comme MPO produisent des hypothiocyanates ($OSCN^-$) qui jouent sur le biofilm tandis que pendant la réponse inflammatoire MPO est introduite dans le fluide gingival et produit de l'hypochlorite (OCl^-) (Marcotte et Lavoie, 1998). D'autre part, le fonctionnement de ces peroxydases présente des variations entre individus qui sont attribuées par exemple à des variations des habitudes alimentaires selon les personnes. Ces différences affectent les concentrations de nombreuses espèces inorganiques qui sont de posssibles effecteurs redox comme par exemple : fluorure (F^-) ; cyanure (CN^-) ; cyanate (OCN^-) ; thiocyanate (SCN^-) et nitrate (NO_3^-) (Marcotte et Lavoie, 1998).

La brève synthèse qui vient d'être décrite a comme objectif de présenter la complexité de la cavité orale en terme redox au niveau de deux des trois facteurs généraux qui la conditionnent (Marcotte et Lavoie, 1998), les physico-chimiques et ceux qui correspondent à l'hôte. Le troisième facteur qui se réfère à la composante microbienne est traité ci-dessous.

Dans la cavité orale normale, plus de 700 espèces bactériennes ou phylotypes cohabitent, parmi elles plus de 50 % n'ont jamais été cultivées (Aas *et al.*, 2005). Dans des conditions particulières, certaines d'entre elles avec un potentiel pathogène sont stimulées et leur croissance favorisée. De cette manière se produisent des infections comme les caries dentaires ou des maladies periodontales (Goulhen *et al.*, 2002). De plus, certaines bactéries spécifiques de la cavité orale ont été associées avec différentes maladies systémiques (Stumm, 1992).

Leke *et al.* (1999) ont étudié l'effet de la croissance de certaines espèces bactériennes sur le potentiel de réduction (Eh') du milieu de culture. Ils ont trouvé que certaines espèces étaient capables de le diminuer (*Porphyromonas gingivalis, Fusobacterium nucleatum, Peptostreptococcus micros, Streptococcus mutans*) et d'autres de l'augmenter (*Streptococcus sanguis*) (tableau 4.3) (Lawrence *et al.*, 1995). Ils ont également montré qu'un agent oxydant comme H_2O_2 affectait le comportement de *P. gingivalis*, ce qui indique que ce micro-organisme peut être affecté par les composantes de la population fonctionnelle qui seraient capables de générer des conditions oxydantes. Ces résultats suggèrent donc que l'aptitude à intervenir comme effecteur redox constitue probablement un outil ubiquiste dans la cavité orale pour

Tableau 4.3. Effet de l'accroissement de certaines bactéries présentes dans la cavité orale sur le potentiel de réduction (Eh') final du milieu de culture. Les bactéries ont poussé dans un milieu complexe Todd Hewitt Broth, ou en milieu de base qui contenait 1 % de serum bovin, de l'hémine (10 mg/ml) et de la vitamine K (1 mg/ml). Les cultures anaérobies ont été conduites dans une chambre anaérobie (N_2 : H_2 : CO_2 ; 80 : 10 : 10) à 37 °C. D'après Leke *et al.*, 1999.

Bactéries	**Potentiel de réduction (Eh' ; mV)**[a]	
	aérobiose	**anaérobiose**
Témoin (sans inoculum)	+ 104	- 75
P. gingivalis 49417	nc[b]	- 360
P. gingivalis 33277	nc	- 333
P. intermedia 25611	nc	- 230
P. nigrescens 9336	nc	- 213
F. nucleatum 25586	nc	- 318
P. micros NY370	nc	- 301
A. naeslundii 85.1	nc	- 168
A. viscosus 54.2	+ 54	- 153
S. mutans 10449	- 75	- 180
S. mitis 33399	+ 32	- 211
S. sanguis NY101	+ 118	- 173

[a] Mesure réalisée 48 h après l'inoculation du milieu de culture ; [b] nc : non croissance.

la sélection de populations microbiennes et pour moduler l'environnement de la zone subgingivale (Lawrence *et al.*, 1995).

En relation avec les matériaux employés pour la restauration directe des pièces dentaires, à long terme, on a utilisé des amalgames qui contiennent un mélange de mercure avec un ou plusieurs métaux. Normalement, les amalgames dentaires sont composés pour 40-54 % de Hg[14] et d'un mélange qui contient 40-60 % de Ag, aux alentours de 30 % de Sn, 6-30 % de Cu et aux environs de 2 % de Zn[15]. Ces amalgames sont notamment composés de bactériostatiques et enclins à la corrosion[16] (voir p. 116). Les deux caractéristiques associées à des phénomènes redox définissent les aspects de l'interaction potentielle entre ce type de matériel utilisé historiquement dans la restauration directe et la composante microbienne. Par rapport à d'autres matériaux qui sont introduits normalement dans la cavité orale — les adhésifs dentaires —, des résultats indiquent que ce sont

14. En raison de la toxicité du Hg, l'utilisation des amalgames dans la cavité orale est un sujet très discuté.
15. L'amalgame résultant contient Ag_3Sn, Ag_2Hg_3, et $Sn_{7\text{-}8}Hg$ (qui réagit avec les particules Ag-Cu et se produit alors Cu_6Sn_5).
16. Quand un composé avec un potentiel de réduction élevé entre en contact avec l'amalgame dentaire, celui-ci peut connaître une corrosion galvanique. Dans ce cas, l'amalgame joue le rôle d'anode, et le composé présentant le plus haut potentiel de réduction comme cathode. Dans ces conditions le complexe Sn_8Hg a plus de chances d'être corrodé et de libérer des ions Sn(II).

des agents causaux d'un déséquilibre de l'état redox dans les cellules pulpaires des humains (Demirci *et al.*, 2008). Bien que, à notre connaissance, il n'existe pas d'informations sur le sujet, ces matériaux qui augmentent la quantité d'espèces réactives de l'oxygène (*Reactive Oxygen Species*, ROS) dans ce type de cellules de l'hôte devraient également fonctionner comme effecteurs redox de l'écosystème microbien.

La peau

Du point de vue microbiologique, la fonction primaire de la peau intacte et normale est de contrôler les populations microbiennes qui vivent à sa surface et prévenir les tissus sous-jacents de toute colonisation ou invasion par des pathogènes potentiels. L'exposition des tissus sub-cutanés par une lésion de la peau, ou une blessure, favorise la colonisation et la prolifération des micro-organismes en leur offrant un milieu nutritionnel plus divers. La majorité des blessures sont colonisées par des micro-organismes aérobies et anaérobies qui proviennent du milieu et de la surface de muqueuses comme celles de la cavité orale ou de l'intestin. Comme la colonisation des blessures est, dans la majorité des cas, polymicrobienne, elle met en jeu de nombreux types de micro-organismes qui sont potentiellement pathogènes, les blessures ont alors un risque important d'être infectées (Bowler *et al.*, 2001).

Quand le tissu sub-cutané est exposé, il apparaît des substrats favorables pour cette grande variété de micro-organismes qui contaminent et colonisent. Si le tissu en question se dévitalise et si la réponse immunitaire est compromise, les conditions deviennent optimales pour la croissance microbienne (Bowler *et al.*, 2001).

Comme dit auparavant, les contaminants de la blessure ont trois origines principales : i) le milieu ambiant ; ii) la zone de peau environnante (qui inclue la flore normale de la peau[17]) ; iii) les membranes muqueuses environnantes (la muqueuse gastro-intestinale, la cavité orale et la cavité génito-urinaire ; Duerden, 1994). La plaque dentaire, le bourrelet gingival et le contenu du colon abritent approximativement 10^9 à 10^{12} micro-organismes par gramme de tissu (figure 4.23), qui pour leur majeure partie sont des micro-organismes anaérobies (90 % dans le cas de la microflore orale, 99 % pour la microflore du colon). Dans ces circonstances, il est logique de prévoir que les blessures en conditions d'anoxie et de réduction importantes sont davantage susceptibles d'être colonisées par des bactéries anaérobies endogènes.

De nombreux micro-organismes anaérobies supportent des périodes prolongées d'exposition à l'air et tolèrent des pressions partielles d'oxygène importantes (environ 8 %) (Park *et al.*, 1992). Le potentiel de réduction du tissu joue sur la survie (Bakker, 1998) comme le montre le comportement de certains anaérobies qui sont capables de survivre en milieu nutritif aéré maintenu à de basses valeurs de Eh (Finegold, 1989). Dans d'autres cas, de nombreux pathogènes (*Clostridium perfringens*, *Bacteroides fragilis* et *Peptostreptococcus magnus*) ont été

17. Sont considérés comme faisant partie de la flore normale de la peau : *Staphylococcus epidermidis*, *Propionibacterium acnes*, *Staphylococcus aureus*, *Corynebacterium xerosi*, *Pityrosporum* sp., *Candida* sp. entre autres.

directement inhibés en présence d'oxygène bien que l'atmosphère ait présenté des valeurs réduites (Eh aux environs de – 50 mV). Ont également été décrites des situations dans lesquelles on a pu constater une large tolérance aux changements de Eh (augmentation de + 30 mV à + 300 mV) à condition que cela corresponde à une diminution du pH comme il est prévu par la relation inverse entre les deux variables. L'explication de cette diversité de comportement réside probablement dans le fait que dans ces situations de colonisation intervient, comme nous l'avons vu, une diversité importante de groupes fonctionnels microbiens qui peuvent former des *hot spots* (Drewitt et Warland, 2007) ou des centres d'activité qui créent des conditions physico-chimiques diverses. En d'autres termes, cette situation serait le reflet de bilatéralité, milieu ambiant-micro-organismes, qui a été mentionnée à plusieurs reprises dans ce livre.

En relation avec cette interaction et le sens de l'impact des micro-organismes sur le milieu, il peut être intéressant de commenter le cas du mécanisme proposé pour expliquer la pathogénicité d'un type de champignon qui peut coloniser plusieurs milieux parmi lesquels la peau. C'est le cas de *Cryptococcus neoformans*, qui est le plus commun des *Cryptococcus* pathogènes chez les humains et l'animal.

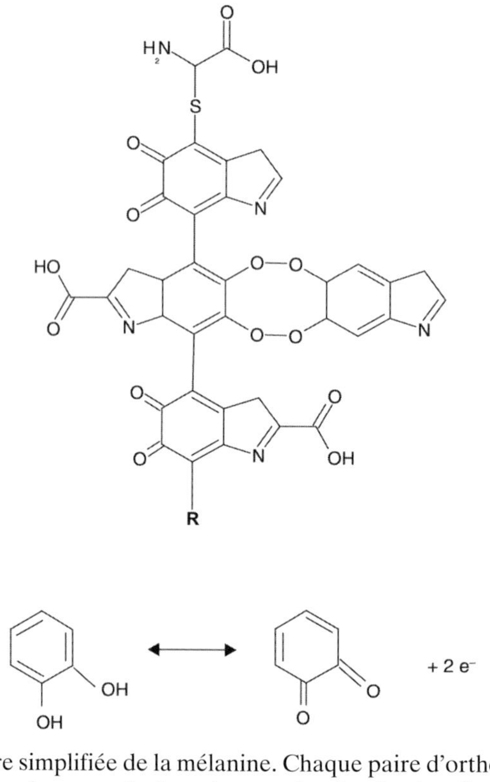

Figure 4.25. Structure simplifiée de la mélanine. Chaque paire d'ortho-oxygène peut exister comme quinone, semi-quinone ou hydroquinone selon la réaction d'oxydation proposée par Commoner *et al.*, 1954. R représente des associations des mêmes formes fondamentales constituées par des ortho-quinones associées avec des structures pyrroliques et des groupes carboxyliques. D'après Nicolaus *et al.*, 1964.

Les mélanines sont des pigments sombres (Metzler, 2003) de haut poids moléculaire formés par la polymérisation oxydative de composés phénoliques (en général ce sont des polymères de ortho-dihydroxy phenols et les résidus des polymères contiennent également deux oxygène en position *ortho* (figure 4.25) qui sont largement distribués dans le monde vivant (Jacobson, 2000).

Les mélanines fongiques constituent des structures qui se comportent comme des stabilisants redox extracellulaires, qui peuvent neutraliser les agents oxydants antimicrobiens générés par les effecteurs immunologiques des cellules attaquées par le champignon. Même si l'on ignore quel est le donneur d'équivalents réducteurs requis pour garantir le pouvoir antioxydant de la mélanine, on peut spéculer que Fe(II) généré par les réductases ferriques du champignon peut avoir la fonction physiologique de réduire la mélanine fongique et à travers elle promouvoir la colonisation (Jacobson et Hong, 1997). Les travaux réalisés par Jacobson et Hong (1997), travaux utilisant des techniques voltammétriques (voir p. 72), démontrèrent que *Cryptococcus neoformans* sécrète différents composés qui peuvent réduire Fe(III) et de cette manière générer dans son entourage suffisamment de capacité réductrice pour réduire la mélanine.

Tractus intestinal, rumen, probiotiques

Le tractus gastro-intestinal des animaux monogastriques se divise en estomac, intestin grêle et gros intestin, les aliments sont acidifiés dans l'estomac et la pepsine initie la digestion des protéines. Dans l'intestin grêle, différentes enzymes digestives transforment les nutriments en constituants absorbables. Le tractus gastro-intestinal possède une grande surface pour faciliter ce processus. Les nutriments non adsorbés dans cette étape sont transportés dans le gros intestin où se complète le processus de désorganisation et de digestion majoritairement *via* l'intervention de la microflore intestinale. Enfin, les restes indigestibles et les bactéries sont excrétés dans les fèces. Outre le processus d'adsorption, sont activés dans l'intestin les mécanismes de défenses immunologiques qui représentent une importante barrière face à la colonisation de pathogènes invasifs. D'autre part, dans ce processus, des mécanismes physico-chimiques comme l'acidité dans l'estomac et les sels biliaires jouent également un rôle important.

Le tractus digestif des animaux polygastriques (ruminants) possède différents pré-estomacs (le réticulum-rumen et le feuillet). Dans le rumen, il n'existe pas d'activité enzymatique générée par l'animal et l'activité biologique qui s'exerce sur les aliments est produite par les populations microbiennes qui le colonisent. La salive, qui est une solution diluée de sels (carbonate et phosphate de sodium) tamponne le système et apporte les éléments nécessaires au développement microbien. Le milieu ruminal présente des conditions physico-chimiques assez stables : le pH oscille entre 6,0 et 6,8 et le potentiel redox apparent (voir p. 22) est bas (aux environs de – 350 mV). Le système — qui s'apparente au colon du gros intestin des animaux monogastriques — est favorable aux populations anaérobies strictes. Ces populations sont responsables de la dégradation des polymères végétaux (cellulose, hémi-cellulose, amidon, protéines, polymères phénoliques). Entre 1 et 5 % des micro-organismes du rumen sont cellulolytiques, produisent des cellulases extracellulaires et hydrolysent la cellulose en libérant du glucose et du cellobiose, substances qui sont rapidement utilisées par d'autres espèces. Grâce à ces réactions, l'animal hôte peut disposer de composés essentiels pour la nutrition, comme des acides gras volatils (acétate, propionate, butyrate), des amino-acides et des vitamines. Il se produit également CO_2 et CH_4, ce qui signifie une sortie de carbone du système et dans le cas du CH_4 une perte importante de pouvoir réducteur. La signification et la prédominance des distinctes voies métaboliques impliquées dans ces transformations sont profondément influencées par la nature du substrat et la structure de la communauté fonctionnelle (voir p. 22) (Hobson et Stewart, 1997).

La production de gaz qui est éructé par l'animal ruminant revêt un intérêt particulier pour la production animale, étant donné que, comme nous l'avons dit, elle peut constituer une dérivation métabolique qui conduit à des pertes importantes de substrat réduit, à savoir une utilisation déficiente du fourrage que l'animal ingère comme aliment (Smacchia *et al.*, 1995). En relation avec le milieu redox, il a été démontré une corrélation négative hautement significative entre le potentiel apparent à pH 7 (contre l'électrode au calomel ; E_7) aussi bien avec la production totale de gaz qu'avec la quantité de CH_4 ($r = -0{,}81$ et $-0{,}86$ respectivement ; $p < 0{,}05$) (Smacchia, 2004). Néanmoins, il faut se rappeler la dépendance du potentiel de réduction apparent avec d'autres variables importantes qui interviennent dans le système ruminal (pH, nature du carbone réduit, etc.). Ce fait peut expliquer des résultats divers, voire contradictoires, dans l'étude du système qui constitue sans aucun doute un exemple typique des scénarios caractéristiques de l'écologie microbienne (Smacchia, 2004). Dans ces conditions, comme dit précédemment, chaque scénario doit être étudié à partir de ses propres particularités.

Le tractus digestif est colonisé par des micro-organismes immédiatement après la naissance. En relation avec la microflore de l'intestin, la microflore dans l'estomac des monogastriques (oiseaux, porc, humain) est relativement réduite (figures 4.23 et 4.26) (EU Feed Additives & Premixtures Association, 2005). Les agents qui conditionnent le milieu (oxygène, Eh, composition chimique, contenu en eau) varient significativement entre le duodénum et le colon, et avec eux, le volume et la composition de la microflore (figure 4.24). La concentration en O_2 connaît une diminution qui se maintient, ce qui fait que depuis les segments médians de l'intestin grêle la proportion d'espèces anaérobies commence à augmenter aux dépens des espèces aérobies. D'autre part, dans ce scénario, il y a des populations stables qui colonisent la muqueuse intestinale comme les bactéries lactiques (*Lactic Acid Bacteria*, LAB) et d'autres qui sont temporaires, qui ne colonisent pas et finalement sont excrétées par les fèces.

Il apparaît clair que le système digestif complexe des animaux tant monogastriques que polygastriques est un écosystème microbien. Dans ce système, l'amplitude des aptitudes métaboliques représente un outil fondamental pour garantir la capacité de survie et d'adaptation des micro-organismes qui constituent la composante fonctionnelle biotique. Ces qualités permettent que se différencient les populations à l'intérieur de la communauté. Par exemple, l'aptitude d'une espèce anaérobie à supporter les niveaux supérieurs d'oxygène au début du tractus digestif (où existent des potentiels de réduction plus élevés ; figure 4.26) constitue un avantage adaptatif

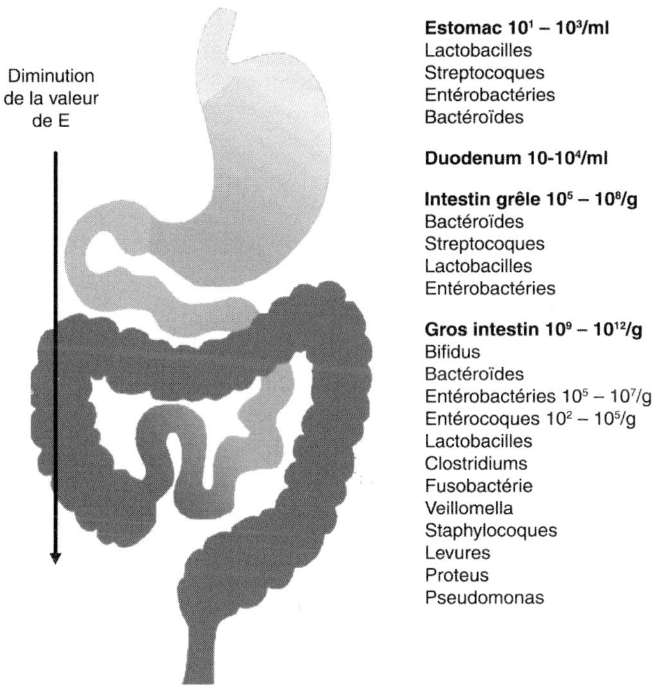

Figure 4.26. Colonisation de différents segments intestinaux par des microorganismes et diminution du potentiel redox apparent (E) le long du tractus digestif. D'après EU Feed Additives & Premixtures Association, 2005.

dans la mesure où il permet à l'espèce de parvenir aux conditions propices dans le gros intestin.

Il s'avère intéressant, sur ce point, de discuter le mécanisme proposé par Talwalkar et Kallasapathy (2004) en relation avec la capacité à tolérer l'oxygène de deux bactéries intestinales, *Lactobacillus acidophilus* et *Bifidobacterium* spp., classées comme microaérophile et anaérobie stricte, respectivement. Les bactéries aérobies obtiennent leur énergie principalement de la phosphorylation oxydative impliquant la chaîne respiratoire, chaîne qui est composée par une succession de transporteurs d'e^- capables de résister à une oxydation et réduction réversible. Les bactéries anaérobies, y compris les bactéries lactiques comme *L. acidophilus et Bifidobacterium* spp., ne synthétisent pas des cytochromes ou d'autres groupes hémiques, nécessaires à la chaîne de transport d'e^-. De ce fait, ils sont incapables de synthétiser de l'ATP à travers des mécanismes respiratoires et dépendent du métabolisme fermentatif. En raison de l'impossibilité d'utiliser des accepteurs d'e^- externes (comme l'oxygène chez les bactéries aérobies), chez les bactéries anaérobies, divers substrats organiques sont soumis à des réactions redox dans lesquels interviennent des composés comme le NADH. L'obtention d'énergie par les micro-organismes anaérobies dépend donc fortement de la régénération du NAD^+, c'est-à-dire de l'oxydation du NADH. La manière simple d'oxyder NADH est de réduire O_2 par l'intermédiaire de l'activité de la NADH oxydase, qui apparaît comme une activité universelle chez les bactéries lactiques (Talwalkar et Kallasapathy, 2004). Généralement, les réactions d'oxydation du NADH chez les bactéries lactiques, incluant *L. acidophilus et Bifidobacterium* spp., catalysent le transfert de 1, 2 ou 4 e⁻ (Condon, 1987) :

$$NADH + H^+ + O_2 \xrightarrow{\text{NAHD - }H_2O_2\text{ oxydase}} NAD+ + H_2O_2 \quad (1)$$

$$2\,NADH + 2\,H^+ + O_2 \xrightarrow{\text{NAHD - }H_2O\text{ oxydase}} NAD^+ + 2\,H_2O \quad (2)$$

$$NADH + 2\,O_2 \xrightarrow{\text{NAHD oxydase}} NAD^+ + H^+ + 2\,O_2^{\bullet -} \quad (3)$$

Chez les bactéries lactiques ont été majoritairement décrits deux types de NADH oxydases : NADH-H_2O_2 oxydase (réaction 1) et NADH-H_2O oxydase (réaction 2) qui impliquent deux et quatre e^- respectivement (Higuchi *et al.*, 2000). L'activité de la NADH oxydase (réaction 3) peut avoir comme conséquence une réduction incomplète de l'oxygène, générant des espèces réactives comme l'anion superoxyde ($O_2^{\bullet -}$), qui peut se dismuter en H_2O_2 ou radical hydroxyle ($HO^\bullet$) (voir p. 88) aussi spontanément qu'à travers l'activité de la superoxyde dismutase[18] (SOD) (Madigan et Martinko, 2005). De plus, l'$O_2^{\bullet -}$ peut également se dismuter en H_2O_2 en présence de Mg^{2+} intracellulaire. Ces composés en diffusant facilement à travers la membrane entraînent des lésions oxydatives au niveau de lipides membranaires, enzymes et ADN. Donc pour vivre en présence d'oxygène, les bactéries lactiques doivent convertir ces espèces réactives en molécules non toxiques pour éviter le risque que l'accumulation intracellulaire cause la mort de la cellule par lésions oxydatives. En accord avec ces faits, certaines LAB possèdent la NADH peroxydase qui réduit H_2O_2 en H_2O. Le tableau 4.4 montre que les activités NADH oxydase et NADH peroxydase paraissent augmenter quand la concentration en oxygène est importante et ces augmentations sont corrélées avec une augmentation de la réduction de H_2O_2. L'activité SOD dans les cas étudiés ne paraît pas augmenter lorsque la concentration en oxygène croît. Cette étude apporte une claire évidence du fait que ces bactéries anaérobies sont capables de mettre en fonctionnement une réponse biochimique face à l'oxygène et que à la fois la NADH oxydase et la NADH peroxydase sont impliquées dans cette réponse. D'autre part, l'étude informe également quant à l'échelle de variation des activités spécifiques étudiées que peuvent présenter deux espèces qui intègrent la même communauté fonctionnelle et qui peuvent coloniser le même scénario biotique.

Un autre micro-organisme qui, pendant longtemps, fut considéré comme le micro-organisme dominant dans le gros intestin, est *Escherichia coli* (Ingledew et Poole, 1984). Si, postérieurement, on a découvert que de nombreux autres micro-organismes habitaient cet écosystème, il reste un des groupes majeurs parmi les bactéries anaérobies facultatives, et est en partie responsable du fait qu'existent des conditions qui permettent le développement d'anaérobies strictes avec lesquelles finalement il co-existe. La persistance de *E. coli* dans l'intestin est le reflet de sa capacité à exploiter les opportunités que lui offre ce milieu. Depuis quelques années, il a été reconnu que cette bactérie était très bien adaptée pour survivre avec un nombre relativement limité de composés de bas poids moléculaire, disponibles transitoirement et en basses concentrations. Le succès de ce rôle de balayeur est

18. Les superoxyde dismutases (SOD) (Metzler, 2003) détruisent les anions superoxyde ($O_2^{\bullet -}$) selon la réaction : $2\,O_2^{\bullet -} + 2\,H^+ \rightarrow O_2 + H_2O_2$. La molécule de H_2O_2 peut être détruite postérieurement par la catalase : $2\,H_2O_2 \rightarrow 2\,H_2O + O_2$.

Tableau 4.4. Effet de différentes concentrations en oxygène sur les activités NADH oxydase, NADH peroxydase et SOD et sur la réduction de H_2O_2 de souche de *Lactobacillus acidophilus* et de *Bifidobacterium* spp. D'après Talwalkar et Kallasapathy, 2004.

Souche	% oxygène	NADH oxydase*	NADH peroxydase	SOD	nmoles H2O2 réduites
L. acidophilus CSCC2400	0	20,62	18,37	1,10[a]	17,4
	10	25,64[a]	23,87	1,02[ab]	28,4
	21	27,26[b]	25,28	0,94[b]	38,4
L. acidophilus CSCC2409	0	21,09[a]	20,20	1,64	20,3
	10	21,94[a]	22,29a	1,35[a]	28,5
	21	25,21	25,65	1,36[a]	35,2
B. infantie CSCC1912	0	2,10	5,35	0,86[a]	2,69
	10	4,38[a]	7,67[a]	1,58	5,42
	15	4,66[a]	7,56[a]	1,30[a]	5,48
B. lactic CSCC 1941	0	4,97	5,32	1,36	0,78
	10	6,50[a]	7,68	2,10	4,27
	21	7,32[a]	10,53	1,19	8,87
B. pseudolongum CSCC 1944	0	1,99	3,47	0,86[a]	1,05
	10	3,2	4,19	0,81[a]	3,29
	21	6,2	6,07	0,57	3,71
B. longum 55815	0	12,74	10,37	2,71[a]	6,97
	10	15,97	16,86[a]	2,36[a]	10,07
	21	18,91	16,86[a]	2,52[a]	13,32

[a,b] Les valeurs sans lettres diffèrent significativement entre elles ($p < 0,05$). Les valeurs suivies de la même lettre ne diffèrent pas entre elles ($p < 0,05$).* Les activités enzymatiques sont exprimées en unités enzymatiques/mg protéines totales en extrait libre de cellules.

assuré par le puissant système de transport actif que possède ce micro-organisme, système qui peut être ré-alimenté en énergie par des réactions redox qui utilisent une large variété de donneurs et d'accepteurs d'e^-.

De plus, des études réalisées ces dernières années sur *Paracoccus denitrificans* et *Escherichia coli* ont permis de mettre en évidence à quel point cette capacité peut être diverse (Richardson, 2000). Cette diversité apparaît dans sa réelle amplitude si on la considère en relation avec les autres domaines du vivant : les animaux supérieurs et les plantes ont très peu de flexibilité respiratoire en ce qui concerne les donneurs d'e^-, mais encore moins au niveau des accepteurs d'e^-. Si cette flexibilité est plus importante chez les levures, les champignons filamenteux et les protozoaires que chez les animaux et les plantes, c'est dans le domaine des Bactéries et des Archae qu'on atteint la plus grande diversité. Dans ces domaines, les micro-organismes peuvent utiliser une large gamme d'accepteurs d'e^- qui inclue le soufre élémentaire, les oxyanions du soufre, les sulfoxydes et les sulfonates, les oxydes et oxyanions de

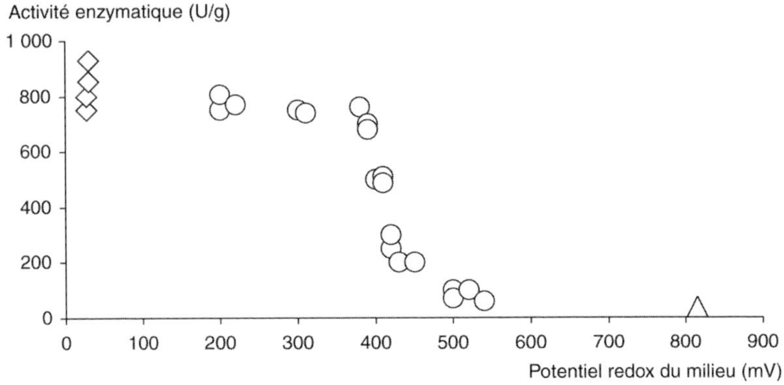

Figure 4.27. Expression de la β-galactosidase chez *E. coli* en fonction de différents potentiels redox dans le milieu. La bactérie a poussé en anaérobiose jusqu'à une DO_{578} = 0,5 à 0,8 en milieu LB avec du glucose et du fumarate comme substrats. Le potentiel redox entre + 190 mV et + 510 mV a été ajusté avec un mélange de ferri (III) et ferro (II) cyanure (○) ; pour la croissance anaérobie (◊) sans ferro ferri-cyanure on assume une valeur de E_0' = + 30 mV (qui correspond à la paire fumarate/succinate) et pour la croissance aérobie (Δ) on assume que E_0' = + 815 mV (correspondant à la paire O_2/H_2O). Chaque mesure a été réalisée en expériences séparées. D'après Unden *et al.*, 1990.

l'azote, les oxydes organiques d'azote, des composés halogénés organiques, les oxyanions de sélénium et d'arsenic, Fe(III) et Mn(IV), et des radio-nucléides comme U(VI) et Tc(VII). Cette diversité donne aux domaines des bactéries et des Archae la grande capacité qu'ils possèdent pour coloniser les environnements les plus variés et les plus hostiles de la biosphère, tant les aérobies que les anaérobies[19].

Il est intéressant de commenter un autre aspect, également en relation avec *E. coli* concernant les activités enzymatiques intra-cellulaires et les conditions redox extra-cellulaires. Avant tout, il est important de rappeler que la situation redox à l'intérieur de la cellule microbienne ne reflète pas nécessairement les conditions de Eh (ou pε) hors de la cellule. Cependant, il a été démontré que chez *E. coli*, l'expression de la fumarate-réductase, de la diméthylsulfoxyde-réductase, de la nitrite- et de la nitrate-réductase était en relation avec le potentiel redox du milieu (Unden *et al.*, 1990 ; figure 4.27). Comme l'expression de ces enzymes dépend du gène activateur des gènes respiratoires anaérobies, on a suggéré que sa fonction était contrôlée par des changements de E_0' du milieu ambiant à l'intérieur d'une échelle assez étroite (Unden *et al.*, 1990). Les résultats importants qui sont mis en évidence par Unden *et al.* (1990) se basent sur trois aspects. Le premier de ces aspects est qu'il est clairement montré un effet du milieu ambiant sur un mécanisme redox intra-cellulaire microbien. Le deuxième aspect est que si, en général, la caractérisation redox du milieu ambiant uniquement à travers le potentiel de réduction apparent est déconseillée (Pidello, 2003 ; Nordstrom et Munoz, 1994), il s'avère un descripteur utile pour la compréhension du système. Le troisième aspect concerne les processus

19. Si l'analyse détaillée des mécanismes redox intracellulaires est particulièrement intéressante et fondamentale pour la compréhension de la bioénergétique et la physiologie des micro-organismes, elle excède néanmoins les objectifs de ce livre dont l'axe conducteur est la bilatéralité redox entre micro-organismes et milieu ambiant (Madigan et Martinko, 2005 ; Metzler, 2003).

dissimilatifs qui constituent une voie très importante à travers laquelle un micro-organisme modifie le milieu ambiant (puisqu'il modifie directement l'état d'oxydation des espèces redox extra-cellulaires). Les résultats montrent que, en modifiant l'expression de son équipement enzymatique en fonction de la diversité que présente le milieu ambiant au niveau du statut redox, le micro-organisme peut devenir un puissant effecteur redox à travers d'autres mécanismes non moins importants.

Des bactéries intestinales comme *Lactobacillus acidophilus* et *Bifidobacter* spp. sont à la base de ce qu'on nomme suppléments probiotiques, qui se définissent comme des suppléments nutritionnels formés par des cellules microbiennes viables. Lorsqu'elles sont présentes en nombre suffisant, elles peuvent modifier la flore intestinale de l'organisme hôte et exercer un effet bénéfique pour la santé. Ce type de complément est utilisé chez les humains et pour l'alimentation animale (spécialement des animaux ruminants).

Chez les humains ont été testés différents effets thérapeutiques sur la santé et parmi eux la prévention de diarrhées, la modulation de l'immunité, l'atténuation de l'intolérance au lactose, la prévention de certaines formes de cancer, la diminution du cholestérol sérique. Chez les ruminants, on a observé des modifications positives dans les processus métaboliques qui interviennent dans le rumen.

Ces résultats sont sans aucun doute le produit d'effets simultanés engendrés par certains micro-organismes qui peuvent s'exprimer dans un milieu complexe comme l'intestin (figure 4.28) (Bengmark et Ortiz De Urbina, 2005). Certains de ces effets (beaucoup d'entre eux sont connus depuis l'Antiquité) seraient en relation avec la capacité de la population introduite[20] à inhiber les micro-organismes pathogènes. Récemment dans des études réalisées avec *Lactobacillus delbrueckii* ssp. *lactis*, *L. delbrueckii* ssp. *bulgaricus*, *L. acidophilus*, et *L. casei*, cette capacité a été associée aux bas potentiels redox que créent les bactéries lactiques (Saide et Gilliland, 2005).

Milieu vaginal

Le vagin chez les humains adultes est un écosystème complexe qui porte une microflore dense. Chez les femmes en âge de fertilité, l'espèce dominante est *Lactobacillus* spp., un genre de bactérie Gram-positive, non mobile, capable de pousser en milieu acide (pH < 4,5) et de fermenter des hydrates de carbone pour produire de l'acide lactique.

Le fluide vaginal (FV) contient une grande diversité de composés de différentes tailles moléculaires potentiellement redox actives ; en outre, on a identifié des protéines redox actives impliquées dans la défense face au stress oxydatif (Di Quinzio *et al.*, 2007). Le potentiel redox (Eh') du vagin humain sain oscille entre + 320 et + 130 mV, alors qu'en situation pathologique sévère, les valeurs peuvent descendre significativement (Holmes *et al.*, 1985). Ceci suggère que l'état redox défini en tant que capacité et intensité redox pourrait constituer un bon *descripteur* des perturbations dans l'équilibre normal des composants tant biotiques qu'abiotiques associés

20. Dans la partie précédente ont été décrites les caractéristiques adaptatives que possède ce type de micro-organismes.

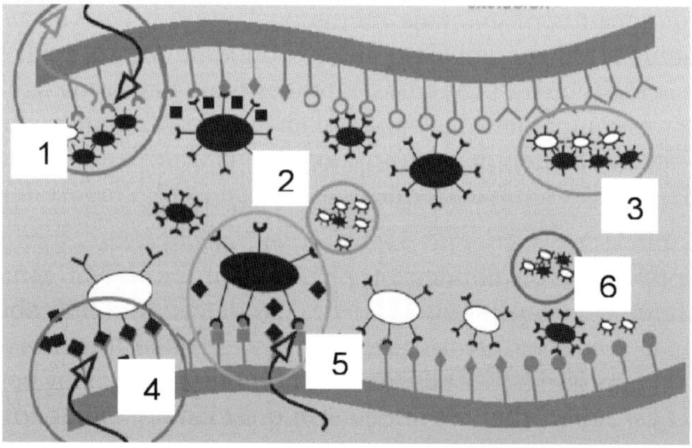

Figure 4.28. Interactions microbiennes dans l'intestin en présence de probiotiques : (1) Stimulation de la réponse immunitaire et augmentation de l'activité des anticorps de l'hôte ; (2) Compétition des probiotiques avec les pathogènes pour les nutriments ; (3) Blocage *pro parte* des probiotiques de récepteurs intestinaux, excluant les pathogènes ; (4) En occupant les récepteurs intestinaux, les probiotiques excluent les entérotoxines ; (5) Détérioration de la muqueuse suite à l'adhésion de pathogènes et de toxines ; (6) Les probiotiques empêchent l'adhésion et la prolifération des pathogènes. D'après EU Feed Additives & Premixtures Association, 2005 ; Bengmark et Ortiz De Urbina, 2005.

à l'infection vaginale. Dans la vaginose bactérienne (VB), la structure de la population est modifiée et présente un nombre réduit de lactobacilles et une augmentation d'autres espèces anaérobies facultatives comme *Prevotella* spp., *Gardnerella vaginalis* et *Mobiluncus* spp., ce qui coïncide avec une baisse importante des valeurs de Eh (valeurs comprises entre + 70 et – 250 mV).

Dans la candidose vulvo-vaginale (CVV) qui représente un autre important déséquilibre dans l'écosystème vaginal (Barrenetxea Ziarusta, 2002) (conjointement à la VB, il s'agit du motif le plus fréquent de consultation gynécologique), on conserve le contenu bactérien habituel, le pH se maintient dans des échelles normales et apparaissent différents degrés de réactions inflammatoires. *Candida albicans*, une levure commensale dimorphique du tractus gastro-intestinal et vaginal, est l'organisme responsable. D'autres levures qui produisent des CVV sont *C. glabrata* et *C. tropicalis* et plus rarement *C. guilliermondi*, *C. parapsilosis, C. krusei, C. pseudotropicalis* et *Saccharomyces cerevisiae*.

On a décrit différents phénomènes comme la perturbation de l'adhésion bactérienne en présence d'effecteurs redox ou le mécanisme d'action de certains antibiotiques (métronidazole par exemple, encadré 4.6) (Orna et Mason, 1989 ; Castelli *et al.,* 2000 ; Upcroft et Upcroft, 2001 ; Freeman *et al.*, 1997 ; Upcroft *et al.*, 2006) qui prouvent l'importance de bien connaître l'écosystème redox vaginal en particulier humain et animal en général.

Des résultats que nous avons obtenus suggèrent que la diversité au niveau de la taille moléculaire et l'insaturation des composés présents dans le fluide vaginal humain normal (définissant le caractère normal chez les humains par la présence prédominante de *Lactobacillus* spp.) et dans le fluide vaginal pathologique sont

Encadré 4.6. Le métronidazole

L'antibiotique métronidazole (et les composés en relation structurelle avec le 5-nitroimidazol ; Upcroft et Upcroft, 2001) a un spectre d'activité qui comprend différents protozoaires (comme *Entamoeba histolytica*, *Giardia lamblia* et *Trichomonas vaginalis*) et la majeure partie des bactéries anaérobies Gram-négatives et Gram-positives (Freeman *et al.*, 1997). Le métronidazole est un inhibiteur de la synthèse des acides nucléiques de bactéries et de parasites sensibles. Ces micro-organismes métabolisent rapidement la molécule à travers leur système redox en réduisant le groupe nitro à sa forme active (le radical toxique $RNO_2^{\bullet -}$) *via* la ferredoxine réduite. Le radical $RNO_2^{\bullet -}$ déstabilise la structure hélicoïdale de l'ADN.
Métronidazole (1-(β-hydroxyéthyl)-2-méthyl-5-nitroimidazol)
$C_6H_9N_3O_3$; PM : 171,15 ; CAS N° 443-48-1 ; Potentiel de réduction (Eh') = – 0,486 V (Orna et Mason, 1989).

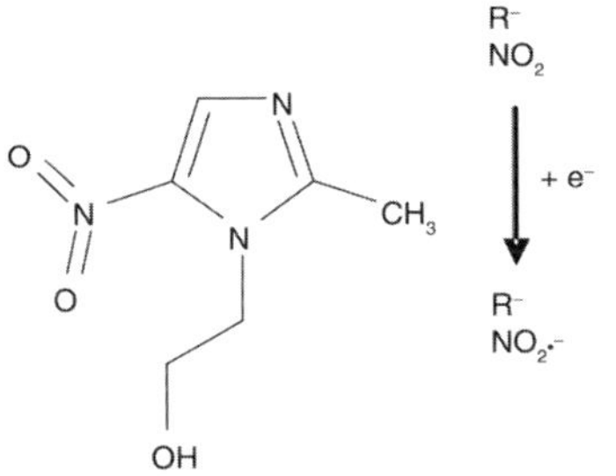

Chez les micro-organismes résistants à ce type d'antibiotique, on a observé des variations des mécanismes redox associés avec apparition de la forme active de la molécule (Upcroft et Upcroft, 2001). D'autre part, il a également été démontré que l'efficacité des composés 5-nitroimidazol dépend de leur degré de réduction. Si les dérivés nitroimidazol sont seulement partiellement réduits, le potentiel de réduction est plus élevé et l'efficacité du composé plus faible (Castelli *et al.*, 2000).

différentes (figure 4.29) (Coletti Zabala *et al.*, 2008 ; Ombrella *et al.*, 2007). Dans la bibliographie, à notre connaissance, il n'existe pas d'étude expérimentale qui mette en relation la diversité des composés présents dans le fluide vaginal tant normal que pathologique avec l'état redox en termes de facteur d'intensité et de facteur de capacité. Si, comme dit plus haut, les basses valeurs de Eh vaginal (jusqu'à – 250 mV) peuvent être associées avec la colonisation par différents pathogènes (McLean et Rosenstein, 2000 ; Holmes *et al.*, 1985), la caractérisation de l'état redox dans ce milieu, comme dans d'autres systèmes pris en compte dans ce livre, constitue également une tâche complexe.

La figure 4.30 montre que dans trois situations où *Lactobacillus* spp. est le micro-organisme prédominant (cas où le système vaginal ne présente pas de conditions pathologiques), les valeurs du potentiel redox sont significativement différentes ($p < 0,05$). D'autre part, la corrélation significative observée entre le *statut oxydant*[21] des systèmes où existent différents micro-organismes prédominants indique que, dans les cas analysés, il existe une claire correspondance entre les facteurs intensité et capacité.

21. Le *statut redox* (*statut* oxydant SO ; *statut* réducteur SR) a été défini par l'expression suivante : *statut redox* = $\sum$ Eh [mV] × [nA/mV].

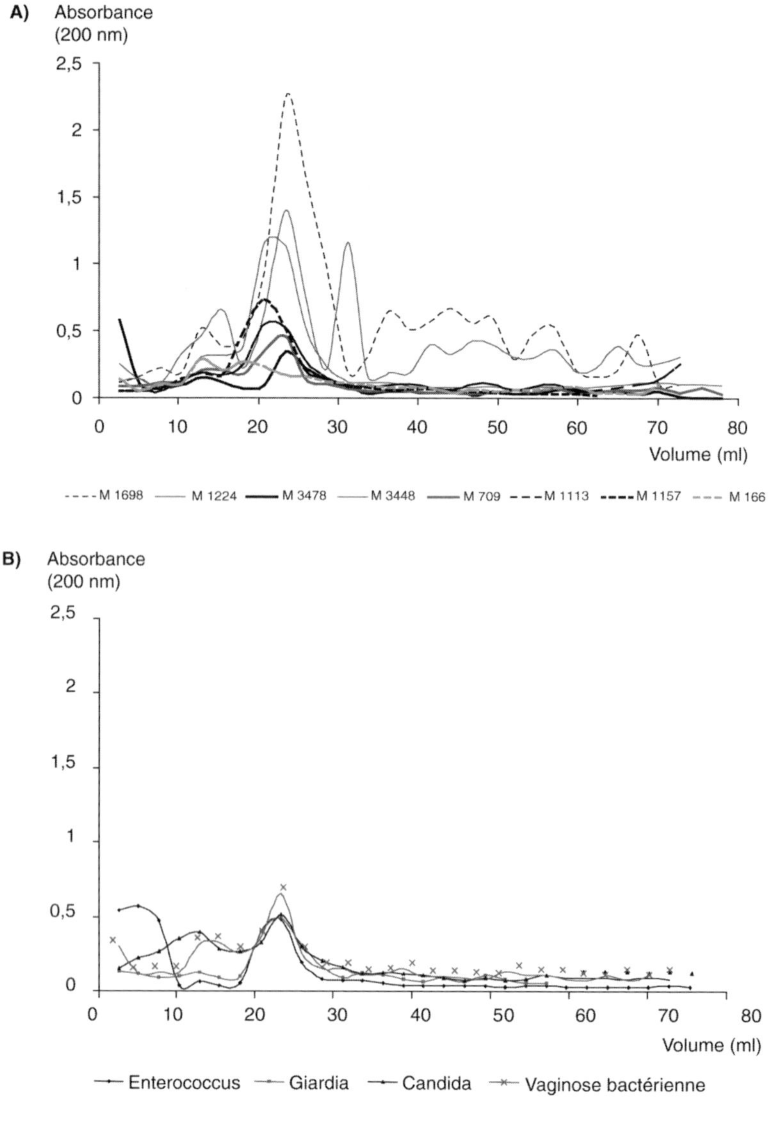

Figure 4.29. Comportement spectrophotométrique (200 nm) de fractions de différentes tailles moléculaires présentes dans des échantillons de flux vaginal qui montre une structure microbienne diagnostiquée comme normale, caractérisée par une nette prédominance de *Lactobacillus* spp. (A) ; différents échantillons de flux vaginal diagnostiqués comme pathologiques (*vaginosis bacteriana*, *vulvo-vaginitis candidiasica*) (B). Pour déterminer la distribution selon la taille, des suspensions de 0,5 ml de sécrétions/2 ml de sérum physiologique ont été filtrées (Millipore ® ; 0,2 μm) et 0,4 ml de cette solution a été fractionnée sur Sephadex G25®. Trente fractions de 2,6 ml ont été recueillies. Les résultats indiquent une plus forte quantité de composés insaturés, de masse moléculaire élevée (correspondant à la fraction exclue) dans le fluide vaginal où *Lactobacillus* spp. est prédominant (Coletti Zabala *et al.*, 2008, 2013 ; Ombrella *et al.*, 2007).

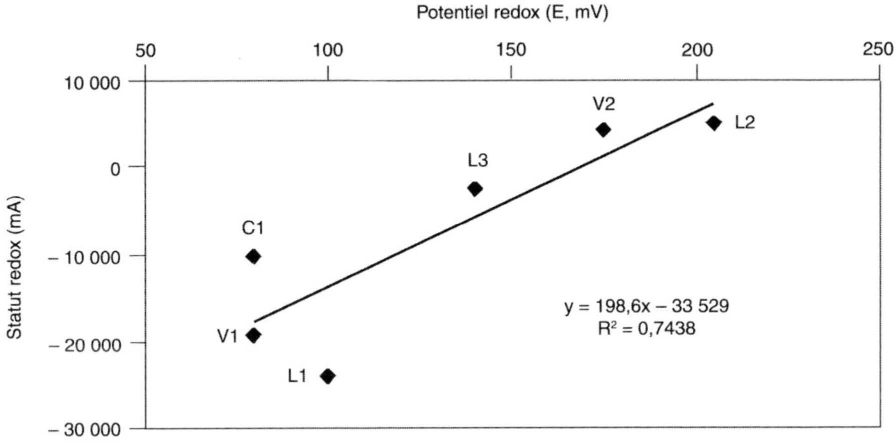

Figure 4.30. Relation entre le potentiel de réduction (E ; mV) et le *statut redox*[21] dans des fluides vaginaux qui présentaient différents types de micro-organismes prédominants L : *Lactobacillus* spp. ; C : *Candida albicans* ; V : espèces anaérobies facultatives. Les mesures ont été effectuées sur une dilution de sécrétion de fond du sac vaginal dans du sérum physiologique stérile (0,5 ml/2 ml) filtrée (Millipore® ; 0,2 μm). La détermination de Eh a été effectuée avec une électrode de Pt combinée et la concentration des composés électroactifs (nA/mV) par voltammétrie de pulsion différentielle (VPD) dans une échelle de potentiel entre + 800 et – 900 mV. Dans ce cas, le *statut redox* correspond au statut oxydant dans la mesure où le balayage voltammétrique a été réalisé dans le sens de l'onde cathodique (potentiels de réduction décroissants) (Ombrella *et al.*, 2007).

Les résultats suggèrent que l'état redox du FV, défini en termes de facteur d'intensité (Eh) et de capacité, peut constituer un outil utile pour étudier et interpréter en situation clinique, par exemple, le comportement de composés redox qui exercent une action antimicrobienne.

Conclusion

J'ai essayé de concevoir un petit ouvrage utile et motivant. Et exact et précis au niveau des concepts fondamentaux. Il stimulera la recherche créatrice. J'ai essayé de manière permanente de relier les faits expérimentaux avec ces concepts fondamentaux, peut-être pour montrer la proximité entre le conceptuel pur et le conceptuel appliqué. Je m'aperçois que cette tentative de mise en relation est un outil qui s'installe entre la pédagogie et la didactique, et connecte au niveau conceptuel deux disciplines monumentales : l'électrochimie et la microbiologie. Le lecteur jugera si, dans la résultante, il est possible de détecter la réussite de ces objectifs.

Il est communément admis que les réactions redox s'avèrent être un des thèmes les plus compliqués à apprendre et à enseigner en général, et particulièrement à l'intérieur des disciplines biologiques. Je crois que de nombreuses raisons expliquent ce fait. De manière simplifiée j'en suggérerais deux : 1) la difficulté pour comprendre de nombreux concepts si la possibilité d'expérimenter n'existe pas de façon suffisante (Österlund et Ekborg, 2008 ; Faienza *et al.* 2008) ; 2) certaines ambiguïtés dangereuses, et même des erreurs, qui apparaissent dans certains ouvrages généraux de chimie (Vitz, 2002 ; Sanger et Greenbowe, 1999).

D'autre part, la microbiologie montre tous les jours l'incroyable diversité que présentent les microbes qui habitent la biosphère. Cette diversité au niveau des voies métaboliques a toujours une relation avec la chimie redox (Lillig et Berndt, 2008). En conséquence, les micro-organismes soumis aux scénarios les plus divers génèrent des phénomènes étonnants et mystérieux.

Les chimistes et les biologistes, soit ceux qui enseignent soit ceux qui apprennent, doivent en premier lieu regarder, observer et interconnecter les parties extraordinaires qui composent les images de l'écosystème microbien car, comme dit Alberto Giacometti, en relation avec l'œuvre de l'artiste plasticien : « la figure et la matière sont les moyens pour rendre compte de ce qui se voit » (Alberto Giacometti, film noir et blanc, 52 min, version originale française © Ina, 1963). En second, ils doivent se prédisposer pour « conquérir ce qui jusqu'alors n'avait jamais été perçu ni capturé ou révélé par personne » (Kahler, 1969). Pour réaliser ces deux choses, on doit se promener sans scrupule mais avec ferveur et enthousiasme dans des paysages ludiques : le monde de la chimie et le monde de la microbiologie.

Références bibliographiques

A

Aas J.A., Paster B.J., Stokes L.N., Olsen I., Dewhirst F.E., 2005. Defining the normal bacterial flora of the oral cavity. *J. Clin. Microbiol.*, 43 (11), 5721-5732.

Akin D.E., Hartley R.D., Borneman W.S., 1992. Ferulolyl and p-coumaroyl-carbohydrate esters from grass and cellulose degradation by ruminal micro-organisms. *Agron. J.*, 84 (4), 613-615.

Alef K., 1995. *Methods in Applied Soil Microbiology and Biochemistry*, Academic Press, London.

Alexandre G., Greer S.E., Zhulin I., 2000. Energy taxis is the dominant behavior in Azospirillum brasilense. *J. Bacteriol.*, 182, 6042-6048.

Alexandre G., Zhulin I.B., 2001. More than one way to sense chemicals. *J. Bacteriol.*, 183, 4681-4686.

Alonso-Díaz M.A., Torres-Acosta J.F.J., Sandoval-Castro C.A., Capetillo-Leal C.M., 2010. Polyphenolic compounds of nutraceutical trees and the variability of their biological activity measured by two methods. *Tropical and Subtropical Agroecosystems*, 12, 649-656.

Antelman M.S., 1982. *The Encyclopedia of Chemical Electrode Potentials*, Plenum Press, NY.

Aranda-Tamaura C., Estrada-Alvarado M.I., Texier A.C., Cuervo F., Gómez J., Cervantes F.J., 2007. Effect of different quinoid redox mediators on the renoval of sulphide and nitrate *via* denitrification. *Chemosphere*, 69, 1722-1727.

Armitage J.P., Schmitt R., 1997. Bacterial chemotaxis: Rhodobacter sphaeroides and Sinorhizobium meliloti – variations on a theme? *Microbiology*, 143, 3671-3882.

Ashby M.T., 2008. Inorganic chemistry of defensive peroxidases in the human oral cavity. *J. Dent. Res.* 87 (10), 900-914.

Atkins P., Jones L., 2008. *Chemical principles. The quest for insight*, Fourth edition, WH Freeman & Company, New York, 515-516.

B

Bakker D.J., 1998. Severe trauma and infections. *Anaesthesia*, 53, 65-67.

Barak R., Nur I., Okon Y., 1983. Detection of chemotaxis in *Azospirillum brasilense*. *J. Appl. Bacteriol.*, 53, 399-403.

Barcelona M.J., Holm T.R., 1991. Oxidation-reduction capacities of aquifer solids. *Environ. Sci. Technol.*, 25, 1565-1572.

Barcelona M.J., Holm T.R., Schock M.R., George G.K., 1989. Spatial and temporal gradients in aquifer oxidation-reduction conditions. *Wat. Resour. Res.*, 25 (5), 991-1003.

Barrenetxea Ziarusta G., 2002. Vulvovaginitis candidiásica. *Rev. Iberoam. Micol.*, 19, 22-24.

Barroin G., 1995. Cycle et bilan de l'oxygène. *In : Limnologie générale* (Pourriot R., Meybeck M., eds), Masson, Paris, 705-726.

Bengmark S., Ortiz De Urbina J.J., 2005. Simbióticos: una nueva estrategia en el tratamiento de pacientes críticos. *Nutr. Hosp.*, 20 (2), 147-156.

Benz M., Schink B., Brune A., 1998. Humic acid reduction by Propionibacterium freudenreichii and other fermenting bacteria. *Appl. Environ. Microbiol.*, 64, 4507-4512.

Bergel A., Feron D., Mollica A., 2005. Catalysis of oxygen reduction in PEM fuel cell by seawater biofilm. *Electrochem. Comm.*, 7, 900-904.

Boddey R.M., 1987. *Methods for quantification of nitrogen fixation associated with graminae*, Critical Reviews in Plant Sciences, CRC Press, Boca Raton, Florida, 209-266.

Borenstein S.B., 1994. *Microbiologically Influenced Corrosion Handbook*, Industrial Press Inc., New York.

Borneman W.S., Akin D.E., VanEseltine W.P., 1986. Effect of phenolic monomers on ruminal bacteria. *Appl. Environn. Microbiol.*, 52 (6), 1331-1339.

Bowler P.G., Duerden B.I., Armstrong D.G., 2001. Wound microbiology and associated

Aapproaches to wound management. *Clin. Microbiol. Rev.*, 14 (2), 244-269.

Brett C.M.A., Oliveira Brett A.M., 1998. *Electroanalysis*, Oxford University, Press Oxford, New York, 88 pp.

Briandet R., Fechner L., Naïtali M., Dreanno C., 2012. Biofilms, quand les microbes s'organisent, éditions Quae, 176 p.

Brito Evora F.E., 2006. Apuntes sobre el concepto de equivalente químico. *An. Quim.*, 102 (3), 41-42.

Buffle J., Stumm W., 1994. General chemistry of aquatic systems, *In : Chemical and biological regulation of aquatic systems* (Buffle J., De Vitre R.R., eds), Lewis Publishers, Boca Raton, Florida.

Buffle J., DeVitre R.R., 1994. *Chemical and biological regulations of aquatic systems*, Lewis Publishers, Boca Ratón, Florida.

C

Castelli M., Malagoli M., Lupo L., Roffia S., Paolucci F., Cermelli, Zanca A., Baggio G., 2000. Cytotoxicity and probable mechanism of action of sulphimidazole. *J. Antimicrob. Chemother.*, 46, 541-550.

Cérémonie H., Buret F., Simonet P., Vogel T.M., 2006. Natural *Pseudomonas* sp. strain N3 in artificial soil microcosms. *Appl. Environ. Microbiol.*, 72, 2385-2389.

Clancy M., Madill K.A., Wood J.M., 1981. Genetic and biochemical requirements for chemotaxis to L-proline in *Escherichia Coli*. *J. Bacteriol.*, 146, 902-906.

Clauwert P., Rabaey K., Aelterman P., De Schamphelaire L., The Pham H., Boeckx P., Boon N., Verstraete W., 2007. Biological denitrification driven by microbial fuel cells. *Environ. Sci. Technol.*, 41 (9), 3354-3360.

Coletti Zabala T., Ombrella A., Ruiz Abad I., Dogali C., Pidello A., 2008. Condiciones redox en el ecosistema vaginal normal humano, *In : Actas Sociedad de Biología de Rosario*, XXVIII Reunión Anual, 217.

Coletti Zabala T., Zerbatto M.E., Smacchia A.M., Perotti E.B.R., Ombrella A., Pidello A., 2013. Effect of metronidazole supplemented with hydroquinone on adhesion of *Lactobacillus acidophilus* in sheep vaginal cells, Submitted.

Commoner B., Townsend J., Pike G.E., 1954. Free radicals in biological materials. *Nature*, 174, 689-691.

Condon S., 1987. Responses of lactic acid bacteria to oxygen. *FEMS Microbiol. Rev.*, 46, 269-281.

Costentin C., Louault C., Robert M., Savéant J.M., 2009. The electrochemical approach to concerted proton- electron transfers in the oxidation of phenols in water. *Proc. Natl Acad. Sci.*, 106 (43), 18143-18148.

Cummins D., Creeth J.E., 1992. Delivery of antiplaque agents from dentifrices, gels, and mouthwashes. *J. Dent. Res.*, 71, 1439-1449.

Cupples A.M., Sanford R.A., Sims G.K., 2005. Dehalogenation of the Herbicides Bromoxynil (3,5-Dibromo-4-Hydroxybenzonitrile) and Ioxynil (3,5-Diiodino-4-Hydroxybenzonitrile) by *Desulfito bacterium chlororespirans*. *Appl. Environ. Microbiol.*, 71 (7), 3741-3746.

D

Davies D.G., Parsek N.R., Pearson J.P., Iglewski B.H., Costerton J.W., Greenberg E.P., 1998. The involvement of cell-to-cell signals in the development of a bacterial biofilm. *Science*, 280, 295-298.

Davis C.P., 1996. Normal flora. *In : Medical Microbiology* (Baron S., ed.), 4th Edition, The University of Texas Medical Branch at Galverston.

Davison W., 1976. Comparison of differential pulse an DC sampled polarography for the determination of ferrous and manganous ions in lake water. *J. Electroanal. Chem.*, 72, 229-237.

Davison N., 1977. Polarographic measurement of O_2, Fe^{2+}, Mn^{2+}, and S^{2-} in hypolimnetic water. *Limnol. Oceanog.*, 22, 746-753.

Dean J.A., 1979. *Lange's handbook of Chemistry*, McGraw-Hill Inc., New York.

Delaune R.D., Reddy C.N., Patrick J.R., 1981. Effect of pH and redox potential on concentration of dissolved nutrient in estuarine sediments. *J. Environ. Qual.*, 10 (3), 276-279.

Demeyer D., Henderickx H., 1967. Competitive inhibition of *in vitro* methane production by mixed rumen bacteria. *Arch. Internat. Physiol. Biotech.*, 75, 157-159.

Demirci M., Hiller K.A., Bosl C., Galler K., Schmalz G., Schweikl H., 2008. The induction of oxidative stress, cytotoxicity, and genotoxicity by dental adhesives. *Dental Materials*, 24, 362-371.

D'Hondt S.L., Jørgensen B.B., Baldauf J., Miller D.J., 2002. *Leg 201 Scientific Prospectus Controls on Microbial Communities in Deeply Buried Sediments, Eastern Equatorial Pacific and*

Peru Margin, Ocean Drilling Program, National Science Foundation (United States), 93 pp.

Di Quinzio M.K., Oliva K., Holdsworth S.J., Ayhan M., Walker S.P., Rice G.E., Georgiou H.M., Permezel M., 2007. Proteomic analysis and characterisation of human cervicovaginal fluid proteins. *Austr. N. Z. J. Obstet. Gynaecol.*, 47 (1), 9-15.

Chang-pu D., Zhi-guand L., 1985. Reducing substances. *In : Physical chemistry of paddy soils* (Yu Tian-ren, ed.), Science Press, Beijing, Springer-Verlag, Berlin, NY, 27-46.

Donlan R.M., Costerton J.W., 2002. Biofilms: survival mechanisms of clinically relevant micro-organisms. *Clin. Microbiol. Rev.*, 15 (2), 167-193.

Drewitt G., Warland J.S., 2007. Continuous measurements of belowground nitrous oxide concentrations. *Soil Sci. Soc. Am. J.*, 71 (1), 1-7.

Duerden B.I., 1994. Virulence factors in anaerobes. *Clin. Infect. Dis.*, 18, 253-259.

E

Ehrlich H.L., 2006. Geomicrobiology: relative roles of bacteria and fungi as geomicrobial agents. *In : Fungi in Biogeochemical Cycles* (Gadd G.M., ed.), Cambridge University Press, Dundee.

Eroshin V.K., 1977. Material-energetic balance of micro-organisms growth. *Process Biochemistry*, 29-31.

EU Feed Additives & Premixtures Association, 2005. Probiotics in animal nutrition, 48 pp.

Everett D.H., 1964. *Termodinámica química*, Aguilar, Madrid, 147-149.

F

Faienza H.L., Smacchia A., Figallo R., Perotti E., Pidello A., 2008. Un estudio preliminar sobre la comprensión y aplicación de los conceptos de oxidación y reducción. *In : Actas Sociedad de Biología de Rosario, XXVIII Reunión Anual*. 46.

Fass S., 1994. Dénitrification des eaux en présence d'acides gras volatils, thèse de doctorat, Université de Nancy I, 113 p.

Fenchel T., Blackburn T.H., 1979. *Bacteria and mineral cycling*, Academic Press, London.

Fenchel T., Blackburn H., King G.M., 2012. *Bacterial Biogeochemistry: The Ecophysiology of Mineral Cycling*, 3rd edition, Academic Press, 312 pp.

Ferreira M.G.S., 2005. Preface, Book of Abstracts, EFC event n°273, Eurocorr'2005, Lisbonne.

Field J.A., Cervantes F.J., 2005. Microbial Redox Reactions Mediated by Humus and Structurally Related Quinones. *In : Use of Humic Substances to Remediate Polluted Environments: From Theory to Practice* (Perminova I.V., Hatfield K., Hertkorn N., eds), Springer Netherlands, 343-352.

Finegold S.M., 1989. Classification and taxonomy of anaerobes. *In : Anaerobic infections in humans* (Finegold S.M., Lance G.W., eds), San Diego, California, Academic Press, Inc.

Fossey J., Lefort D., Sorba J., 1993. *Les radicaux libres en chimie organique*, Masson, Paris, 196-197.

Fracchia L., Dohmann A.B., Martinotti M.G., Tebbe C.C., 2006. Bacterial diversity in a finished compost and vermicompost: differences revealed by cultivation-independent analysis of PCR-amplified 16SrRNA genes. *Appl. Microbiol. Biotechnol.*, 1, 6, 942-952.

Fracchia L., Perotti E.B., Pidello A., Martinotti M.G., 2008. Compost: a promising vehicle for the inoculation of PGPR in agricultural soils? Compost and digestate: sustainability, benefits, impacts for the environment and for plant production, CODIS 2008, Switzerland, 27th-29th February.

Fracchia L., Perotti E.B., Pidello A., Rinaldi M., Martinotti M.G., 2011. Persistence and impact of the PGPR Pseudomonas fluorescens 92 on native microbial communities of biosolids and soil amended with them. *J. Environ. Sci. Eng.*, 5 (5), 578-595.

Fracchia L., Perotti E.B.R., Pidello A., Martinotti M.G., 2007. Utilizzo di prodotti compostati come supporto per l'inoculo di batteri che promuovono la crescita vegetale nei sistemi agricoli, Bertinoro Meeting di Microbiologia Ambientale (BMMA), 18-19 Maggio, Bertinoro (FC), Italia.

Freedman D.L., Swamy M., Bell N.C., Verce M.F., 2004. Biodegradation of Chloromethane by *Pseudomonas aeruginosa* Strain NB1 under Nitrate-Reducing and Aerobic Conditions. *Appl. Environ. Microbiol.*, 70 (8), 4629-4634.

Freeman C.D., Klutman N.E., Lamp K.C., 1997. Metronidazole. A therapeutic review and update. *Drugs*, 54 (5), 679-708.

Fry N.K., Raskin L., Sharp R., Alm E.W., Mobarry B.K., Stahl D.A., 1997. *In situ* analyses of microbial populations with molecular probes. *In : Bacteria as multicellular organisms* (Shapiro J.A., Dworkin M., eds), Oxford University Press, Inc., New York, 292-336.

Fuqua C., Parsek M.R., Greenberg E.P., 2001. Regulation of gene expression by cell-to-cell communication: acyl-homoserine lactone quorum sensing. *Ann. Rev. Genet.*, 35, 439-468.

G

Galletti G., Bocchini P., Smacchia A.M., Reeves J.B., 1996. Monitoring phenolic composition of maturing maize stover by high performance liquid chromatography and pyrolysis/gas chromatography/mass spectrometry. *J. Sci. Food Agric.*, 71, 1-9.

Geary R.C., 1954. The contiguity ratio and statistical mapping. *The Incorporated Statistician*, 5 (3), 115-145.

Glinski J., Stepniewski W., 1985. *Soil aeration and its role for plants*, CRC Press Inc., Boca Raton, Florida, 229.

Goulhen F., Grenier D., Mayrand D., 2002. Oral microbial heat-shock proteins and their potential contributions to infections. *Crit. Rev. Oral Biol. Med.*, 14 (6), 399-412.

Gregory K.B., Lovley D.R., 2005. Remediation and recovery of uranium from contaminated subsurface environments with electrodes. *Environ. Sci. Technol.*, 39, 8943-8947.

Grudl T., 1994. A review of the current understanding of redox capacity in natural, disequilibrium systems. *Chemosphere*, 28 (3), 613-626.

H

Hamann C.H., Hamnett A., Vielstich W., 1998. *Electrochemistry*, Wiley – VCH Verlag GmbH, New York.

Hanselmann K., 1994. Microbial activities and their ecochemical influence, *In : Chemical and biological regulation of aquatic systems* (Buffle J., DeVitre R.R., eds), Lewis Publishers, Boca Raton, 303-351.

Hanselmann K., 1994. Micro-organisms in their natural environment. *In : Chemical and biological regulation of aquatic systems* (Buffle J., DeVitre R.R., eds), Lewis Publishers, Boca Raton, 353-368.

Harris D.C., 2005. *Exploring chemical analysis*, 3rd ed., WH Freeman and Company, New York.

Harris R.F., Adams S.S., 1979. Determination of the carbon-bound electron composition of microbial cells and metabolites by dichromate oxidation. *Appl. Environ. Microbiol.*, 37 (2), 237-243.

Hartmann A., Zimmer W., 1994. Physiology of Azospirillum. *In : Azospirillum/plant associations* (Okon Y., ed.), CRC Press Inc., Boca Raton, 15-39.

Harvey D., 2002. *Química analítica moderna*. MacGraw-Hill, Madrid, 12-13.

Hernandez M.E., Newman D.K., 2001. Extracellular electron transfer. *Cell. Mol. Life Sci.*, 58, 1562-1571.

Herom G., Christensen T.H., Tlell J.C., 1994. Oxidation capacity of aquifer sediments. *Environ. Sci. Technol.*, 28, 153-158.

Higuchi M., Yamamoto Y., Kamio Y., 2000. Molecular biology of oxygen tolerance in lactic bacteria: functions of NADH oxidases and Dpr inoxidative stress. *J. Biosci. Bioeng.*, 90, 484-493.

Hinsinger P., Bengough A.G., Vetterlein D., Young I.M., 2009. Rhizosphere: biophysics, biogeochemistry and ecological relevance. *Plant Soil*, 321, 117-152.

Hobson P.N., Stewart C.S., 1997. *The rumen microbial ecosystem*, Blackie Academic & Professional. Chapman & Hall, London, 2nd edition, 719 pp.

Holmes K.K., Chen K.C., Lipinski C.M., Eschenbach D.A., 1985. Vaginal redox potential in bacterial vaginosis (nonspecific vaginitis). *J. Infect. Dis.*, 152 (2), 379-382.

I

Imyanitov N.S., 1993. Is this reaction a substitution, oxidation-reduction, or transfer? *J. Chem. Educ.*, 70 (1), 14-16.

Ingallinella A.M., Sanguinetti G., Koottatep T., Montangero A., Strauss M., 2002. The challenge of faecal sludge management in urban areas-strategies, regulations and treatment options. *Water Sci. Technol.*, 46 (10), 285-294.

Ingledew W.J., Poole R.K., 1984. The respiratory chains of *Escherichia coli*. *Microbiol. Rev.*, 48 (3), 222-271.

J

Jackson M.L., 1979. *Soil chemical analysis*, 2nd ed., Madison, WI.

Jacobson E.S., 2000. Pathogenic Roles for Fungal Melanins. *Clin. Microbiol. Rev.*, 13 (4), 708-717.

Jacobson E.S., Hong J.D., 1997. Redox buffering by melanin and Fe(II) in Cryptococcus neoformans. *J. Bacteriol.*, 179 (17), 5340-5346.

Jahn M.K., Haderlein S.B., Meckenstock R.U., 2005. Anaerobic Degradation of Benzene, Toluene, Ethylbenzene, and o-Xylene in Sediment-Free Iron-Reducing Enrichment Cultures. *Appl. Environ. Microbiol.*, 71 (6), 3355-3358.

Jocteur Monrozier L., 2001. Fonctionnement biologique des sols sous végétation graminée: structuration physique, structuration des communautés microbiennes et stabilisation du carbone. PNSE-Projet ACI Ecologie Quantitative "Biosphère continentale".

Jung H.J.L., 1988. Inhibitory potential of phenolic-carbohydrate complexes released during ruminal fermentation. *J. Agric. Food Chem.*, 36 (4), 782-788.

K

Kadian N., Malik A., Satya S., Dureja P., 2012. Effect of organic amendments on microbial activity in chlorpyrifos contaminated soil. *J. Environ. Manage.*, 95, Supplément, 199-202.

Kahler E., 1969. La desintegración de la forma en las artes. *Siglo XXI Editores SA.* México.

Kenney E.B., Ash M.M., 1969. Oxidation reduction potential of developing plaque, periodontal plaque, periodontal pockets and gingival sulci. *J. Periodontol.*, 40, 630-633.

Kissinger P.T., Heineman W.R., 1996. *Laboratory techniques in electroanalytical chemistry*, 2nd edition, Dekker, New York.

Kludze H.K., DeLaune R.D., 1995. Gaseous exchange and wetland plant response to soil redox intensity and capacity. *Soil Sci. Soc. Am. J.*, 59, 939-945.

L

Labroue L., Capblancq J., Dauta A., 1995. Cycle des nutriments : l'azote et le phosphore. *In : Limnologie générale* (Pourriot R., Meybeck M., eds), Masson, Paris, 727-764.

Lawrence J.R., Korber D.R., Wolfaarddt G.M., Caldwell D.E., 1995. Behavioral strategies of surface-colonizing bacteria. *In : Microbial Ecology* (Gwynfryn J., ed.), volume 14, Plenum Press, NY, 1-75.

Leke N., Grenier D., Goldner M., Mayrand D., 1999. Effects of hydrogen peroxide on growth and selected properties of Porphyromonas gingivalis. *FEMS Microbiol. Lett.*, 174 (2), 347-353.

Lensi R., Giambiaggi N., Pidello A., 1990. Étude de la dénitrification dans les sols. Rapport de synthèse Contrat CEE N°CII 0199F, 81 p.

Lescure C., Menéndez L., Lensi R., Chalamet A., Pidello A., 1992. Effect of addition of various carbon substrates on denitrification in a vertic Mollisol. *Biol. Fertil. Soils*, 13, 125-129.

Lillig C.H., Berndt C., 2008. Preface to the special issue on redox control of cell function. *Biochim. Biophys. Acta*, 1780 (11), 1169.

Lindberg R.D., Runnells D.D., 1985. Ground water redox reactions: an analysis of equilibrium state applied to Eh measurement and geochemical modeling. *Science*, 225, 925-927.

Liu Z.G., 1993. Oxidation-reduction potencial and its measurement, *In : Electrochemical methods in soil and water research* (Yu T.R., Ji G.L., eds), Pergamon Press, 297-313.

Lovley D.R., 1991. Dissimilatory Fe(III) and Mn(IV) reduction. *Microbiol. Rev.*, 55 (2), 259-287.

Lovley D.R., Baedecker M.J., Lonergan D.J., Cozzarelli I.M., Phillips J.P., Siegel D.I., 1989. Oxidation of aromatic contaminants coupled to microbial iron reduction. *Nature*, 339, 297-299.

Lovley D.R., Coates J.D., Blunt-Harris E.L., Philipps E.J.P., Woodward J.C., 1996. Humic substances as electron acceptors for microbial respiration. *Nature*, 382, 445-448.

Lovley D.R., Fraga J.L., Coates J.D., Blunt-Harris E.L., 1999. Humics as an electron donor for anaerobic respiration. *Environ. Microbiol.*, 1, 89-98.

Lovley D.R., Lonergan D.J., 1990. Anaerobic oxidation of toluene, phenol and p-cresol by the dissimilatory iron-reducing organism, GS-15. *Appl. Environ. Microbiol.*, 56, 1858-1864.

Lovley D.R., Phillips E.J.P., 1988. Novel mode of microbial energy metabolism: organic carbon oxidation coupled to dissimilatory reduction of iron or manganese. *Appl. Environ. Microbiol.*, 54, 1472-1480.

M

Mabbott G.A., 1983. An introduction to cyclic voltammetry. *J. Chem. Educ.*, 60 (9), 697-702.

MacLehose H.G., Gilbert P., Allison D.G., 2004. Biofilms, homoserine lactones and biocide susceptibility. *J. Antimicrob. Chemother.*, 53, 180-184.

Madigan M.T., Martinko J.M., 2005. *Brock Biology of Micro-organisms*, 11th edition, Pearson Prentice Hall, Upper Saddle River.

Marcotte H., Lavoie M.C., 1998. Oral Microbial Ecology and the Role of Salivary Immunoglobulin A. *Microbiol. Mol. Biol. Rev.*, 62 (1), 71-109.

Marsh P.D., 1992. Microbiological aspects of the chemical control of plaque and gingivitis. *J. Dent. Res.*, 71, 1431-1438.

Marsili E., Rollefson J.B., Baron D.B., Hozalski R.M., Bond D.R., 2008. Microbial biofilm voltammetry: direct electrochemical characterization of catalytic electrode-attached biofilms. *Appl. Environ. Microbiol.*, 74 (23), 7329-7337.

Martinovich G.G., Martinovich I.V., Cherenkevich S.N., Sauer H., 2010. Redox buffer capacity of the cell: theoretical and experimental approach. *Cell Biochem. Biophys.*, 58 (2), 75-83.

Mayberry W.R., Prochzka G.J., Payne W.J., 1967. Growth yields of bacteria on selected organic compounds. *Appl. Microbiol.*, 15, 1332-1338.

McBride M.B., 1987. Adsorption and oxidation of phenolic compounds by iron and manganese oxides. *Soil Sci. Soc. Am. J.*, 51, 1466-l472.

McBride M.B., 1994. *Environmental chemistry of soils*, Oxford University Press, Oxford, New York.

McLean N.W., Rosenstein I.J., 2000. Characterisation and selection of *Lactobacillus* species to re-colonise the vagine of women with recurrent bacterial vaginosis. *J. Med. Microbiol.,* 49, 543-552.

Metzler D.E., 2003. *Biochemistry. The chemical reactions of living cells*, 2nd edition, Academic Press, vol. 2, NY.

Mirleau P., Delorme S., Philippot L., Meyer J.M., Mazurier S., Lemanceau P., 2000. Fitness in soil and rhizosphere of Pseudomonas fluorescens C7R12 compared with a C7R12 mutant affected in pyoverdine syntesis and uptake. *FEMS Microbiol. Ecol.*, 34 (1), 35-44.

Montuelle B., Lensi R., Pidello A., 1999. Effects on remobilization on sediment structure and associated microbial activities, 8th International Symposium on the Interactions between Sediments and Water, Beijing, October 1999, 104.

Moodie A.D., Ingledew W.J., 1990. Microbial anaerobic respiration, *In : Advances in Microbial Physiology* (Rose A.H., Tempest D.W., eds), 31, Academic Press, London, 225-269.

N

Newman D.K., Banfield J.F., 2002. Geomicrobiology: How molecular – scale interactions underpin biogeochemical systems. *Science*, 296, 1071-1077.

Nicolaus R.A., Piatelli M., Fattoruso E., 1964. On some natural melanins. *Tetrahedron*, 20, 1163-1172.

Nordstrom D.K., Munoz J.L., 1994. *Geochemical thermodynamics*, 2nd edition, Blackwell Scientific Publications, Boston, p. 493.

Noyhouzer T., Kohen R., Mandler D., 2009. A new approach for measuring the redox state and redox capacity in milk. *Anal. Methods*, 1, 93-99.

O

O'Toole G., Kolter R., 1998. Initiation of biofilm formation in Pseudomonas *fluorescens* WCS365 proceeds *via* multiple, convergent signaling pathways: a genetic analysis. *Mol. Microbiol.*, 28, 449-461.

Ombrella A., Ruiz Abad I., Coletti Zabala T., Dogali C., Pidello A., 2007. Cambios en el estado redox del fluido vaginal ante la infección microbiana: propuesta metodológica. *In : VII Jornadas de Divulgación Técnico-Científicas*, FCV, UNR, 128-129.

Orna M.V., Mason R.P., 1989. Correlation of kinetic parameters of nitroreductase enzymes with redox properties of nitroaromatic compounds. *J. Biol. Chem.*, 264 (21), 12379-12884.

Österlund L., Ekborg M., 2008. Students' reasoning of redox reactions in three different situations- a view of students' conceptions of redox in different settings. *In : Proceedings of the 9th Nordic Research Symposium on Science Education*, 11th -15th June, Reykjavik, Iceland, 41.

Ottow J.C.G., Fabig W., 1985. Influence of oxygen on denitrification and redox level in different bacterial cultures. *In : Planetary ecology* (Caldwell D.E., Brierly J.A., Brierly C.L., eds), Van Nostrand Reinhold, New York.

P

Pan S.-Z., 1985. Sulfur. *In : Physical Chemistry of Paddy Soils* (Yu T.R., ed.) Science Press, Beijing, Springer-Verlag, Berlin.

Pardue J.H., Patrick W.H., 1995. Changes in metal speciation following alteration of sediments redox status. *In : Metal contaminated aquatic sediments* (Allen H.E., ed.), Ann Arbor Press, Chelsea, 1995.

Park M.K., Myers R.A.M., Marzella L., 1992. Oxygen tensions and infections: modulation of microbial growth, activity of antimicrobial agents, and immunologic responses. *Clin. Infect. Dis.*, 14, 720-740.

Percherancier H., Montuelle B., 2003. Mesure du potentiel d'oxydoréduction par mini-électrodes : application en sédiment de retenue. *In : Qualité et gestion des sédiments d'eau douce. Éléments physico-chimiques et biologiques* (Montuelle B., ed.), Cemagref Editions, Paris, 135-149.

Perminova I.V., Kovalenko A.N., Schmitt-Kopplin P., Hatfield K., Hertkorn N., Belyaeva E.Y., Petrosyan V.S., 2005. Design of quinonoid-enriched humic materials with enhanced redox properties. *Environ. Sci. Technol.*, 39, 8518-8524.

Perotti E.B.R., 2001. Estudio y manipulación de las funciones microbianas del suelo Pampeano relacionadas con la fertilidad. La función fijadora no-simbiótica de nitrógeno como modelo. Tesis de Doctorado, Facultad de Ciencias Bioquímicas y Farmacéuticas, Universidad Nacional de Rosario, 151 pp.

Pidello A., 1979. Influence de l'azote minéral combine sur la fixation rhizosphérique de l'azote sous culture de maïs, thèse de doctorat, Université de Nancy I, 88 pp.

Pidello A., 1981. Influence of combined mineral nitrogen on rhizosphere fixation of nitrogen by maize. *In : Associative N_2-Fixation* (Vose P.B., Ruschel A.P., eds), CRC Press, Boca Raton, Volume 1, Chapter 23, 191-201.

Pidello A., 2003a. Effect of *Pseudomonas fluorescens* and pyoverdine production on the soil *redox* status. *Plant Soil*, 253, 373-379.

Pidello A., 2003b. Environmental *redox* intensity and capacity concept using a simple polarographic experiment. *J. Chem. Educ.*, 80 (1), 68-70.

Pidello A., 2003c. Signification écologique du potentiel redox et de la capacité redox en sédiment d'eau douce. *In : Qualité et gestion des sédiments d'eau douce. Éléments physico-chimiques et biologiques* (Montuelle B., ed.), Cemagref Editions, Paris, 105-133.

Pidello A., 2008. El estado redox de los sistemas húmicos a la escala del agregado de suelo en presencia de un inóculo bacteriano heterótrofo. *In : Estudio de las fracciones orgánicas en suelos de la Argentina* (Galantini J.A., ed), Editorial de la Universidad Nacional del Sur – Bahia Blanca, 253-262.

Pidello A., Amichetti M.L., Coletti-Zaballa T., Menendez L.T., Perotti E.B.R., 2007. Characterization of electrochemical properties in fractions of different molecular size taken from natural soil organic matter of Argentine Humid Pampa. *J. Argent. Chem. Soc.*, 95 (1.2), 10-19.

Pidello A., Menendez L., Lensi R., 1993. *Azospirillum* affects Eh and potential denitrification in a soil. *Plant Soil*, 157, 31-34.

Pidello A., Menendez L., Perotti E.B.R., 1996. Saccharidic compounds as soil redox effectors and their influence on potential N_2O production. *Biol. Fertil. Soils*, 23, 173-176.

Pidello A., Zerbatto M.E., 2007. Factibilidad termodinámica de la reducción de fracciones húmicas por selenio e hidroquinona. *In : Actas Sociedad de Biología de Rosario. XXVII Reunión Anual. 125.*

Pidello A., Zerbatto M.E., Faienza H., 2013. Changes in the electrochemical behavior of a redox mediator in the presence of humic fractions. *Advanced Materials Research*, 664, 245-251.

Pidello A., 1999. Modificación del estado *redox* por bacterias. *In : Biologia del suelo. Fijación biológica de nitrógeno* (Stegmayer A.R., Pernasetti D.S., Gomes Bello C., eds), Centro Editor Universidad Nacional de Catamarca, Catamarca, 91-94.

Pidello A., 2005. Universidad Nacional de Rosario. Oficina de Vinculación Tecnológica. *Instituto Nacional de la Propiedad Industrial, Patente Acta N° P 040100101.* Boletín de Patentes Nº 287, Julio.

Pidello A., Jocteur Monrozier L., 2006. Effect of *Pseudomonas fluorescens* C7R12 strain on soil aggregate redox status. *Soil Biol. Biochem.*, 38, 1396-1402.

Q

Quan M., Sanchez D., Wasylkiw M.F., Smith D.K., 2007. Voltammetry of quinones in unbuffered aqueous solution: reassessing the roles of proton transfer and hydrogen bonding in the aqueous electrochemistry of quinones. *J. Am. Chem. Soc.*, 129, 12847-12856.

R

Rabaey K., Rodriguez J., Blackall L.L., Keller J., Gross P., Batstone D., Verstraete W., Nealson K.H., 2007. Microbial ecology meets electrochemistry: electricity-driven and driving communities. *ISME J.*, 1, 9-18.

Rabaey K., Van de Sompel K., Maignien L., Boon N., Aelterman P., Chauwaert P., *et al.*, 2006. Microbial fuel cells for silfide renoval. *Environ. Sci. Technol.*, 40, 5218-5224.

Rand M.C., Taras M.J., Geenberg A.E., 1975. Standard methods for the examination of water and waste water, American Public Health Association, Washington, DC.

Rao J.R., Ritchter G.J., Vonsturm F., Weidlich E., 1976. Perfomance of glucosa electrodes and characteristics of different biofuel cell constructions. *Bioelectrochem. Bioenerg.*, 3, 139-150.

Richardson D.J., 2000. Bacterial respiration: a flexible process for a changing environment. *Microbiology*, 146, 551-571.

Riondet C., Cachon R., Waché Y., Alcaraz G., Diviès C., 2000. Extracellular oxidoreduction potential modifies carbon and electron flow in *Escherichia coli. J. Bacteriol.*, 182 (3), 620-626.

Rochaix C., 1996. *Electrochimie. Thermodynamique – Cinétique*, Nathan, Maxeville.

Rosell R.A., Gasparoni J.C., Galantini J.A., 2001. Soil organic matter evaluation. *In : Assessment methods for soil carbon* (Lai R., Kimble J.M., Follett R.F., Stewart B.A., eds) Lewis Publishers, CRC Press, Washington, DC.

Rosso K.M., Smith D.M.A.M., Wang Z., Ainsworth C.C., Fredrickson J.K., 2004. Self-exchange electron transfer kinetics and reduction potentials for Anthraquinone Disulfonate. *J. Phys. Chem.*, 108 (16), 3292-3303.

Rubinson J., Rubinson K., 2000. *Química analítica contemporánea*, Prentice-Hall Hispanoamérica, México, 13.

Ruby J., Goldner M., 2007. Nature of Symbiosis in Oral Disease. *J. Dent. Res.*, 86 (1), 8-11.

S

Saide J.A.O., Gilliland S.E., 2005. Antioxidative activity of *Lactobacilli* measured by oxygen radical absorbance capacity. *J. Dairy Sci.*, 88, 1352-1357.

Sanger M.J., Greenbowe T.J., 1999. An analysis of college chemistry textbooks as sources of misconceptions and errors in electrochemistry. *J. Chem. Educ.*, 76 (6), 853-859.

Sarrazin J., Verdaguer M., 1991. *L'Oxydoréduction. Concepts et expériences*, Ellipses, Paris.

Schaefer A.L., Greenberg E.P., Oliver C.M., Oda Y., Huang J.J., Bittan-Banin G., Peres C.M., Schmidt S., Juhaszova K., Sufrin J.R., Harwood C.S., 2008. A new class of homoserine lactone quorum-sensing signals. *Nature*, 31 (454), 595-599.

Schafer F.Q., Buettner G.R., 2001. Redox environment of the cell as viewed through the redox state of the glutathione disulfide / glutathione couple. *Free Radic. Biol. Med.*, 30 (11), 1191-1212.

Scott J.D., Ludwig R.A., 2004. Azorhizobium caulinodans electron-transferring flavoprotein N electrochemically couples pyruvate dehydrogenase complex activity to N_2 fixation. *Microbiology*, 150, 117-126.

Segel I.H., 1976. *Biochemical Calculations*, John Wiley & Sons, New York.

Shepherd J.A., Waigh R.D., Gilbert P., 1988. Antibacterial action of 2-bromo-2-nitropropane-1-3 diol (Bronopol). *Antimicrob. Agents Chemother.*, 32 (11), 1693-1698.

Shyu J.B.H., Lies D.P., Newman D.K., 2002. Protective role of *tolC* in efflux of the electron shuttle anthraquinone-2,6 disulfonate. *J. Bacteriol.*, 184 (6), 1806-1810.

Smacchia A., Figallo R., Pidello A., 1995. Complementary use of *in sacco* and *in vitro* studies to investigate ruminal forage degradation in relation to gas production. *Ann. Zootech.*, 44, Suppl. 173.

Smacchia A.M., 2004. Efecto de compuestos carbonados reducidos sobre la producción de gas (CO_2 y CH_4) en el rumen. Tesis doctoral, Facultad de Ciencias Médicas, Universidad Nacional de Rosario, 211 pp.

Smacchia A.M., Pidello A., 1995. Efecto del ácido p-Hidroxibenzoico sobre la producción de metano en el rumen. *In : Actas XIV Reunión Latinoamericana de Producción Animal (ALPA)*, 15 (2), 565-568.

Stone A.T., Godtfredsen K.L., Dene B., 1994. Sources and reactivity of reductants encountered in aquatic environments. *In : Chemistry of aquatic systems: local and global perspectivas* (Bidoglio G., Stumm W., eds), ECSC, The Netherlands, 337-374.

Stumm W., 1992. *Chemistry of the Solid-Water Interface: Processes at the Mineral-Water and Particle-Water Interface in Natural Systems*, John Wiley & Sons, New York, 309-335.

Stumm W., Morgan J.J., 1996. *Aquatic chemistry*, 3rd edition, John Wiley & Sons, New York, 1023 pp.

T

Talwalkar A., Kallasapathy K., 2004. The role of oxygen in the viability of probiotic bacteria with reference to *L. acidophilus* et *Bifidobacterium* spp. *Curr. Issues Intest. Microbiol.*, 5, 1-8.

Tanaka H., Ushida K., Kojima Y., 1992. Effect of p-coumaric acid on cellulose utilization by rumen fungi with or without methanogen. *Anim. Sci. Technol.*, 63 (9), 917-923.

Thauer R.K., Jungermann K., Decker K., 1977. Energy conservation in chemotrophic anaerobic bacteria. *Bacteriol. Rev.*, 41 (1), 100-180.

Tiedje J.M., 1988. Ecology of denitrification and dissimilatory nitrate reduction to ammonium. *In : Biology of anaerobic micro-organisms* (Zehnder A.J.B., ed.), John Wiley & Sons, New York.

Tratnyek P.G., Grundl T.J., Haderlein S.B., 2012. *Aquatic Redox Chemistry*, Vol. 1071, ACS Division of Environmental Chemistry, ACS Division of Geochemistry, American Chemical Society, 632 pp.

Trémillon B., 1993. *Electrochimie analytique et réaction en solution*, Tome 1, Masson, Paris.

Trogler W.C., Bruner E., Westwood G., Sawrey B., Neill P., 1997. The nitrogen cycle, redox chemical concepts, and biological contributions. http://chem-faculty.ucsd.edu/trogler/

U

Unden G., Trageser M., Duchene A., 1990. Effect of positive redox potentials (> + 400 mV) on the expression of anaerobic respiratory enzymes in *Escherichia coli*. *Mol. Microbiol.*, 4 (2), 315-319.

Upcroft J.A., Dunn L.A., Wright J.M., Benakli K., Upcroft P., Vanelle P., 2006. 5-nitroimidazole drugs effective against metronidazole-resistant *Trichomonas vaginalis* and Giardia duodenalis. *Antimicrob. Agents Chemother.,* 50 (1), 344-347.

Upcroft P., Upcroft J.A., 2001. Drug Targets and Mechanisms of Resistance in the Anaerobic Protozoa. *Clin. Microbiol. Rev.,* 14 (1), 150-164.

V

Van der Zee F.P., Cervantes F.J., 2009. Impact and application of electron shuttles on the redox (bio) transformation of contaminants: A review. *Biotechnol. Adv.*, 27 (3), 256-277.

Van Soest P., 1982. *Nutritional Ecology of the Ruminant*, O&B Books Inc., Portland, 152-177.

Vanden Driessche T., 2000. *The redox state and circadian rythms*, Kluwer Academic Publishers, Dordrecht.

Vitz E., 2002. Redox redux: recommendations for improving textbook and IUPAC definitions. *J. Chem. Educ.,* 79, 397-400.

W

Walkley A., Black I.A., 1934. An examination of Degtjareff method for determining soil organic matter and a proposed modification of the chromic acid titration method. *Soil Sci.*, 37, 29-38.

Wardman P., 1989. Reduction Potentials of One-electron Couples Involving Free Radicals in Aqueous Solution. *J. Phys. Chem. Ref. Data*, 18, 1637-1755.

Watnick P., Kolter R., 2000. Biofilm, city of microbes. *J. Bacteriol.*, 182 (10), 2675-2679.

Webster R.D., 2012. Voltammetry of the liposoluble vitamins (A, D, E and K) in organic solvents. *Chem. Rec.*, 12, 188-200.

White R.E., 1987. *Introduction to the Principles and Practice of Soil Science*, Blackwell Sci. Pub. Oxford, London.

Whitfield M., 1975. The electroanalytical chemistry of sea water. *In : Chemical oceanography* (Riley J.P., Skirrow G., eds), Academic Press, London.

Wlodarczyk T., Stepniewska Z., Brzezinska M., 2003. Denitrification, organic matter and redox potential transformation in Cambisols. *Int. Agrophysics*, 17, 219-227.

Y

Yu T.R., 1993. Electrode potential. *In : Electrochemical methods in soil and water research* (Yu T.R., Ji G.L., eds), Pergamon Press, 1-44.

Yu T.R., Ji G.L., 1993. *Electrochemical methods in soil and water research*. Pergamon Press, Oxford, England.

Z

Zehnder A.J.B., 1988. *Biology of anaerobic micro-organisms*. John Wiley & Sons, New York.

Zehnder A.J.B., Stumm W., 1988. Geochemistry and biogeochemistry of anaerobic habitats. *In : Biology of anaerobic micro-organisms* (Zehnder A.J.B., ed.), John Wiley & Sons, New York, 1-38.

Zelenak I., Jalc D., Siroka P., 1997. Effect of yeast culture and phenolic acids on the physiology of rumen fermentation determined *in vitro*. *Physiol. Res.*, 46 (3), 209-213.

Zerbatto M.E., Pidello A., 2007. Impacto de un reductor orgánico sobre la absorbancia de sustancias húmicas (SHs) de elevado peso molecular. *In : Actas Sociedad de Biología de Rosario*, XXVII Reunión Anual, 124.

Zhang X.N., 1993. Reference electrode. *In : Electrochemical methods in soil and water research* (Yu T.R., Ji G.L., eds), Pergamon Press, 71-95.

Zuman P., 2012. J. Heyrovský, Japan, and organic polarography. *Chem. Rec.*, 1 (12), 46-62.

Mise en page : DESK (53)
02 43 01 22 11 – desk@desk53.com.fr
Achevé d'imprimer :

Impression d'après documents fournis
bialec, nancy (France)
Dépôt légal n° 82136 - janvier 2014

PEFC™
10-31-1745

NEW TRENDS IN GASTRIC CANCER

Background and Videosurgery

DEVELOPMENTS IN ONCOLOGY

Recent volumes

34. J. Russo, ed., Immunocytochemistry in Tumor Diagnosis. ISBN 0-89838-737-X
35. R.L. Ceriani, ed., Monoclonal Antibodies and Breast Cancer. ISBN 0-89838-739-6
36. D.E. Peterson, G.E. Elias and S.T. Sonis, eds., Head and Neck Management of the Cancer Patient. ISBN 0-89838-747-7
37. D.M. Green, Diagnosis and Management of Malignant Solid Tumors in Infants and Children. ISBN 0-89838-750-7
38. K.A. Foon and A.C. Morgan, Jr., eds., Monoclonal Antibody Therapy of Human Cancer. ISBN 0-89838-754-X
39. J.G. McVie, W. Bakker, Sj.Sc. Wagenaar and D. Carney, eds., Clinical and Experimental Pathology of Lung Cancer. ISBN 0-89838-764-7
40. K.V. Honn, W.E. Powers and B.F. Sloan, eds., Mechanisms of Cancer Metastasis. ISBN 0-89838-765-5
41. K. Lapis, L.A. Liotta and A.S. Rabson, eds., Biochemistry and Molecular Genetics of Cancer Metastasis. 0-89838-785-X
42. A.J. Mastromarino, ed., Biology and Treatment of Colorectal Metastasis. ISBN 0-89838-786-8
43. M.A. Rich, J.C. Hager and J. Taylor-Papadimitriou, eds., Breast Cancer: Origins, Detection and Treatment. ISBN 0-89838-792-2
44. D.G. Poplack, L. Massimo and P. Cornaglia-Ferraris, eds., The Role of Pharmacology in Pediatric Oncology. ISBN 0-89838-795-7
45. A. Hagenbeek and B. Löwenberg, eds., Minimal Residual Disease in Acute Leukemia 1986. ISBN 0-89838-799-X
46. F.M. Muggia and M. Rozencweig, eds., Clinical Evaluation of Antitumor Therapy. ISBN 0-89838-803-1
47. F.A. Valeriote and L. Baker, eds., Biochemical Modulation of Anticancer Agents: Experimental and Clinical Approaches. ISBN 0-89838-827-9
48. B.A. Stoll, ed., Pointers to Cancer Prognosis. ISBN 0-89838-841-4
49. K.H. Hollmann and J.M. Verley, eds., New Frontiers in Mammary Pathology 1986. ISBN 0-89838-852-X
50. D.J. Ruiter, G.J. Fleuren and S.O. Warnaar, eds., Application of Monoclonal Antibodies in Tumor Pathology. ISBN 0-89838-853-8
51. A.H.G. Paterson and A.W. Lees, eds., Fundamental Problems in Breast Cancer. ISBN 0-89838-863-5
52. M. Chatel, F. Darcel and J. Pecker, eds., Brain Oncology. ISBN 0-89838-954-2
53. M.P. Hacker, Y.S. Lazo and T.R. Tritton, eds., Organ Directed Toxicities of Anticancer Drugs. ISBN 0-89838-356-0
54. M. Nicolini, ed., Platinum and Other Metal Coordination Compounds in Cancer Chemotherapy. ISBN 0-89838-358-7
55. J.R. Ryan and L.O. Baker, eds., Recent Concepts in Sarcoma Treatment. ISBN 0-89838-376-5
56. M.A. Rich, J.C. Hager and D.M. Lopez, eds., Breast Cancer: Scientific and Clinical Aspects. ISBN 0-89838-387-0
57. B.A. Stoll, ed., Women at High Risk to Breast Cancer. ISBN 0-89838-416-8
58. M.A. Rich, Y.C. Hager and I. Keydar, eds., Breast Cancer: Progress in Biology, Clinical Management and Prevention. ISBN 0-7923-0507-8

NEW TRENDS IN GASTRIC CANCER

Background and Videosurgery

edited by

PETER I. REED, MB, FRCP, FRCP(C)
Honorary Senior Lecturer, Department of Medicine, and Consultant Physician, Royal Postgraduate Medical School, University of London and Senior Consultant Physician and Director, Lady Sobell Gastrointestinal Unit, Wexham Park Hospital, Slough, Berks, UK

MANLIO CARBONI, MD, FICS
Professor of Surgery, Head of Vth Department of Surgical Pathology, University of Rome "La Sapienza", Rome, Italy

BELINDA J. JOHNSTON, BSc (Hons)
Research Fellow, Lady Sobell Gastrointestinal Unit, Wexham Park Hospital, Slough, Berks, UK

STEFANO GUADAGNI, MD
Research Fellow, Department of Surgery, University of L'Aquila, L'Aquila, Italy

KLUWER ACADEMIC PUBLISHERS
DORDRECHT / BOSTON / LONDON

Distributors

for the United States and Canada: Kluwer Academic Publishers, PO Box 358, Accord Station, Hingham, MA 02018-0358, USA
for all other countries: Kluwer Academic Publishers Group, Distribution Center, PO Box 322, 3300 AH Dordrecht, The Netherlands

British Library Cataloguing in Publication Data

New trends in gastric cancer.
1. Man. Gastrointestinal tract. Cancer
I. Reed, Peter I.
616.99'433

ISBN 0-7923-8917-4

Published in the United Kingdom by Kluwer Academic Publishers, PO Box 55, Lancaster, UK.

Kluwer Academic Publishers BV incorporates the publishing programmes of D. Reidel, Martinus Nijhoff, Dr W. Junk and MTP Press.

Printed in Great Britain by Butler and Tanner Ltd., Frome and London.

Contents

Section 3 Surgical Treatment of Gastric Cancer

Preface

Despite the fact that the incidence of gastric cancer is declining in the Western world, it remains a significant problem with respect to accurate diagnosis and treatment since it has a high mortality rate.

In June 1989 an International Conference was held at the University of Rome "La Sapienza" entitled "New Trends in Gastric Cancer: Background and videosurgery". During this meeting background information on the aetiopathogenesis of gastric cancer was presented together with talks and video presentations on the latest advances in the treatment of gastric carcinoma, both from the European and Japanese experience.

Because of the poor prognosis of gastric carcinoma there is increasing pressure for early detection. Some of the problems in the early detection of gastric carcinoma are discussed together with methods of surveillance of high-risk subjects.

It is generally accepted that the surgical approach to gastric carcinoma should take into account the site and extent of the lesion and there are chapters on new methods for pre and intraoperative staging of the disease which allow a more logical approach to surgery. A comparison between Japanese and Western rule and results was attempted and reasons for the differences were investigated. Since the field is still evolving not all aspects could be covered, and those angles not approached in this book will be addressed in a second International Conference to be held in Rome in June 1990.

Peter I Reed
Manlio Carboni
Belinda J Johnston
Stefano Guadagni

List of Contributors

C Ballesta-Lopez
Surgery Service A, Hospital de Bellvitge "Princeps D'Espanya", Feixa Llarga s/n, 08907 Hospitalet de Llobregat, Barcelona, Spain

F P Campana
VIIIth Surgical Pathology, University of Rome "La Sapienza", Policlinico Umberto 1, 00161 Rome, Italy

L Capurso
Gastroenterology and Digestive Endoscopy Service, San Filippo Neri Hospital, via Martinotti 20, 00135, Rome, Italy

M Carboni
Vth Surgical Pathology, University of Rome "La Sapienza", Policlinico Umberto 1, 00161 Rome, Italy

P Correa
Department of Pathology, Lousiana State University Medical Center, 1910 Perdido Street, New Orleans, LA 70112, U.S.A.

G de Manzoni
Department of Emergency Surgery, Borgo Trento Hospital, Verona University Medical School, Piazza Stefani 1, 37126 Verona, Italy

G di Matteo
IIIrd Surgical Clinic, University of Rome "La Sapienza", Policlinico Umberto 1, 00161 Rome, Italy.

M J Hill
ECP, Avenue R. Vandendriessche 5, B-1150 Brussels, Belgium.

D Korenaga
Department of Surgery II, Faculty of Medicine, Kyushu University, Maidashi 3-1-1, Higashi-ku, Fukuoka, Japan

A Leggeri
Institute of General Clinical Surgery, University of Trieste, Strada di Fiume, Ospedale di Carrinara, 34149 Trieste, Italy

N Lygidakis
Department of Surgery, University of Amsterdam, Academic Medical Centre, Meibergdreef 9, 1105 Amsterdam, Holland

K Maruyama
Gastric Surgery Division, National Cancer Center, 5-1-1 Tsukjii, Chuo-ku, Tokyo 104, Japan

E Moreno-Gonzalez
Digestive Surgery Service II, "Doce de Octubre" Hospital, Carrettera de Andalucia Km 5.5, 28041 Madrid, Spain

T Nagayo
Aichi Cancer Centre, 1-1 Konokoden, Chilusa-ku, Nagayo, 464 Japan

M A Pistoia
Department of Surgery, University of L'Aquila, Viale della Croce Rossa, Pineta Signorini, 67100, L'Aquila, Italy

P I Reed
Lady Sobell Gastrointestinal Unit, Wexham Park Hospital, Slough, Berks, SL2 4HL, U.K.

C L Walters
Department of Biochemistry, University of Surrey, Guildford, Surrey, GU2 5XH, U.K.

S Yoshida
Department of Internal Medicine, National Cancer Center Hospital, Tsukiji 5-Chome, Chuo-ku, Tokyo, 104 Japan

Section 1

BACKGROUND

Chapter 1

Epidemiology and Mechanism of Gastric Carcinogenesis

M.J. HILL

Introduction

It is natural and sensible to consider epidemiology and aetiology together because they are so intellectually interdependent. It is rarely possible to construct sensible hypotheses on the mechanism of a disease with a long latency, such as gastric cancer, in the absence of some knowledge of the epidemiology of the disease. It is certainly difficult to devise sensible experiments with which to test hypotheses without such epidemiological information. Likewise, since epidemiological studies invariably yield many spurious "relationships" as well as, hopefully, indicating causal relationships it is important to assess the epidemiology in the light of various postulated mechanisms of the disease.

In this short review I will first consider the information that we have on the epidemiology of gastric cancer, then describe how this has been used to develop a hypothesis of the mechanism of carcinogenesis in the disease, then discuss the evidence that has been accumulated in the support of that hypothesis.

All research suggests more lines that should be investigated, and I will finish by listing some of the more obvious studies that arise from considerations of our current state of knowledge of the epidemiology and aetiology of gastric cancer.

Epidemiology

Until 1988 gastric cancer was the commonest cancer world-wide, although it has now been overtaken by lung cancer. Gastric cancer is very common in

Eastern Asia, South America and Eastern Europe and relatively uncommon in North America and in Australasia [1]. Within Europe the disease is more common in the Southern and the Eastern countries than in the Western part of the continent (Table 1). Migrants from populations with a high risk of the disease (e.g., Japan) to regions with a low incidence of the disease (e.g., Hawaii, California) retain their high risk of the disease unless they migrated in childhood or early adulthood; the children of migrants have a risk of the disease similar to that prevalent in their newly adopted homeland. These results suggest that the disease is caused by environmental factors which have their effect early in life.

Within populations, gastric cancer is more common in men than in women, it is inversely related to socioeconomic status and is associated with poor nutrition. There are a number of precancerous lesions and precursor states; the disease is weakly associated with blood group A status (indicating a role for genetic factors) and there is weak evidence of a familial predisposition to the disease. Precursor states include pernicious anaemia, gastric atrophy, chronic atrophic gastritis, intestinal metaplasia of the stomach, gastric epithelial dysplasia and hypogammaglobulinaemia. There is also an increased risk of the disease in patients who have been treated surgically for peptic ulcer [2].

There are two major histological types of gastric cancer in the classification of Lauren [3], namely the diffuse and intestinal types (together with an intermediate group). When subdivided in this way, the diffuse type was found to be equally common in men and women, and to have a familial association but no association with environmental factors. In contrast the intestinal type is much more common in men than in women, is not associated with genetic or familial factors but is strongly associated with environmental factors and gastric surgery. Whereas the incidence of the diffuse type is relatively even in all populations, the geographical variations in incidence (see Table 1) are mainly due to variations in the incidence of the intestinal type of gastric cancer. The precursor lesions of gastric atrophy, intestinal metaplasia and pernicious anaemia, all lead to gastric cancer of the intestinal type.

Since the stomach is the first resting place of food it seems reasonable to suggest that gastric cancer has a dietary aetiology. However, this has proved difficult to substantiate. Table 2 summarizes some of the studies that have been reported; these are described and discussed in more detail in reference 4. The general impression from such studies is that the disease is associated with a high intake of cereals and starchy foods, root vegetables, smoked or salted foods, and with low intakes of vitamins A and C and of fresh salad vegetables (principally lettuce). All of these associations are weak but characterize the diet of low socioeconomic populations. There have been no studies of the relation between diet and gastric cancer of the intestinal type (the histological type known to be associated with environmental factors). However, the European Group for Cancer Prevention (ECP) is currently conducting a large international study of the relation between diet and intestinal metaplasia [5] – a precancerous stage in intestinal type gastric carcinogenesis – and early results should be reported in the autumn of 1989.

Table 1 Standardised incidence rates for gastric cancer (data from [4]) (rates are per 100,000 per annum, age standardised to world populations)

Country	*Death Rate*	
	M	*F*
Asia		
Japan – Miyagi	79.6	36.0
China – Shanghai	58.3	24.6
Hong Kong	19.2	9.6
India – Bangalore	12.6	7.1
Israel – all Jews	16.2	9.3
Singapore – Chinese	37.3	15.4
South America		
Brazil – Sao Paulo	53.6	25.1
Colombia – Cali	49.6	24.6
Costa Rica	58.8	25.2
Martinique	25.3	10.9
North America		
Canada – all	13.2	5.9
– British Columbia	11.9	5.0
– Ontario	11.5	5.5
USA – Alameda County		
– White	10.7	4.2
– Black	16.7	7.1
– Japanese	24.3	10.8
– Connecticut – White	10.8	4.3
– Atlanta – White	6.1	3.1
Oceania		
Australia – New South Wales	13.6	6.2
New Zealand – Maori	29.8	19.7
– non-Maori	13.7	6.0
Hawaii – White	11.8	6.0
– Japanese	28.4	14.1

Table 1 *(continued)*

Country			*Death Rate M*	*F*
Europe				
East	Czechoslovakia		31.7	14.5
	GDR		25.2	12.3
	Hungary		32.4	12.8
	Poland	– Cracow	32.9	13.4
		– Nowy Sacz	43.7	17.0
North	Denmark		14.3	6.7
	Finland		24.6	12.9
	Norway		18.1	9.2
	Sweden		15.0	7.5
West	FRG – Hamburg		23.7	11.7
	France – Bas-Rhin		15.5	7.4
	Ireland		12.4	4.2
	Netherlands		20.7	9.5
	Switzerland – Basel		19.6	8.1
South	Italy – Lombardy		39.0	17.1
	– Parma		44.0	19.9
	Romania		34.2	13.6
	Spain – Navarra		31.6	13.5
	Yugoslavia		34.9	15.1
UK				
England and Wales			18.5	7.8
	– South Thames		15.7	6.6
	– Liverpool		21.8	9.9
Scotland	– East		22.0	10.4
	– West		14.7	6.2

Table 2 The relation between diet and gastric cancer in various studies [4]

Populations Studied	*Dietary Item*
Finland	Grain products
Norway	Cereals; Smoked or salted foods
Iceland	Smoked fish and birds
United States	Starchy foods, root vegetables
Japan	Rice
China	Root vegetables
Colombia	Corn products, root vegetables
Slovenia	Potatoes

Aetiopathogenesis

The diffuse type of gastric cancer is associated with genetic and familial factors and is not associated with environmental factors; there are no postulates of the mechanism of carcinogenesis of this histological type. The intestinal type, in contrast, is associated with environmental factors, and with chronic atrophic gastritis (CAG), intestinal metaplasia (IM) and increasingly severe epithelial dysplasia (ED). Correa *et al* [6] postulated a histopathological sequence in intestinal type gastric carcinogenesis, the initial lesion in which is CAG. In a proportion of CAG patients the lesion progresses to IM, in which ED develops in some cases and progresses to gastric carcinoma. They proposed a mechanism for this (Figure 1), the first stage of which is loss of gastric acidity which permits the development of a resident bacterial flora. This flora reduces dietary nitrate to nitrite and may also catalyse the formation of N-nitroso compounds; the latter are responsible for the progression through IM and ED to gastric cancer.

The value of this hypothesis is that it can be tested, and it has consequences that can also be tested. If the hypothesis is correct then:

(a) Any disease state, surgical procedure, medical treatment, etc. which results in loss of gastric acidity should be associated with an increased risk of gastric cancer;

(b) these associated disease states should be associated with the development of a resident bacterial flora and with high gastric juice concentrations of nitrite and N-nitroso compounds;

(c) the gastric juice analyses should be correlated with the rate of progression through IM and ED to gastric cancer;

(d) it is unlikely that only locally acting N-nitroso compounds would be formed. Consequentially, if the amount of locally acting N-nitroso compounds is sufficient to be responsible for the gastric carcinogenesis, tumours at distant sites should also be associated with gastric juice N-nitroso compounds;

(e) if the postulated mechanism is correct, then chronic infection at other sites, if it can result in local formation of N-nitroso compounds, should also be associated with local carcinogenesis.

All of these consequences have been examined and discussed in detail elsewhere [4,7], and all have been found to be valid. All diseases associated with gastric atrophy, gastric surgery involving vagotomy and genetically determined disease in which pernicious anaemia is part of the spectrum, are associated with an increased risk of gastric cancer. In 24 studies reviewed by Hill [7] there was an increased bacterial flora (particularly the nitrate-reducing bacteria) and nitrite concentration in the gastric juice of

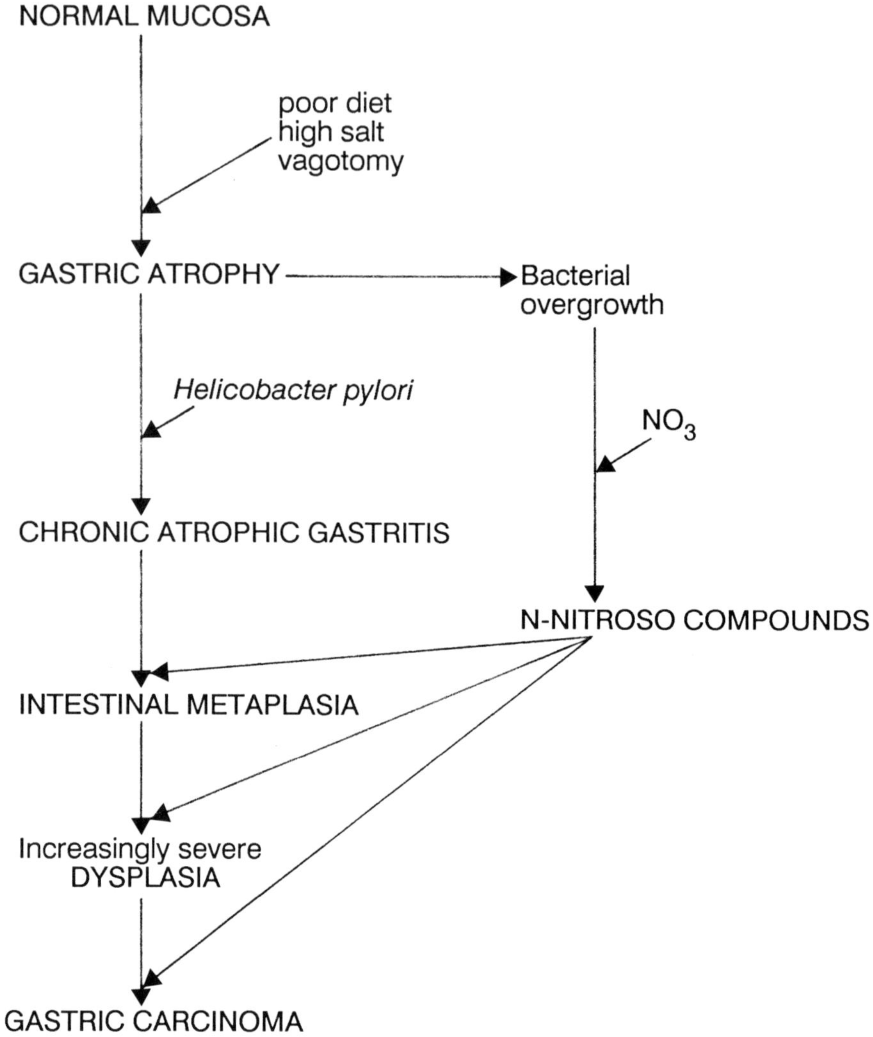

Figure 1 The postulated mechanism of gastric carcinogenesis of the intestinal type (based on Correa *et al* [6])

patients with raised gastric pH. In a number of these studies the relation between gastric juice analyses and the histopathology has been studied; both the gastric flora and the nitrite concentration have been shown to be correlated with the severity of ED. These results only correlate the conditions needed for N-nitroso compound formation and do not assess the actual production of such carcinogens. There are major difficulties in the assay of N-nitroso compounds and this has led to considerable confusion in the literature with some studies [8,9] showing a strong correlation between N-nitroso compound concentration in gastric juices and both gastric pH and risk of gastric cancer, and other studies showing no relationship. Assay methods have recently been reassessed by Pignatelli *et al* [10] who confirmed the relationship observed by Reed *et al* [8] and in agreement with the Correa hypothesis. Caygill *et al* have studied the risk in gastric surgery patients not only of gastric cancer [2], but also of cancer at distant sites [11] and noted an excess risk (after a latency of 20 years, as with gastric cancer) of cancer at a number of sites including the biliary tract, colorectum, oesophagus, breast and pancreas. Some of these have since (or in retrospect) been confirmed by others [12–14]. Finally, chronic bacterial infection and the local production of N-nitroso compounds has been associated with local cancers in the infected bladder [15,16], the infected cervix [17] and in the special situation of ureterocolic anastomosis [17] . Thus, there is now a large body of evidence in favour of the Correa hypothesis of gastric carcinogenesis and it is clear that this multi-stage hypothesis has a number of important implications for our understanding of gastric carcinogenesis and its prevention.

Future Work in Gastric Cancer Epidemiology

The value of the Lauren classification was demonstrated by, for example, the work of Lehtola [18] who confirmed that there was a strong genetic component in the causation of diffuse type gastric cancer with, for example, a 7-fold excess risk of gastric cancer in relatives of diffuse type cases but no excess risk in relatives of intestinal type cases. In contrast the intestinal type was associated with environmental factors [19,20]. There is, therefore, a clear need to reassess the relation between diet and the two types of gastric cancer in case-control or population studies; it would be expected that when intestinal type cases were considered alone the correlations with dietary factors would be very much stronger.

It is clear from the Correa model that different dietary factors could be important at the different stages of carcinogenesis and that, therefore, attempts to study the stages in isolation were more likely than studies of the overall process to yield clear results. With this aim, the ECP is studying the role of dietary factors in the causation of intestinal metaplasia [5] and the UK part of that study is also studying the relation between diet and the progression of the disease. It is confidently expected that these studies will yield data which will provide a sound scientific basis for dietary intervention in the prevention of gastric cancer of the intestinal type. This will be discussed more fully elsewhere in this book [21].

References

1. Muir, C., Waterhouse, J., Mack, T., Powell, J. and Whelan, S. (eds) 1987. *Cancer Incidence in Five Continents*, Vol V. IARC Sci. Publ. No 75, IARC, Lyon
2. Caygill, C.P.J., Hill, M.J., Kirkham, J.S. and Northfield, T.C. (1986). Mortality from gastric cancer following gastric surgery for peptic ulcer. *Lancet,* **i**, 929-931
3. Lauren, P. (1965). The two histological main types of gastric carcinoma: diffuse and so-called intestinal type. *Acta. Pathol. Microbiol. Scand.*, **64**, 31-49
4. Hill, M.J. (1986). *Microbes and Human Cancer.* Edward Arnold, London, 36-55
5. West, C.E. and Van Staveren, W.A. (1987). ECP-EURONUT intestinal metaplasia study: Design of the study with special reference to the development and validation of the questionnaire. In Reed, P.I. and Hill, M.J. (eds.), *Gastric Carcinogenesis*, Excerpta Medica: Amsterdam, 229-234
6. Correa, P., Haenszel, W., Cuello, C., Tannenbaum, S. and Archer, M. (1975). A model for gastric cancer epidemiology. *Lancet*, **ii**, 58-60
7. Hill, M.J. (1987). Gastric carcinogenesis: Luminal factors. In Reed, P.I. and Hill, M.J. (eds.), *Gastric Carcinogenesis*, Excerpta Medica: Amsterdam, 187-200
8. Reed, P.I., Smith, P.L.R, Haines, K., House, F.R. and Walters, C.L. (1981). Gastric juice N-nitrosamines in health and gastroduodenal disease. *Lancet,* **ii**, 550-552
9. Schlag, P., Bockler, R., Ulrich, H., Peter, M., Merkle, P. and Herfath, Ch. (1980). Are nitrite and N-nitroso compounds in gastric juice risk factors for carcinoma in the operated stomach? *Lancet*, **i**, 727-9
10. Pignatelli, B., Richard, I., Bourgade, M.C. and Bartsch, H. (1987). An improved method for analyses of total N-nitroso compounds in gastric juice. *Analyst*, **64**, 945-9
11. Caygill, C.P.J., Hill, M.J., Hall, N., Lerkham, J. and Northfield, T.C. (1987). Increased risk of cancer at multiple sites after gastric surgery for peptic ulcer. *Gut*, **28**, 924-8
12. Bundred, N.J., Whitfield, B.C.S., Stanton, E., Prescott, R.J., Davies, C.G. and Kingsnorth, A.N. (1985). Gastric surgery and the risk of subsequent colorectal cancer. *Br. J. Surg.*, **72**, 618-9
13. Watt, P.C.H., Patterson, C.C. and Kennedy, T.L. (1984). Late mortality after vagotomy and drainage for duodenal ulcer. *Br. Med. J.*, **288**, 1335-8
14. Ross, A.H., Smith, M.A., Anderson, J.R. and Small, W.P. (1982). Late mortality after surgery for peptic ulcer. *N. Engl. J. Med.*, **307**, 519-22
15. Radomski, J., Greenwald, D., Hearn, W.L., Block, N. and Woods, F.M. (1978). Nitrosamine formation in bladder infections and its role in the etiology of bladder cancer. *J. Urol.*, **120**, 48-56
16. Hicks, R.M., Walters, C.L., Elsebai, I., El Aasser, A-B., El Merzebani, M. and Gough, T.A. (1977). Demonstration of nitrosamines in human urine: preliminary observations on a possible etiology for bladder cancer in association with chronic urinary tract infections. *Proc. Roy. Soc. Med.*, **70**, 413-6
17. Stewart, M., Hill, M.J., Pugh, R.C. and Williams, J.P. (1981). The role of N-nitrosamine in carcinogenesis at the ureterocolic anastomosis. *Br. J. Urol.*, **53**, 115-8
18. Lehtola, J. (1978). Family study of gastric carcinoma; with special reference to biological types. *Scand. J. Gastroenterol.* **13** (Suppl 50), 1-54
19. Munoz, N. and Asvall, J. (1971). Time trends of intestinal and diffuse types of gastric

cancer in Norway. *Int. J. Cancer,* **8**, 144-157
20. Correa, P., Sasano, N., Stemmerman, G. and Haenszel, W. (1973). Pathology of gastric cancer in Japanese populations. *J. Natl. Cancer Inst.*, **51**, 1449-59
21. Reed, P.I. (1989). N-nitroso compounds, gastric carcinogenesis and chemoprevention. In Reed, P.I., Carboni, M., Johnston, B.J. and Guadagni, S. (eds.) *New Trends in Gastric Cancer: Background and Videosurgery,* Kluwer Academic Publishers: Lancaster, 21-30

Invited Questions

Basso (Italy) – How can you explain the reduced incidence of gastric cancer with respect to the hypothesis of nitrosamine carcinogenesis? and secondly, you mentioned some factors which are important in early life (under 25 years) in the determination of gastric cancer – do you have any hypothesis on the relevance of these factors?

Another question, are there any clear epidemiological data on the intestinal and diffuse types of gastric cancer?

Hill – The first question was how the nitrosamine hypothesis fits with the world-wide decrease in gastric cancer incidence. I think that it is quite clearly related to the world-wide change in the age at which intestinal metaplasia or atrophic gastritis develops in populations. In the United Kingdom in 1930, atrophic gastritis was very common in young people and is now very rare, and similarly there is a lot of data from Finland showing that atrophic gastritis is not very common in young people. Nitrosamines are not formed until the gastric pH is about 4.0, and most people in the United Kingdom as in other countries are retaining their gastric acidity until later in life.

We know from studies on gastric surgery patients that there is an interval of about 20 years between the loss of gastric acidity and the beginning of an increased risk of gastric cancer, so if you retain your gastric acidity until the age 50 years, then you have a low risk of gastric cancer, but if you lose your gastric acidity at age 30 then you have a high risk of producing nitrosamines and going on to develop gastric cancer.

Within the population of people who lose gastric acidity at an early age there will be some whose intake of nitrate is high and if they have active bacteria they will produce a lot more nitrosamines and so according to the hypothesis will have an increased risk.

There will not only be variations within populations but also variation between groups dependent on gastric acidity. I think that is where it is important to look at diet in early life. I stress that it is not the current diet that is important but the diet in early years when we were still maintaining the integrity of the gastric mucosa at full function with optimal acid secretion and secretion of other factors.

The second question related to diffuse and intestinal cancer epidemiology – we know that the diffuse type has a uniform incidence around the world with a similar incidence in Europe, Asia, South America and India. Variations in gastric cancer incidence between countries seem to be related to variations in the intestinal type and have been related to the effect of environmental factors which do not influence the diffuse type. The only study relating to factors that may influence the diffuse type is that of Lehtola [1] in which it was shown that if you have an index case with an intestinal type gastric cancer then his first degree relatives have no excess risk of gastric cancer compared to the general population, but if this index case has diffuse type gastric cancer, then his first degree relatives have a 7 fold excess risk indicating a probable familial genetic factor. This is the only known association with the diffuse type.

Crespi (Italy) – Dr Hill, how was the prevalence of atrophic gastritis in the UK in 1930 diagnosed?

Hill – This is not chronic atrophic gastritis in the UK – it is people who fail to respond to the administration of pentagastrin with acid secretion.

There is a lot of published work from Finland showing a high prevalence of atrophic gastritis there. I think that Correa would agree that this sort of data was the basis on which the histopathological sequence was built together with data he got from South America and Honolulu.

Reference

1. Lehtola, J. (1978) Family study of gastric carcinoma; with special reference to histological types. *Scand. J. Gastroenterol.*, **13** (Suppl 50), 1-54

Chapter 2

Histiogenesis and Precursors of Human Gastric Cancer

T. NAGAYO

Introduction

The development of gastric cancer can be separated into two different courses from the viewpoint of pathological histology, one through dysplastic changes of the mucosa and the other not.

The earliest stage in the development of cancer is described in various terms, including latent carcinoma, occult carcinoma, incidental carcinoma, carcinoma-in-situ, intraepithelial carcinoma, etc., due to growth characteristics in each organ.

Epidemiological and experimental studies have revealed that several factors concerning initiation, promotion and progression play an essential role in the development of a cancer and in its progression (Table 1).

Definition of Precancerous Change

Precancerous changes of the stomach can be defined as broad or narrow. The former term reflects the results of epidemiological, pathological and clinical studies which imply that the altered mucosa has a higher probability of developing into cancer than the normal mucosa. This is the so-called "high risk group", which includes chronic atrophic gastritis, chronic peptic ulcer, ulcer scar, long-standing post-operative gastric remnants, etc. The latter means that the change is already on course to becoming malignant from the aspects of histological similarities of the lesion to carcinoma-in-situ or carcinoma without any invasive growth but which still does not fulfil the histological criteria of malignancy, as indicated by an increased nuclear-cytoplasmic ratio, nuclear pleomorphism, disturbed arrangement of the nuclei, loss of tissue orientation, etc. Thus the former is a clinical concept and the latter a histological one.

Table 1 Histological relationship between dysplasia, precancer and cancer

	Dysplasia (atypia)	*Japanese standard*	*Reversibility*	*Nature of the lesion*
	mild	Group II	+	various
normal	moderate	Group III	–	stable
	severe	Group IV	–	unstable
			invasive growth	metastasis
	precancer		–	+
normal				
	cancer		–	+

Methods of Recognition of Precancerous Changes

Precancerous changes in the human stomach can be recognized histologically using two methods. One is the usual static method of examining surgically resected stomachs and the other is retrospective follow-up examination of endoscopically obtained biopsy material. Both methods have advantages and disadvantages.

In surgically resected stomachs, an isolated lesion or lesions found by chance, in or adjacent to the obvious carcinoma as accessory change, are the main sources of the study.

For the follow-up examinations by endoscopic biopsy, the cases may be diagnosed as benign or non-malignant at the first histological examination but during the follow-up cancer could be detected in the biopsies. Selection for this kind of study is only possible by retrospective and serial examination of the cases based on endoscopic and biopsy records (Table 2).

Table 2 Results of examination by endoscopic biopsy

		Number	*%*
1.	Diagnosed as cancer at first examination	3354	27.6
2.	Diagnosed as malignancy other than cancer	46	0.4
3.	Diagnosed as benign or non-malignant at		
	the first examination	8739	72.0
	without reexamination	6284	51.8
	with repeated examination	2455	20.2
	Total	12 139	

Histological Expression of Precancerous Changes

For histological expression of precancerous change, the term "dysplasia" has been used by many reporters. However, in my opinion, the two terms are by no means synonymous.

According to the grades of cellular atypia and of structural abnormality, dysplastic changes of gastric mucosa can be classified into three grades – mild, moderate and severe – and these three grades of dysplasia are almost identical in nature with the those of the "Group Classification of Biopsies Materials", which was proposed by us in 1971 [1]. Namely Group II (benign lesion with slight atypia), Group III (borderline lesion between benign and malignant) and Group IV (probable carcinoma or quite suspicious of carcinoma but not fulfilling the histological criteria of malignancy) corresponds to the changes of mild, moderate and severe dysplasia respectively which were proposed by WHO in 1978 [2].

Most lesions diagnosed as "mild dysplasia" are regenerative and/or hyperplastic in nature and have a fairly high probability of returning to the normal state but a few, especially lesions without any intestinal metaplasia, may transform into moderate or severe dysplasia after a certain period of time.

The lesion diagnosable as "moderate dysplasia" is seen most often in broad-based mucosal elevation and often called "borderline elevated lesion". Unlike the cases of mild dysplasia, the lesion is irreversible and maintains the same macroscopic and histological features for a fairly long time. Tubular adenoma may fall into this group.

"Severe dysplasia", on the contrary, is an unstable lesion and quite close to the state of "carcinoma-in-situ" but lacking concrete histological evidence of malignancy. Of course, no invasive or infiltrative growth is visible in these lesions (Table 3).

Table 3 Classification of cases by endoscopic biopsy

		Number
1.	Reexamined within three months (cancer was suspected on endoscopy in most cases)	94
2.	Reexamined within one year	26
3.	Detected cancer in the mucosa apart from the follow-up lesion	34
4.	Detected cancer in the follow-up lesion	41 (21%)
	Total	195

Relationship between Severe Dysplasia and Earliest Change of Cancer

From a theoretical viewpoint, severe dysplasia and earliest change of carcinoma have to be clearly separated, but from a practical viewpoint, it has to be said that the changes do overlap. It is by no means infrequent that one pathologist may diagnose a certain dysplastic lesion as "severe dysplasia", while another will diagnose it as "early cancer". It is certain that discrepancies of opinion or differences of histological criteria should be minimized as much as possible (Figure 1).

Results of Follow-up Cases by Endoscopic Biopsy

During the 15 years from 1971 to 1985, 12 139 patients had endoscopic biopsies performed at the Aichi Cancer Centre Hospital. Background data of the examinations are shown in Table 2.

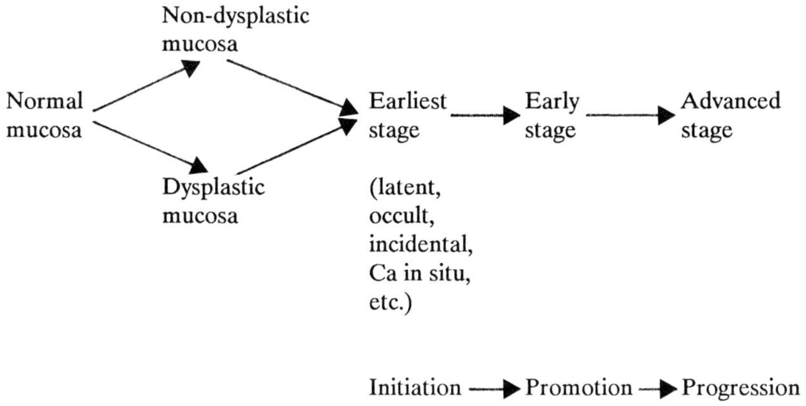

Figure 1 Histogenesis of gastric cancer

For the purposes of the present study, the lowest column of the table only will be explained; namely 2455 cases, which were diagnosed as benign or non-malignant at the first histological examination of the biopsied specimens but were re-biopsied owing to the suspicious nature of the lesions, were selected for study.

Classification of Negative to Positive Cases by Endoscopic Biopsy

Among the 2455 patients, cancerous changes were detected or confirmed during repeat or follow-up examinations in 195 cases. According to the nature of the lesions, these 195 cases were classified into four groups as shown in Table 3.

For studying the histogenesis of gastric cancer reference will only be made to the fourth group in which malignant changes were detected in the biopsied specimens taken from the target lesions during the follow-up endoscopic examinations.

Details of Negative to Positive Cases by Endoscopic Biopsy

Details of the fourth group are summarized in Table 4. When these 41 cases were observed from the stand-point of precursor lesions, broad-based mucosal elevation was seen most frequently (2.9%), followed by open ulcer (2.1%), erosion or gastritis (1.8%), ulcer scar (1.7%) and polypoid protrusion including pedunculated and hyperplastic polyps, was seen least often (0.9%). These 41 cases represent 1.7% of the 2455 follow-up cases.

The average time interval from the first to last endoscopic examination was 52.4 months, being longest for erosion or atrophic gastritis and shortest for open ulcer.

When the 41 cases were subclassified from the viewpoint of histology of the biopsied specimens during the follow-up examination, 27 cases showed no prominent dysplastic changes, in 12 cases the histological changes were diagnosed as moderate or severe dysplasia and in 2 cases retrospective studies revealed that minute cancerous changes in the biopsied specimens were missed at the first histological examination.

Table 4 Details of group 4

Endoscopic diagnosis at first examination	*No. with endoscopic follow-up*	*No. of cancers detected*	*Interval since 1st examination mean (range) months*
Open ulcer	521	11 (2.1%)	38.9 (17–80)
Ulcer scar	785	13 (1.7%)	57.2 (21–150)
Polypoid protrusion	683	6 (0.9%)	51.0 (26–100)
Broad based elevation	239	7 (2.9%)	48.3 (36–64)
Erosion, gastritis, etc.	227	4 (1.8%)	66.8 (20–133)
Total	2455	41 (1.7%)	52.4 (17–150)

Analysis of 39 Cases of the Fourth Group

It was known from the analytical studies that among 12 cases showing moderate or severe dysplasia in the previous biopsied specimens, 10 were taken from elevated or polypoid lesions, while among 27 cases showing no dysplastic changes in the previous biopsied specimens, 24 were taken from depressed lesions such as mucosa around a peptic ulcer, ulcer scar or eroded lesion. When the same material was observed from the viewpoint of histological types of cancers seen at the last biopsied specimens, of 11 cases of intestinal type cancer, 9 showed moderate or severe dysplasia in the earlier biopsies, whereas no dysplastic changes were observed in the previous biopsy specimens among 22 cases of diffuse type carcinoma. Thus it will be seen that most of the elevated type of early gastric cancers showed intestinal type histology, while the majority of the depressed type early gastric cancers showed a diffuse type histology.

Histogenesis of Gastric Cancer from the Viewpoint of Endoscopic Biopsy

The relative frequency of both courses in the histogenesis of gastric cancer cannot be determined exactly from the results of the present endoscopic follow-up study with biopsy. However it is presumed that gastric cancer not developing through dysplasia is far more frequent than that which develops through the changes of moderate or severe dysplasia in cancers of the diffuse type, the reverse situation being seen in intestinal type cancers.

Conclusion

The frequency, nature and chronology of the precancerous change of the stomach observable in routine laboratory examinations were studied on the basis of retrospective, serial examinations of the endoscopically obtained biopsy specimens

The study demonstrated that most cancers of the diffuse type histology showed no dysplastic changes in the biopsy specimens taken before the final diagnosis of gastric cancer was established, while moderate to severe grades of dysplasia were frequently seen in the previously obtained biopsies in cases of intestinal type gastric cancer.

References

1. Nagayo, T. (1971). Histological diagnosis of biopsies gastric mucosa with special reference to that of borderline lesions. *Gann Monogr. Cancer Res.*, **11**, 243-249
2. Morson, B.C., Sobin, L.H., Grundmann, E., Johansen, A., Nagayo, T. and Serck-Hanssen, A. (1980). Precancerous condition and epithelial dysplasia. *J. Clin. Pathol.*, **33**, 711-721
3. Nagayo, T., Suzuki, R., Sata, T. and Suchi, T. (1987). Retrospective histological studies on biopsies gastric lesion of patients in whom cancer was diagnosed at follow-up examination. *Jpn. J. Cancer Res. (GANN)*. **78**, 995-1005
4. Nagayo, T. (1986). *Histogenesis and Precursors of Human Gastric Cancer. Research and Practice*. Springer-Verlag: Berlin, Heidelberg, New York and Tokyo.

Invited Questions

Crespi (Italy) – Regarding the sequence intestinal metaplasia to dysplasia to cancer we should find a certain number of cases of gastric dysplasia some of which progress to gastric cancer; in reality we find a lot of cancers and very few dysplasias so that Sampi in Florence suggested that dysplasia is a paracancerous rather than a precancerous lesion – what do you think of this proposal?

Nagayo – In my opinion dysplasia is purely precancerous and not paracancerous. Severe intestinal type dysplasia is very closely related to intestinal type adenocarcinoma. Pure intestinal metaplasia is a kind of signal change so that intestinal metaplasia is not precancerous but a paracancerous lesion.

Chapter 3

N-Nitroso Compounds, Gastric Carcinogenesis and Chemoprevention

P.I. REED

N-Nitroso Compounds

Since the demonstration by Magee and Barnes in 1956 [1] of the carcinogenicity of N-nitrosodimethylamine (NDMA) the carcinogenic potential of over 200 N-nitroso compounds (N-NC) has been established in all 40 animal species so far tested [2,3] with varying degrees of susceptibility in different organs including the liver, stomach, oesophagus, intestines, bladder, brain, lung and kidney. Depending on the experimental conditions a marked degree of organ specificity has been demonstrated for these compounds whose carcinogenic potential is greatest when they are administered in repeated small applications, thereby simulating human exposure. Although man cannot be studied in the same way as experimental animals and the pattern of human exposure to environmental N-NC is undoubtedly complex, there is no evidence that man would be uniquely resistant to their carcinogenic action and there is now convincing experimental epidemiological evidence associating N-NC with human cancer affecting the oral cavity [4], urinary bladder [5] and oesophagus [6] while their possible role in the pathogenesis of gastric cancer has also been strongly postulated [7,8].

N-NC are formed chemically when secondary, tertiary and even primary amines or amides, guanidines, ureas, etc. react with nitrite or nitrogen oxides under acidic, neutral or alkaline conditions, depending on appropriate precursors and the presence of catalysts including chloride, bromide, thiocyanate and micro-organisms. Other substances such as ascorbic acid, alpha-tocopherol and other naturally occurring or synthetic compounds generally inhibit nitrosation by acting as antioxidants and nitrite scavengers.

The rate of nitrosation of a secondary amine is usually maximal at pH 3.5 and the formation of N-nitroso derivatives of amides, guanidines, ureas and peptides rarely occurs above pH 4.0 but increases steadily with increasing acidity. There are important biological and kinetic differences between the N-nitrosamines and N-nitrosamides. At a given nitrite concentration the rate of formation of N-nitrosamides may be greater than that of N-nitrosamines which may be important especially when the concentration of precursors is low, as the formation of N-nitrosamines is directly related to the nitrite concentration while that of N-nitrosamides is proportional to the square of the nitrite level [9]. N-nitrosation will also occur at a pH greater than 5.0 as a result of bacterial action [10] which assumes great relevance in the hypochlorhydric stomach, a condition associated with an increased risk of gastric cancer.

N-nitroso compounds have been identified in various environmental situations such as water, alcoholic beverages, including beer, food products, drugs, cosmetics, tobacco products, human biological fluids, agricultural and industrial products. Exposure in man may be through ingestion, inhalation, dermal contact and *in vivo* formation, the latter mainly in the gastrointestinal tract which probably represents the main source of human exposure. The site most commonly regarded at risk from endogenous N-NC synthesis *in vivo* is the stomach.

In vivo nitrosation has been demonstrated in the stomach of animals and man after ingestion of dietary precursors. Trace amounts of N-nitroso-piperidine have been detected in the gastric juice of volunteers after ingestion of nitrite-containing homogenized foods [11]. More recently Ohshima and Bartsch [12] have shown that certain N-nitrosamino acids such as N-nitrosoproline (N-PRO) are excreted in the urine and faeces almost unchanged. The nitrosation of L-proline is greater when nitrate consumption is high. Published data suggest that the rate of *in vivo* nitrosation also is very variable being different for individual amines at any given pH and dependent on adequate nitrite as substrate. The excretion of N-PRO has been shown to be markedly reduced by blocking intragastric nitrosation using ascorbic acid (Vit C) or alpha-tocopherol. However, proline has recently been shown not to be useful as a chemical probe to measure nitrosation in the gastro-intestinal tract of patients with hypochlorhydria [13].

However, demonstrating the presence of these compounds is difficult as they are rapidly metabolized. It is not known how many such compounds are formed *in vivo* and as yet their biological significance remains to be established. The identification of N-nitrosamides, owing to their biological and chemical instability in the body, is even more difficult. Nevertheless a group of N-NC, including certain N-nitrosamides, and the N-nitroso conjugated bile acids, N-nitrosoglycocholate and N-nitrosotaurocholate have also been shown to be powerful mutagens for bacteria and human cell cultures as well as potent carcinogens following oral administration in rats [14]. The potential significance of these findings is related to the possibility that these compounds could be formed in the stomach following bile reflux, a frequent occurrence after gastric surgery for benign peptic ulcer disease.

Following the *in vitro* demonstration of bacterial catalysis of the N-nitrosation reaction at pH values not conducive to the formation of N-nitrosamines, the *in vivo* formation of N-NC has also been shown to occur whenever appropriate bacteria, nitrosatable amine, nitrate and nitrite coexist in the body, this reaction being more marked at a pH greater than or equal to 4.0. Therefore, the amount and rate of nitrosation at any given site will be determined by the local presence of NO_3-reducing micro-organisms and the amount of nitrite formed from nitrate.

Gastric Carcinogenesis

Various gastric hypochlorhydric conditions including pernicious anaemia, hypogammaglobulinaemia, gastric ulcer, gastric surgery for benign gastro-duodenal disease including Billroth I and II (Polya) gastrectomies and vagotomy with drainage, carry an increased gastric cancer risk. Correa *et al* [7] postulated an histopathological sequence of gastric mucosal changes in the intestinal type of gastric cancer which they further developed in the light of new knowledge [15] and proposed a crucial role in this sequence for the local production of N-NC, though this still requires final confirmation. There is general agreement that bacterial overgrowth, especially of NO_3-reducing bacteria, and increased nitrite concentration occur *in vivo* in the human hypochlorhydric stomach [16-18]. The main controversy centres on whether N-NC are formed in the stomach under these circumstances. Doubt has been cast on this because of conflicting results obtained by different methods of measuring total N-NC as a group in gastric juice [19,20]. However, data from studies by Pignatelli *et al* [21], employing a modification of these methods, have confirmed the findings of Reed *et al* [17] that the concentrations of gastric juice N-NC as a group are increased in the hypochlorhydric stomach. A correlation has also been demonstrated between the gastric bacterial flora and NO_2 levels and histological changes including intestinal metaplasia and dysplasia [22].

Other supportive data for the Correa multi-stage hypothesis of gastric carcinogenesis have already been presented and discussed in Chapter 1.

Chemoprevention

That the majority of people potentially at risk do not develop gastric cancer even after many years of hypoacidity suggests that other factors operate either in conjunction with or independently of the Correa model. However, the role of vitamins C, E, A and beta-carotene acting as antioxidants is probably of crucial importance, though other naturally occurring dietary constituents, such as nitrate, amines, and others as yet unidentified, probably act as inhibitors of carcinogenesis. Several of these substances have been shown to act in this way in animal models in *in vitro* systems and also in epidemiological studies. For such dietary manipulations to be effective an understanding of the mechanisms of cancer initiation, promotion and inhibition is a necessary pre-requisite for effective cancer prevention. Data from such studies suggest that chemopreventive agents, including dietary factors, affect the later stages of carcinogenesis. However, our knowledge of these mechanisms in gastric cancer is currently very incomplete.

Chemoprevention involves the manipulative use of micronutrients, naturally occurring metabolic products or various appropriate chemicals to reduce cancer incidence. To be effective an agent might interfere with any of the stages of the neoplastic process such as inhibition of carcinogen formation from precursor substances, blockage of effects of carcinogens on critical intracellular sites or suppression of malignant expression after carcinogen exposure. The timing of its administration following exposure to the carcinogen is also important. For instance, Santamaria *et al* [23] in a study in rats, given either beta-carotene or canthaxanthin orally at different times following the induction of gastric carcinogenesis by low doses of the direct acting N-nitrosamide, N-methyl-N'-nitro-N-nitrosoguanidine (MNNG), demonstrated that whereas supplemental carotenoids had no effect on initiation or promotion of the pre-neoplastic lesions, they did interfere with progression of the dysplasias to early and infiltrating carcinomas in more than 50% of the treated animals. Markers of precursor lesions also may be useful to define populations that may benefit from chemoprevention trials. Chemoprevention research has been supported by the American Cancer Society and by the US National Cancer Institute since the early 1980s. The latter is currently sponsoring studies of 25 agents, mostly chemicals and some vitamins, for use in chemoprevention of various cancers, including those of the skin, breast, cervix, prostate, colon, oesophagus and one looking at all sites [24].

A micronutrient with a real potential in intervention studies is the vitamin A precursor, beta-carotene, which has powerful anti-cancer activity independent of being a pro-vitamin. It acts as an anti-oxidant, has anti-mutagenic activity, and deactivates potentially carcinogenic free radicals and their precursors. *In vitro* it inhibits cell transformation and prevents precancerous chromosome damage. For instance it has been used effectively in Southern India in betel quid chewers who are at high risk of developing oral cancer, and in whom beta-carotene supplementation reduced chromosomal aberrations [25]. Beta-carotene alone or together with vitamin A prevented chromosomal damage and reduced the abnormal mucosal cell number by more than 75% and also led to a significant remission of oral leukoplakia. The most dramatic improvement was achieved in chewers treated with 200 000 units vitamin A alone weekly for six months in whom no new leukoplakia lesion had developed. Other examples of human chemoprevention studies already completed or in progress, include the administration of beta-carotene in previously treated basal cell or squamous cell carcinomas of the skin, increasing the dietary calcium intake in high risk groups for colon cancer, selenium supplementation in patients in China with primary liver cancer [26], *trans*-retinoic acid in cervical dysplasia [27], and 13-*cis*-retinoic acid administration in subjects with bronchial atypia [28] and together with alpha-tocopherol in myelodysplasia [29].

Diet and Gastric Cancer Studies

In gastric cancer there have so far been relatively few case-control and chemoprevention studies. The observational studies on diet and gastric cancer have demonstrated an increased risk with consumption of smoked, cured or salted meats and fish [30], lack of refrigeration [31], high nitrate consumption [32], and a protective effect of yellow-green vegetables [31], vitamin C or something in fruit [33], and a high beta-carotene intake [34,35]. We are currently involved in a large-scale, multi-national, multi-centre European Study, under the auspices of the European Group for Cancer Prevention (ECP) comparing the nutritional and micronutrient status of subjects aged 20–55 years with histologically confirmed intestinal metaplasia with matched controls who have histologically normal stomachs and non-endoscopic controls without gastrointestinal symptoms attending orthopaedic or dermatology clinics. In the four UK centres, the gastric luminal factors as well as the plasma levels of several micronutrients are being studied. As this study is still in progress few data are as yet available. However, a limited interim analysis of plasma ascorbic acid levels has shown these to be generally lower in a high risk gastric cancer area (Scotland) than in a low incidence area (Southern England). Moreover, these levels are related to the gastric histology, the lowest concentrations being seen in patients with intestinal metaplasia and the highest in patients with an histologically normal gastric mucosa. A similar trend is apparent in serum Vitamin E levels.

Intervention Studies

To date only three limited intervention trials to prevent gastric cancer have been carried out in man. Correa and colleagues (personal communication) initiated a pilot feasibility study in a high risk area of Colombia (Nariño) studying the possible effects of two months administration of vitamins C, E, and A independently on the gastric mucosa in subjects with severe chronic atrophic gastritis. Twenty matched subjects in each of three active treatment groups were compared with a fourth group given placebo tablets. Although no significant histological changes were observed in the course of such a short study, nevertheless it did demonstrate good compliance and offers encouragement for carrying out future large-scale intervention trials.

In another study Krytopoulos [36] supplemented the diet of a group of trialists with 400 mg daily each of vitamin C and alpha-tocopherol, and showed a significant reduction of mutagenic compounds excreted with the faeces suggesting the presence of endogenously formed mutagens.

In 1983 we reported the results of an intervention study employing vitamin C in 51 hypochlorhydric subjects at high gastric cancer risk due either to pernicious anaemia, chronic atrophic gastritis or following partial gastrectomy [37]. Fasting morning gastric juice samples were obtained before, during 4 weeks vitamin C treatment and again 4 weeks after this treatment was discontinued. The mean nitrite and total N-NC concentrations were reduced in the group as whole. The reduction was most marked following partial gastrectomy, even though the gastric pH remained virtually unchanged. Of 55/220 samples found to be mutagenic in the Ames test system 42 (74%) were obtained when supplemental vitamin C was not taken. A definite deficiency of vitamin C (plasma concentration <2.0 mg/l) was noted in 19/37 patients (51%) in whom vitamin C levels were measured.

This intervention trial was later extended to include patients with vagotomy for benign duodenal ulcer, the data were subsequently re-analysed and presented at the 1989 AGA meeting in Washington, D.C. [38]. At baseline there was a gradient in the median N-NC levels from the lowest in atrophic gastritis to the highest in pernicious anaemia, with the surgically treated patients in between, which correlates absolutely with the expected change based on progressive hypochlorhydria. There was an unexplained fall in the intragastric pH from 4.5 to 2.4 in the vagotomized patients during the vitamin C treatment period resulting in a concurrent total inhibition of growth of intragastric nitrate-reducing micro-organisms. All groups showed a fall in the nitrite concentration during treatment and all groups, except the pernicious anaemia patients, showed a fall in N-nitroso compound levels during treatment.

Although the data from these intervention studies are not conclusive sufficient information is now available about the probable mechanism of gastric carcinogenesis to suggest that the intestinal type of gastric cancer is well suited for larger scale intervention studies in high risk gastric cancer populations.

The gastric lesion most amenable to intervention is intestinal metaplasia and possibly mild dysplasia, a potentially reversible lesion. The number of subjects requiring treatment will have to be sufficiently large to satisfy appropriate statistical criteria. The optimum drug combination has still to be established, but based on available animal and human data the combination of vitamin C and beta-carotene is probably the best-shot therapy and it is planned to initiate such a study in the near future.

References

1. Magee, P.N. and Barnes J.M. (1956). The production of malignant primary hepatic tumours in the rat by feeding demithyl-nitrosamine. *Br. J. Cancer*, **10**, 114-122
2. Bogovski, P. and Bogovski, S. (1981). Animal species in which N-nitroso compounds induce cancer. Special report. *Int. J. Cancer*, **27**, 471-474
3. Schmaäl, D. and Scherf, H.R. (1984). Carcinogenic activity of N-nitroso-diethylamine in snakes *(Python reticulatus Schneider)*. In O'Neill, I.K., Von Borstel, R., Miller, C.T., Long, J. and Bartsch, H. (eds.), *N-nitroso Compounds: Occurrence, Biological effects and Relevance to Human Cancer*, IARC Scient. Publ. **57** (IARC, Lyon) 677-682
4. Winn, D.M. (1984) In O'Neill, I.K., Von Borstel, R., Miller, C.T., Long, J. and Bartsch, H. (eds.), *N-nitroso Compounds: Occurrence, Biological effects and Relvance to Human Cancer,* IARC Scient. Publ. **57** (IARC, Lyon) 837-849
5. Hicks, R.M. (1982). Nitrosamines as possible etiological agents in bilharzial bladder cancer. In Magee, R.N. (ed.), *Nitrosamines and Human Cancer; Banbury Report 12,* Cold Spring Harbor Laboratory, New York, 455-471
6. Young, C.S. (1982). Nitrosamines and other aetiological factors in the oesophageal cancer in Northern China. In Magee, R.N. (ed.) Banbury report no 2, Nitrosamines and Human Cancer. (Cold Spring Harbor Laboratory, New York) 487-499
7. Correa, P., Haenszel, W., Cuello, C., Tannenbaum, S. and Archer, M. (1975). A model for gastric cancer epidemiology. *Lancet*, **ii**, 58-60
8. Correa, P. (1988). A human model of gastric carcinogenesis. *Cancer Res.*, **48**, 3554-3560
9. Mirvish, S.S. (1975). Formation of N-nitroso compounds: Chemistry, kinetics and *in vivo* occurrence. *Toxicol. Appl. Pharmacol.*, **31**, 325-351
10. O'Donnell, C.M., Edwards, C. and Ware, J. (1988). Nitrosamine formation by clinical isolates of enteric bacteria. *F.E.M.S. Microbiol. Letters*, **51**, 193-198

11. Walters, C.L., Carr, F.P.A., Dyke, C.S., Saxby, M.J., Smith, P.L.R. and Walker, R. (1979). Nitrite sources and nitrosamine formation *in vitro* and *in vivo*. *Food Cosmet. Toxicol.*, **17**, 473-479
12. Ohshima, H. and Bartsch, H. (1981). Quantitative estimation of endogenous nitrosation in humans by monitoring N-nitrosoproline excreted in the urine. *Cancer Res.*, **41**, 3658-3662
13. Adam, B., Schlag, P., Friede, P., Preussmann, R. and Eisenbrand, G. (1989). Proline is not useful as a chemical probe to measure nitrosation in the gastrointestinal tract of patients with gastric disorders characterised by anacidic conditions. *Gut*, **30**, 1068-1075
14. Song, P., Shucker, D.E.G., Bishop, W.W., Falchuk, K.R., Tannenbaum, S.R. and Thilly, W.G. (1982). Mutagenicity of N-nitrosobile acid conjugates in *S. typhimurium* and diploid human lymphoblasts. *Cancer Res.*, **42**, 2601-2604
15. Charnley, G., Tannenbaum, S.R. and Correa, P. (1982). Gastric cancer: An etiological model. In Magee, P.N. (ed.), *Nitrosamines and Human Cancer; Banbury Report 12*, Cold Spring Harbor Laboratory, New York, 503-522
16. Ruddell, W.S.J., Bone, E.S., Hill, M.J., Blendis, L.M. and Walters, C.L. (1976). Gastric juice nitrite: a risk factor for cancer in the hypochlorhydric stomach? *Lancet*, **ii**, 1037-1039
17. Reed, P.I., Haines, K., Smith, P.L.R., Walters, C.L. and House, F.R. (1981). The gastric juice N-nitrosamines in health and gastro-duodenal disease. *Lancet*, **ii**, 550-552
18. Muscroft, T.J., Deane, S.A., Youngs, D., Burdon, D.W. and Keighley, M.R.B. (1981). The microflora of the postoperative stomach. *Br. J. Surg.*, **68**, 560-564
19. Walters, C.L., Downes, M.J., Edwards, M.W. and Smith, P.L.R. (1978). Determination of a non-volatile N-nitrosamine on a food matrix. *Analyst*, **103**, 1127-1133
20. Bavin, P.M.G., Darkin, D.W. and Viney, N.J. (1981). Total nitroso compounds in gastric juice. In Bartsch, H., O'Neill, I.K., Castegnaro, M. and Okada, M. (eds.), *N-nitroso Compounds: Occurrence and Biological Effects.* IARC Scient. Publ. **41** (IARC, Lyon), 337-343
21. Pignatelli, B., Richard, I., Bourgade, M.C. and Bartsch, H. (1987). Improved group determination of total N-nitroso compounds in human gastric juice by chemical denitrosation and thermal energy analysis. *Analyst*, **112**, 945-949
22. Watt, P.C.H., Straw, J.M., Donaldson, J.D., Patterson, C.C. and Kennedy, T.L. (1984). Relationship between histology and gastric juice pH and nitrite in the stomach after operation for duodenal ulcer. *Gut*, **25**, 246-252
23. Santamaria, L., Bianchi, A., Ravetto, C., Arnaboldi, A., Santagati, G. and Andreoni, L. (1987). Prevention of gastric cancer induced by N-methyl-N'-nitro-N-nitrosoguanidine in rats fed supplemented carotenoids. *J. Nutr. Growth Cancer*, **4**, 175-181
24. Nixon, D.W. (1988). Chemoprevention and modern cancer prevention and control. Third International Conference on the Prevention of Human Cancer: Chemoprevention. (Tucson, Arizona, Abstract S1-1)
25. Stitch, H.F. and Rosin, M.P. (1984). Reduction with vitamin A and beta-carotene administration of proportion of micronucleated buccal mucosal cells in Asian betel nut and tobacco chewers. *Lancet*, **ii**, 1204-1206
26. Clark, L.C., Li, W.G., Yu, S.Y., Zhu, Y.J. and Huang, Q.S. (1988). Prevention of primary liver cancer with a nutritional supplement of selenium (Se): A pilot study. Third International Conference on the Prevention of Human Cancer: Chemoprevention. (Tucson, Arizona, Abstract S4-7)
27. Alberts, D.S., Peng, Y.M., Plezia, P., Sayers, S., Xu, M.J. and Davis, T.P. (1988). Serum and tissue phamacology of vitamin A and beta-carotene. Third International Conference on the Prevention of Human Cancer: Chemoprevention. (Tucson, Arizona, Abstr. S2-3)

28. Arnold, A., Johnston, B., Stoskopf, B., Skingley, P. and Browman, G. (1988). Recruitment for an efficacy study in chemoprevention. Third International Conference on the Prevention of Human Cancer: Chemoprevention. (Tucson, Arizona, Abstract S4-6)
29. Besa, E.C., Abrahm, J.L. and Nowell, P.C. (1988). Combinations of 13-*cis*-retinoic acid (RA) and alpha-tocopherol (AT) for the chronic phase and addition of alpha-interferon (IFN) for the transformation phase of myelodysplasia. Third International Conference on the Prevention of Human Cancer: Chemoprevention. (Tucson, Arizona, Abstract S4-13)
30. Weisburger, J.H. and Horn, C.L. (1982). On the factors associated with esophageal and gastric cancer in man. In Magee, P.N. (ed.), *Nitrosamines and Human Cancer; Banbury Report 12*, Cold Spring Harbor Laboratory, New York, 523-528
31. Hirayama, T. (1988). Actions suggested by gastric cancer epidemiological studies in Japan. In Reed, P.I. and Hill, M.J. (eds.), *Gastric Carcinogenesis*, Excerpta Medica, Amsterdam, 209-227
32. Preussmann, R. and Tricker, A.R. (1988). Endogenous nitrosamine formation and nitrate burden in relation to gastric cancer epidemiology. In Reed, P.I. and Hill, M.J. (eds.), *Gastric Carcinogenesis*, Excerpta Medica, Amsterdam, 147-162
33. Block, G. (1989). Vitamin C and cancer: The epidemiological evidence. Proc. International Conference on antioxidant vitamins and beta-carotene in disease prevention. London, October
34. Ziegler, R.G. (1989). Carotenoid intake and risk of cancer. Proc. International Conference on antioxidant vitamins and beta-carotene in disease prevention. London, October 1989
35. Stähelin, H.B. (1989). Beta-carotene and cancer prevention: The Basle study. Proc. International Conference on antioxidant vitamins and beta-carotene in disease prevention. London, October 1989
36. Kyrtopoulos, S. (1984). Nitrosamines in the environment. Health dangers and intervention possibilities. In *Environmental Carcinogens. The Problem in Greece.* Proc Panhellenic Congress of Greek Society of Preventive Medicine, Athens, March 1984
37. Reed, P.I., Summers, K., Smith, P.L.R., Walters, C.L., Bartholomew, B., Hill, M.J., Vennitt, S., Hornig, D. and Bonjour, J.-P. (1983). Effect of ascorbic acid treatment on gastric juice nitrite and N-nitroso compound concentration in achlorhydric subjects. *Gut*, **24**, A492-A493
38. Reed, P.I., Johnston, B.J., Walters, C.L. and Hill, M.J. (1989). Effect of ascorbic acid on the intragastric environment in patients at increased risk of developing gastric cancer. *Gastroenterology*, **96**, A411

Invited Questions

Basso (Italy) – Is there a specific substance that can be responsible for the sequence intestinal metaplasia to cancer? From hearing all the speakers it seems that all the carcinogenic factors act locally on the gastric mucosa, but both from experimental and clinical data it looks clear that not all the animals exposed to the carcinogenic agent or the human high-risk subjects develop gastric cancer and so there have to be other factors modulating gastric carcinogenesis. Do you have any other hypothesis?

Reed – Gastric carcinogenesis is a complex process as I indicated in my paper, and therefore it is not unexpected that 100% carcinogenesis does not occur in exposed individuals. I do support the fact that there are factors which probably act locally. N-nitrosation is most likely to occur at the interface between normal and metaplastic areas of the stomach and this may be more important in gastric carcinogenesis than the fact that nitrosation does occur in gastric juice. It has been suggested that this interface could be the most favourable site for chemical nitrosation, where the highest concentration of nitrite is likely, due to bacterial reduction of nitrate in intestinal metaplastic areas, and the lowest pH due to gastric acid secretion by normal mucosal cells. The other important point is that most inhibiting factors, such as vitamin C and carotenoids, do not affect the initiation and promotion of cancer, but prevent the progression of precancerous lesions such as dysplasia, to infiltrating gastric carcinoma as shown experimentally by Santamaria in animal studies [23]. The diet of the individual as well as the age of onset of atrophic gastritis are probably the most critical factors responsible for initiating the changes leading to cancer formation.

Crespi (Italy) – Are there any data on the variation of endogenous nitrosation between normal and gastric mucosa with intestinal metaplasia?

Reed – Not as far as I am aware, there is still a lot that we do not know about N-nitroso compounds, their rate of formation in man and especially the role of specific N-nitroso compounds in gastric carcinogenesis.

There is strong evidence from animal and bacterial experiments that N-nitroso compounds alkylate DNA at the O^6 position of guanine. Formation of the O^6-alkyl-guanine is almost certainly responsible for the major part of the mutagenic activity of the N-nitroso compounds and probably also of their carcinogenic potential. The main difficulty in demonstrating this in man is their instability and probable extremely rapid incorporation into the gastric mucosal cells in the *in vivo* situation.

Several years ago Dr Peter Swann at the Courtauld Institute of Biochemistry, London tried to detect the presence of alkylated nucleosides in stomachs freshly resected for benign peptic ulcer disease from cimetidine treated patients using a radionuclear technique, but failed to detect any O^6-methyl-2'-deoxyguanine. This did not mean that there was no effect, but probably that the concentration of any N-nitrosocimetidine formed was too low to produce alkylation.

Chapter 4

Analytical Problems in the Determination of N-Nitroso Compounds in Gastric Juice

C.L. WALTERS

Introduction

Gastric juices invariably contain nitrate and, those with pH values in excess of about 4 viable bacteria capable of reducing it to nitrite. Nitrite also enters the gastric juice from the saliva in which its source is dietary nitrate. On entering the stomach, nitrite either interacts with gastric amines, phenols, thiols, etc., or is absorbed or disproportionated to nitrate and nitric oxide, leaving a low resting concentration under acidic conditions. Thus, gastric components, such as phenols or thiols, can lead to other types of oxygenated nitrogen compounds than N-nitrosamines, N-nitrosamides, etc., such as C-nitroso or C-nitrophenols and S-nitrosothiols.

Whilst gastric juices contain compounds yielding simple volatile dialkyl or heterocyclic N-nitrosamines, the great majority of precursors in this source give rise on nitrosation to more complex non-volatile N-nitroso compounds such as N-nitrosamides, -guanidines, -urethanes, -peptides, etc. Thus, it is not practicable to employ a method of determination suitable only for the volatile N-nitrosamines, such as the combination of gas chromatography with the Thermal Energy Analyzer [1], a highly selective detector for simple compounds of this type. However, a procedure [2] has been devised for the determination of N-nitroso compounds as a group which involves their denitrosation with hydrogen bromide followed by the measurement of nitric oxide liberated by its chemiluminescent response following treatment with ozone. All N-nitroso compounds so far studied respond to this procedure. Most of the compounds of other types potentially derived from nitrite can be differentiated from N-nitroso compounds using this method of determination. In order to prevent the formation of N-nitroso compounds as artifacts during storage and/or processing, gastric juices have been treated directly after aspiration with sulphamic acid to react rapidly and irreversibly with nitrite. Using this procedure, a significant relationship has been established between the concentration of extractable N-nitroso compounds and the pH of the gastric juice [3]. From a geometric mean concentration of 0.10 μM at pH 1.0-1.5 the level of N-nitroso compounds increased to that of 1.20 μM at pH 6.5-9.0 ($p < 10^{-6}$).

When this method of determination of N-nitroso compounds as a group [2] was simplified in order to shorten the procedure [4], much higher concentrations were generally observed which bore no relationship to the pH value of the gastric juice. It has been found [5], however, that this procedure does not differentiate N-nitroso compounds from others also derived from nitrite, such as the N-nitroso derivatives of thiols, which occur in biological materials.

A further more recent modification [6] of the original method has made allowance for the nitric oxide liberated from compounds other than N-nitroso derivatives by a separate determination of the evolution of gas following treatment of the gastric juices with 0.1% hydrochloric acid in glacial acetic acid. In a study using this modification on gastric juices from patients before and after operation for duodenal ulcer or with chronic atrophic gastritis, the mean levels of N-nitroso compounds were generally in reasonable agreement with those obtained by the original procedure [2] and those in juices of pH values over the range 3.6-7.0 were higher than the concentrations in more acidic samples.

Experimental Methods

A. Original Procedure

Freshly aspirated gastric juice was added to solid sulphamic acid to approximately 2% and extracted three times with A.R. ethyl acetate. An aliquot of the combined extracts free of water droplets was injected into the refluxing ethyl acetate under an atmosphere of nitrogen in the apparatus described by Walters, Hart and Smith [2].

Any evolved gases were conveyed in nitrogen into a chemiluminescence analyser designed to determine nitric oxide specifically after its reaction with ozone. After the evolution of any nitric oxide, 2.0 ml glacial acetic acid was injected into the refluxing system and this resulted in a further evolution of nitric oxide where nitrite derived compounds were present. Finally, N-nitroso compounds in the extract of the gastric juice were denitrosated to yield nitric oxide by the injection of 2.0 ml 15% hydrogen bromide in glacial acetic acid.

Levels of N-nitroso compounds were calculated from the integral of the nitric oxide evolved, assuming one N-nitroso group per molecule.

B. Modification I

After the addition of 50 mg hydrazine sulphate in 1.5 ml water to 5.0 ml gastric juice, the pH was adjusted to 4.0 with 1.0 M potassium hydroxide. 50 mg potassium hydrogen phthalate was added to buffer the gastric juice which was stirred for 1 minute.

Aliquots of the treated gastric juice were injected into a refluxing mixture of 30 ml ethyl acetate containing 3.0 ml 22.5% hydrogen bromide in glacial acetic acid. Nitric oxide evolved was conveyed to and measured in a chemiluminescence analyser as in the original procedure.

C. Modification II

Gastric juice samples were treated with sulphamic acid to a concentration of 2.0% w/v. They were then analysed by two parallel procedures.

mode A – They were injected directly into refluxing ethyl acetate containing acetic acid with the addition of 0.1% concentrated hydrochloric acid by volume.

mode B – They were injected directly into refluxing ethyl acetate containing hydrogen bromide (15% w/v in glacial acetic acid).

As previously nitric acid evolved in both modes was determined using a chemiluminescence analyser. That obtained under mode A originated from compounds other than N-nitrosamines and similar N-nitroso derivatives whilst that evolved under mode B was derived from the same sources together with nitric oxide from N-nitroso compounds. Thus the difference between the two evolutions represents the amounts of nitric oxide derived from N-nitroso compounds and excludes that originating from other sources.

Results

The basic method of Walters, Hart and Smith [2] was designed to provide a simple, sensitive and selective procedure capable of determining all types of N-nitroso compounds whilst differentiating them from nitrite itself and as many as possible of the other types of compounds derived from it. Thus, nitric oxide is evolved initially from any compounds present which are labile in refluxing ethyl acetate such as S-nitrosoglutathione as a representative of S-nitrosothiols. The addition of glacial acetic acid after any initial evolution of nitric oxide had ceased is made to decompose any inorganic or organic nitrites present. This is precautionary since the nitrite scavenger sulphamic acid is added in excess to all gastric juice on aspiration. Finally, the addition of hydrogen bromide in acetic acid results in the formation of nitric oxide from N-nitroso compounds and also from nitrolic acids and S-nitrosothiols from which N-nitroso compounds cannot be differentiated by this procedure. Other types of compounds which are likely to be formed from nitrite in a biological matrix, such as C-nitroso and C-nitro derivatives, remain stable throughout the procedure provided an atmosphere of nitrogen is maintained.

A series of fasting gastric juices from normal subjects (n = 50) and from a range of pathological conditions or resulting from surgery (n = 217) have been examined for extractable N-nitroso compounds as a group by the original method [2]. From a geometric mean of 0.10 μM at pH 1.0-1.5 a significant ($p < 10^{-6}$) increase in N-nitroso compounds to 1.20 μM at pH 6.5 to 9.0 was observed [3]. Significant correlations with pH were seen in several conditions, including duodenal ulcer ($p = 0.91 \times 10^{-6}$), post-vagotomy ($p = 0.40 \times 10^{-4}$), gastric ulcer ($p = 0.76 \times 10^{-5}$), gastric cancer ($p = 0.0061$) and pernicious anaemia ($p = 0.0052$).

The modified procedure of Bavin, Darkin and Viney [4] does not require extraction of the gastric juices which are used directly. Nitrite is removed by treatment with hydrazine, ostensibly at pH 4.0, before the injection of the treated juices into refluxing ethyl acetate containing hydrogen bromide and acetic acid. The nitric oxide evolved, which is determined using a chemiluminescence analyser, was considered to emanate principally from N-nitroso compounds present. The specificity claimed for this modification was similar to that of the original procedure [2] except that a theoretical yield of nitric oxide was reported from the pseudonitrite, 2-nitroso-2-nitropropane by Barnard, Bavin, Brimblecombe, Darkin, Durant and Keighley [7].

The modified method of Bavin *et al* [4] has been applied to a number of studies involving normal volunteers under treatment with the H_2 blocking drug cimetidine, or patients having undergone successful proximal gastric vagotomy with healing of their duodenal ulcers at least 2 years earlier. Since the subjects were fed throughout the studies, albeit on a standardized diet, it is hardly surprising that the levels of gastric N-nitroso compounds were generally higher than those reported using the original procedure [2] and that they fluctuated markedly in relation to meals. No correlations were found between the concentration of N-nitroso compounds determined as a group by this modification and pH, nitrite concentration, bacterial counts or treatment with cimetidine. These authors [7] concluded that neither cimetidine therapy nor proximal gastric vagotomy increases the exposure of the stomach to N-nitroso compounds.

N-nitroso compound concentrations in 68 samples of gastric juice obtained from patients before and after operation for duodenal ulcer or with chronic atrophic gastritis have been studied by Pignatelli, Richard, Bourgade and Bartsch [6] using their modification of the original procedure. The mean concentrations of N-nitroso compounds were approximately 0.7, 0.5 and 0.5 μM over pH ranges of 1.0-1.5, 1.6-2.3, and 2.5-3.3 respectively, when other types of compounds capable of yielding nitric oxide were eliminated. These values compare with 1.4, 1.4 and 0.5 μM over pH ranges of 3.6-5.0, 5.7-7.0 and 7.5-9.0, again respectively. The highest range of concentrations occurred within the range of pH 5.5-7.0 in which the growth of viable nitrate reducing and other relevant organisms could have occurred. Therefore, it is probable that the range of concentrations of N-nitroso compounds encountered could have resulted from variations in bacterial activity assuming that the nitrate was always available in excess. Thus, overall the mean levels of N-nitroso compounds were greater at high pH values in these studies, in agreement with the results obtained using the original procedure of Walters *et al* [2].

Discussion

Stabilization of Gastric Juices

Of the three known inhibitors of N-nitrosation, sulphamic acid, hydrazine sulphate and ascorbic acid, the first named is the most effective agent for the removal of nitrite at pH values of 2 or less, according to Pignatelli *et al* [6]. At pH 4, moreover, they found that sulphamic acid reacted with nitrite more rapidly than hydrazine sulphate which was employed by Bavin *et al* [4] to prevent the formation of N-nitroso compounds as artifacts. Furthermore, Pignatelli *et al* [6] also showed that 2-3 minutes were necessary after the addition of hydrazine sulphate to a gastric juice to establish a pH of 4 with potassium hydroxide and that the destruction of nitrite present occurred whilst the pH was of the order of 1.5.

Of the two agents used for the stabilization of gastric juices, therefore, the choice of sulphamic acid by Walters *et al* [2] and Pignatelli *et al* [6] appears to have been the most reasonable in ensuring freedom from N-nitroso compounds formed as artifacts.

Variations in the Methods for the Determination of N-nitroso Compounds as a Group

Nitrate is distributed ubiquitously in biological materials and bacteria capable of reducing it to nitrite are widespread. Since nitrite can react with amines, phenols, thiols and other compounds to form a variety of products, the emphasis in developing the basic method [2] was placed upon its specificity in determining N-nitroso compounds. Towards that end, N-nitrosamines etc., were separated from gastric juices by extraction and prior to their determination other compounds capable of yielding nitric oxide were decomposed.

In modifying this procedure, Bavin *et al* [4] removed excess nitrite from gastric juices although the destructive action of the hydrazine sulphate occurred at low pH values rather that at that claimed of pH 4, according to Pignatelli *et al* [6]. Furthermore, large evolutions of nitric oxide were observed [5] when the hydrazine treated S-nitrosothiol, S-nitroso-N-acetyl-2,2-dimethylcysteine, was injected into refluxing ethyl acetate to which had been added hydrogen bromide in glacial acetic acid, in like manner to the modified method of Bavin *et al* [4]. Thus, it would not be possible to differentiate such a S-nitroso derivative from N-nitrosamines, N-nitrosamides, etc., using this abbreviated procedure, and this inability could contribute to or account for the higher levels of N-nitroso compounds observed by their less selective but more rapid determination.

Account of such interfering compounds is taken in the modification by Pignatelli *et al* [6] by virtue of their sensitivity to decomposition by a low concentration of hydrochloric acid to yield nitric oxide. In this way, their contributions to nitric oxide evolution during the denitrosation of N-nitroso compounds present can be evaluated and the concentrations of the latter calculated by difference. In fact, in no less than 32 samples of gastric juice out of 68 studied by Pignatelli *et al* [6] did they detect compounds which would have been confused for N-nitroso compounds using the procedure of Bavin *et al* [4].

Overall, therefore, the modification developed by Pignatelli *et al* [6] represents by far the better procedure applicable directly to a gastric juice without the necessity for extraction in that it makes allowance for most of the other types of compounds capable of yielding nitric oxide. The results obtained using this procedure suggest that the concentration of N-nitroso compounds in the gastric juice can be increased in achlorhydria, a condition which is considered to accompany or precede the induction of stomach cancer.

References

1. Fine, D.H., Rufeh, F., Lieb, D. and Rounbehler, D.P. (1975). Description of the thermal energy analyser (TEA) for trace determination of volatile and non-volatile N-nitroso compounds. *Anal. Chem.*, **47**, 1188-91
2. Walters, C.L., Hart, R.J. and Smith, P.L.R. (1983). Analysis of total N-nitroso compounds as a group by denitrosation to nitric oxide with detection using a chemiluminescence analyser. In Preussmann, R., O'Neill, I.K., Eisenbrand, G., Spiegelhalder, B. and Bartsch, H. (eds), *Environmental Carcinogens – Selected Methods of Analysis for N-nitroso Compounds*, IARC Scientific Publications No 45, 295-308
3. Reed, P.I., Smith, P.L.R., Haines, K., House, F.R. and Walters, C.L. (1981). Gastric juice N-nitrosamines in health and gastroduodenal disease. *Lancet,* **ii**, 550-2
4. Bavin, P.M.G., Darkin, D.W. and Viney, N.J. (1982). Total nitroso compounds in gastric juice. In Bartsch, H., O'Neill, I.K., Castegnaro, M. and Okada, M. (eds), *N-Nitroso Compounds Occurrence and Biological Effects*, IARC Scientific Publications No 41, 337-44
5. Smith, P.L.R., Walters, C.L. and Reed, P.I. (1983). Importance of selectivity in the determination of N-nitroso compounds as a group. *Analyst*, **108**, 896-8
6. Pignatelli, B., Richard, I., Bourgade, M.C. and Bartsch, H. (1987). In Bartsch, H., O'Neill, I. and Schulte-Hermann, R. (eds), *The Relevance of N-Nitroso Compounds to Human Cancer,*, IARC Scientific Publications No 84, 209-215
7. Barnard, J., Bavin, P.M.G,, Brimblecombe, R.W., Darkin, D.W., Durant, G.J. and Keighley, M.R.B. (1982). Gastric juice, nitrite and nitroso compounds. In Magee, P.N. (ed). *Nitrosamines and Human Cancer; Banbury Report 12,* Cold Spring Harbor Laboratory, 369-377

Invited Questions

Crespi (Italy) – The nitroso compounds that are found in the stomach have not been absorbed and so could not be significant in gastric carcinogenesis as we do not know what sort of compounds they are. If they are nitrosamines which we know cannot act without hepatic activation, then those found in the stomach do not play a determinant role in gastric carcinogenesis. If they are nitrosamides they could act locally so I think that we have to follow the way opened by Bartsch and Ohshima with urine testing.

Walters – I think that the great majority of questions have been answered, but it is probable that the method of determination would in fact have included N-nitrosamides and related guanidines and related compounds unlike other methods. The residual that was employed would not include all the types of N-nitroso compounds with which we have been concerned, in effect there are one or two instances where N-nitrosamines, which are considered to need to be activated, are active as gastric carcinogens.

Chapter 5

Early Detection of Patients at High Risk of Developing Gastric Cancer

P.L.R. SMITH, P.N. GILLATT and C.L. WALTERS

Introduction

The majority of N-nitroso compounds (NNO) are mutagenic and/or carcinogenic [1]. There have been a number of direct and indirect demonstrations of the formation of nitrosamines *in vivo* in experimental animals and these have been reviewed by Archer [2]. Some N-nitroso compounds, such as N-nitrosoproline, are not readily metabolized and consequently appear unchanged in the urine [3]. Thus the *in vivo* formation of NNO in man has been demonstrated by the appearance of N-nitrosoproline in the urine after ingestion of nitrate and proline [4]. The total amount of NNO in the urine has therefore been regarded as a measure of the total *in vivo* formation of N-nitroso compound.

In vivo N-nitrosation requires a source of nitrosatable nitrogen and a nitrosating agent. Nitrosatable amino and amido compounds are widespread in the human diet. In addition, large amounts of nitrosatable compounds are produced daily as a result of normal human metabolism. The nitrosatable compounds excreted in the urine include secondary amines, ureas and alkylureas, and miscellaneous compounds such as spermine, spermidine, indican and porphyrins [5].

The most important nitrosating agents in man are probably those generated from nitrite in the gastric acid. Nitrite, however, is only found at low concentration in the diet, the principal sources being cured meats and cereals, with an estimated per capita daily exposure of only 0.77-1.7 mg [1]. Nevertheless, the diet can contain large amounts of nitrate, particularly in areas where the drinking water is rich in nitrate, where the daily exposure can be over 200 mg per capita [1]. The dietary nitrate can be reduced to nitrite in the saliva and, on swallowing, can provide an additional source of gastric nitrosating agent. Any unreduced nitrate entering the stomach is recirculated via the blood stream to the salivary glands, where it is concentrated and resecreted. This process results in increases in salivary nitrite concentrations following the ingestion of nitrate, with peak values occurring between 1 and 2 hours after the nitrate intake, although the concentrations of nitrite found vary widely between individuals [6], with an estimated conversion of nitrate to nitrite of 6.3 mol%/24 h [7].

It has been proposed that people with a high risk of developing gastric cancer produce higher concentrations of NNO in the stomach than normal people. Studies of the *in vivo* nitrosation of proline contradict this hypothesis. Unless the diet is supplemented with large amounts of proline, however, N-nitrosoproline is only found at very low concentrations. The NNO normally formed may have very different reaction kinetics. Although the kinetics of N-nitrosation in the stomach are complicated by many competing reactions, it has been proposed [6] that, as the rate of reaction is generally proportional to the square of the nitrite concentration, a single large dose of nitrite or nitrate may be more important in terms of the production of NNO than the same dose taken in several parts. The aim of this study was to study the effect of dietary nitrate concentration on the *in vivo* formation of NNO from components of the normal diet. The experiments revealed a simple test for identifying normal people with a high capacity for *in vivo* N-nitrosation and who may therefore be at high risk of developing gastric cancer.

Experimental Procedure

Collection of Urine

Six volunteers [(2 female, Nos. 3 and 4) and (4 male, Nos. 1, 2, 5 and 6)] donated a 24-hour urine sample on 3 days each week for 7 weeks. The collections were made on the Tuesdays and Wednesdays and either on Friday, Saturday or Sunday. A 24-hour urine sample was defined as the total urine excreted from and including the second urination of the day to and including the first urination of the following day.

Urine samples were stabilized as recommended in "Environmental Carcinogens: Selected Methods of Analysis. Vol. 6. N-Nitroso Compounds", IARC Publication No. 45, by collection over sodium hydroxide.

Diets

Low-nitrate diet

The volunteers prepared and consumed low-nitrate diets on Mondays, Tuesdays and Wednesdays and in addition on the Thursday of week 7, using only the ingredients provided for them. On these days the only drinks permitted were the tonic water provided and those prepared with distilled water. Alcohol and smoking were strictly prohibited. The low-nitrate diets were designed to be similar to normal English meals but used only vegetables classified by the National Academy of Sciences [1] to contain less than 200 mg (3.23 mmol) NO_3/kg.

Normal diet

On all days when the volunteers were not required to eat low-nitrate diets they consumed their normal diet with no restriction of nitrate or alcohol intake.

Nitrate drink

On the Wednesdays of weeks 2, 4 and 6 at 10am, the volunteers drank 150 ml of distilled water containing 300 mg (4.84 mmol) NO_3^-. On the Wednesdays of weeks 1, 3 and 5 at 10am, 11am, 12pm, 1pm, 2pm and 3pm, the volunteers drank 25 ml of distilled water containing 50 mg NO_3^-.

Bacon meal (High nitrite intake)

On the Tuesday, Wednesday and Thursday of week 7 at 10am the volunteers ate a bacon sandwich containing approximately 1.5 mg (0.03 mmol) NO_2^-.

Urine Analysis

Total N-nitroso compounds

Urine samples were acidified with sulphuric acid containing sulphamic acid to prevent artifact formation, extracted into ethyl acetate and analysed for total NNO compounds using a chemiluminescence analyser [8] .

N-Nitrosamino acids (NNA)

Urine samples were acidified with sulphuric acid containing sulphamic acid. Internal standard (N-nitrosopipecolic acid) was added and the sample was extracted into ethyl acetate. The extract was dried, reduced by rotary evaporation and methylated using diazomethane. The methylated derivatives of NNA were analysed by GC-TEA, and quantified with reference to the internal standard.

Nitrate and nitrite

Urinary nitrate and nitrite concentrations were measured by the chemiluminescence detection of the nitric oxide released following their selective reduction [9].

Creatinine

Urine samples were neutralized with hydrochloric acid and then analysed using the test kit supplied by Sigma (Cat. No. 555-A).

Saliva analysis

Each volunteer donated three samples of saliva for an assessment of their nitrate-reducing capacity. The method used was that of Hart and Walters [10], the saliva being incubated with an excess of sodium nitrate for 30 and 60 minutes to determine the *in vitro* rate of salivary nitrate reduction.

Results

Urinary Creatinine Excretion

All results were within the normal range (Table 1) with an overall mean excretion by males of 1.236 ± 0.046 g/24 h being significantly higher than that by females of 0.952 ± 0.047 g/24 h ($p < 0.001$). There was no evidence for poor compliance in the collection of urine.

Table 1 Rate of production of nitrite from an excess of nitrate at 37°C in saliva samples *in vitro*

	Volunteer					
	1	*2*	*3*	*4*	*5*	*6*
$[NO_2^-]$	0.001	0.055	0.007	0.011	0.009	0.010
mmol/litre/min	0.005	0.070	0.006	0.038	0.008	0.013
	0.000	0.025	0.003	0.007	0.012	0.010
Mean	0.002^{a}	0.050^{b}	$0.005^{a,b}$	0.019^{b}	0.010^{b}	0.011^{b}

^{a,b} Means with any like superscripts are not significantly different at the 5% level.

Salivary Nitrate-reducing Capacity

The volunteers differed markedly in their ability to produce nitrite from nitrate in their saliva, ranging from a mean value of 0.002 mmol/litre/min to 0.05 mmol/litre/min (Table 1). Volunteer 1 was significantly slower at reducing nitrate to nitrite than all other volunteers except volunteer 3.

Estimated Nitrate Content of Diets

The estimated average nitrate intakes during the low-nitrate diet were calculated from diet sheet declarations and literature values [1], and are listed in Table 2. Volunteer 5 declared a very much lower food intake than the other volunteers, resulting in a far lower estimated dietary nitrate consumption. However, examination of the volunteers' urinary nitrate excretion during the low-nitrate diet does not suggest such a profound difference in dietary nitrate intake. In addition the volunteers were all given the same amount of food for preparation and cross examination of volunteer 5 did not suggest any significant wastage of the food supplied. Volunteer 5's dietary records are thus considered suspect and data calculated from them are not included in the overall means.

Table 2 Estimated mean dietary nitrate intakes during the controlled diets

	Total nitrate consumption (mmol NO_3^-/day)			
Volunteer	*Breakfast*	*Lunch*	*Dinner*	*Total*
1	<0.02	0.04	0.87	0.91
2	<0.02	0.10	1.14	1.24
3	<0.02	0.10	0.77	0.87
4	<0.02	0.09	0.85	0.94
5	<0.02	0.07	0.22	1.08
6	<0.02	0.08	1.00	1.08
Mean*	<0.02	0.08	0.93	1.01

* Overall means do not include date from volunteer 5.

The estimated overall mean daily consumption of nitrate during the low-nitrate diet was 1.01 mmol NO_3^- with a mean nitrate excretion of 0.759 mmol NO_3^-. Thus the recovery of ingested nitrate in the urine was 75%. Using this recovery estimates of the *in vivo* nitrate exposure during the diets can be calculated from the respective nitrate excretion (Table 3).

Table 3 Estimates of the *in vivo* nitrate exposure during the different dietary regimes calculated from total urinary nitrate excretion

	Nitrate consumption (mmol NO_3^-/24 h)						
	Volunteer						
Diet	*1*	*2*	*3*	*4*	*5*	*6*	*Mean*
Low-nitrate	1.02	1.03	0.88	0.88	0.80	1.46	1.01
Normal	1.25	2.00	1.43	1.27	0.72	2.23	1.48
+Bacon	1.26	1.18	1.36	1.23	0.70	1.66	1.23

Urinary Nitrate Excretion

The measured urinary nitrate excretion during the various dietary regimes is summarized in Table 4. The mean nitrate excretion was significantly lower during the low-nitrate diet (0.759 ± 0.046 mmol/24 h) than during the normal diet (1.12 ± 0.086 mmol/24 h; $p < 10^{-3}$), or when they had their low-nitrate diets supplemented with bacon (0.926 ± 0.06 mmol/24 h; $p < 2.5 \times 10^{-2}$) or with 300 mg NO_3^- (2.76 ± 0.069 mmol/24 h; $p < 10^{-3}$). These differences did not reach significance in all individuals (Table 4). There was no significant difference between the amount of nitrate excreted in 24 hours after the single nitrate drink containing 4.84 mmol NO_3^- (2.83 ± 0.103 mmol/24 h) and the amount excreted after six nitrate drinks containing 0.81 mmol NO_3^- (2.68±0.096 mmol/24 h). Thus the mean increase in nitrate excretion following an intake of 4.84 mmol NO_3^- was 2 ± 0.07 mmol/24 h, representing a recovery of only 41.3% of the ingested nitrate.

Table 4 Mean urinary output of nitrate during the different dietary regimes

	Mean urinary output of nitrate (mmol NO_3^-/24 h)						
	Volunteer						
Diet	*1*	*2*	*3*	*4*	*5*	*6*	*Mean*
Low-nitrate	0.77^{1a}	0.77^{1a}	0.66^{1a}	0.66^{1a}	0.60^{1a}	1.1^{2a}	0.12^{a}
+300 mg NO_3^-	2.9^{1b}	3.0^{1b}	2.6^{12b}	2.8^{12b}	2.4^{2b}	2.9^{1b}	2.8^{c}
Normal	0.94^{12a}	1.5^{34c}	1.1^{23c}	0.96^{12ac}	0.54^{1a}	1.7^{4c}	1.1^{b}
+Bacon	0.95^{1a}	0.89^{1a}	1.0^{1ac}	0.92^{12c}	0.53^{3a}	1.2^{2a}	0.93^{b}

[1,2,3,4] Means in the same row with any like superscript are not significantly different at the 5% level.
[a,b,c] Means in the same column with any like superscript are not significantly different at the 5% level.

Urinary Nitrite Excretion

A summary of the measurements of urinary nitrite excretion is given in Table 5. The overall mean nitrite excretion during the low-nitrate diet increased significantly from 1.004 ± 0.126 μmol/24 h after the volunteers had drunk 4.84 mmol NO_3^- ($p = 0.001$). This increase was observed in all volunteers but was only significant in three (volunteers 2, 3 and 4). The size of the increase was extremely variable masking any differences between individuals. There was no significant difference between the nitrite excretion following the single nitrate drink (1.959 ± 0.277 μmol/24 h) and that following the six nitrate drinks (1.769 ± 0.231 μmol/24 h).

The consumption of bacon caused a large and highly significant increase in nitrite excretion to an overall mean of 3.118 ± 0.2 μmol/24 h ($p < 0.001$).

This increase was observed in all six volunteers and reached significance in all except volunteer 5.

The excretion of nitrite during the normal diet was extremely variable and was significantly higher than during the low-nitrate diet in volunteers 3 and 4.

Table 5 Mean urinary output of nitrite during the different dietary regimes

	Mean urinary output of nitrite ($\mu mol\ NO_2^-/24\ h$)						
	Volunteer						
Diet	*1*	*2*	*3*	*4*	*5*	*6*	*Mean*
Low-nitrite	0.77^{1a}	1.2^{1a}	0.6^{1a}	0.95^{1a}	2.0^{2a}	0.53^{1a}	1.0^{a}
+300 mg NO_3	1.5^{12a}	2.4^{13b}	1.7^{12b}	2.2^{13b}	2.8^{3a}	0.89^{2a}	1.9^{b}
Normal	0.63^{a}	2.3^{a}	2.3^{b}	1.7^{b}	1.9^{a}	0.96^{a}	1.6^{ab}
+Bacon	7.7^{c}	4.2^{c}	2.9^{c}	3.1^{c}	2.9^{a}	2.9^{c}	3.1^{c}

[1,2,3] Means in the same row with any like superscript are not significantly different at the 5% level.
[a,b,c] Means in the same column with any like superscript are not significantly different at the 5% level.

Urinary Total N-Nitroso Compound Excretion

A summary of the measurements of urinary total N-nitroso compound excretion is given in Table 6. The overall mean excretion of NNO increased significantly from 0.117 ± 0.009 μmol/24 h on the low-nitrate diet to 0.183 ± 0.013 μmol/24 h; $p = 0.001$, after volunteers had drunk 4.84 mmol NO_3^- (0.187 ± 0.18 μmol/24 h) and to a concentration of 0.595 ± 0.095 μmol/24 h ($p = 0.001$), when the diet was supplemented with bacon. There was no difference between the amount excreted after the nitrate drink was taken in one dose (0.187 ± 0.18 μmol/24 h) or six smaller doses (0.178 ± 0.079 μmol/24 h). The N-nitroso compound excretion was significantly higher during the normal diet (0.275 ± 0.025 μmol/24 h) than during the low-nitrate diet. This increase was observed in all six volunteers and was significant in volunteers 2, 3, 4 and 6. The excretion during the normal diet was also higher than during the high nitrite diet, this difference reaching significance in volunteers 2, 3 and 6.

Table 6 Mean urinary output of total N-nitroso compounds during the different dietary regimes

	Mean urinary output of total N-nitroso compounds (µmol NNO/24 h)						
	Volunteer						
Diet	*1*	*2*	*3*	*4*	*5*	*6*	*Mean*
Low-nitrate	0.09^{12a}	0.18^{3a}	0.10^{12a}	0.08^{1a}	0.13^{2a}	0.10^{12a}	0.12^{a}
+300 mg NO_3	0.12^{1ab}	0.29^{3b}	0.12^{1a}	0.17^{2b}	0.26^{3b}	0.14^{12b}	0.18^{b}
Normal	0.17^{1b}	0.43^{4c}	0.32^{234c}	0.20^{123b}	0.18^{12b}	0.34^{34c}	0.27^{c}
+Bacon	0.55^{d}	0.83^{d}	0.58^{d}	0.58^{d}	0.50^{d}	0.54^{d}	0.60^{d}

[1,2,3,4] Means in the same row with any like superscript are not significantly different at the 5% level.
[a,b,c] Means in the same column with any like superscript are not significantly different at the 5% level.

The increase in NNO excretion caused by drinking nitrate was observed in all six volunteers and was significant in volunteers 2, 4, 5 and 6. An analysis of variance demonstrated that individuals differed significantly in the amount that their NNO excretion increased following ingestion of nitrate (Table 7). Essentially the volunteers could be divided into two groups with volunteers 1, 3 and 6 showing increases of less than 0.04 µmol/24 h and volunteers 2, 4 and 5 showing increases of greater than 0.08 µmol/24 h. The two groups did overlap, however, with volunteers 2, 3 and 6 not being significantly different.

Table 7 Increase in N-nitroso compound excretion following ingestion of 4.84 mmol NO_3^-

Volunteer	*Mean increase in total N-nitroso compound excretion µmol/24 h*
1	0.0351^{12}
2	0.1002^{3}
3	0.0155^{1}
4	0.0883^{23}
5	0.1270^{3}
6	0.0388^{12}

[1,2,3] Means with any like superscripts are not significantly different at the 5% level.

A significant correlation (Figure 1) was observed between individuals' rates of salivary nitrate reduction and their total urinary N-nitroso compound excretion during the low-nitrate diet ($r = 0.787$; $p < 0.05$) and during the high nitrate diet ($r = 0.742$; $p < 0.05$). These correlations were increased markedly by the omission of data from volunteer 5 ($r = 0.859$; $r = 0.996$, respectively).

In addition a significant correlation was observed between the total urinary excretion of nitrite and NNO (Figure 2) during the low-nitrate diet with or without nitrate supplement ($r = 0.807$; $p < 0.001$), or the nitrate supplemented diet.

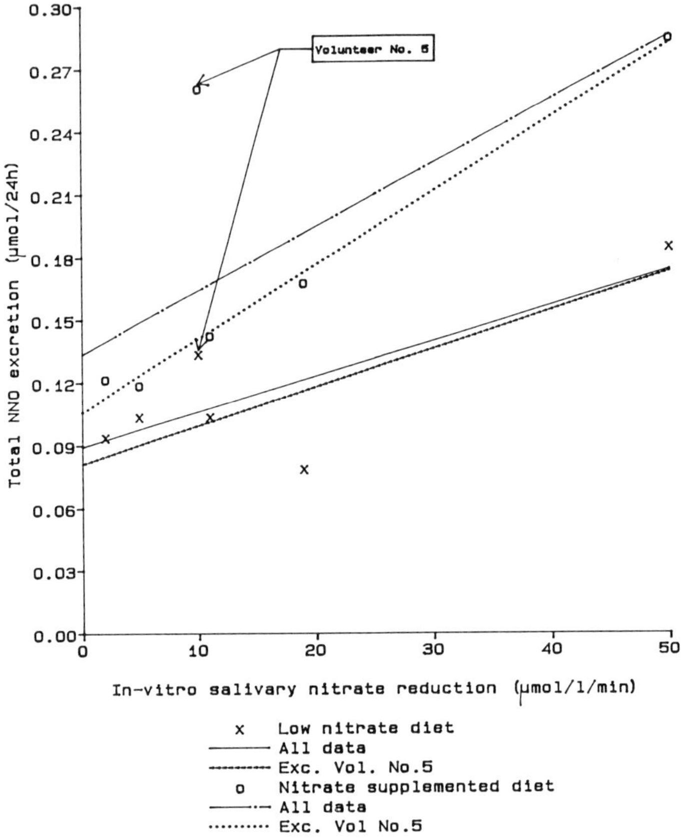

Figure 1 Relationship between the *in vitro* rate of salivary nitrate reduction and the excretion of N-nitroso compounds on the low-nitrate diet with and without a 4.84 mmol nitrate supplement

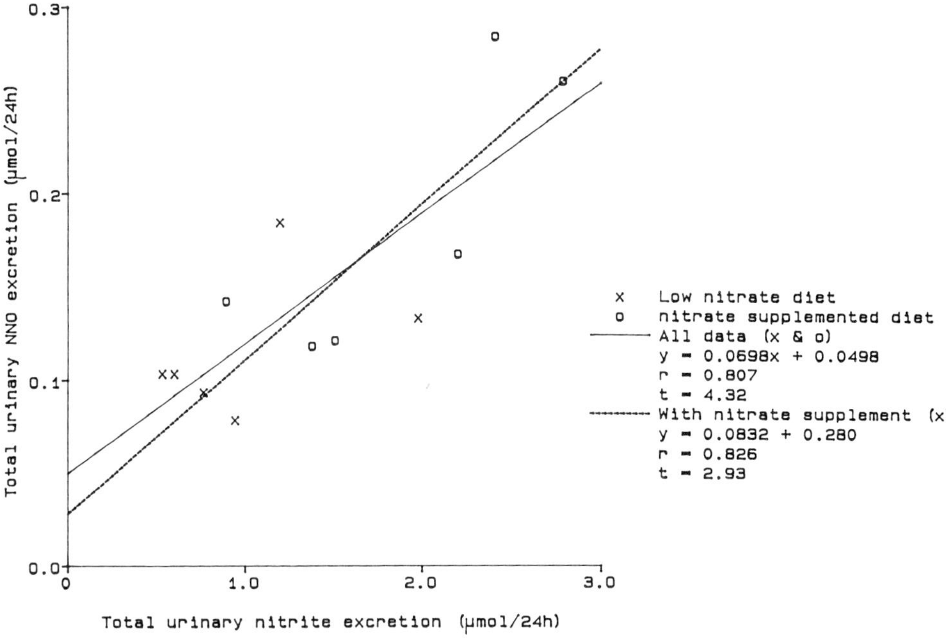

Figure 2 Relationship between the total urinary nitrite and N-nitroso compound excretion in volunteers consuming a low-nitrate diet with and without a 4.84 mmol nitrate supplement

Urinary Excretion of N-Nitrosamino Acids

A summary of the measurements of the urinary excretion of NNA is given in Table 8. Consumption of 4.84 mmol NO_3^- did not result in an increase in the output of NNA.

Excretion of NNA was greater in five of the volunteers during their normal diets resulting in an overall significant increase from 17.3 ± 1.9 nmol/24 h during the low-nitrate diet to 47.2 ± 7.7 nmol/24 h ($p < 0.001$).

Consumption of bacon produced a very large increase in NNA excretion to a mean of 361.4 ± 28.2 nmol/24 h, of which 85.6% was N-nitrosoproline, 7.7% N-nitrososarcosine, 5.9% N-nitrosothiazolidine-4-carboxylic acid, with the remaining 0.7% being unidentified.

Table 9 lists the percentage of the total N-nitroso compound excretion identified as N-nitrosamino acids during the various dietary regimes. Seventy two per cent of the increase in NNO caused by the ingestion of bacon could be accounted for by NNA, whereas only 3% of the increase caused by drinking nitrate was due to NNA.

Volunteer 2 appeared to excrete more NNA during the bacon diet than the other volunteers, although this difference was not significant. Nevertheless, it is interesting to note that this high level of NNA was accompanied by high levels of nitrite and NNO, although again the amounts excreted were not significantly different from those of the other volunteers. In addition volunteer 2 showed the highest *in vitro* salivary nitrate reducing capacity.

Table 8 Mean urinary output of N-nitrosamino acids during the different dietary regimes

	Mean urinary output of N-nitrosamino acid μmol NNO/24 h						
	Volunteer						
Diet	*1*	*2*	*3*	*4*	*5*	*6*	*Mean*
Low-nitrate	0.015	0.024	0.021	0.010	0.014	0.020	0.017
+300 mg NO_3^-	0.017	0.026	0.014	0.019	0.020	0.021	0.019
Normal	0.013	0.078	0.067	0.038	0.024	0.063	0.047
+Bacon	0.34	0.52	0.32	0.35	0.32	0.34	0.36

Table 9 Urinary excretion of N-nitrosamino acids and total N-nitroso compounds

	Urinary excretion		
Diet	*Total NNO* *Mean ± SEM*	*NNA* *Mean ± SEM*	*NNA* *%*
Low-nitrate	0.117 ± 0.009	0.017 ± 0.002	14.5
+300mg NO_3^-	0.183 ± 0.013	0.019 ± 0.002	10.4
Normal	0.272 ± 0.025	0.047 ± 0.008	17.3
+Bacon	0.595 ± 0.095	0.361 ± 0.020	60.7

Discussion

The mutagenicity, carcinogenicity and suspected role in human carcinogenesis of NNO make it extremely important to develop methods which identify factors that increase human exposure to these compounds.

The methods in this experiment rely on the measurement of compounds excreted in the urine. Such methods are not necessarily reliable indicators of the amounts of these compounds available *in vivo*. This is particularly true of reactive and/or easily metabolized compounds such as nitrites and N-nitrosamides. An increase in the amount of nitrate, nitrite or NNO excreted must, however, imply either an increase in the endogenous or exogenous supply of these compounds and/or a decrease in their absorption or metabolism. It is difficult to make estimates of the NNO content of foods as until recently measurements have been confined to the simple steam volatile N-nitroso compounds. Thus in order to minimise the effect of preformed N-nitroso compounds, the low-nitrate diet used in this study excluded foods likely to contain high concentrations of preformed NNO. In addition, the volunteers acted as their own controls by preparing the diets in the same way and consuming the same quantities on each occasion. This strategy resulted in relatively low levels of NNO being excreted by all volunteers during the low-nitrate diet. Volunteer 2, however, excreted significantly more NNO than the other volunteers, reflecting a greater aptitude for *in vivo* N-nitrosation following the ingestion of nitrate even at the low levels found in the low-nitrate diet.

Nitrate is ubiquitous in the diet and estimates of the average daily consumption vary from 1 to 2 mmol/day, the major sources being vegetables and drinking water. To restrict the nitrate intake considerably requires the consumption of specially prepared synthetic diets. These diets were considered impractical for this study. The success of the strategy of the low-nitrate diet selection was reflected in the urinary nitrate excretion, which was reduced from a mean of 1.12 mmol/24 h during the normal diet to a mean of 0.759 mmol/24 h on the low-nitrate diet.

The measurement of only low levels of volatile NNO in the diet has led many researchers to propose that a large proportion of man's daily exposure to NNO would result from *in vivo* synthesis, the concentration of nitrate in the diet being of greater importance than the amount of preformed NNO. However, the excretion of NNO was higher in five of the six volunteers during their normal diet than when they consumed the diet supplemented with 300 mg NO_3^-. It is unlikely that these differences are due to a greater amount of *in vivo* synthesis of NNO, as nitrate excretion and therefore nitrate intake was far lower during the normal diet. It is apparent, therefore, that the normal diet contains considerably more NNO than previously thought, and that it may represent the main source of man's exposure to these compounds. This is borne out by the fact that consumption of bacon produced large increases in the excretion of NNO, particularly NNA, which are known to be present at high concentration in bacon due to its treatment with sodium nitrite. It is unlikely that this large increase in the excretion of NNO was the result of increased *in vivo* N-nitrosation caused by the residual nitrite in the bacon because the proportion of NNA to NNO was very much higher than when *in vivo* N-nitrosation was increased by the consumption of nitrate, even when the diet contained pork.

Although it appears that the amounts of preformed NNO consumed in the diet greatly exceed the amount of NNO produced *in vivo*, it is possible that the measurement of NNO in the urine gives a false impression of the relative importance of these two sources. The NNO appearing in the urine are by necessity fairly stable, not easily metabolized compounds, whereas the NNO most hazardous to man are unstable and easily metabolized. It is reasonable to assume that foods would contain mainly stable NNO, unstable compounds being lost or destroyed during storage, cooking and processing. *In vivo* N-nitrosation caused by the ingestion of nitrate could, however, produce both stable and unstable NNO. Thus the stable NNO measured in the urine after the ingestion of nitrate may imply a far higher exposure to hazardous unstable NNO than the same amount of stable NNO appearing during the normal diet.

Despite the limitations in the methods used for the control of the dietary nitrate and NNO intakes, a clear increase in the excretion of NNO was observed following the ingestion of 4.84 mmol NO_3^-. This increase must represent an increase in the *in vivo* synthesis of NNO similar to that observed by Ohshima, Bereziat and Bartsch [4], except that these workers supplemented the diet with the nitrosatable amino acid, proline, whereas the nitrosatable precursors in this study were present naturally. In this respect, it is noteworthy that only 3% of the increase in NNO excretion caused by the ingestion of nitrate was due to NNA, and that this increase in NNA excretion was not significant. This suggests that experiments studying the factors influencing the *in vivo* N-nitrosation of high doses of proline may not be relevant to N-nitrosation of normal dietary constituents.

The volunteers differed markedly in their ability to produce NNO from dietary nitrate. These differences could be accounted for by differences in the availability *in vivo* of the nitrosating agent, nitrite. Thus a relationship was observed between the amounts of excreted nitrite and NNO. As nitrite is found only at low concentration in the diet, the differences in its availability *in vivo* were most likely due to differences in the ability of individuals to reduce ingested nitrate to nitrite. Consequently, a relationship was observed between the *in vitro* capacity for salivary nitrate reduction and the excretion of NNO before and after the nitrate drink. Thus the simple test used in this study for measurement of salivary nitrate reduction capacity may be a very useful predictor of an individual's capacity for *in vivo* N-nitrosation and hence relative risk to N-nitroso compound carcinogenesis. Such a test would, however, only be of value in healthy individuals, in whom the main source of nitrite is the saliva. In individuals in whom considerable amounts of nitrite are produced by bacteria infecting the stomach or urinary tract such a test would probably be unreliable. In these cases similar tests of the nitrate reducing capacity of the urine and gastric juice may be more relevant. Such an additional source of nitrite may explain why volunteer 5 excreted larger than expected amounts of NNO for his relatively slow rate of salivary nitrate reduction, and why he excreted significantly more nitrite during the low-nitrate diet than the other volunteers. Thus exclusion of data from volunteer 5 resulted in an improved correlation between *in vitro* salivary nitrate reduction and total NNO excretion.

No difference was observed in the yield of NNO following the one-dose or six-dose administration of nitrate. Thus the amount of NNO formed *in vivo* is dependent on the total dietary intake of nitrate and not on the dietary concentration of nitrate. It is proposed, therefore, that the simple *in vitro* salivary nitrate reduction test could be used to identify healthy individuals at high risk of NNO carcinogenesis. In addition this test could be applied to different body fluids such as urine and gastric juice to assess the relative risk for patients with GI or urinary tract conditions. More effective would be the analysis of 24 hour urine samples on low- and high-nitrate diets for NNO or more easily for nitrite, which would enable the study of a wide variety of healthy individuals and patients in the same study.

References

1. National Academy of Sciences. (1981). In *The Health Effects of Nitrate, Nitrite and N-Nitroso compounds*, National Academy Press, Washington DC, 5.3 – 5.78
2. Archer, M.C. (1982). Hazards of nitrate, nitrite and N-nitroso compounds in human nutrition. In Hathcock, J.N. (ed.), *Nutritional Toxicology* 1, Academic Press Inc., New York, 327-81
3. Chu, C. and Magee, P.N. (1981). Metabolic fate of nitrosoproline in the rat. *Cancer Res.*, **41**, 3653.
4. Ohshima, H., Bereziat, J.C. and Bartsch, H. (1982). Monitoring N-nitrosamino acids excreted in the urine and faeces of rats as an index for endogenous nitrosation. *Carcinogenesis*, **3**, 115
5. Bartholomew, B. and Hill, M.J. (1984). The pharmacology of dietary nitrate and the origin of urinary nitrate. *Fd. Chem. Toxic.*, **22**, 749
6. Walters, C.L. and Smith, P.L.R. (1981). The effect of water-borne nitrate on salivary nitrite. *Fd. Cosmet. Toxic.*, **19**, 297-302
7. Stephany, R.W. and Schuller, P.L. (1980). Daily dietary intakes of nitrate, nitrite and volatile N-nitrosamines in the Netherlands using the duplicate portion sampling technique. *Oncology*, **37**, 203
8. Walters, C.L., Downes, M.J., Edwards, M.W. and Smith, P.L.R. (1978). Determination of a non-volatile N-nitrosamine on a food matrix. *Analyst, Lond.*, **103**, 1127-33
9. Walters, C.L., Gillatt, P.N., Palmer, R.C. and Smith, P.L.R. (1986). Rapid method for the determination of nitrate and nitrite by chemiluminescence. Leatherhead Fd R.A. Res. Rep. No. 547
10. Hart, R.J. and Walters, C.L. (1983). The formation of nitrite and N-nitroso compounds in saliva *in vitro* and *in vivo*. *Fd. Chem. Toxic.*, **21**, 749

Invited Questions

Crespi (Italy) – Dr Smith, your hypothesis relating the amount of nitrite recovered in the urine to the reducing activity of the saliva has yet to be proved – salivary reduction of nitrates and nitrites is not dose-related as shown by many studies.

Smith – With respect to your comment about nitrite in saliva – I think that the majority of the studies to which you refer look at the *in vivo* conversion of nitrate to nitrite which is very variable. The test that we developed at Leatherhead is to incubate the saliva sample *in vitro* with a large excess of sodium nitrate and this does correlate with the urinary N-nitroso compound excretion. The volunteers that I showed can be split into two groups – those who actually secrete less than 0.04 μm per 24 hours and those who secrete more than 0.04 μm per 24 hours, and these two groups are obviously different in their nitrate-reducing ability.

With respect to the N-nitrosoproline – if you look at the total N-nitroso compound excretion there is a significant increase after nitrate consumption, but in fact only 3% of that increase would be due to N-nitrosamino acids, and N-nitrosamino acids did not increase significantly. I think that the proline test alone can demonstrate *in vivo* nitrosation, but cannot demonstrate this sort of *in vivo* nitrosation that occurs in normal human beings.

Chapter 6

Prospects for Early Detection of Gastric Cancer and Precancerous Lesions

P. CORREA

Introduction

Modern endoscopic techniques have made it possible to discover and characterize gastric cancer at its early stages and to identify changes in the mucosa which precede the appearance of invasive carcinoma. Research in this area has documented lesions of suspected precancerous significance and made available for study lesions whose significance as possible markers of advanced precancerous state or early malignancy is being actively investigated.

The strategy for early detection of such lesions depends on the definition of the high-risk populations in order to identify individuals whose gastric mucosa has reached an advanced precancerous or early cancerous state.

We will attempt to review the state of the art in defining high-risk groups, methods to screen such groups to identify high-risk individuals and histological techniques to determine at which stage of the precancerous state is the gastric mucosa of a given individual.

High-risk Groups

The heterogeneity of gastric carcinoma in terms of epidemiology and aetiology is now well recognized. Following the pioneering work of Jarvi and Lauren it has been documented that such heterogeneity is expressed morphologically in terms of the cohesiveness of the neoplastic cells which results in histopathological patterns of either "intestinal" (also called "expansive") or "diffuse" (also called "infiltrative") adenocarcinomas [1-4].

Although some putative precursors of diffuse carcinoma have been identified in terms of abnormal mucin goblets ("globoid dysplasia") or cyto-architectural distortions [5,6], in most patients invasive diffuse carcinoma is discovered "de novo". This represents a real challenge for the future because diffuse carcinoma will become relatively more frequent as the incidence and mortality rates of the intestinal type of gastric carcinoma continue their downward trend. Epidemiological and aetiological research on diffuse gastric carcinoma is practically non-existent today. The preponderance of blood group A, the relatively early age of onset, the lack of male predominance and the lack of a significant downward trend in incidence and mortality associated with chronological parameters of migration suggest that genetic factors may be important in the aetiology of diffuse carcinoma. The role of a possible environmental component in its aetiology, however, cannot be ruled out. Given this lack of knowledge it seems close to impossible at the present time to identify individuals at high risk for diffuse carcinoma.

In the case of intestinal ("epidemic") type of gastric carcinoma, much progress has been made in identifying early cancer and precancerous lesions. Populations at high risk display a high prevalence of lesions considered to be precursors of gastric cancer, represented by the multifocal chronic atrophic gastritis (MCAF) – intestinal metaplasia (IM) – dysplasia (D) syndrome. Such lesions may represent a progressive phenomenon and it may be possible to identify at which stage of this continuum a specific individual is at the time of evaluation [7,8].

Analytical and descriptive epidemiological as well as clinical studies have provided tools for identification of individuals at high risk of intestinal type of gastric cancer. They were usually born in areas of the world where gastric cancer rates are high. Their risk is highest if they live in areas where such rates continue to be high. If they migrate to areas of low risk, their risk is mostly determined by the amount of time spent in the high-risk area particularly during childhood and adolescence. The overriding aetiological factors appear to be preference for salty foods and the low consumption of fresh fruits and vegetables. Individuals who have adhered to such a diet for most of their lives should be expected to be at high risk. Other high-risk groups are patients with the pernicious anaemia syndrome and patients who had either gastrectomy or gastroenteroanastomosis 10 or more years previously. Clinically, most patients who develop gastric cancer have a long history of epigastric complaints and frequently have gastric ulcers which are recurrent or fail to heal with conventional treatment.

Markers of High Risk

The complex of precursor lesions seems to enter an irreversible pathway when atrophy (gland loss) is reached. This is inferred from the fact that all types of gastritis involving atrophy (multifocal gastritis and diffuse corporal or Type A gastritis) are associated with high gastric cancer risk. Gastritis not associated with atrophy (the diffuse antral gastritis closely linked to duodenal ulcer) is not known to carry an increased risk of gastric cancer.

Atrophic gastritis tends to be progressive and involves larger areas with advancing age. The atrophic mucosa is gradually replaced by intestinalized epithelium and some foci in such epithelium may become dysplastic. It seems therefore that atrophy (A) precedes metaplasia (M) and metaplasia precedes dysplasia (D), but it is not known what factors modulate the sequence A to M to D, and it does not appear that such a progression always takes place. In some individuals a lesion may persist for many years without evidence of progression to the next step. It is entirely possible that cancer develops directly from atrophic or non-metaplastic epithelium. Many cases of invasive cancer are found without evidence of dysplasia in the specimen. When very small carcinomas are examined and extensive sampling of the surrounding mucosa is done, most are surrounded by areas of dysplasia and colonic type of metaplasia. In patients with advanced cancer and no previous biopsies it is impossible to know if dysplastic changes precede cancer.

Allowing for the above mentioned exceptions, however, as a general rule atrophy and metaplasia become more extensive and severe with age. It is therefore possible to have gross estimates of the risk of cancer by evaluating the extensiveness of the precursor lesions. Markers of such lesions are therefore needed and are potentially clinically useful. The best marker of atrophy is the secretion of pepsinogens. Pepsinogen I (PGI) is produced mainly by the chief cells of the corpus while PGII is produced mainly by the antral glands. Since atrophy becomes more extensive with time, it progressively destroys larger numbers of chief cells in the gastric mucosa leading to a progressive decrease in the secretion of PGI. PGI blood levels and PGI/PGII ratios are therefore excellent indicators of the extent of gastric atrophy [9]. A PGI blood level below 20 μg/l with a PGI/PGII ratio of less than 20, indicates very extensive loss of corporal glands. The frequency of dysplastic changes is high against the background of extensive atrophy. PG levels are therefore the best markers of high risk and are very helpful in identifying individuals with the greatest chances of harbouring dysplasia or early cancer.

Another marker of atrophy presently under investigation is hyper-gastrinaemia. For reasons not yet well understood the blood level of gastrin increases with advancing atrophy. This, however, is not the case in all patients. At the present time, it would appear that the presence of hypergastrinaemia may indicate high risk of gastric dysplasia but that a normal or low blood level of gastrin is not a guarantee of low risk.

There are no markers of intestinal metaplasia of the "small intestinal", "complete" or "Type I" presently available in blood or body secretions. Such markers will not be useful except if they could provide an estimate of the extension of the lesion, which is precisely what the pepsinogen markers provide.

On the other hand, the "colonic", "incomplete" or "Type III" metaplasia is characterized by the secretion of sulphomucins which can be identified in the gastric juice directly or indirectly by assays of beta-glucuronidase and lactic dehydrogenase [10,11]. These tests, however, require gastric intubation and are not frequently carried out in centres where gastroscopy and gastric biopsy can be performed.

Histopathology

Gastric biopsies stained with haematoxylin-eosin still provide the best tool for the evaluation of the precancerous process. Additional staining of mucins with PAS, alcian blue and high-iron diamine provide additional information of considerable value.

It has been suspected for some time that the variety of intestinal metaplasia called "colonic", "incomplete" or "Type III" may be a marker of high risk of gastric cancer (Figures 1 and 2). This has been mostly based on the fact that small carcinomas are usually surrounded by islands of colonic metaplasia [12-14]. Although some preliminary observations based on small numbers of cases have failed to confirm this hypothesis, it should not be ruled out [15]. Larger case series and population cohorts are being analysed at the present time. The fact remains that colonic metaplasia frequently accompanies small carcinomas and dysplasia. Colonic metaplasia is the most "advanced" type of metaplasia and should be a warning sign to pathologists and clinicians.

Although, as shown in Figures 1 and 2, sometimes haematoxylin and eosin stains suffice to identify colonic metaplasia, its diagnosis can be better documented in questionable lesions with the high-iron-diamine-alcian-blue stain (HID-AB) as shown in Figure 3. Sialomucins, the only type found in most cases of small intestinal metaplasia, stain blue with this technique. Whereas the metaplasia advances to simulate colonic mucosa, dark brown goblets or granules of mucin appear side by side with the sialomucins, as shown in Figure 3.

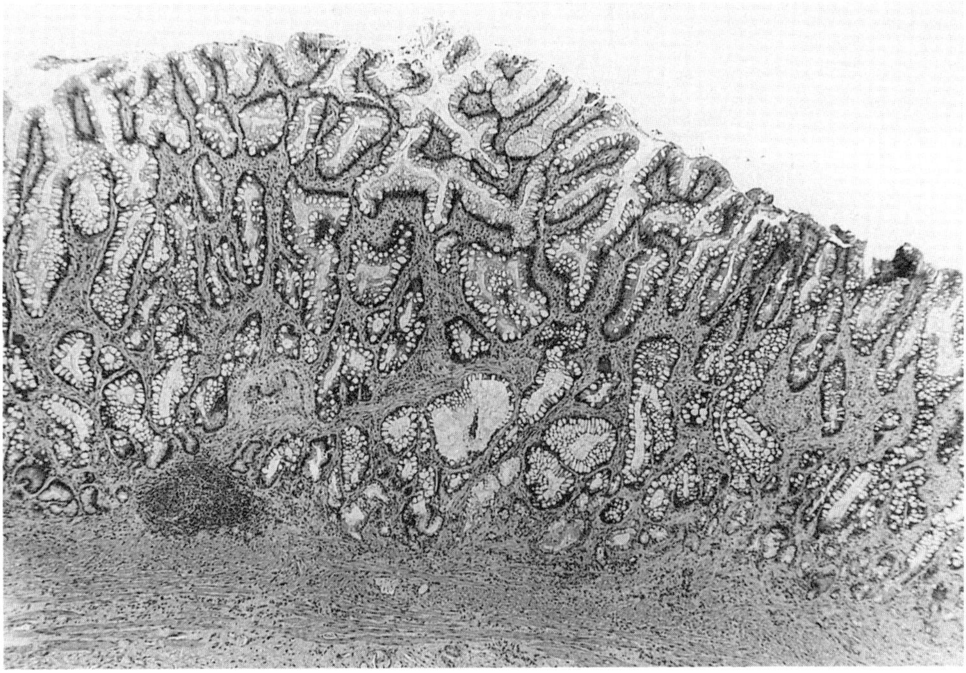

Figure 1 Gastric mucosa in a specimen containing a small adenocarcinoma (not shown). Extensive colonic metaplasia.

Dysplastic changes in the gastric mucosa have been well described in the literature [16-19]. As in the case of colonic metaplasia, their role as cancer precursors is suspected but not proven. Histologically, most dysplasia are of the "adenomatous" type characterized by closely packed tubules lined by tall epithelial cells with crowded elongated and hyperchromatic nuclei (Figure 4). Most of the time the layers of dysplastic glands are seen in flat or slightly depressed mucosa (Figure 5). When the dysplastic glands are numerous they protrude towards the lumen forming the adenomatous polyps (Figure 6). The basic process of dysplasia is the same in flat and polypoid lesions. In both cases areas of colonic metaplasia are seen adjacent to the dysplastic glands (Figures 5 and 6).

Setting the precancerous role of dysplasia requires epidemiologic studies based on cohorts of sufficient size followed for several years. These studies are not yet available. The transformation of pre-invasive into invasive lesions, as most of the steps in the precancerous process, appears to be a focal (clonal?) phenomenon. Patients with gastric dysplasia are frequently found in subsequent endoscopic examinations to harbour small carcinomas. Dysplasia,

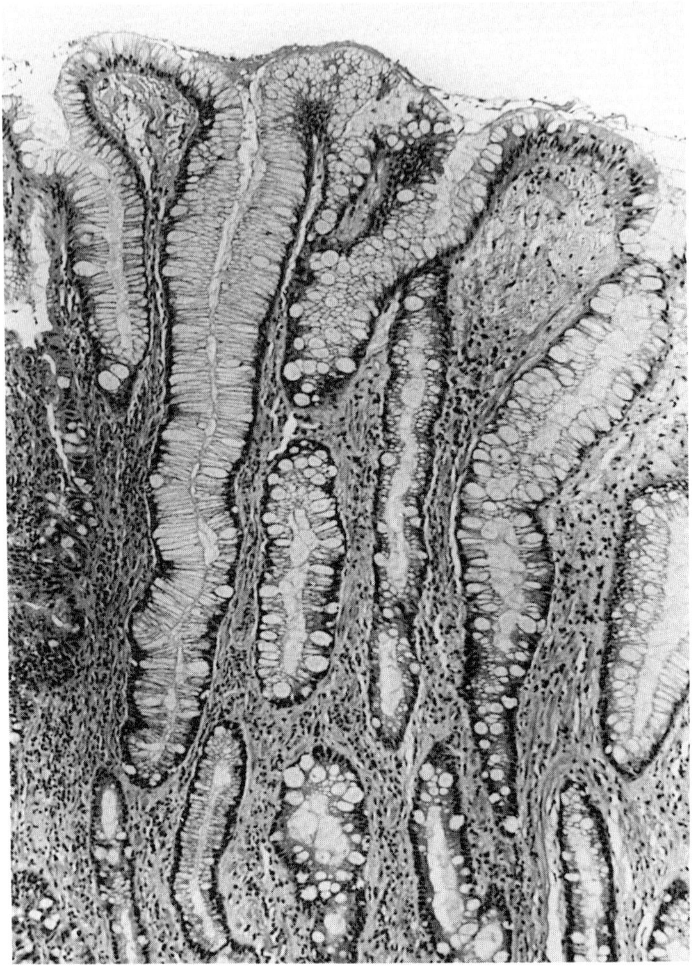

Figure 2 Larger magnification of Figure 1 showing the typical features of colonic metaplasia: absence of distinct brush borders and multiple cytoplasmic mucous vacuoles of different sizes.

therefore, should be considered a very serious lesion requiring close observation of the patient and multiple biopsies. Whether the carcinoma arose in the previously identified area of dysplasia or in neighbouring (supposedly non-dysplastic) mucosa, is of less clinical relevance and does not detract from the potential pre-malignancy of a diagnosis of dysplasia.

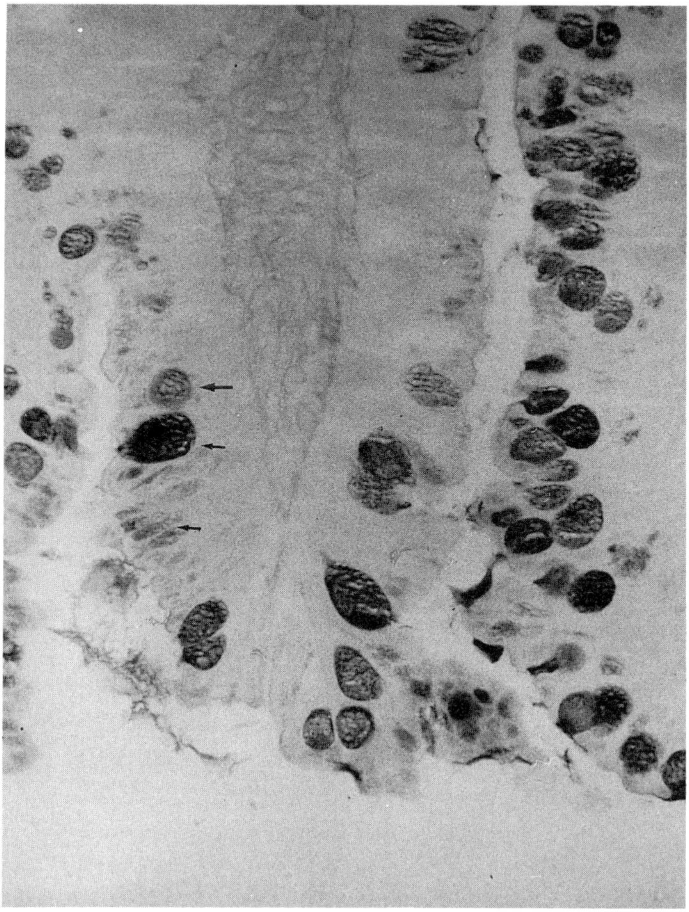

Figure 3 Microphotograph of gastric mucosa with colonic metaplasia stained with HID-AB. Sialomucin goblets (blue in the original) are indicated by the larger arrow and sulphomucins (dark brown in the original) by smaller arrows.

Foetal Antigens

Although not generally available, foetal antigens can be useful markers of dysplasia. In small intestinal metaplasia antigens of adult intestine can be identified but when such cells advance toward dysplasia foetal antigens make their appearance (Figure 7). In the most advanced lesions antigens of several organs may coincide as they do in some cancer cells, apparently indicating anarchic regression to primitive cells [19].

The so-called blood group antigens are being studied as markers of dysplasia. Abnormalities in the expression of the Lewis system, detected with monoclonal antibodies, become more prevalent as the precancerous process advances from the atrophic to the metaplastic to the dysplastic phase [20]. These antigens can be detected in formalin-fixed, paraffin-embedded tissue.

Markers of Nuclear Abnormalities

The phenotypic markers described above reflect "errors" in the DNA generated messages. The primary abnormalities resulting in invasive cell behaviour originate in the nucleus. They have been studied mostly in other organs but the techniques are applicable to the stomach.

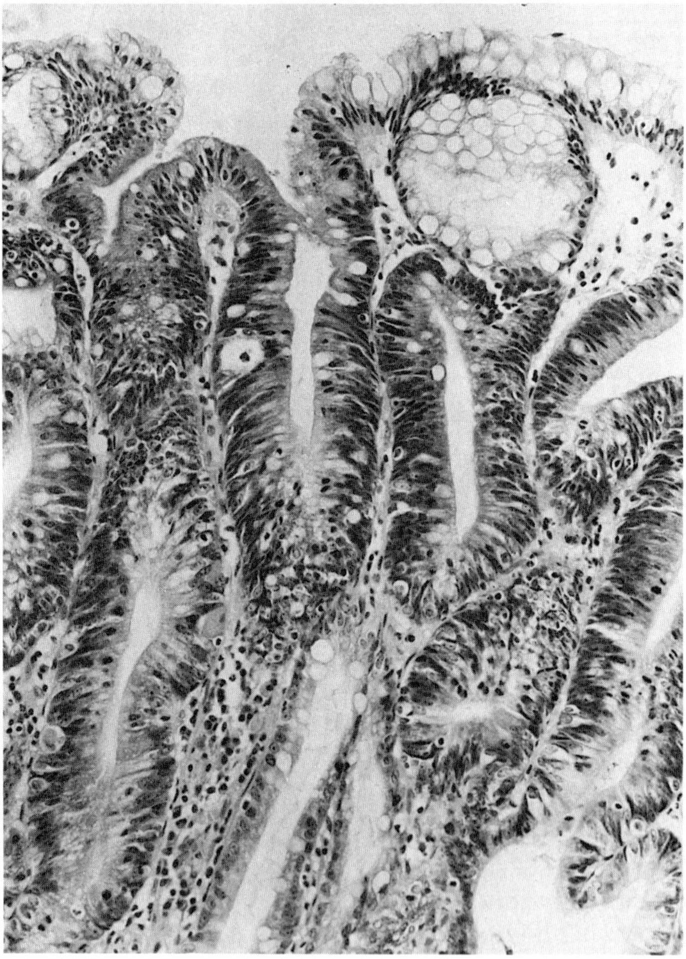

Figure 4 Adenomatous dysplasia. Glandular necks replaced by dysplastic tubular structures.

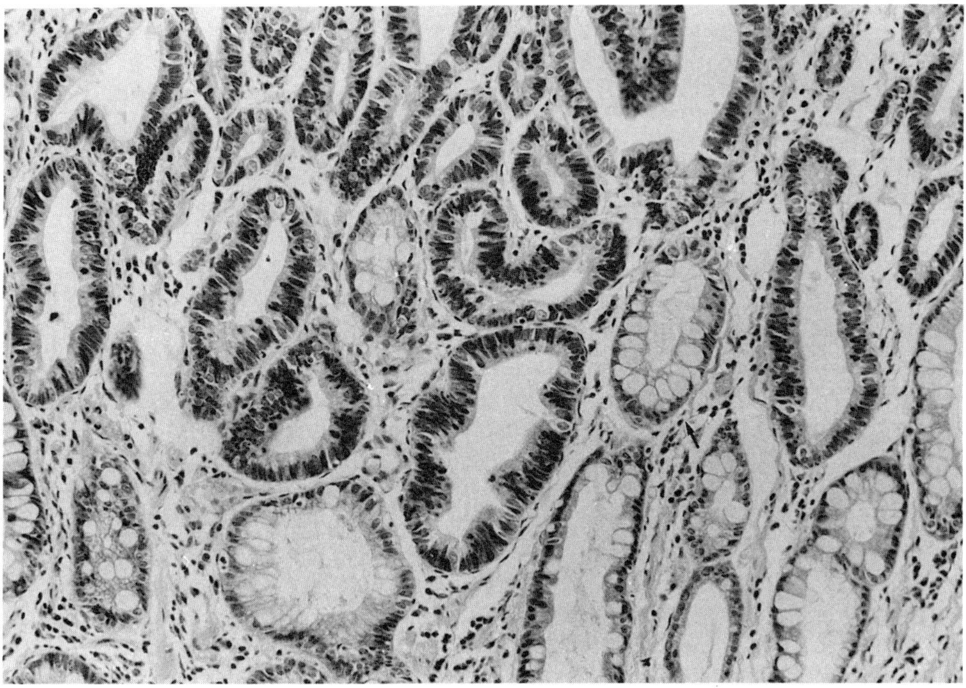

Figure 5 Flat adenomatous dysplasia. Colonic metaplasia (arrow) adjacent to dysplastic glands.

Several techniques can be used to assess the state of cell proliferation in the gastric mucosa. The classical method requires incubation with tritiated thymidine and has demonstrated increased size and abnormal location of the proliferative zone with advancing precursors of gastric cancer. Such state of hyperproliferation usually coincides with the expression of foetal antigens [21].

Other, less cumbersome techniques are being developed requiring incubation with non-radioactive compounds [22] or monoclonal antibodies against proteins which characterize the phase of DNA synthesis (S phase) of the cell cycle [23]. The latter can be used in paraffin-embedded tissues. Such simplified techniques may become generally available in the future.

A new technique to identify abnormalities in the reproductive cycle is represented by the study of the so-called nucleolar organizer regions (NOR). They represent encoded nucleolar DNA fragments which normally aggregate in the nucleolus of the cell. When the cell cycle is accelerated or abnormal, the NORs are dispersed throughout the nucleus where they can be stained with silver nitrate. Gastric glands in a hyperproliferative state can be identified and their NORs quantitated, as seen in Figure 8. Intestinalize

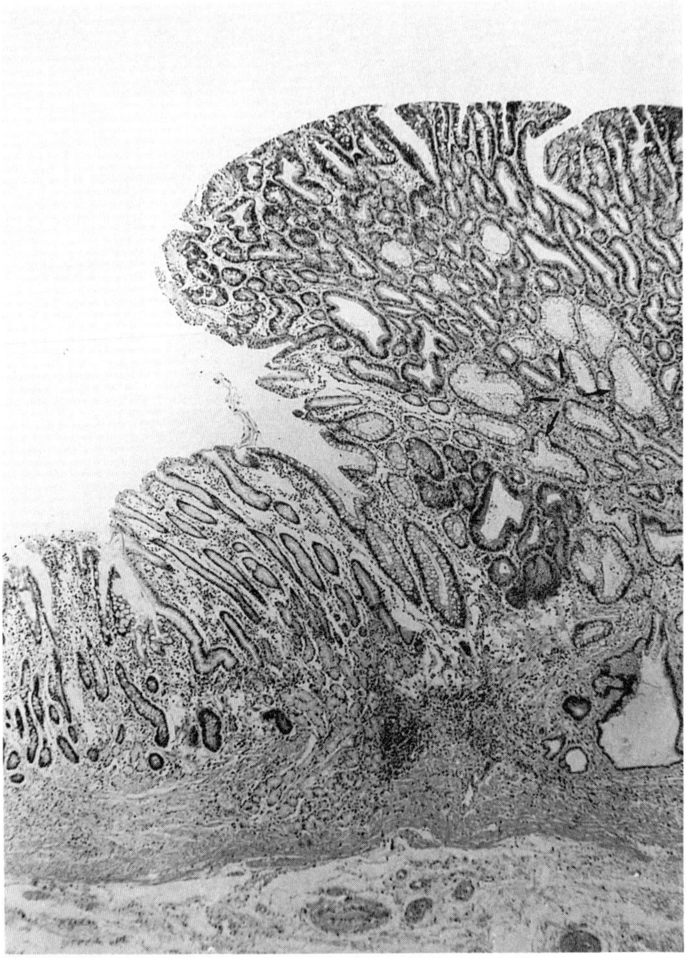

Figure 6 Adenomatous polyps. Dysplastic glands protrude towards the lumen. Adjacent colonic metaplasia (arrows).

gastric glands show excessive numbers of NORs (Figure 9). The usefulness of this new tool is being assessed at the present time.

Abnormalities of the cell cycle, mostly aneuploidy, can be detected in frozen or paraffin-embedded tissue by flow cytometry. The value of this technique is still uncertain. Some well-differentiated adenocarcinomas fail to display aneuploidy.

Abnormal amplification of *ras* and *myc* oncogenes has been detected by immunochemical techniques in gastric cancer and intestinal metaplasia. Techniques of molecular biology are improving rapidly but at the present time are not available for the identification of gastric dysplasia.

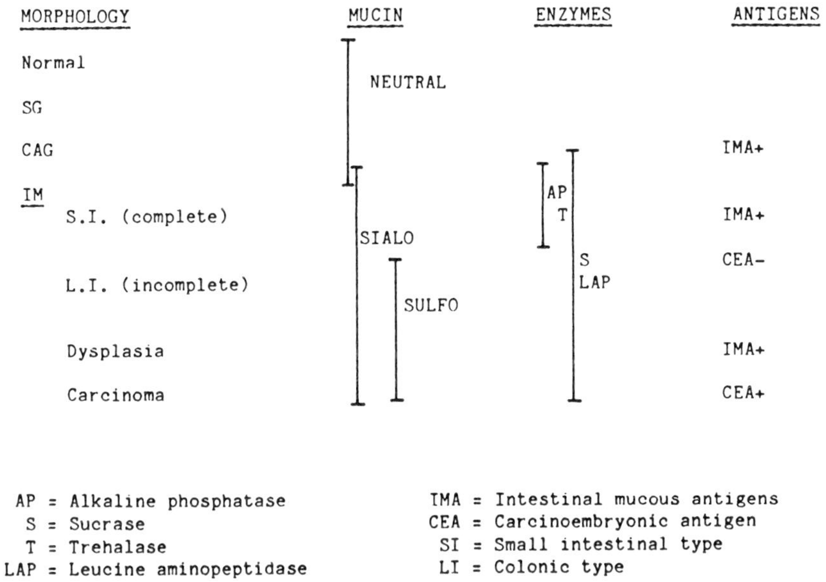

Figure 7 Schematic representation of the changes occurring in the gastric mucosa as the precancerous process advances in terms of morphology mucins, digestive enzymes and antigen expression.

Conclusions

1) Populations and individuals at high risk of gastric cancer can be identified, mostly on the basis of their residential history and diet.
2) Tests to indicate high risk are available, especially the blood pepsinogen levels.
3) Gastric biopsy is still the most valuable tool to identify dysplasia and early neoplasias. Mucin histochemistry stains can improve the usefulness of the gastric biopsy.
4) Foetal antigens represent early expression of advanced pre-neoplastic as well as early neoplastic changes.
5) Markers of nuclear abnormalities are being developed and some of them may become available for general use in histopathology laboratories.

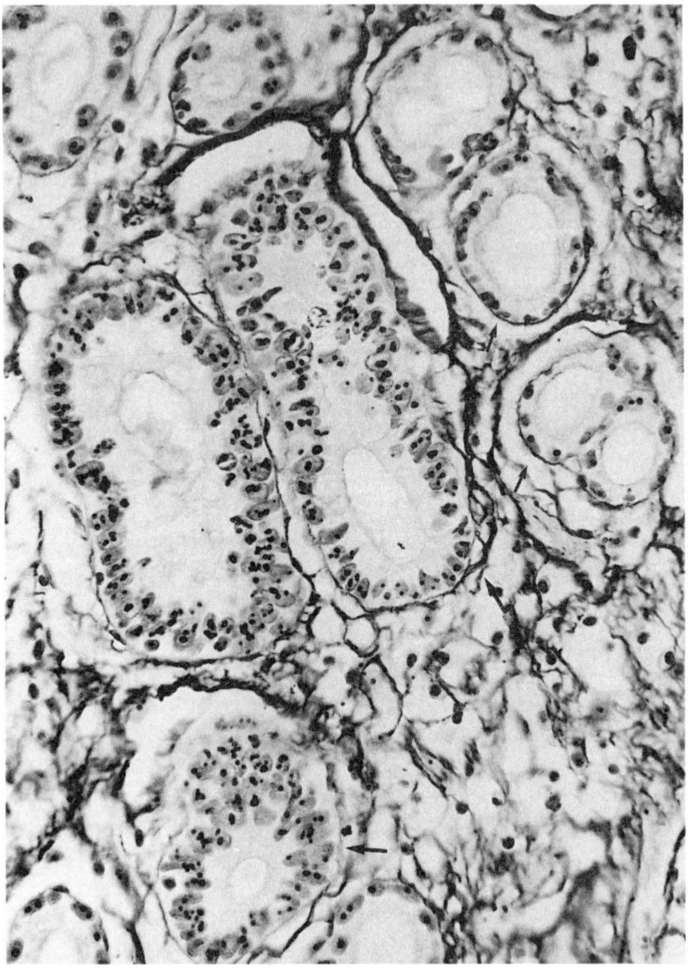

Figure 8 NOR silver staining of gastric mucosa with chronic atrophic gastritis. The nuclei of the epithelial cells of the hyperproliferating gland contain many NORs (arrows) while those of the non-proliferating gland show only one NOR per nucleus (short arrows).

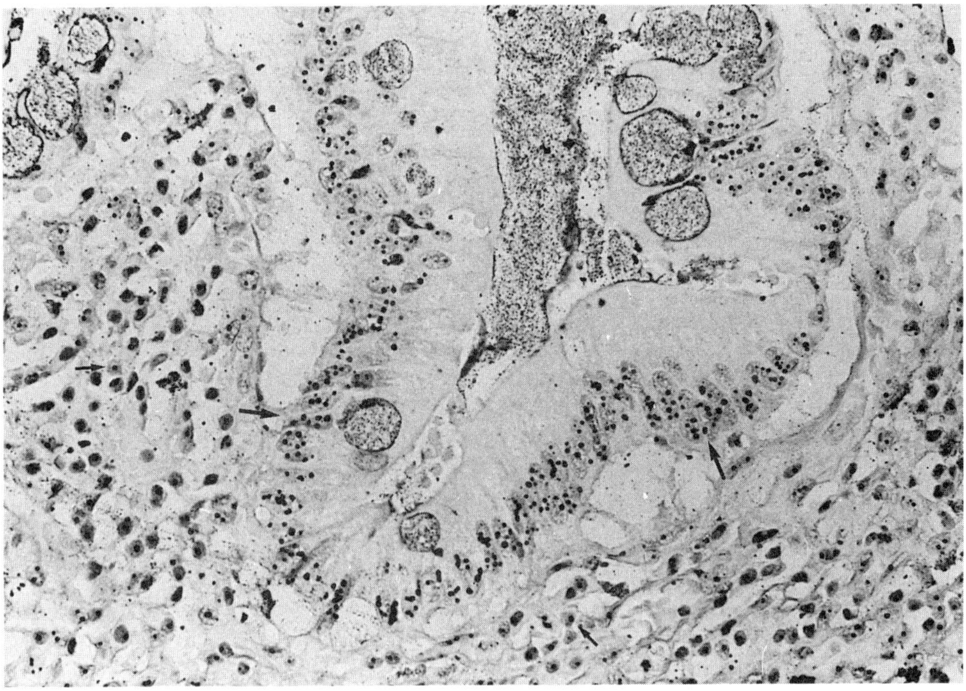

Figure 9 Silver staining of gastric mucosa with intestinalized gland showing numerous NORs per nucleus (long arrows) contrasting with periglandular white blood cells containing one NOR per nucleus (small arrows).

References

1. Jarvi, O. and Lauren, P. (1951). On the role of heterotopias of the intestinal epithelium in the pathogenesis of gastric cancer. *Acta Pathol. Microbiol. Scand.*, **29**, 26-44
2. Lauren, P. (1965). The two histologic main types of gastric carcinoma: diffuse and so-called intestinal type carcinoma. An attempt at a histoclinical classification. *Acta Pathol. Microbiol. Scand.*, **64**, 31-49
3. Ming, S.C. (1977). Gastric carcinoma. A pathologic classification. *Cancer* (Phila), **39**, 2475-2485
4. Munoz, N., Correa, P., Cuello, C. and Duque, E. (1968). Histologic types of gastric carcinoma in high and low risk areas. *Int. J. Cancer*, **3**, 809-818
5. Borchard, F., Mittelstaedt, A. and Stux, G. (1979). Resektionsmagen und Klassifications-probleme verschiedener dysplasienformen. *Verch. Dt. Path. Ges.*, **63**, 250-257
6. Ghandur-Mnaymneh, L., Paz, J., Roldan, E. and Cassady, J. (1988). Dysplasia of nonmetaplastic gastric mucosa. *Am. J. Surg. Pathol.*, **12**, 96-114
7. Correa, P. (1988). A human model of gastric carcinogenesis. *Cancer Res.*, **48**, 3554-3560
8. Correa, P. (1988). Chronic gastritis: A clinico-pathologic classification. *Am. J. Gastroenterol.*, **83**, 504-507
9. Stemmermann, G.N., Samloff, M., Nomura, A. and Heilbrun, L. K. (1987). Serum pepsinogens I and II and stomach cancer. *Clin. Chim. Acta*, **163**, 191-198

10. Hakkinen, I. (1974). A population screening for fetal sulfoglycoprotein. *Cancer Res.*, **34**, 3069-3072
11. Williams, G.T. and Rogers, K. (1984). Elevated gastric juice enzymes – a marker for increased gastric cancer risk? *Clin. Oncol.*, **10**, 319-323
12. Heilmann, K.L. and Hopker, W.W. (1979). Loss of differentiation in intestinal metaplasia in cancerous stomachs. A comparative morphologic study. *Pathol. Res. Pract.*, **164**, 249-258
13. Filipe, M.I., Potet, F., Bogomoletz, W.V., Dawson, P.A., Fabiani, B., Chaubveinc, P., Fenzy, A., Gazzard, B., Goldfain, D. and Zeegen, R. (1985). Incomplete sulfomucin secreting intestinal metaplasia for gastric cancer. Preliminary data from a prospective study from 3 countries. *Gut*, **26**, 1319-1326
14. Sipponen, P., Seppala, K., Varis, K., Hjelt, L., Ihamaki, T., Kekki, M. and Siurala, M. (1980). Intestinal metaplasia with colonic-type sulphomucins in the gastric mucosa; its association with gastric carcinoma. *Acta Pathol. Microbiol. Scand.*, **88**, 217-224
15. Nectors, N. and Dixon, M.F. (1986). The prognostic value of sulfomucin positive intestinal metaplasia in the development of gastric cancer. *Histopathology*, **10**, 1271-1277
16. Cuello, C., Correa, P., Zarama, G., Lopez, J., Murray, J. and Gordillo, G. (1979). Histopathology of gastric dysplasia. *Am. J. Surg. Pathol.*, **3**, 391-500
17. Jass, J.R. (1983). A classification of gastric dysplasia. *Histopathology*, (Oxford), **7**, 181-193
18. Saraga, E.P., Gardiol, D. and Coat, J. (1987). Gastric dysplasia. A histopathologic follow-up study. *Am. J. Surg. Pathol.*, **11**, 788-796
19. Morson, B., Sobin, L.H., Grundmann, E., Johansen, A., Nagayo, T. and Serck-Hanssen, A. (1980). Precancerous conditions and epithelial dysplasia of the stomach. *J. Clin. Pathol.*, **33**, 711-721
20. Torrado, J., Blasco, E., Cosme, A., Gutierrez-Hoyos, A. and Arenas, J.I. (1989). Expression of Type I and Type II blood group related antigens in normal and neoplastic gastric mucosa. *Am. J. Clin. Pathol.*, **91**, 249-254
21. Lipkin, M., Correa, P., Mikol, I.B., Higgins, P.J. Cuello, C., Zarama, G., Fontham, E. and Zavala, D. (1985). Proliferative and antigenic modifications in human epithelial cells in chronic atrophic gastritis. *J. Natl. Cancer Inst.*, **75**, 613-619
22. Risio, M., Coverlizza, S. and Poccardi, G. (1986). *In vitro* immunohistochemical localization of S phase cells by a monoclonal antibody to bromodeoxyuridine. *Bas. Appl. Histochem.*, **30**, 469-477
23. Garcia, R., Coltrera, M.C. and Gown, A.M. (1989). Analysis of proliferative grade using anti-PCNA/cyclin monoclonal antibodies in fixed, embedded tissue. *Am. J. Clin. Pathol.*, **134**, 733-739

Invited Questions

Crespi (Italy) – Concerning the sequence intestinal metaplasia to dysplasia to cancer we should find a certain number of cases of gastric dysplasia some of which progress to gastric cancer; in reality we find a lot of cancers and very few dysplasias so that Sampi in Florence suggested that dysplasia is a paracancerous lesion rather than a precancerous lesion – what do you think of this proposal?

Correa – There were two questions, one of which has to do with deciding if dysplasia is a preneoplastic or a paraneoplastic phenomenon.

In the paraneoplastic hypothesis there are several things that can be understood. It could be firstly that they are in the same locations or secondly they develop in parallel so that sometimes we use the term paraneoplastic to refer to syndromes induced by neoplasm. I assume that the argument mostly refers to the time factors or in other words that they assumed this to be paraneoplastic because it develops in parallel to the neoplasm but it is not the neoplasm itself.

The assumption that it is a paraneoplastic lesion is based on two main phenomena; one is that people with dysplasia are older than people with gastric cancer on whom operations are performed and the second that dysplasia is a rare diagnosis in the Western world. The relationship between dysplasia and cancer cannot be accurately studied where the incidence rates are falling. In countries where the incidence of gastric cancer is not falling such as Portugal and South America dysplasia is a common diagnosis.

In a study we conducted in Colombia, about 10% of people with metaplasia had dysplasia so these 10% could be considered to have gone a step further. Finding dysplasia in my opinion is a very serious lesion which is a marker allowing carcinoma to be diagnosed in the early stages. It is possible for these areas of dysplasia to advance to carcinoma. I am in favour of diagnosing it as a precancerous lesion from the clinical point of view as it is serious and may indicate that the patient has a carcinoma nearby or that he will develop a carcinoma. It is not important whether the cancer develops in the dysplastic area or not – the relevant factor is that it is a marker of a high risk condition.

Crespi – Dr Correa, the chronic gastritis that is involved in your hypothesis of gastric carcinogenesis is the environmental type located especially in the body and the antrum that does not affect gastric acidity. How can you reconcile this kind of gastritis with the fact that augmentation of pH provokes a colonization of nitrate-reducing bacteria and so the reduction from nitrate to nitrite etc.

Correa – The second question referred to the type of gastritis: much of the confusion here originated from Strickland from Australia who divided gastritis into two types: Type A which we all know is associated with pernicious anaemia etc. and Type B for all other sorts of gastritis. Type B is subdivided into:

1. Multifocal chronic atrophic gastritis which is characterized by atrophy in multiple foci in both the body and the antrum, mostly distributed around the incisura angularis on the line separating the corpus and the antrum. This atrophy in my opinion is a precursor of cancer.
2. Diffuse antral gastritis – this generally involves all the mucosa diffusely, mostly in the antrum and does not often produce atrophy or metaplasia. This is the lesion most frequently associated with duodenal ulcer and it is very closely related to *Helicobacter pylori*. This kind of gastritis does not produce atrophy and this is very important, because in the chain of events that eventually lead to cancer atrophy is the most important phenomenon.

The confusion arises from having Type B gastritis subdivided into two very different histological entities.

Section 2

NEW TRENDS IN DIAGNOSIS

Chapter 7

New Trends in Electronic Videoendoscopy of the Digestive Tract

M.A. PISTOIA, S. GUADAGNI, L. LOMBARDI, F. PISTOIA, M. CATARCI and I. CARBONI

Introduction

Endoscopy plays a fundamental role in gastric cancer diagnosis. In its most advanced form the accuracy of this diagnostic tool is quite high, but when in its early stages, especially in Western centres, there is room for improvement.

The introduction into clinical practice of electronic videoendoscopy at the beginning of the eighties, offered a significant contribution to gastric cancer diagnosis since it allowed better visualisation of the digestive tract than was possible with fibrescopes. The realization of higher-resolution videoendoscopes further improved the quality of the image with many varied clinical advantages. Technological progress and the reduction of production costs over the next few years will allow the use of equipment that will approach the utopia of real vision. However, the clinical usefulness of this technological device is derived from other factors. The traditional advantages offered by videoendoscopy, such as high-definition images, viewing by multiple observers and recording of endoscopy are joined by the ability of digital image processing to facilitate the diagnostic and didactic approach.

Computer technology allows storage and re-editing of digitized endoscopic images. The most relevant clinical and scientific aspect of this is the ability to differentiate between normal and pathological patterns of morphology through image processing and analysis [1].

Materials and Methods

In the department of surgery of the University of L'Aquila there is an active digestive endoscopy unit, where high-resolution endoscopic images (Fujinon EVE EVG-F, EVC-M) are digitalized by a computerized system composed of MATROX MVP-AT hardware and RESOURCE 3.2 for ENDOSCOPY 1.0 software, purchased through cooperation with the chair of experimental surgery and Decision Images Inc. (Princeton NJ, USA).

The endoscopic image processing and analysis system can be used interactively with the videoendoscope. During the endoscopic examination part of the service monitor or a second monitor are devoted to processing and analysis of "frozen-picture" images or semi real-time images.

The endoscopist is able to simultaneously observe "live" images, images processed with an infinitesimal delay (not perceptible in comparison to "live" images), and "frozen-picture" images, that can be processed and analysed, with respect to either actual or previous examinations.

The functions of image processing listed in Table 1 are: magnification, contrast enhancement, negative imaging, elimination of brightness differences (normalization), brightness enhancement (maximization) and the use of pseudocolours and filters. All of these provide better definition of structural characteristics of images helping in clinical interpretation.

Table 1 Image processing functions

- Magnification
- Contrast enhancement
- Negative image
- Brightness enhancement (Maximization)
- Brightness equalization (Normalization)
- Pseudocolourization
- Filters

This system also allows the measurement of distances, perimeters and areas in mm and mm^2. These functions take into account the physical characteristics of the videoendoscope and require the distance between the tip of the instrument and the structure to be measured, for which purpose a special probe is inserted into the biopsy channel of the endoscope.

A second group of analytical functions is based on the difference between red, green and blue (R,G,B) saturation values, calculated in each single pixel of the image. This allows the determination of the spectroscopic characteristics of the image using transecting lines or areas. The comparative use of this sort of analysis can quantitatively differentiate image areas according to different morphological and histopathological conditions.

Higher level functions utilize pre-stored parameters for the analysis of endoscopic images. It is possible to create different categories, well defined by quantitative spectroscopic parameters, corresponding to various morphological and histopathological conditions, to which a colour is arbitrarily assigned. The analysis and consequent recolouring of the endoscopic image on the basis of these pre-stored categories represents a diagnostic interpretation by the computer, whose accuracy has yet to be defined.

Comments

Electronic processing and analysis of endoscopic images is reliable and clinically useful only if the images show high fidelity and definition.

These parameters are influenced by the videoendoscope characteristics. There is a significant difference in the performance offered by different videoendoscopes either with respect to image resolution or the colour quality [2]. Furthermore, there can be a loss of image fidelity and definition due to the hardware and software components of the digitalization system [3]. The eventual loss of quality and definition appear to be attributable to software when the videoendoscopic image characteristics and the high technological level reached by the hardware components is taken into account.

Finally, the clinical usefulness of such a system depends upon the performance of both hardware and software components in processing and analysing.

The system in use in the department of Surgery at L'Aquila has functions with real and actual clinical interest and other functions whose application and clinical usefulness have yet to be demonstrated by experimental research [4]. In the former, processing allows details of the videoendoscopic image to be seen which otherwise are imperceptible (Table 1). Moreover, it is possible to measure and quantify many endoscopic lesions such as ulcers and polyps (Table 2). Data from experimental studies have demonstrated that some image analysis functions allow the differentiation between normal and pathological patterns (Table 2), although these data are only preliminary.

The analytical functions of diagnostic interpretation are being used to verify the hypothesis that a microprocessor can be trained by the endoscopist to differentiate between normal and pathological morphological patterns using the videoendoscopic image.

Table 2 Image analysis functions

1) Measurement
   - Distances (mm)
   - Perimeters (mm)
   - Areas (mm^2)
2) Spectroscopic analysis
   - Transection lines
   - Areas
3) Diagnostic interpetation
   - Prememorization of categories (clustering)
   - Classification

The hardware and software system components involved in this experimental trial are different from those utilized by Rey *et al* [5] in a similar study.

It is important to underline the endoscopist's role in this process in the pre-storage of spectroscopic parameters corresponding to normal and/or pathological areas since this is under his absolute judgement.

References

1. Shapiro, M. (1988). Electronic imaging and recording in endoscopy. *Endoscopy*, **20**, 3.
2. Knyrim, K., Seidlitz, H.K., Hagenmuller, F. and Classen, M. (1987). Video-endoscopes in comparison with fiberscopes: quantitative measurement of optical resolution. *Endoscopy,* **19**, 156-159.
3. Green, W.B. (1983). *Digital Image Processing. A Systems Approach*, Van Nostrand Reinhold Company
4. Moik, H. (1980). *Digital Processing of Remotely Sensed Images*, NASA SP-431, Scientific and Technical Branch, NASA, Washington DC
5. Rey, J.F., Albuisson, M., Greff, M., Bidart, J.M. and Monget, J.M. (1988). Electronic video endoscopy: Preliminary results of imaging modification. *Endoscopy,* **20**, 8-10.

Invited Questions

Crespi (Italy) – I would like to express my compliments to Prof Pistoia on the progress in her studies since I last saw her video a few months ago. Does she think that hers is an appropriate biopsy and cytology protocol in the fundamental basis of clinical practice? In the case demonstration of a gastric ulcer followed for several months with serial examinations which was eventually demonstrated to be an early gastric cancer, I think that this points to the weakest point of this technique as a diagnostic tool with 10-12 biopsies being required around and inside the lesion.

Pistoia – I would like to thank Prof Crespi for the opportunity to clarify a few points not covered before. I agree with him fully about the need for a diagnostic protocol, including multiple biopsy, brush cytology and chromoendoscopy. Especially in the case of early gastric cancer we are talking about a very difficult morphological diagnosis. Processing and analysis of images detected by videoendoscopy have a complementaty role in the diagnostic protocol of gastric cancer. However, processing functions provide a further improvement in the definition of videoendoscopic images that are already of high quality providing a real aid in clinical interpretation. We are still experimenting with the clinical usefulness of the analysis functions and the preliminary data look interesting.

With respect to the case presented this morning I confirm that we obtained multiple biopsies at each endoscopy without reaching the histological diagnosis of cancer.

Chapter 8

Endosonography: its Diagnostic Utilities for Gastric Cancer

S. YOSHIDA, K. MIYAMATO and A. HIJIKATA

Introduction

Upper GI endosonography makes it possible to visualize the gastrointestinal mucosal layer structure and that of adjacent organs and the diagnostic accuracy of this procedure has been developing year by year. It is now widely used for the differential diagnosis between epithelial and nonepithelial tumours of the upper GI tract and the quantitative assessment of the depth of upper GI malignancies. This paper attempts to describe the basic aspects of endosonography for the diagnosis of gastric lesions, particularly for gastric cancer, and reports the results of our current cases.

Subjects and Methods

During the period between 1984 and 1987, 201 gastric lesions in 200 cases were examined using endosonography. These included 135 gastric cancers (68 early, 67 advanced), 11 malignant lymphomas, 28 submucosal tumours, 19 with extragastric compression, 3 adenomas and 3 hyperplastic polyps. The Olympus EUS system consisting of a GF-UM2 endoscope remodelled from GF type B3, which is the conventional type lateral viewing gastrofibrescope, and EM-M2 ultrasonic display system were used. Examinations started with observation of the gastric lesions using the GF-UM2. After removal of the air more than 300 ml of deaerated water was passed through the endoscope channel in order to transmit ultrasonic waves generated from the mechanical radial sector located at the distal end of the endoscope (deaerated water immersion method). The sector rapidly revolves on the axis of the scope (420 rpm) both generating ultrasonic waves and catching the reflux from the mucosa through 360 degrees.

Results

Sufficiency of Image Quality for Diagnosis

Results are given in Table 1. The quality of the image was sufficient for diagnosis in 189 (94%) of the 201 lesions, including 60 (8%) early and 63 (94%) advanced gastric cancers. The 12 lesions in which the images were too poor and thus inadequate for diagnosis were located mainly on the antrum or lesser curvature of the stomach.

Table 1 Efficiency of endosonography carried out by deaerated water immersion method for gastric lesions

Final Diagnosis	*Total*	*Imaged* *n (%)*
Early cancer	68	60 (88)
Advanced cancer	67	63 (94)
Submucosal tumour	28	28 (100)
Extragastric compression	18	18 (100)
Malignant lymphoma	11	11 (100)
Benign ulcer	3	3 (100)
Adenoma	3	3 (100)
Hyperplastic polyp	2	2 (100)
Verrucous gastritis	1	1 (100)
Total number of lesions	201	189 (94)

Differential Diagnosis

Endosonographically most of the nonscirrhous advanced cancers (Borrmann I, II and III types) revealed thickened gastric wall and a nodular tumorous hypoechoic pattern replacing the original layer structure (Figure 1). In cases of scirrhous cancer (Borrmann type IV) the invasive area was only seen as marked thickening of the gastric wall with preservation of layer structure (Figure 2). In the case of malignant lymphoma the findings were similar to those in advanced nonscirrhous cancers with thickened gastric walls, destruction of layer structures and a similar echo level of the tumour. The echo patterns of these lesions were somewhat different to those of carcinoma (Figure 3) showing spotty and/or multinodular features – this was regarded as pathognomonic. In submucosal tumours a hypoechoic mass structure was

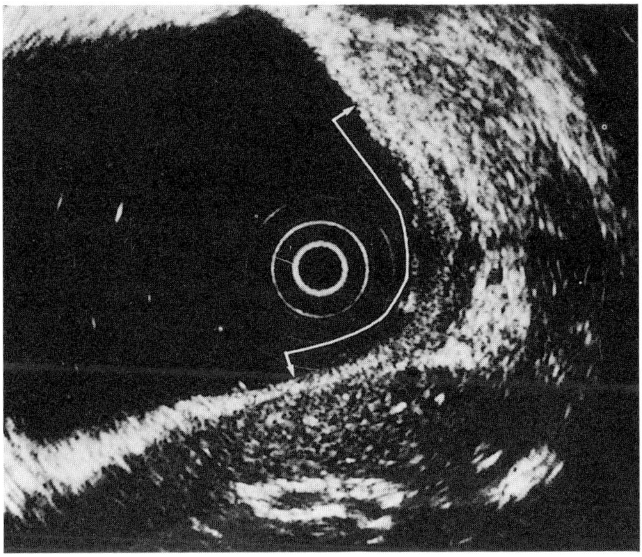

Figure 1 Endosonographic picture of a case of Borrmann type III advanced gastric cancer. A hypoechoic mass shadow is noted from the first to fourth layers of the stomach. The original layer structure is loose. Histological examination of the specimen revealed Borrmann type III advanced gastric cancer (tubular type) with extensive invasion of the muscularis propria.

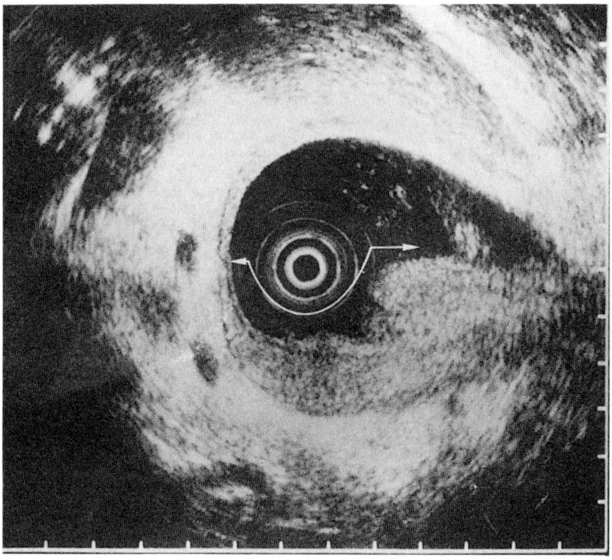

Figure 2 Endosonographic picture of a case of Borrmann type IV (scirrhous) type of advanced cancer. There is thickening of the gastric wall with preservation of the layer structure. Histologically the resected specimen revealed diffusely invasive scirrhous cancer invading beyond the serosa.

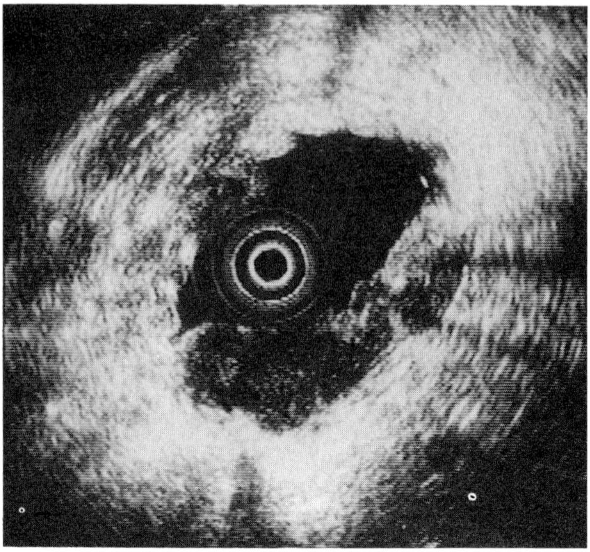

Figure 3 Endosonographic picture of a case of malignant lymphoma. A hypoechoic mass shadow is seen destroying the layer structure, similar to the finding in nonscirrhous advanced cancer, except that the mass is nodular. This is pathognomonic of malignant lymphoma. Histology revealed malignant lymphoma invading the serosal membrane.

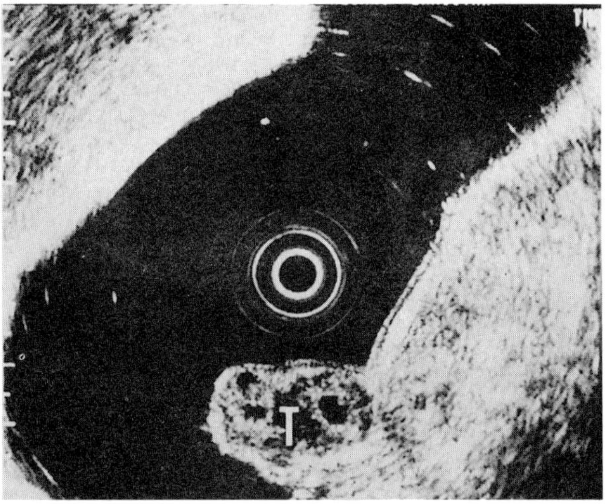

Figure 4 Endosonographic picture of a case of lyomyosarcoma (submucosal tumour). A mass lesion consisting of hyper and hypoechoic areas is seen, as for a cancerous lesion. However, it can be seen that the first and second layer structure is preserved. Histologically this lesion was a lyomyosarcoma and the hypoechoic area corresponded to the necrotic area within the lesion. These findings are unusual in benign lyomyoma and are regarded as pathognomonic for sarcomatous lesions.

located within the layer structure of the gastric wall (Figure 4), whereas in extragastric compression the tumorous shadow was located outside the layer structure (Figure 5) allowing easy differential diagnosis between these lesions. It was, however, not so easy to differentiate between some early cancers and benign epithelial lesions such as adenoma ulcer and polyp. In particular, in deep ulceration it was difficult to differentiate between benign peptic ulcer and early or early-like cancer including ulceration within the cancerous lesion.

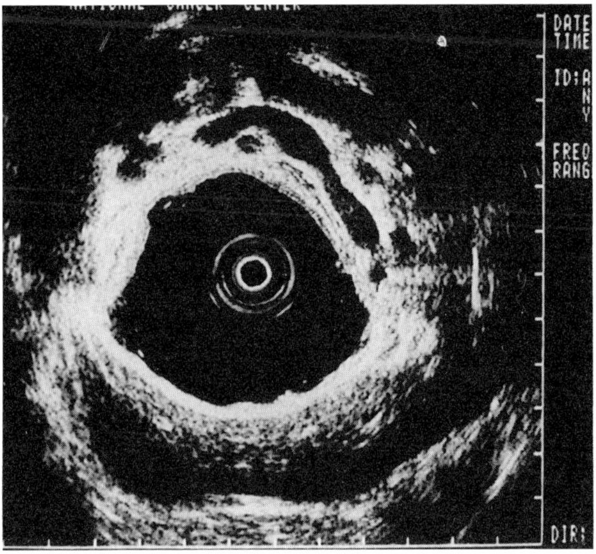

Figure 5 Endosonographic picture of a case of extragastric compression

Diagnosis of the Degree of Vertical Cancer Invasion

Table 3 shows the accuracy of ultrasonographic estimation of the degree of vertical cancer invasion. The accuracy was high among the lesions which were diagnosed as mucosal or beyond subserosal by endosonography. Misdiagnosis of vertical invasion was mostly caused by technical inadequacy which failed to reveal the deepest point of the lesions except for ulcerating carcinomas where exact differentiation of cancerous invasion from fibrotic tissue induced by ulceration was almost impossible.

Table 2 Ultrasonic findings of gastric lesions by ultrasonography

Lesion	*n*	*Ultrasonic findings*		
		Thickness of gastric wall	*Destruction of layer structure*	*Hypoechoic*
Early cancer	60	55 (92)	20 (33)	50 (83)
Advanced Ca Borrmann I-III	51	52 (100)	40 (77)	48 (92)
Advanced Ca Borrmann IV	11	11 (100)	0	11 (100)
Malignant lymphoma	11	8 (73)	7 (64)	11 (100)
Benign ulcer	3	2 (67)	0	0
Adenoma	3	3 (100)	0	1 (33)

Lesion	*n*	*Granular*	*Nodular*	*Spotty*	*Massive*
Early cancer	60	30 (50)	29 (48)	1 (2)	0
Borrmann I-III	52	27 (52)	23 (44)	1 (2)	1 (2)
Borrmann IV	11	3 (27)	8 (72)	0	0
Malignant lymphoma	11	1 (9)	0	6 (55)	4 (36)
Benign ulcer	3	0	3 (100)	0	0
Adenoma	3	0	3 (100)	0	0

Table 3 Accuracy of peroperative endosonographic diagnosis for estimating the degree of vertical invasion of the gastric wall

Ultrasonic diagnosis	*Histological diagnosis (%)*				
	m	*sm*	*mp*	*beyond ss*	*Total*
m	21 (91)	2 (9)	0	0	23 (100)
sm	12 (41)	15 (52)	1 (3)	1 (3)	29 (100)
mp	1 (7)	3 (20)	7 (47)	4 (27)	15 (100)
beyond ss	0	2 (5)	7 (18)	29 (76)	86 (100)
Total	34	22	15	34	105

m = mucosal
sm = submucosal
mp = muscularis propria
ss = subserosal

Experimental Data for Improving Image Quality

In the experimental examination series in which resected specimens were reexamined ultrasonographically in a water bath the image obtained was much better than that from clinical examinations. Nevertheless, the accuracy rate of determining the degree of vertical invasion was 68% (54% in early cancer) and was mostly the same as clinical data. In contrast, when a transducer containing high molecular piezoelectric elements for the resected specimens was used in the water bath, the image quality was much better, as shown in Figure 6, with a corresponding increase in the accuracy rate to 88% (92% in early cancer).

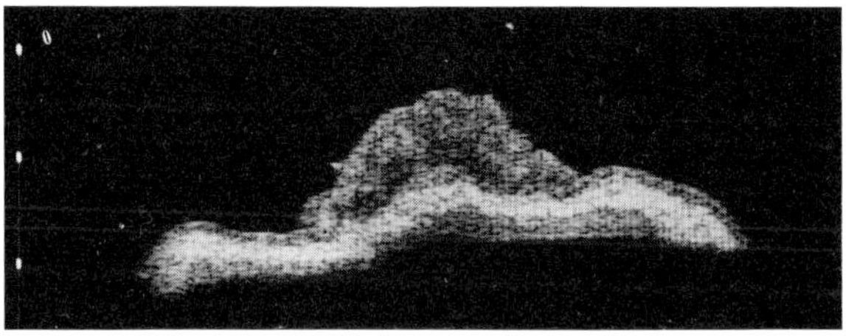

Figure 6 Ultrasonic picture of the resected specimen of gastric cancer taken using a transducer containing a high molecular piezoelectric element in the water bath. The image quality is much better than that obtained *in vivo*

Discussion

Endosonography is expected to reveal the detail of the gastric lesion, particularly those located within the gastric wall or extrinsic area. In some cases it is possible to make both qualitative and quantitative diagnoses. However, the diagnostic accuracy is not always sufficient, particularly in the differentiation between shallow invasive malignancies and benign lesions. This is due to the technical aspects and performance of the instrument.

Technical errors were thought to account for the failure of 8 of the 12 examinations judged to have insufficient image quality. The examination technique was inadequate early on and for lesions of the antrum and lesser curvature in which it is difficult to retain sufficient deaerated water. However, recently, adequate selection of body position as prone or right side down can improve quality. The other 4 lesions were either cancers of less than 5 mm or advanced cancers with severe deformity of the gastric wall restricting endoscope manipulation, so could be considered to be due to limitation of the examination rather than technical errors.

The diagnostic accuracy of estimating the depth of cancer invasion was 69%, being particularly poor in lesions with submucosal or muscularis propria invasion. Other Japanese papers have reported similar percentages, due to difficulty in differentiating between cancerous tissue invading the submucosa and muscle layer from fibrosis due to ulceration within the cancerous area.

In the experimental series in which endosonography was carried out in a water bath there was a better image quality, but the diagnostic accuracy of vertical invasion was not markedly improved. However, when a transducer, containing high molecular piezoelectric elements which can reveal the detail of the difference in density of the tissue was used, the accuracy was extremely high. These results may indicate that in order to improve the diagnostic accuracy, particularly in the differential diagnosis of cancer from fibrosis, high-resolution transducers should be used.

Chapter 9

Flow Cytometry in Gastric Cancer

L. CAPURSO, M. KOCH, P.L. FRACASSO, F. FERRARIO, A. DEZI,
F. DEL SETTE and A. CIACO

Introduction

The cell cycle may be defined as the orderly sequence of events that occur in the reproductive life of a cell. It may be divided into two major stages: the interphase and mitosis.

The interphase may be further subdivided into three subphases, G1, S and G2/M. The first subphase G1 (where G is for GAP of synthesis) is the presynthetic phase in which the cells prepare for synthesizing new DNA in the successive phase S. In this phase of the cycle cells have two copies of each chromosome (2N); cells in the S phase have a variable amount of DNA (between 2N and 4N) as they complete their cycle of DNA synthesis. Cells that have completed DNA synthesis but have not yet divided (phase G2/M of the cell cycle) have 4N DNA: in this phase the amount of DNA is exactly double than in G1 and the cell is ready for the mitosis. A cell (or population of cells) is said to be aneuploid if its chromosome number or DNA content deviates from the basic number or an exact multiple of it. These aberrations of relative DNA content may correspond to karyotypic abnormalities present in both haematological and solid human malignant tumours [1–3].

Flow cytometry is a reliable tool for measuring relative DNA content in cellular samples from normal and pathological tissues [4–6]. Cytometrically determined aneuploidy can be used as a tumour marker [7].

In particular, the present state of the art seems to indicate that aneuploidy is a condition exclusive to some (or the majority of) malignant tumours; recently Barlogie *et al* [8] has reported that cytometric aneuploidy characterizes 75% of human solid tumours. Still, aneuploidy could be present in the precancerous state either as a marker of some kind of transition from the benign to malignant condition or as an indicator of the presence of a small fraction of cells that are already malignant.

Flow Cytometry (FC)

FC is the measurement of individual cells and of the cellular content. Each cell of cellular organelles is considered as a separate entity that can be evaluated individually. FC views each cell as a unit to measure, although it permits the measurement of multiple parameters of the same cell in several hundreds of thousands of cells in a given specimen [9].

Measurements vary from dimensions such as volume, the projection area and the mass to the evaluation of biochemical constituents such as DNA or protein content in the nucleus and even to complex quantification of enzymatic activity. For example, FC can evaluate the DNA distribution of the individual cells of a specimen providing a histogram of the proportion of cells in the G1S, S or G2+M stage of the cell cycle. FC can also identify the presence of aneuploid cell clones thereby permitting an early diagnosis and a prognosis of neoplasias [10].

FC is based on the principle of fluorescence according to which fluorescent substances produce a secondary light when excited. The fluorescent stains or fluorochromes have the ability to specifically and stoichiometrically stain cells so that the degree of fluorescence is a quantitative function of the amount of stained sublayer.

The fluorochromes used in FC should have the following characteristics:

A) specific staining of cellular components involved
B) quantitative binding
C) rapid cellular penetration with little or no dispersion
D) high level of fluorescence, i.e. release of a large percentage of exciting light as fluorescence
E) fairly marked separation between excitation and release spectrum, so that the signals can be easily identified.

The fluorochromes mainly used in FC are ethidium bromide, acridine orange, mithramycin, propidium iodine, 4-6-diamidino-2-phenylindole-2HCl (DAP), Hoechst 32258 and ethidium bromide-mithramycin.

The fragments of tissue to be studied for the distribution of cellular DNA are obtained either at surgery or biopsy and are stored at 4°C in RPMI medium supplemented with 5% foetal calf serum. Processing is performed on the day of sampling, and single cell suspensions are obtained by mechanical and enzyme treatment. The specimens are minced with scissors, washed in calcium and magnesium free buffer, and treated with 0.05% pepsin for 10 minutes at room temperature. Tris buffer is then added, the samples centrifuged at 200 *g* for 5 minutes and the pellets resuspended in the same buffer. Twenty μl of Nonidet P40, 1 ml of 25 μg/ml ethidium bromide and 1 ml of 25 μg/ml mithramycin are then added to 0.2 ml of cell suspension. The fluorescence intensity of the nuclear structure thus stained is then evaluated by the cytofluorimeter. The stained cells are suspended in saline and gently led under light pressure or attracted by a vacuum at a rhythm of 10 000 to 50 000 cells/second in the reading chamber where they are exposed to coherent and monochromatic light with a mercury or laser lamp. The fluorescent signal is then electronically processed and its amplitude measured, corresponding to the amount of intercepted fluorochrome. Data thus obtained are analysed and processed by a computer, which automatically prepares a histogram with the distribution for DNA of the cells in the various phases G1, S, G2+M of the cellular cycle.

The automatic analysis can improve the evaluation of the data obtained by FC measurement of DNA, as referred to the occurrence, the magnitude, the ployd level and cell-cycle phase percentage. It also appears that by this procedure we may detect and evaluate the abnormal population even when it is not clearly identifiable by a qualitative visual analysis of the histogram [11].

Flow Cytometry in Gastric Cancer

We have performed DNA flow cytometric measurements on surgical and biopsy specimens from 93 patients with gastric cancer, 35 with atrophic gastritis and 24 with no pathological lesions. In all cases the diploid peak in the distribution was localized by adding to the sample cells from a normal area of the stomach of the same patient and/or from a "donor" patient. DNA index (DI) was calculated as the ratio of the G1/0 aneuploid peak modal channel to the G1/0 diploid peak modal channel [12].

Figure 1 illustrates the typical cytometrically determined DNA content distribution obtained from a specimen of "normal" stomach. All "normal" specimens constantly exhibited a normal diploid content, that is DI = 100. No relevant differences were noted among various sites of the stomach, including antrum, cardia, corpus and fundus.

Figure 2 shows a representative histogram from gastric cancer. The histogram indicates the G1/0 peak of the diploid cells (D) and of the aneuploid cells (A) and exhibits a relatively large "debris" area including both pycnotic cells and nuclear debris.

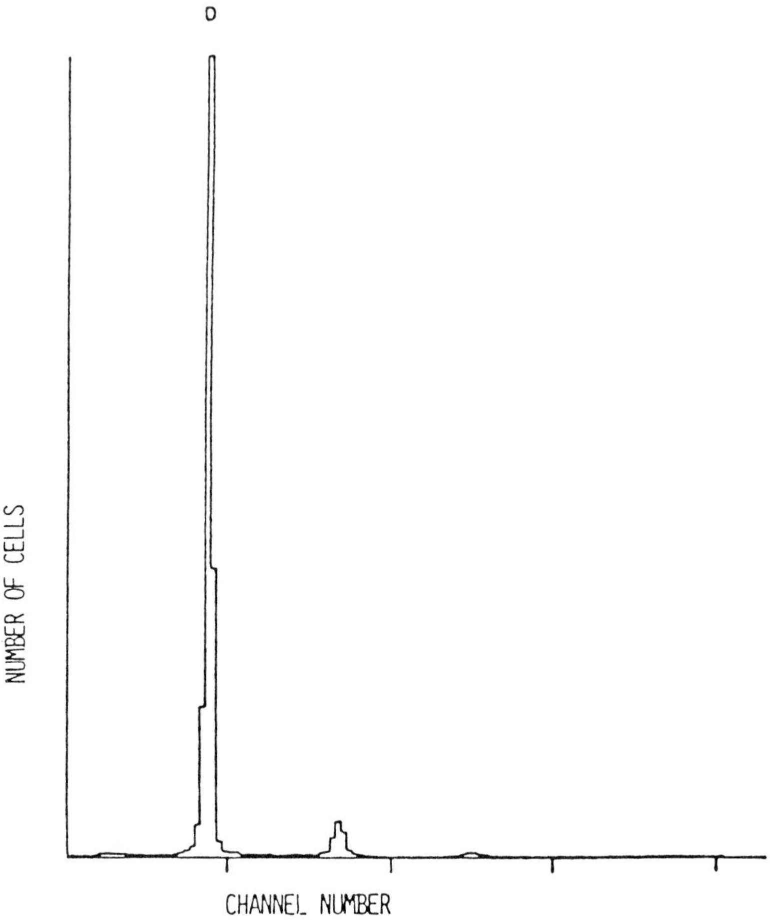

Figure 1 Flow cytometrically determined DNA content distribution of normal stomach tissue. The histogram refers to a total of 7460 cells.

In the majority of cases (90/94) ploidy abnormality was demonstrated with presence of both diploid and aneuploid cell subpopulations, the DI of the latter ranging from 1.10 to 1.85, with an extreme value of 3.13 in a specific case.

Figure 3 illustrates the histogram of an atrophic gastritis case in which a little aneuploid peak is present. This peak occurred in repeated readings of the same sample, even when histogram correction for background and cell aggregate were applied. "Small clone" aneuploidy was present in 6 atrophic gastritis cases.

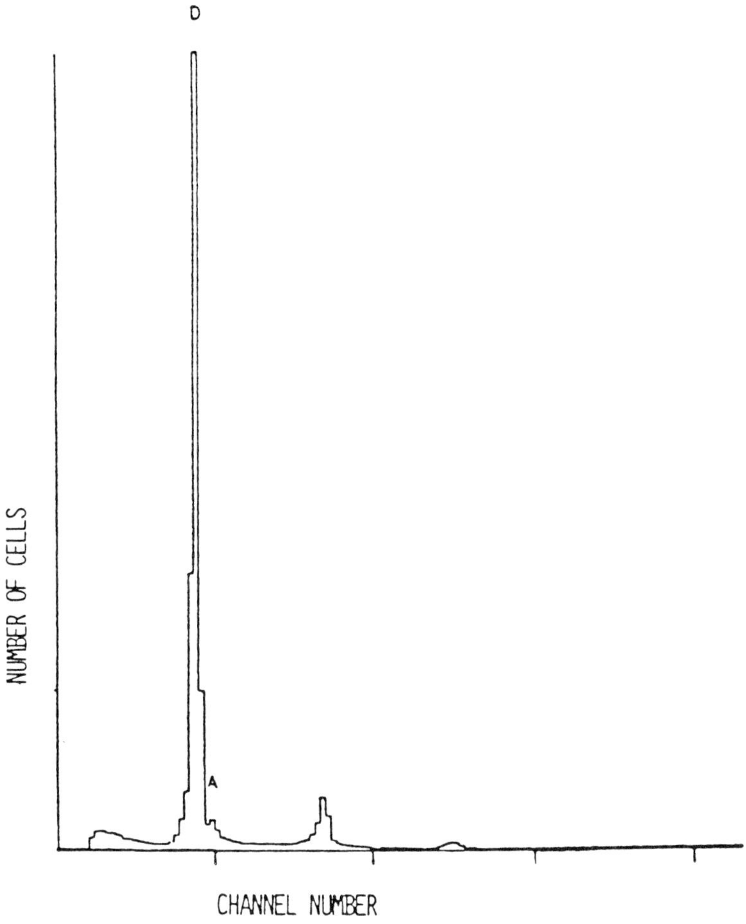

Figure 2 Representative histogram of a gastric adenocarcinoma. D indicates the G1/0 peak of diploid cells, and A the aneuploid cells. The histogram refers to a total of 13601 cells.

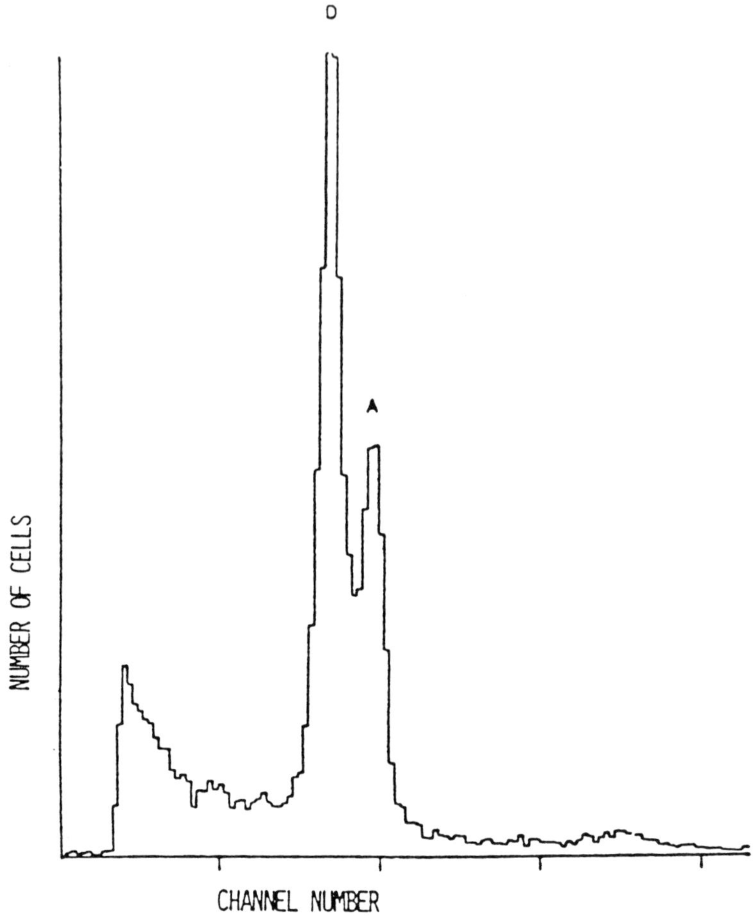

Figure 3 Histogram of a chronic atrophic gastritis characterized by "small clone" aneuploidy. The histogram refers to a total of 19156 cells.

Conclusions

The present study confirms the possibility of detecting cellular DNA content alterations in tissue samples from gastric cancer patients.

Ploidy abnormalities in specimens of adenocarcinoma of different areas of the stomach were present in all but 4 of the cases examined.

Aneuploidy is sometimes apparently associated with a disease such as chronic atrophic gastritis that is clinically considered to be precancerous. In our series 6 out of 35 chronic atrophic gastritis samples were characterized by the concomitant presence of a diploid and aneuploid cell subpopulation.

The fraction of aneuploid cells (as measured in terms of A/D peak height ratio) is relatively lower in aneuploid gastritis than in adenocarcinoma. The real significance of the aneuploidy in chronic atrophic gastritis is not yet clear. In 4 cases (2 drop outs), aneuploidy was still evident in samples taken 5 years later, without any histological change.

Clearly the problem of the actual existence of aneuploid chronic atrophic gastritis is open [13,14]. The hypothesis that aneuploidy is typical of precancerous lesions, as well as colonic mucosa in long-standing ulcerative colitis or oesophageal mucosa in Barrett's oesophagus [15,16], where precancerous refers to epithelial atypia preceding the stage of an early cancer, should be taken into account.

References

1. Cripenberg, U., Ahlqvist, J., Stenstrom, R. and Gripenberg, L. (1977). Two chromosomally different cell populations in a human neoplasm. *Hereditas*, **87**, 51-56
2. Hossfeld, D.K. and Schmidt, C.G. (1978). Chromosome findings in effusions from patients with Hodgkin's disease. *Int. J. Cancer*, **21**, 147-156
3. Sabdberg, A.A. (1981). Tumors of the alimentary tract. In *Chromosomes in Human Cancer and Leukemia.* Sandberg, A.A. (ed.), Elsevier, New York, 468-485
4. Barlogie, B., Drewinko, B., Raber, M.N. and Swarzendruber, D.E. (1982). Cell kinetics in clinical oncology. In *Cell growth.* Volume 2, Nicolini, C. (ed.), Plenum Press, New York, 773-798
5. Christensen, I. and Vindelov, L.L. (1982). A method for the analysis of a mixture of DNA distributions measured by flow cytometry. VI International Symposium on Flow Cytometry, Schloss Elmau, 41
6. Gohde, W., Schumann, J., Buchner, T., Otto, F. and Barlogie, B. (1979). Pulse cytophotometry: Application in tumor cell biology and clinical oncology. In *Flow Cytometry and Sorting.* Melamed, M., Mullaney, P.F. and Mendelson, M.L. (eds), John Wiley & Sons, New York, 599-620
7. Barlogie, B., Drewinko, B., Schumann, J., Gohde, W., Dosik. G., Latreille, J., Johnston, D.A. and Freireich, E.J. (1980). Cellular DNA content as a marker of neoplasia in man. *Am. J. Med.*, **69**, 195-203
8. Barlogie, B., Raber, M.N., Schumann, J., Johnson, T.S. Drewinko, B., Swartzendruber, D.E., Gohde, W., Andreeff, M. and Freireich, E.J. (1983). Flow cytometry in clinical cancer research. *Cancer Res.*, **43**, 3982-3997
9. Capurso, M. and Koch, M. (1988). Cellular turnover: methods of study. In Cheli, R. (ed.) *Flow Cytometry in Clinical Cancer Research*, Raven Press, New York, 35-47
10. Mauro, F., Teodori, L., Schumann, J. and Gohde, W. (1986). Flow cytometry as a tool for the prognostic assessment of human neoplasia. *Int. J. Radiat. Oncol. Biol. Phys.*, **12**, 625-636
11. Bruni, C., Capurso, L. and Koch, M. (1986). Automatic analysis of flow cytometrically determined DNA distributions in the presence of abnormal stemlines. *Mathematical Modelling*, **7**, 1325-1338
12. Teodori, L., Capurso, L., Cordelli, E., De Vita, R., Koch, M., Tarquini, M., Pallone, F. and Mauro, F. (1984). Cytometrically determined relative DNA content as an indicator of

neoplasia in gastric lesions. *Cytometry*, **5**, 63-70
13. Weiss, H., Gutz, H.J., Wildner, G.P., Ebeling, K. and Schmidt, W. (1980). Characterization of chronic atrophic gastritis by means of pulse cytophytometry. In *Flow Cytometry*, Universitereforlaget, Bergen, 473-477
14. Odegaard, S., Hostmark, J., Skagen, D.W., Schrumpf, E. and Laerum O.D. (1987). Flow cytometric studies in normal human gastric mucosa, gastritis and resected stomachs. *Scand. J. Gastroenterol.*, **22**, 750-756
15. Hammarberg, C., Rubio, C., Slezsak, P., Tribukait, B. and Ohman, U. (1984). Flow-cytometric DNA analysis in patients with chronic ulcerative colitis. *Gut*, **25**, 905-908
16. McKinley, M.J., Budman, D.R., Grueneberg, D., Bronzo, R.L., Weissman, G.S. and Kahn. E. (1987). DNA content in Barrett's esophagus and esophageal malignancy. *Am. J. Gastroenterol.*, **82** (10), 1012-1015

Invited Questions

Crespi (Italy) – A question – in the previously published reports the incidence of aneuploidy in gastric carcinoma ranged from 39 to 73%, does this represent a limitation to this method? Have you any data on the differences between the intestinal and diffuse types of carcinoma with respect to the ploidy pattern? and what is the clinical relevance of these aneuploid negativities?

Capurso – Most of the literature reports on the ploidy pattern in old paraffin-embedded histological sections, so these reports have no value. The true problem is that there are still too many differences in methodology. The cellular suspension to be studied has to be very clean and pure to avoid oscillations in the results. In any case the presence of aneuploidy indicates the presence of an anomaly and the absence probably means that the neoplasm is euploid or that the sample was inadequate. We still have insufficient data on the differences in the ploidy pattern between intestinal and diffuse type carcinoma. There is no doubt that this is an important technique since it allows the subdivision of carcinomas within the same histological type and may be useful when used in combination with other new techniques.

Montori (Italy) – I wonder if Prof Nagayo would like to comment on the interesting arguments about ploidy patterns discussed here.

Nagayo (Japan) – I am an old pathologist and when I see the surgical resection specimens I first of all look around the mucosa and then examine on histological specimens the area perpendicular to the section. This could also be seen with the aid of the videoendoscope and ultrasonography so that a traditional and old method becomes very modern.

Section 3

SURGICAL TREATMENT OF GASTRIC CANCER

Chapter 10

Intraoperative Staging in Gastric Cancer Surgery

G. de MANZONI and C. CORDIANO

Introduction

The surgeon must decide which operation to perform for a patient with gastric carcinoma on the basis of tumour staging. In this way, Maruyama made important progress using a computed analysis of 3700 cases, operated on between 1968 and 1983 at the National Cancer Center of Tokyo [1]. Each new case is staged according to the main prognostic features (age, sex, WHO histological type, Borrmann's type, location and depth of tumour invasion) and compared with operated patients having the same prognostic factors. The computed analysis permits us to know preoperatively for comparison the incidence of lymph node metastases for each group in the new case.

The biggest problem with this approach is that the stage of depth of tumour invasion (T) is not precise and we have to consider not only the more probable T, but also the possibility of preoperatively over- or under-staging. For this reason we tried to improve the accuracy of the diagnosis of T and we suggest, as a new method, performing an ultrasound examination of the resected specimen intraoperatively (*in vitro* ultrasonography). In this way the surgeon can know in a few minutes the depth of tumour invasion and then perform the best resection and lymph node dissection.

Materials and Methods

After initially deciding about the resectability of the tumour using visual inspection, peritoneal lavage [2] and if necessary N3-N4 nodes sampling for immediate cytology [3], resection was performed. The resected stomach specimen was opened on the opposite side from the tumour and examined with a 7.5 MHz linear array probe, the same as that employed for traditional intraoperative examinations, the ultrasonic scanner unit being the Toshiba SAL 77/B.

In order to obtain clear sonographic images it was necessary to place an echo-free standoff pad (Kitecko) functioning as a window between the probe and the gastric wall. In addition a second echo-free pad was placed between the serosal surface of the stomach and the support plane. In this way the serosal layer (hyperechoic) was clearly seen, which otherwise would not be distinguished from the support plane.

In the stomach wall, five layers could be differentiated by *in vitro* ultrasonography (VUS) [4] (Figure 1). The first layer (hyperechoic)

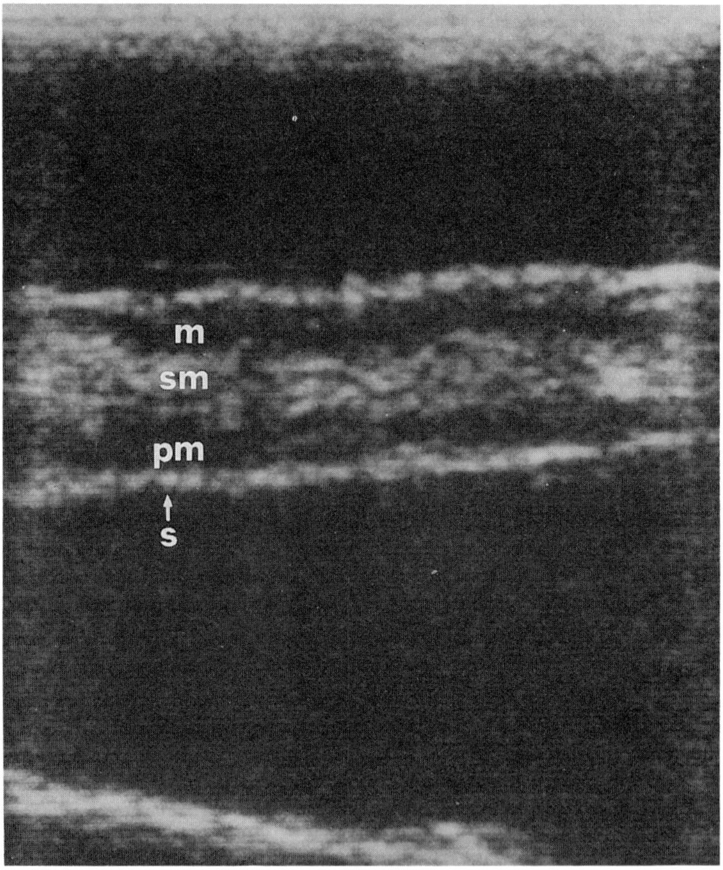

Figure 1 VUS of normal stomach wall showing the five layers.
m = mucosa, sm = submucosa, pm = muscularis propria, s = serosa.

corresponds with the acoustic interface, the second layer (hypoechoic) with the mucosa, the third layer (hyperechoic) with the submucosa, the fourth layer (hypoechoic) with the muscularis propria, and, finally, the fifth layer (hyperechoic) corresponds with both the serosa and the outside interface. The depth of invasion could be judged by observing the destruction or loss of the normal five layered appearance of the gastric wall. Tumours with initial invasion of the serosal layer were classified as T3 and tumours with complete destruction of the serosa as T4a (perivisceral fat infiltration).

With this new method 23 cases of adenocarcinoma of the stomach were examined, 15 males and 8 females with a mean age of 60 years (range 30–73). The average time it took to perform VUS was about three to four minutes.

This prospective study was carried out in a double-blind fashion, the pathologist examining the specimens being unaware of the degree of tumour invasion, if any, made by VUS during the operations. Then, in order to assess the accuracy of VUS the histological diagnosis of T was compared with the ultrasonographic assessment.

Results

Among 23 tumours examined, 13 were located in the antrum, 5 in the body, 4 in the fundus and one was a gastric stump tumour.

Histological examination showed that 11 were tumours of the intestinal type, 8 of diffuse type and 4 mixed.

The ultrasonographic diagnosis of depth of tumour invasion corresponded to the final diagnosis in 22 cases (Table 1). Among these 22 cases, there was one tumour with mucosal invasion (Tim) (Figures 2 A and B), 7 with submucosal invasion (Tism) (Figures 3 A and B), 2 with muscularis propria invasion (T2), 7 with serosal invasion (T3) (Figure 4) and 6 tumours with invasion of perivisceral fat (T4a) (Figures 5 A and B).

The ultrasonic finding was wrong only once. In this case the VUS estimation of tumour invasion was involvement of the muscularis propria (T2), but the final histological diagnosis showed submucosal invasion (Tism).

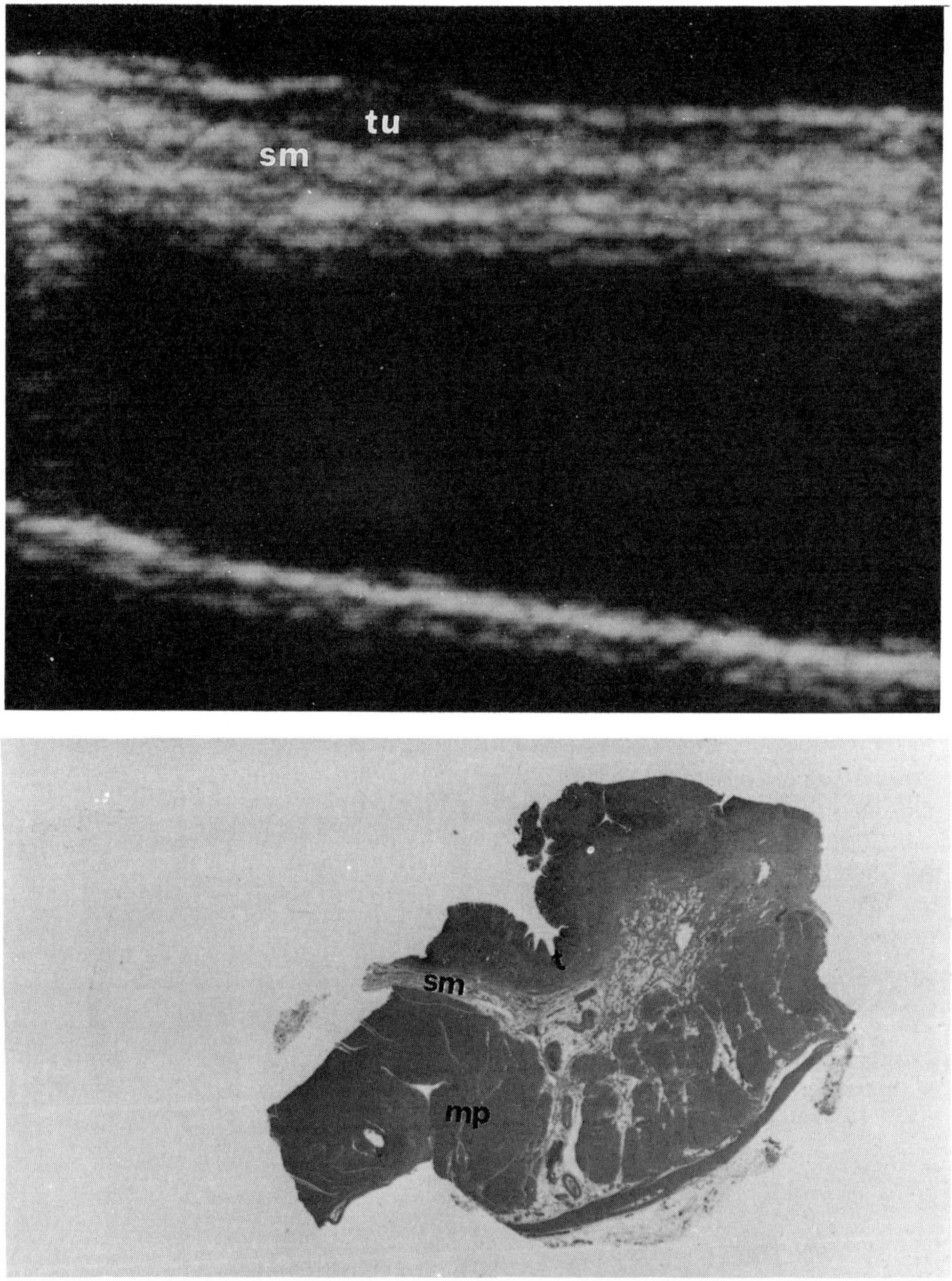

Figure 2 A: VUS showing hypoechoic tumour in the mucosa (tu) without penetration into the submucosa (sm)
B: Corresponding histology resected specimen showing the intramucosal cancer; t = tumour, pm = muscularis propria

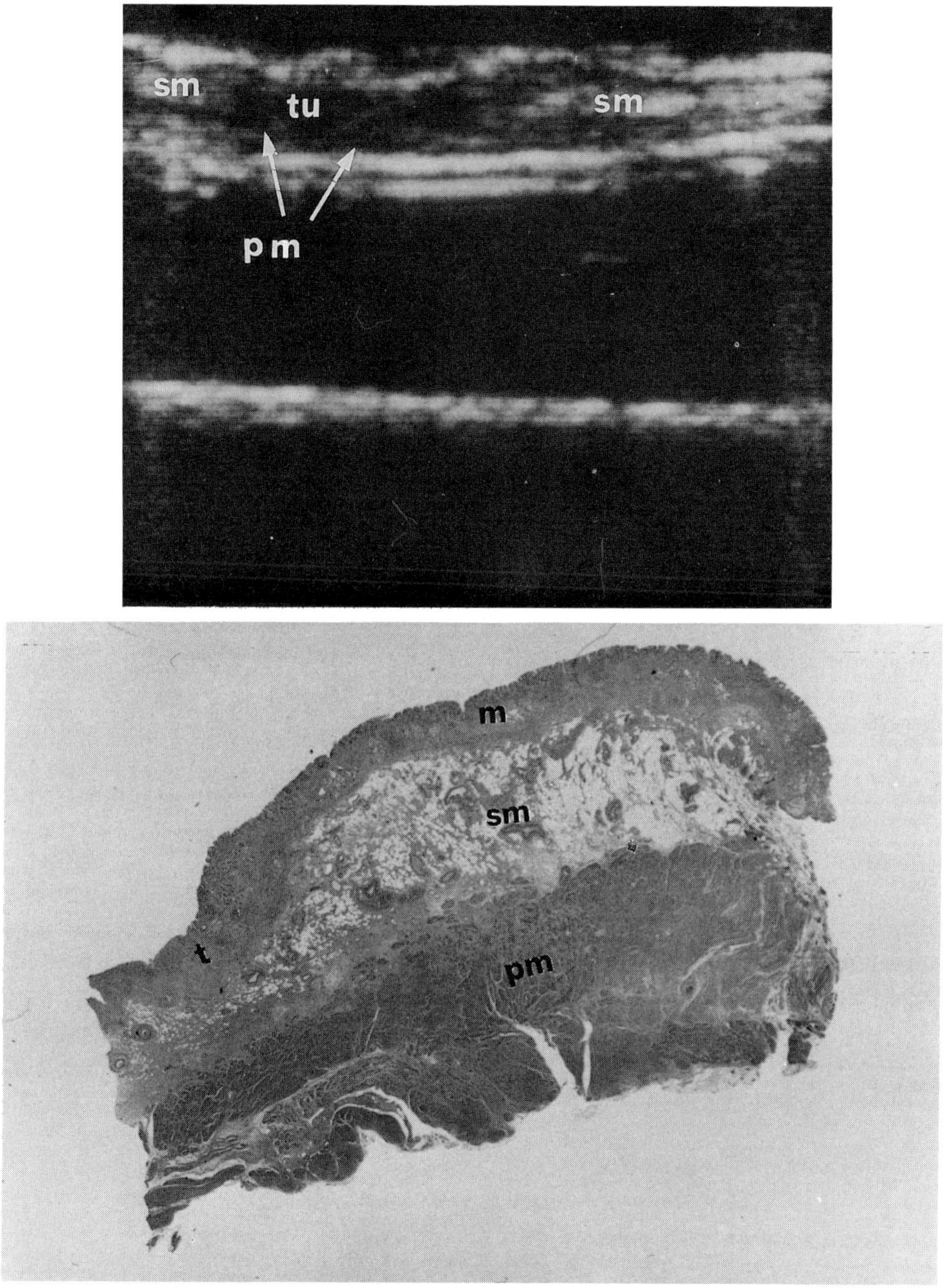

Figure 3 A: VUS showing ulcerated tumour (tu) invading the submucosal layer (sm), but still not the muscularis propria (pm) which is still undamaged (arrows)
B: Corresponding histology showing the tumour (t) infiltration penetrating almost all the submucosa (sm) but not the muscularis propria (pm)

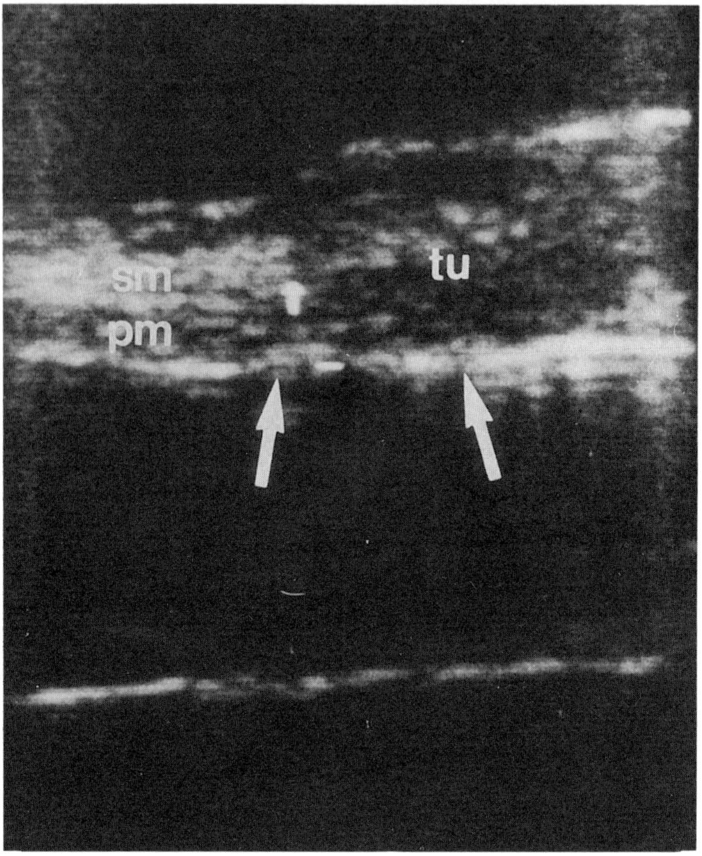

Figure 4 VUS of cancer T3 (tu) with destruction of submucosal (sm) and muscularis propria (pm) layers and initial invasion of the serosal layer (arrows).

Table 1 Accuracy of estimation of the depth of tumour invasion made by *in vitro* ultrasonography (VUS)

	VUS correct diagnosis	*Histology*
T1 (m)	1	1
T1 (sm)	6	7
T2	2	2
T3	7	7
T4a	6	6

Overall Accuracy: 22/23 (95%)

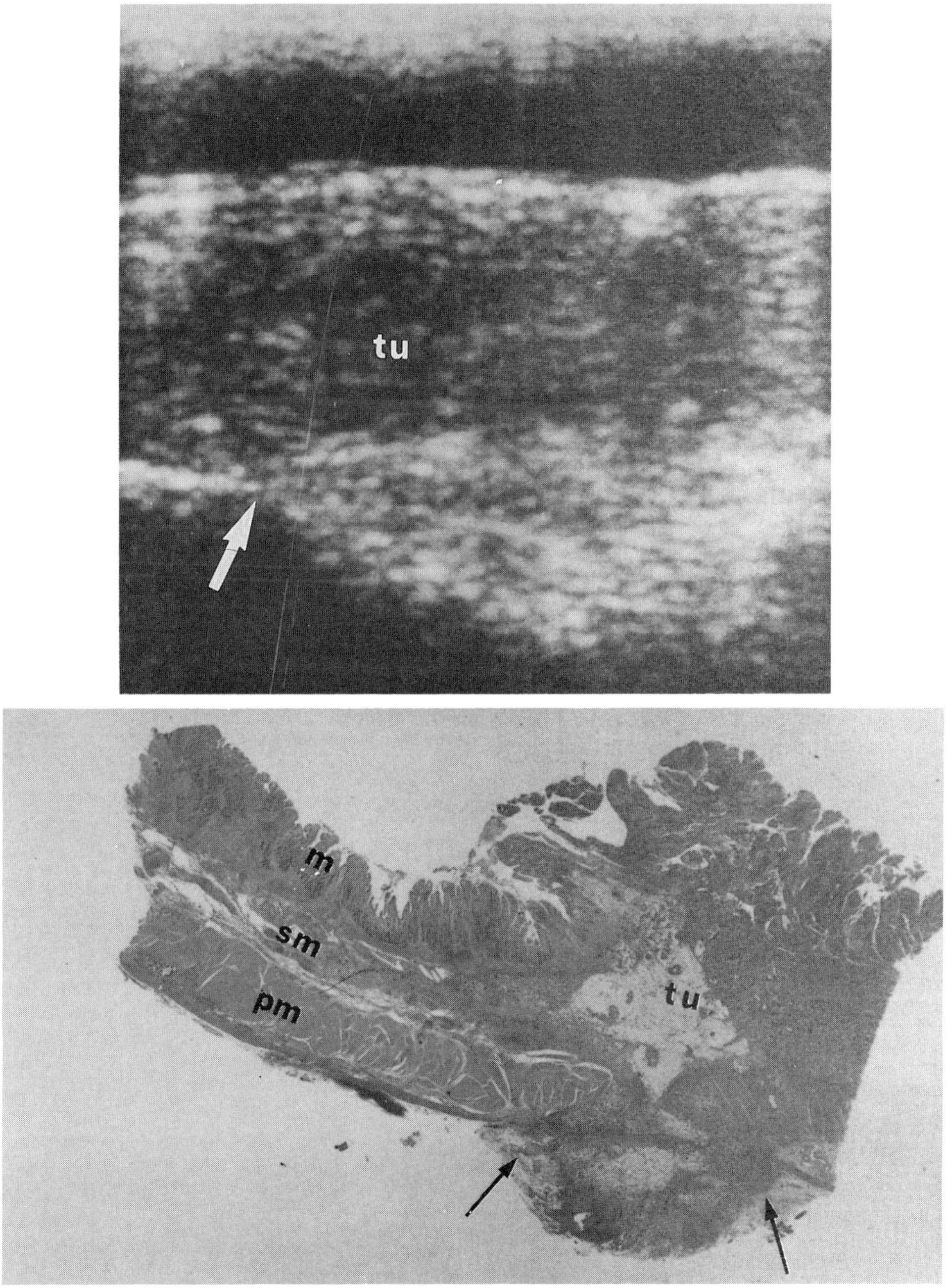

Figure 5 A: VUS of transmural gastric tumour (tu) infiltrating the perivisceral fat with complete invasion of serosal layer (arrow) and destruction of the stomach wall.
B: Corresponding histology showing the destruction of the stomach wall with invasion (arrows) of the perivisceral fat; tu = cancer, m = mucosa, sm = submucosa, pm = muscularis propria.

Discussion

The preoperative staging of depth of tumour invasion in gastric cancer using traditional methods is often not accurate and the staging of lymph node invasion (N) is not practicable. Currently the overall accuracy of standard intraoperative surgical evaluation for both T and N does not exceed 40-60% [5,6]. In an attempt to improve the preoperative assessment of depth of tumour invasion some hospitals are using endoscopic ultrasonography (EUS) [7,8]. With this new technique the accuracy of the depth of tumour invasion is about 80% [9–11]. However, EUS is not only expensive but also requires unique equipment and considerable expertise. Moreover, sometimes it is difficult to put the endoscopic probe on the centre of the cancer and thus accurately stage the depth of invasion. Recently intraoperative ultrasonography has been used during gastric cancer surgery to obtain more precise information about tumour invasion of the gastric wall, but the results are not yet easy to evaluate [12,13].

We believe that the ultrasonographic examination of the resected specimen is easier (it is not necessary to clamp the duodenum and to fill the stomach with saline solution) and faster. Moreover, with VUS, one can be sure that the whole tumour is examined, and if necessary one can also study the margins of the resection. In two cases, during total gastrectomy, we performed additional resection because VUS had revealed infiltration of the oesophageal margins.

Our experience is still limited but shows a high degree of accuracy with this new technique (correct diagnosis in 22/23 cases). For this reason VUS should become very important in the assessment of the depth of tumour invasion and it will help the surgeon to select the appropriate operation. If the exact T of the tumour is known then one knows indirectly also the incidence of lymph node metastases (N+) [1] and can thereby ensure the best resection and lymph node dissection.

References

1. Maruyama, K. (1986) *Surgical Treatment and End Results of Gastric Cancer,* Tokyo, National Cancer Center Press
2. Nakajima, T., Harashima, A. and Hirata, M. (1978). Prognostic and therapeutic values of peritoneal cytology in gastric cancer. *Acta Cytol.*, **22**, 225-229
3. Keighley, M.R.B., Moore, J., Roginsky, C., Powell, J. and Thompson, H. (1984). Incidence and prognosis of N4 node involvement in gastric cancer. *Br. J. Surg.*, **71**, 863-866

4. Bolondi, L., Casanova, P., Santi, V., Caletti, G.C., Barbara, L. and Labo, G. (1986). Sonographic appearance of the normal gastric wall: an *in vitro* study. *Ultrasound Med. Biol.*, **12**, 991-998
5. Madden, M.V., Price, S.L., Learmonth, G.M. and Dent, D.M. (1987). Surgical staging of gastric carcinoma: source and consequences of error. *Br. J. Surg.*, **74**, 119-121
6. Rohde, H., Koster, R., Gebbensleben, B., Stutzer, H. Rau, E. (1987). Errors of surgical staging in patients with cancer of the stomach. *Scand. J. Gastroenterol.*, **22** (Suppl 133), 27-30
7. Tytgat, G.N.J. (1987). Transintestinal ultrasonography. Present and future. *Endoscopy*, **19**, 241-242
8. Strohm, W.D. and Classen, M. (1987). Staging of gastric and esophageal carcinoma by means of endoscopic ultrasonography. *Scand. J. Gastroenterol.*, **22** (Suppl 133), 17-21
9. Yamanaka, T., Yoshida, Y., Ueno, N., Kimura, K., Yamaguchi, T. and Saitou, K. (1985). Endoscopic ultrasonography in the diagnosis of the degree of vertical invasion of gastric cancer. *Nippon Shokakybyo Gakkai Zasshi*, **82**, 1865-1874 (in Japanese)
10. Yasuda, K., Kijota, K., Nakajima, M. and Kawai, K. (1987). Fundamentals of endoscopic laser therapy (ELT) for G.I. tumors. New aspects with endoscopic ultrasonography. *Endoscopy*, **19**, 2-6
11. Tio, T.L. (1988). *Endosonography in Gastroenterology,* Berlin and Heidelberg, Springer-Verlag
12. Machi, J., Takeda, J., Sigel, B. and Lalegawa, T. (1986). Normal stomach wall and gastric cancer evaluation with high resolution operative-US. *Radiology*, **159**, 85-87
13. Machi, J., Takeda, J., Kakegawa, T., Yamana, H., Fujita, H., Kuroiji, T. and Yamashita, Y. (1987). The detection of gastric and esophageal tumour extension by high-resolution ultrasound during surgery. *World J. Surg.*, **11**, 664-671

Invited Questions

Arullani (Italy) – Prof Cordiano, you said that in the non-serosal carcinoma a positive peritoneal lavage indicated a very low 5-year survival rate – what does this imply from a surgical viewpoint – is it worthwhile to perform a palliative procedure or better not to operate?

Cordiano – Prof Maruyma stated that he only found 30% of patients with serosal invasion have positive cytology and this is confirmed in my and other authors' experience. This may be attributable to false negatives and constitutes a great limitation to this method. False positives are more suitable since they indicate a palliative procedure considered with M+ neoplasms.

Tagliacozzo (Italy) – Do you use it in cases with evident metastases?

Cordiano – We always use it. Our protocol is based upon lavage just after the laparotomy.

Tagliacozzo – And it may give positive findings even when there is no apparent serosal involvement?

Cordiano – Yes, and this is quite important.

Di Paola (Italy) – Prof Cordiano, you say that you carry out the peritoneal lavage intraoperatively and that you modify the therapeutic approach based on this result, considering a positive cytology to be a M+ neoplasm. I would like to know what surgical approach you use for a M+ cancer.

Cordiano – It is clear that a T2/T3 tumour with M+ passes from the second to the fourth stage. Looking at the literature it is clear that in case of N3 or N4 tumours with M+ the oncological significance of extended operations is unknown as confirmed by the very low 5-year survival rates that I found even in a retrospective analysis of 330 cases at my hospital (even bearing in mind the limitations of retrospective analysis).

As a practical example, if I am faced with an antral tumour with M+, even if this tumour is T2 I carry out a sub-total gastrectomy with R2 lymphadenectomy.

Chapter 11

New Technologies in Gastric Cancer Surgery: Computer system to make operation plan and intraoperative staining of regional lymph nodes for complete dissection

K. MARUYAMA, T. KINOSHITA, M. SASAKO and K. OKABAYASHI

Introduction

As the death rate from gastric cancer in Japan was extremely high, establishment of a control method was one of the most urgent social demands. The National Cancer Center was established in 1962 and its major function was to satisfy this demand. Early detection of gastric cancer is essential for successful surgical treatment and the centre has improved and disseminated many new diagnostic methods for gastric cancer such as double contrast X-ray examination, gastro-camera and fibrescopes, camera and biopsy, dye staining techniques, ultrasound examination, etc. The surgical treatment has also become more extensive with systemic lymph node dissection, an expansion of the earlier indication for total gastrectomy with a combined resection of adjacent organs, introduction of thoraco-abdominal incision, pancreas preserving total gastrectomy, etc. Treatment results have improved as a result of using these techniques. The number of cases that are resectable has increased from 84% to 97% in the 25 year period and the percentage of curative resections from 55 to 77% (Figure 1). Cumulative 5-year survival rates for all primary gastric cancer patients have risen from 41% to 69% and from 85% to 93% for patients with stage I disease, 57% to 83% in stage II, 33% to 50% in stage III and from 14% to 39% in stage IV (Figure 2). Despite the surgery becoming more extensive over this period there has been a fall in the operative mortality from 3.0% to 0.6% (Figure 3). In this paper we would like to introduce our latest technology in gastric cancer surgery. The first is the computer system to estimate the survival, type or recurrence and incidence of lymph node metastases of an individual patient to allow a reasonable and effective operation plan to be made. The second technology is the intraoperative staining of the regional lymph nodes by India ink injection as a guide for lymph node dissection.

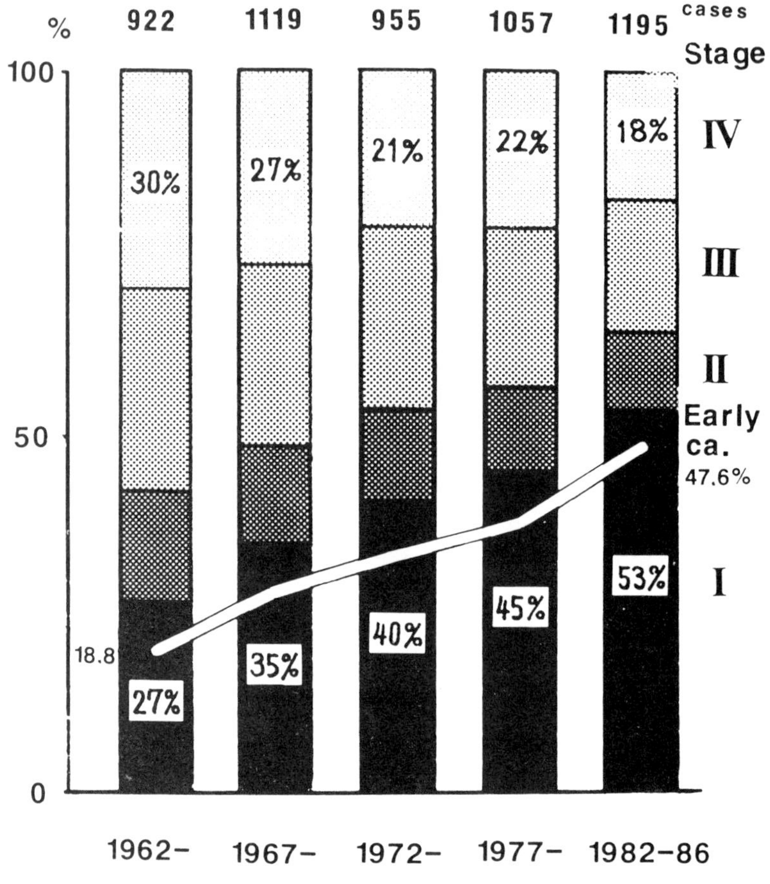

Figure 1 Increase of early stage cancer of the stomach.
5248 primary cancer patients treated by surgical resection in National Cancer Center Tokyo in 25 year period

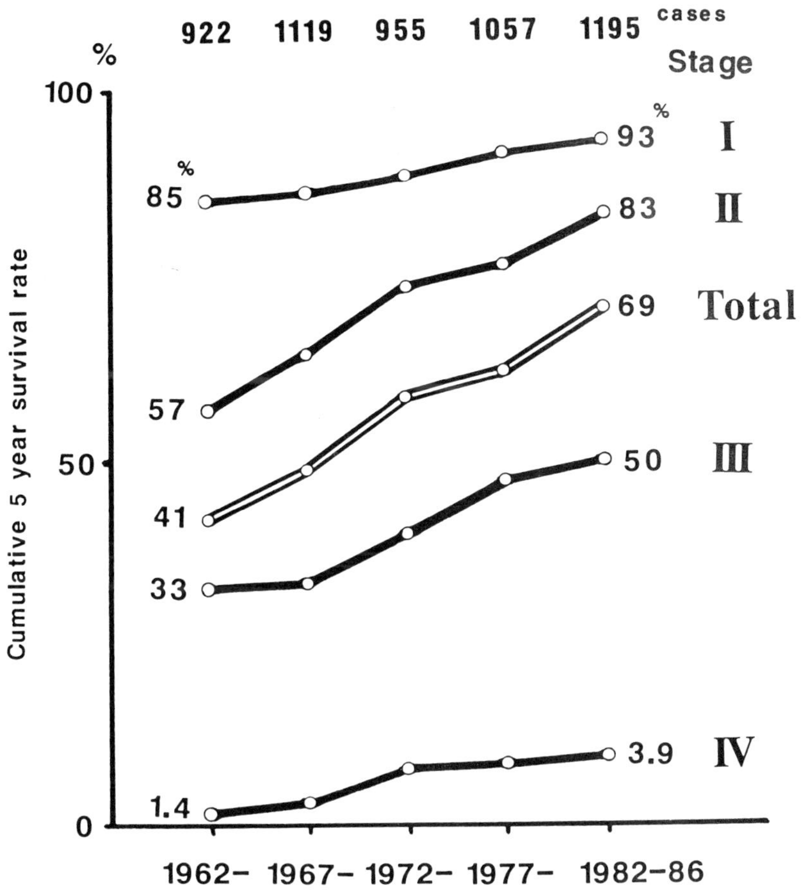

Figure 2 Elevation of 5-year survival rates in every stage.
5248 primary cancer patients treated by surgical resection in National Cancer Center Tokyo in 25 year period

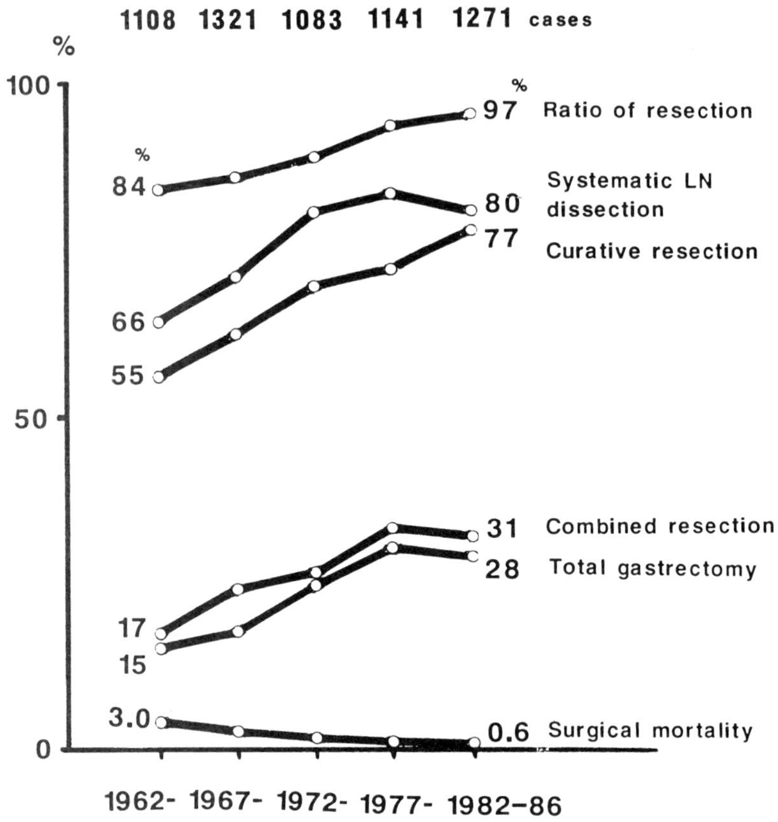

Figure 3 Increase of extended operations and decrease of surgical mortality.
5921 primary gastric cancer patients treated surgically in National Cancer Center Tokyo in 25 year period

Computer System to Make Operation Plans

In order to make an effective and reasonable operation plan it is essential to know the survival, type of recurrence and incidence of metastases in each regional lymph node of an individual patient. To perform a reasonable lymph node dissection it is particularly important to know the metastatic rate from each regional node group (No. 1 to 16, Figure 4) and the effect of dissection on 5-year survival rate in patients with metastases to the nodes [1]. Table 1 shows the metastatic rates and 5-year survival rates with metastases of patients with and without serosal invasion (T1 and T2). Tables 2 and 3 show the same factors for patients with serosal invasion (T3) and those with involvement of contiguous structures (T4). The tables were constructed from data collected in the period 1968 to 1984 by the National Cancer Center in

3029 patients. The use of the tables can be illustrated by a patient with middle third cancer (M) associated with serosal invasion but with no contiguous structure involvement (T3) by reference to column 2 in Table 2. In our series 360 cases were operated on and their 5-year survival rate was 47.3%. The ratio of metastases of No. 3 (lymph node along the lesser curvature) was 60.6% and the 5-year survival rate in patients with metastases in these nodes was 39.8%, or in other words 40% of patients with No. 3 involvement could be cured by systemic lymph node dissection. The proportion of metastases of No. 1 (right cardiac node), No. 4 (node along the left gastroepiploic artery), No. 8 (node along the common hepatic artery) and No. 9 (node along the coeliac artery) were higher than 15% with a 5-year survival rate of greater than 30%, indicating a need for systematic dissection of these nodes [2].

Table 1 Incidence of metastases of T1 and T2 patients and effect of systemic dissection (5-year survival rate) in metastatic cases by each lymph node group

		All cases		*Location A*		*Location B*		*Location C*	
No		*2121*		*813*		*1022*		*285*	
5-SR		*86.4%*		*86.6%*		*88.2%*		*79.2%*	
LN No	*Cases No dissected*	*Met. rate %*	*5-SR met. + %*	*Met. rate %*	*5-SR met. + %*	*Met. rate %*	*5-SR met. + %*	*Met. rate %*	*5-SR met. + %*
1	2039	3.3	59.3	1.0	72.2	3.4	67.2	9.8	46.8
2	434	0.7	28.3	0.1	0.0	0.2	50.0	3.9	26.0
3	2091	12.8	69.3	11.8	66.2	13.2	76.5	14.4	53.2
4	2079	7.3	69.0	9.1	70.2	7.3	69.4	2.1	50.0
5	2002	1.3	54.4	2.8	49.6	0.4	66.7	0.4	0.0
6	2012	8.1	67.2	16.1	69.0	3.5	61.8	1.8	60.0
7	2024	5.5	59.2	4.2	53.3	5.9	67.3	8.1	47.8
8	1904	3.3	60.4	4.9	65.3	2.5	57.4	1.8	40.0
9	1865	2.5	67.0	2.3	69.5	2.5	72.7	2.8	41.7
10	256	0.4	25.0	0.0	–	0.3	0.0	1.8	20.0
11	874	0.8	37.8	0.5	50.0	0.6	50.0	2.1	0.0
12	787	0.5	56.4	0.9	57.1	0.3	60.0	0.0	–
13	211	0.1	33.3	0.2	50.0	0.1	0.0	0.0	–
14	83	0.1	0.0	0.2	0.0	0.1	0.0	0.0	–
15	37	0.1	0.0	0.1	0.0	0.0	–	0.0	–
16	196	0.3	0.0	0.0	–	0.5	0.0	0.4	0.0

5-SR = 5-year survival rate; met. = metastasis; LN = lymph node

Table 2 Incidence of metastases of T3 patients and effect of systemic dissection (5-year survival rate) in metastatic cases by each lymph node group

		All cases		Location A		Location B		Location C	
No. of cases		*895*		*319*		*360*		*216*	
5-SR of grp		*45.1%*		*47.2%*		*47.3%*		*38.2%*	
LN No	*Cases No dissected*	*Met. rate %*	*5-SR met.+ %*	*Met. rate %*	*5-SR met.+ %*	*Met. rate %*	*5-SR met.+ %*	*Met. rate %*	*5-SR met.+ %*
1	883	24.1	27.9	12.2	23.2	24.7	28.4	40.7	29.8
2	444	7.9	15.2	1.9	16.7	5.6	11.8	20.8	16.0
3	891	55.9	37.0	53.3	36.5	60.6	39.8	49.5	32.8
4	887	37.3	32.9	43.9	33.3	43.1	32.9	18.1	31.1
5	853	9.3	25.6	14.7	28.0	8.9	24.0	1.9	0.0
6	860	32.0	30.6	52.4	34.1	29.4	29.1	6.0	0.0
7	882	32.8	31.4	32.0	32.5	35.0	35.4	30.6	22.3
8	849	21.8	23.4	30.4	18.5	21.7	33.2	9.3	7.0
9	842	16.0	27.9	16.0	20.2	15.3	41.5	17.1	20.5
10	368	6.9	21.8	0.6	0.0	8.6	19.3	13.4	25.8
11	514	7.8	12.0	3.8	9.2	8.3	10.0	13.0	15.8
12	426	3.7	17.0	7.2	24.6	1.4	0.0	2.3	0.0
13	140	0.9	0.0	2.2	0.0	0.3	0.0	0.0	–
14	66	0.4	0.0	0.9	0.0	0.3	0.0	0.0	–
15	31	0.2	0.0	0.3	0.0	0.0	–	0.5	0.0
16	155	2.7	12.4	3.8	0.0	1.9	32.3	2.3	0.0

5-SR = 5-year survival rate
met. = metastasis
LN = lymph node

Table 3 Incidence of metastases of T4 patients and effect of systemic dissection (5-year survival rate) in metastatic cases by each lymph node group

		All cases		*Location A*		*Location B*		*Location C*	
No. of cases		*247*		*85*		*68*		*93*	
5-SR of grp		*30.4%*		*37.5%*		*23.3%*		*27.7%*	
LN No	*Cases No dissected*	*Met. rate %*	*5-SR met. + %*	*Met. rate %*	*5-SR met. + %*	*Met. rate %*	*5-SR met. + %*	*Met. rate %*	*5-SR met. + %*
1	238	29.6	20.3	9.4	37.5	23.3	11.1	52.7	20.2
2	151	18.6	17.6	2.4	0.0	13.2	0.0	37.6	23.6
3	240	49.4	15.6	42.4	13.2	55.9	10.3	51.6	21.9
4	240	42.1	18.3	43.5	27.6	52.9	13.4	32.3	11.2
5	217	10.5	18.4	12.9	19.6	14.7	0.0	5.4	25.9
6	222	36.4	17.1	60.0	21.7	39.7	12.7	12.9	0.0
7	231	33.6	12.5	30.6	11.7	41.2	13.2	30.1	10.8
8	229	29.1	18.4	37.6	23.0	27.9	0.0	21.5	22.2
9	216	15.4	20.6	14.1	33.3	16.2	0.0	16.1	19.5
10	136	19.0	19.8	1.2	0.0	19.1	0.0	34.4	24.7
11	161	17.8	9.2	5.9	0.0	17.6	9.4	29.0	12.0
12	126	2.8	28.6	5.9	40.0	1.5	0.0	1.1	0.0
13	52	2.8	14.3	4.7	0.0	1.5	0.0	2.2	50.0
14	41	4.5	27.4	3.5	0.0	2.9	50.0	6.5	30.0
15	19	0.4	0.0	1.2	0.0	0.0	–	0.0	–
16	50	6.5	7.3	4.7	0.0	8.8	0.0	6.5	16.7

5-SR = 5-year survival rate
met. = metastasis
LN = lymph node

The incidence of these metastases also correlates with the macroscopic type, histological type, size of tumour, etc. The National Cancer Center in Tokyo introduced a computer system to estimate these data from pre-operative findings in order to make effective and reasonable operation plans [3]. Seven sorts of information on the patients were entered in to the computer, namely: sex, age, macroscopic type, location, maximal diameter, depth of invasion and histological type of endoscopic biopsy. The computer selects patients from the database of 3785 cases of primary gastric cancer patients treated at the NCC between 1969 and 1983 with the same features as the patient and calculates the expected 5-year survival rate, possible recurrent types and percentage of metastases of each regional lymph node group (Figure 4). A reasonable and effective operative plan of lymph node dissection can then be made using this information.

To evaluate the accuracy of this system the differences between the individual reports and the actual results were compared in 774 patients treated after its introduction (1984-1987). The follow-up period was insufficient for statistical analysis of survival time and recurrence types. However, the accuracy of the information on lymph node metastasis could be analysed and only 14 patients were false negatives in this series (1.4%). These should be removed by a revised system with a new database.

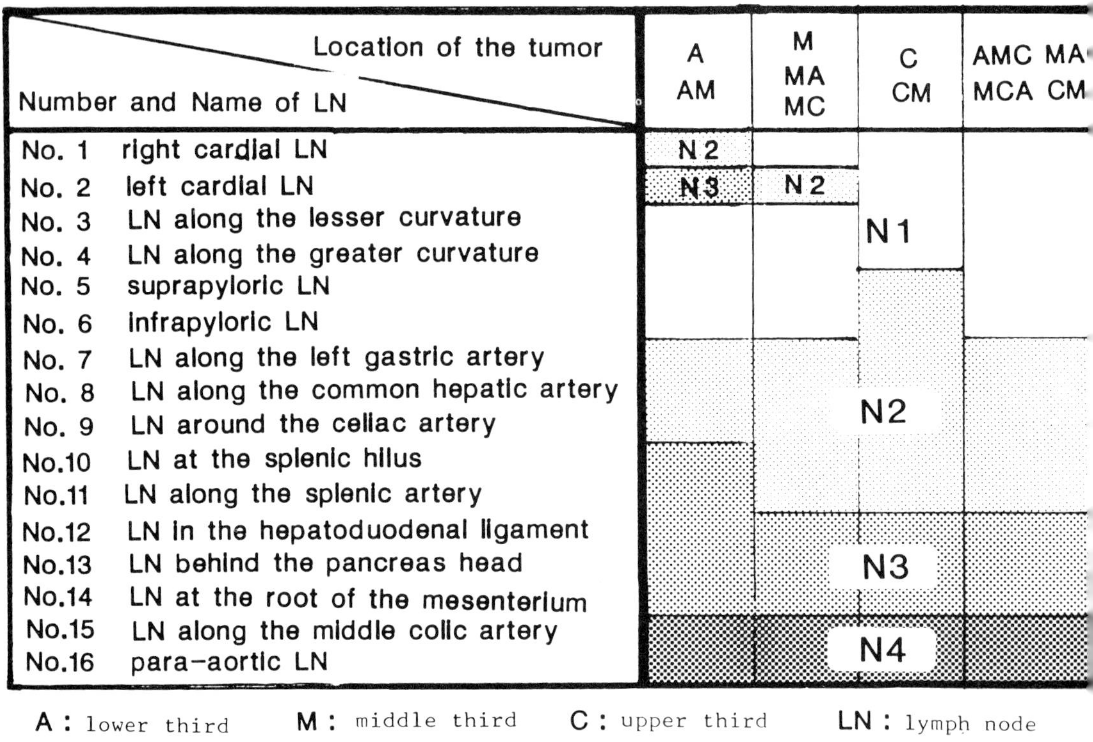

Figure 4 Regional lymph node groups of the gastric cancer and the N category by location of tumour

PROGNOSIS AND LN-METASTASES OF THE PATIENTS WITH SAME FACTORS
treated by gastrectomy in NCC, 1969-1983

PATIENT	346251 SAKAKIBARA	9B MARUYAMA
	SEX and AGE	M 64 (+5/-5)
	TYPE and DEPTH	B3 PM
	LOCATION	MA. L.
	MAX DIAMETER	4.5 cm (+2.5/-2.5)
	HISTOLOG TYPE	POR

DEPTH OF INVASION	SM	PM	S1
TYPE OF CANCER	2C	B3	B3
5 YEAR SURV RATE	92.4%	92.3%	59.8%
GREENWOOD 5% ERR	10.5%	8.5%	15.9%
NUMBER OF CASES	37	39	47

LYMPH NODE METASTASIS meta/dissect (meta% in group)

LN- 1	0/35 (0.0%)	3/38 (8.0%)	7/47 (15.0%)
LN- 2	0/ 2 (0.0%)	0/10 (0.0%)	0/13 (0.0%)
LN- 3	2/36 (5.0%)	13/38 (33.0%)	25/47 (53.0%)
LN- 4	0/36 (0.0%)	1/38 (3.0%)	17/47 (36.0%)
LN- 5	0/36 (0.0%)	0/38 (0.0%)	1/47 (2.0%)
LN- 6	1/36 (3.0%)	3/38 (8.0%)	7/47 (15.0%)
LN- 7	1/36 (3.0%)	7/38 (18.0%)	10/47 (21.0%)
LN- 8	0/33 (0.0%)	2/38 (5.0%)	3/47 (6.0%)
LN- 9	0/33 (0.0%)	5/38 (13.0%)	3/44 (6.0%)
LN-10	0/ 0 (0.0%)	0/ 9 (0.0%)	0/11 (0.0%)
LN-11	0/13 (0.0%)	1/22 (3.0%)	0/19 (0.0%)
LN-12	0/12 (0.0%)	0/22 (0.0%)	0/15 (0.0%)
LN-13	0/ 3 (0.0%)	0/11 (0.0%)	0/ 4 (0.0%)
LN-14	0/ 0 (0.0%)	0/ 2 (0.0%)	0/ 1 (0.0%)
LN-15	0/ 0 (0.0%)	0/ 1 (0.0%)	0/ 0 (0.0%)
LN-16	0/ 3 (0.0%)	0/ 8 (0.0%)	1/ 8 (2.0%)

[CAUSE OF DEATH]

LIVING NOW	34 (92.0%)	35 (90.0%)	29 (62.0%)
UNKNOWN	1 (3.0%)	0 (0.0%)	2 (4.0%)
PERIT DISSEMI	0 (0.0%)	1 (3.0%)	5 (11.0%)
HEPATIC META	0 (0.0%)	1 (3.0%)	2 (4.0%)
LOCAL RECURR	0 (0.0%)	0 (0.0%)	4 (9.0%)
DISTANT META	0 (0.0%)	0 (0.0%)	1 (2.0%)
RECURRENCE	0 (0.0%)	0 (0.0%)	1 (2.0%)
DIRECT DEATH	0 (0.0%)	1 (3.0%)	0 (0.0%)
OTHER CANCER	1 (3.0%)	0 (0.0%)	0 (0.0%)
OTHER DISEASE	1 (3.0%)	1 (3.0%)	3 (6.0%)

[CURABILITY]

ABS CURATIVE	36 (97.0%)	28 (72.0%)	35 (74.0%)
REL CURATIVE	1 (3.0%)	9 (23.0%)	9 (19.0%)
REL NON-CURA	0 (0.0%)	1 (3.0%)	2 (4.0%)
ABS NON-CURA	0 (0.0%)	1 (3.0%)	1 (2.0%)

Figure 5 Report of the computer system to make reasonable operation plan.
Prognosis, incidence of metastasis of each lymph node, causes of death, and curability are reported for individual patients

Staining of Regional Lymph Nodes for Complete Dissection

The second new technology is the staining of the regional lymphatic vessels and nodes using "India ink" intraoperatively for complete dissection [4]. "India ink" is an extremely fine corpuscle of activated carbon emulsified in a plasma expander "PVP". When 0.2 ml of the India ink is injected into the perigastric nodes along the greater and lesser curvatures then it quickly flows into the lymphatic vessels (Figure 6). It stains all the regional lymph nodes black including those located in the retroperitoneum and along the abdominal aorta allowing the surgeon to recognize these nodes easily and facilitating their removal completely avoiding unexpected damage of important vessels and structures.

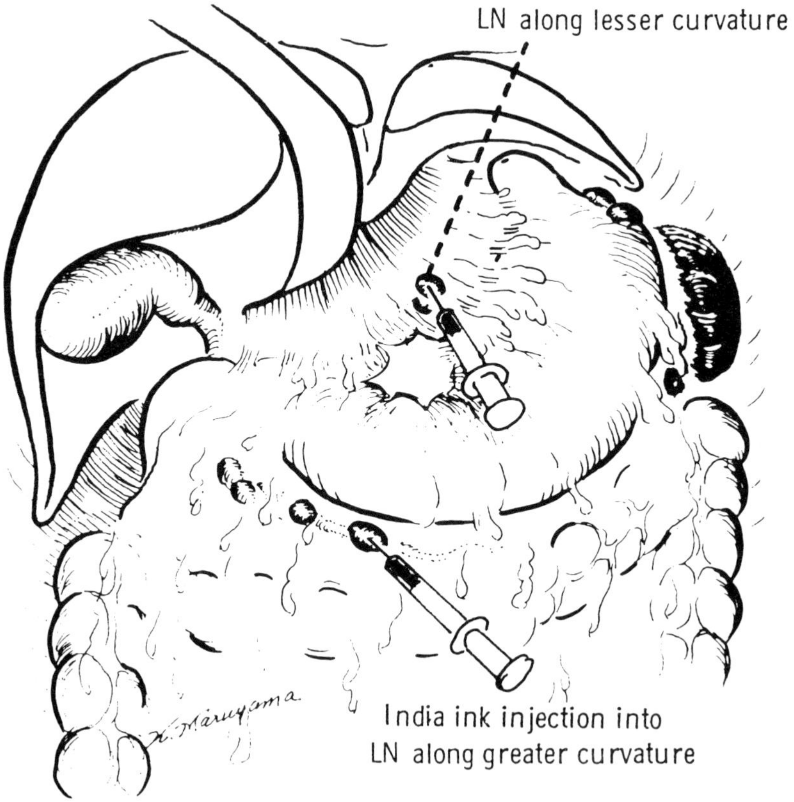

Figure 6 Intraoperative staining of regional lymph nodes by India ink injection

The lymph nodes can also be demonstrated by endoscopic submucosal injection of the "Indian ink", but this technique is not easy and does not demonstrate the lymphatic vessels [5]. Intraoperative subserosal injection of the ink can stain the regional lymphatic vessels but is time consuming and only stains a confined area. The direct injection technique is therefore superior to other methods.

The staining illustrated many important routes of lymph node metastases from the stomach (Figure 7). For example, there are two routes from the subpyloric node, one running on the surface of the pancreas to the nodes around the coeliac artery and the other route along the superior mesenteric artery to the aorta. One of the major lymphatic routes from the cardia and the upper third of the stomach is a channel along the sub-diaphragmatic artery to the nodes at the adrenal hilus and around the left renal artery. Lymph node dissection of these areas was introduced in the most recent radical operation for gastric cancer.

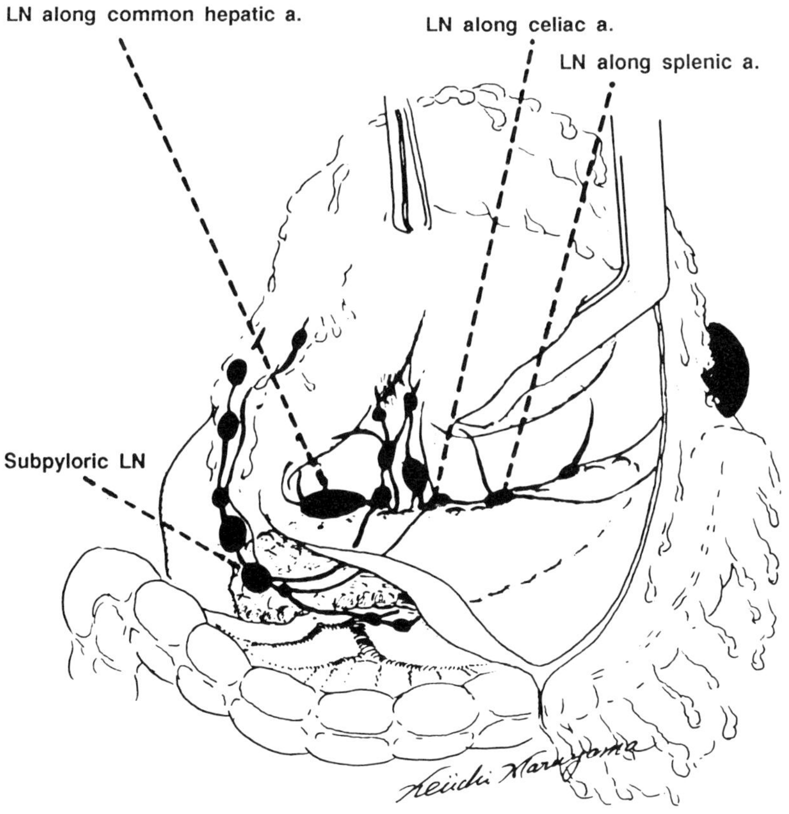

Figure 7 Schema of lymphatic flows from the stomach demonstrated by the intraoperative injection of India ink in the perigastric nodes

Improvement of Treatment Results by these Techniques

Treatment results were improved by the introduction of the computer information system and the staining of the regional nodes by "Indian ink". In the comparison of the results between 1974 and 1983 before the introduction and between 1984 and 1988 after their introduction cumulative 5-year survival rates increased from 90% to 95% in stage I, from 76% to 82% in stage II, from 51 to 57% in stage III and from 13 to 17% in stage IV. Lymph node recurrence was also reduced by the complete dissection. The incidence of local recurrence was reduced from 22% to 19% during this time. Although the staining of the lymph nodes made the surgery more extensive there was no increase in the mortality rates during this time (0.4% and 0.3% respectively).

These results show that extended lymph node dissection improved the treatment results without increasing mortality and morbidity and that the computer information system and staining of nodes by India ink provides a reasonable and effective dissection.

References

1. Maruyama. K. (1985). *Surgical Treatment and End Results of Gastric Cancer*, National Cancer Center Press, Tokyo
2. Maruyama, K. (1986). Surgical treatment for advanced gastric cancer, an evaluation of systemic lymph node dissection. *Magenkarzinoma* ed. 98-105
3. Maruyama, K., Sasako, M., Kinoshita, T., Okabayashi, K. and Hirata, K. (1988). Reasonable and effective lymph node dissection guided by computer system. *J. Gastroenterol. Surg.*, **11**, 201-208 (in Japanese)
4. Maruyama, K., Okabayashi, K. and Kinoshita, T. (1987). Progress in gastric cancer surgery in Japan and its limits of radicality. *World J. Surg.*, **11**, 418-425
5. Sawai, K., Takahashi, S., Kato, G., Takenaka, A., Tokuda, H., Hagiwara, A. and Takahashi, (1985). Endoscopic injection of activated carbon particle (CH44) for extended radical lymphadenectomy of gastric cancer. *J. Japanese Gastroenterol. Surg.*, **18(5)**, 912-917 (in Japanese)

Chapter 12

The General Rule of the Japanese Research Society for Gastric Cancer and Treatment Results by the Rule

K. MARUYAMA, T. KINOSHITA, M. SASAKO and K. OKABAYASHI

Japanese Research Society for Gastric Cancer; its Establishment, General Rule and Nationwide Data Collection

Although the death rate from gastric cancer is decreasing in Japan, it is still the primary cause of death due to malignancy. Even in 1986 the death rate was 39.9 per 100 000 of the population, which is 1.6 times higher than that from the second most common cause, lung cancer (24.4). Improvement of early detection techniques, distribution of mass screening techniques and developments in treatment are the most important and urgent social demands in Japan [1]. In such circumstance, the Japanese Research Society for Gastric Cancer (JRSGC) was established in 1962, and almost one thousand specialists joined it, not only clinicians but also basic researchers from 69 leading institutions all over Japan.

In order to standardize the documentation or records concerning gastric cancer the society published a manual in 1963 – "The General Rule for Gastric Cancer Study in Surgery and Pathology" [2]. The manual has been continuously improved and the 12th edition is now in use. The manual is translated into English, Spanish, German and Chinese. The principles of the rule have been widely accepted internationally and have been referred to in many multicentre trials on gastric cancer.

The JRSGC and National Cancer Center (NCC) started a nationwide data collection of gastric cancer patients in 1963 following the manual. Approximately 10 000 new patients were registered annually from 165 hospitals. This number is considered to cover approximately 16% of the gastric cancer patients in Japan. High quality data from 133 893 primary cases have been collected and analysed to date. The individual data consist of the following items: patient identification, diagnosis, surgical findings and treatment, pathological findings and follow-up data. The nationwide data-bank publishes an annual report.

The data has been used for various studies: reasonable definitions and categorization of the findings, proposal for a new staging system [4], analysis of prognostic factors [5], etc. In this chapter transition of the treatment results will be considered. It will clarify our efforts and success in the improvement in diagnostic and treatment methods for gastric cancer in Japan.

Transition of Treatment Results of Gastric Cancer Patients in Japan in the Period from 1963 to 1987

Based on the nationwide database, JRSGC published the end results of the series of patients treated in the period 1963–1978. To study the transition of treatment results in Japan, the time was divided into three periods as follows: Period 1, 1963–1966, 8411 cases; Period 2, 1967–1973, 15 589 cases; Period 3, 1974–1978, 27 676 cases. In order to compare with the current situation in Japan the data of 1837 cases treated in the National Cancer Center between 1979 and 1987 were studied as Period 4. The results are given in Tables 1 and 2. The relative 5-year survival rate is given in parentheses.

The 5-year survival rate has improved from 29.8% to 64.0% in all registered patients and from 41.6% to 71.3 % in resected patients during the 25-year period. This improvement in survival was achieved not only by progress in early detection of lesions but also by the use of extended surgery. The proportion of early cancer (Type-0) has increased from 14.6% (805/5531) to 47.5% (806/1696) and that of stage I from 27.2% (1125/4137) to 47.3% (802/1696). In contrast the proportion of stage IV has decreased from 26.1% (1080/4137) to 18.9% (321/1696) in the same period. These data illustrate the effect of progress in diagnostic techniques and mass screening systems.

Improvement in surgical treatment has also contributed to the improvement in the 5-year survival rate of gastric cancer patients [6]. Five-year survival rates have improved for all stages of gastric cancer, but particularly for stages II and III (60.6% to 84.8% and 32.7% to 59.6% respectively). The same improvement was observed for the depth of invasion and lymph node metastases. Surgery has become more extensive during the 25-year period with total gastrectomy increasing from 16.4% (933/5706) to

Table 1 Transition of treatment results of primary gastric cancer patients in Japan (part 1) by the General Rule of the JRSGC

	Number of patients (5-year survival rate)			
	First period (1963–1966) Nationwide DB in 103 hospitals	*Second period (1969–1973) Nationwide DB in 56 hospitals*	*Third period (1974–1978) Nationwide DB in 125 hospitals*	*Fourth period (1979–1987) National Cancer Center Tokyo*
Registered	8411 (29.8)	15589 (45.4)	27676 (47.4)	1837 (64.0)
Resected	6050 (41.6)	12535 (56.5)	23543 (57.8)	1729 (71.3)
Surgical death	231	273	776	11
Lost to FU	48	244	924	22
Analysed	5706 (44.3)	11845 (56.3)	21524 (57.8)	1696 (72.8)
Sex Male	3771 (44.6)	7727 (56.9)	13695 (58.7)	1127 (74.8)
Female	1935 (43.6)	4118 (55.2)	7829 (56.3)	569 (68.9)
Age < 50	1598 (45.7)	3491 (61.3)	5837 (63.0)	396 (73.8)
50–69	3563 (44.4)	6967 (54.3)	12186 (57.7)	978 (73.4)
> 70	465 (41.7)	1387 (50.8)	3501 (53.2)	322 (69.3)
Depth of invasion (histological)				
Mucosa	362 (101.6)	1415 (99.8)	2889 (100.1)	456 (100.0)
Submucosa	433 (90.3)	1546 (95.5)	2984 (94.8)	350 (97.3)
Muscularis propria	658 (70.2)	1355 (80.1)	2541 (78.9)	159 (93.2)
Subserosa	796 (49.8)	1126 (57.1)	3669 (51.9)	107 (72.4)
Serosa (suspected)	752 (39.6)	1073 (46.4)		73 (58.8)
Serosa (definite)	1515 (22.1)	3870 (30.0)	6666 (31.4)	327 (42.4)
Other organ	585 (7.3)	1160 (15.7)	2100 (15.1)	222 (16.3)
Lymph node metastasis (histological)				
pN_0	1592 (79.5)	4817 (87.4)	9128 (88.4)	945 (95.8)
pN_1	1404 (38.5)	3010 (45.4)	4862 (48.3)	248 (80.2)
pN_2	1119 (22.8)	2334 (26.9)	4231 (27.7)	328 (38.1)
pN_3	280 (11.1)	513 (11.5)	1000 (13.1)	70 (5.6)
pN_4	71 (8.5)	151 (1.5)	288 (1.9)	105 (3.0)
Distant metastasis (histological, clinical)				
No peritoneal metastasis	4480 (53.5)	10000 (64.3)	18667 (65.0)	1556 (79.2)
Peritoneal metastasis	1136 (9.1)	1818 (10.0)	2897 (2.5)	140 (29.0)
No liver metastasis	5369 (46.5)	11355 (58.2)	20537 (60.2)	1649 (74.5)
Liver metastasis	285 (4.8)	467 (6.7)	968 (10.8)	47 (13.5)
Stage I	1125 (93.5)	3644 (95.6)	6952 (96.6)	802 (98.3)
II	697 (60.6)	1573 (70.1)	2179 (72.0)	209 (84.8)
III	1235 (32.7)	3101 (36.3)	5292 (44.8)	364 (59.0)
IV	1080 (5.8)	2494 (10.3)	5487 (7.7)	321 (7.8)

Table 2 Transition of treatment results of primary gastric cancer patients in Japan (part 2) by the General Rule of the JRSGC

	Number of patients (5–year survival rate)			
	First period (1963–1966) Nationwide DB in 103 hospitals	*Second period (1969–1973) Nationwide DB in 56 hospitals*	*Third period (1974–1978) Nationwide DB in 125 hospitals*	*Fourth period (1979–1987) National Cancer Center Tokyo*
Major location				
C (upper third)	696 (23.8)	1706 (38.8)	3102 (43.6)	316 (63.4)
M (middle third)	2087 (52.6)	4626 (63.4)	8618 (65.8)	756 (77.4)
A (lower third)	2825 (43.8)	5281 (57.2)	9452 (56.6)	624 (72.0)
Max diameter				
0.3–3.9 cm	995 (75.1)	3116 (85.2)	5958 (89.3)	732 (96.3)
4.0–7.9 cm	2605 (44.9)	5433 (55.1)	9648 (58.1)	616 (69.8)
>8.0 cm	1557 (27.7)	3014 (28.6)	5449 (28.3)	348 (30.3)
Macroscopic type				
Type 0 (early)	808 (96.8)	3139 (96.7)	5835 (97.8)	806 (98.8)
Type 1	192 (57.8)	333 (61.4)	584 (66.4)	32 (78.0)
Type 2	1577 (48.0)	2717 (52.4)	4457 (54.7)	231 (61.3)
Type 3	2168 (29.8)	3921 (35.3)	6988 (36.7)	465 (54.4)
Type 4	683 (15.0)	1185 (15.0)	2288 (15.1)	137 (11.4)
Type 5	103 (58.0)	421 (71.2)	1121 (71.6)	25 (58.8)
Histological type (WHO, Japan)				
Papillary Ca	714 (48.5)	1529 (55.3)	1600 (58.3)	80 (74.7)
Well diff. adenoCa			3927 (70.0)	403 (93.5)
Mod. diff. adenoCa	3423 (46.6)	7542 (58.7)	5010 (59.5)	429 (72.0)
Poorly diff. adenoCa			6601 (48.3)	444 (51.7)
Signet ring	962 (48.2)	2438 (63.4)	2291 (69.8)	295 (85.3)
Mucinous Ca	500 (43.6)	859 (47.3)	828 (47.3)	45 (43.0)
Resection				
distal	4322 (50.3)	8829 (63.9)	15782 (65.1)	1178 (81.5)
proximal	327 (23.1)	627 (43.6)	908 (48.2)	28 (82.6)
total	933 (19.8)	2291 (30.1)	4622 (35.3)	469 (48.9)
Lymph-node dissection				
R_0	381 (26.0)	582 (20.5)	1665 (18.4)	35 (10.6)
R_1	1885 (42.4)	2420 (46.0)	4345 (49.8)	182 (57.7)
R_2R_3	3107 (48.1)	8510 (61.6)	15383 (64.2)	1479 (74.8)
Curability of resection				
Curative	3056 (64.2)	8205 (73.3)	14934 (74.2)	1374 (87.2)
Palliative	1739 (10.4)	3212 (11.6)	5260 (13.4)	322 (10.8)

27.7% (469/1696) although this has been accompanied by an increase in early stage gastric cancer. Systemic lymph node dissection (R2 or R3 dissection) has also been popularized with an increase from 57.8% (3107/5373) to 87.2% (1479/1696). Curative resection increased from 63.7% (3107/5373) to 81.0% (1479/1696) and this was accompanied by an increase in the 5-year survival rate from 64.2% to 87.2%.

Conclusions

Establishment of the JRSGC, publication of the General Rule and nationwide data-collection has promoted quick distribution of new knowledge and technology all over the country, particularly for X-ray, endoscopic techniques and extended surgery. It can be stressed from this study on the transition of treatment results that this project has produced a remarkable improvement in the survival of gastric cancer patients in Japan.

References

1. Nisih, M., Nakajima, T. and Kajitani, T. (1986). The Japanese Research Society for Gastric Cancer. The general rules for the gastric cancer study and an analysis of treatment results based on the rules. In *Cancer of the Stomach*, Preece, P.E., Cuschieri, A and Wellwood, J.M. (eds), Grune and Stratton, London, 107-121
2. JRSGC. (1985). The general rule for the gastric cancer study in surgery and pathology. *Japanese J. Surg.,* **11**, 127-139
3. JRSGC and National Cancer Center. (1964-1988). Report of nationwide data-collection of gastric cancer patients. (National Cancer Center) 1-27
4. Miwa, K. and the Japanese Research Society for Gastric Cancer. (1984). Evaluation of the TNM classification of stomach cancer and a proposal for its rational stage-grouping. *Japanese J. Clin. Oncol.*, **14**, 385-410
5. Maruyama, K. (1987). The most important prognostic factors for gastric cancer patients, a study using univariate and multivariate analyses. *Scand. J. Gastroenterol.,* **22** (Suppl 133), 63-68
6. Maruyama, K., Obabayashi, K. and Kinoshita, T. (1987). Progress in gastric cancer surgery in Japan and its limits of radicality. *World J. Surg.,* **11**, 418-425

Invited Questions

Di Paola (Italy) – Prof Maruyama – your 5-year survival rates are 20–30% better than German series and also than other Japanese series – how do you interpret this? – it could be that in the other centres the neoplasms are understated or that they have better surgical procedures.

Maruyama – Our data are since 1969 and all the Japanese nationwide data are before that time indicating a difference in rate with time.

The improvement of treatment in that time is mainly due to extended operations. The difference between Japan and other countries is due to two factors: one is the certainty of accuracy of staging due to the fact that we perform extended systemic lymph node dissection allowing accurate staging, and the other is the operative technique.

Carboni (Italy) – I would like to ask Prof Maruyama why a total gastrectomy is not always performed bearing in mind the high and variable incidence of multicentricity and that it is mandatory to perform an accurate pericardial lymphadenectomy including the left cardiac nodes (considered as N3 in antral cancer) and that the quality of life following total gastrectomy is not as unsatisfactory as was previously found.

Maruyama – This depends on the characteristics of the tumour. We allow a 5 cm resection margin for advanced infiltrating carcinoma and 3 cm for early gastric cancer of circumspect advanced cancer. If a safe range cannot be obtained by a distal gastrectomy then we perform total gastrectomy.

Chapter 13

A European Multicentre Retrospective Study in Cancer of the Stomach

E. MORENO-GONZALEZ, M. HIDALGO-PASCUAL, P. RICO-SELAS, J.I. GARCIA-GARCIA, R. GOMEZ-SANZ, J.B. SEOANE-GONZALEZ, C. LOINAZ-SEGUROLA, A.I. GONZALEZ-PINTO, M. CATARCI and S. GUADAGNI

Introduction

The prognosis of patients with carcinoma of the stomach is poor except for those with early gastric cancer. In spite of the improvements of adjuvant treatments, surgery still remains the most important method of therapy. Several operative procedures are employed. The extent of gastric resection, the degree of lymph node dissection, the combined resection of neighbouring organs, the methods of digestive tract reconstruction, are some of the elements of differentiating the surgical procedures.

An evaluation of the western experience in the operative treatment of gastric cancer is hardly achievable from the literature because of the variety of surgical procedures, dissimilar postoperative staging systems and unconfirmed ways of documenting the results.

Data were obtained from 91 centres (details of the centres and collaborators can be obtained from the first author), concerning the surgical treatment of gastric cancer in the light of the total number of cases assembled, making this the largest European retrospective study.

Material and methods

Questionnaires were sent to a large number of European surgical departments as to their experience with the surgical management of gastric cancer. Replies were received from 91 centres and data obtained on 21355 malignant gastric neoplasms, observed during the period 1974–1988. Specific information requested included the type of cancer, its location, histology, staging, diagnostic procedures employed, indications for surgical treatment and adjuvant therapy.

Data were analysed based on absolute figures, where possible, or as a percentage of centres having the same experience. Survival rates were considered for death from any cause.

Table 1 shows the location of the gastric tumours diagnosed preoperatively either by endoscopy or radiology and confirmed histologically. The fundus group does not include neoplasms of the upper-third of the stomach invading the gastro-oesophageal junction.

Table 1 Locations of 21355 malignant gastric tumours observed in 91 European centres in the period 1974–1988

Location	*n*	%
Diffuse	1191	5.6
Prepyloric	1435	6.7
Antrum	7387	34.6
Body	6434	30.1
Fundus	4908	23.0

The postoperative histological findings in 21355 patients treated surgically are presented in Table 2; 93.3% of these tumours were adenocarcinomas. Only 48% of these were classified as intestinal type gastric cancers. The non-intestinal types were represented by diffuse, mixed and unclassified cancers according to the Lauren classification [1]. The lymphoma group included Hodgkin's and non-Hodgkin's lymphomas.

Based on postoperative histological findings 1569 (7.9%) adenocarcinomas were at the early stage. However, from the information available it was not possible to establish the exact type and location of these early gastric cancers.

The accuracy of the diagnostic procedures, evaluated after surgery by examination of pathological specimens, was 69% for radiology, 81% for endoscopy alone and 91% for endoscopy and biopsy. Data regarding the diagnostic accuracy of cytology alone, and the clinical assessment were not suitable for statistical analysis.

Table 2 Postoperative histological findings in 21355 malignant gastric tumours

	n	%
Adenocarcinoma	19860	93.3
- intestinal type	9533	44.6
- not intestinal type (diffuse)	10327	48.4
Lymphoma	1233	5.7
Unclassified	213	1.0

Preoperative staging was assessed in only 23% of institutions, ultrasound being employed in 78% of centres, CT in 61% and NMR in 10%. The actual number of patients evaluated by preoperative staging was not available, therefore, a comparison with postoperative staging was impossible. Postoperative staging was carried out in 12313 gastric cancers according to the system published by the AJCC [2] in 1978 and summarized by Kennedy in 1985 [3].

There was much variation in the criteria which influenced the choice of surgical procedure between the centres (Table 3). In 81% of centres at least three factors were taken into consideration and tumour location was the most influential parameter.

Of 19860 patients with gastric carcinoma treated surgically, 11379 tumours (57.9%) were resected and 8481 (42.1%) received palliative or solely explorative surgical treatments.

Table 3 Parameters influencing the choice of surgical procedures and percentages of the 91 centres where a specific parameter was considered for the operative tactics

Parameter	*Percentage of centres*
Location of the cancer	69
Intraoperative staging	61
Lymph node involvement	49
Groups of lymph nodes involved	21
Age of patients	17
Nutritional and metabolic status	12

Intraoperative examination of frozen sections of the resection margins was performed in 16% of centres.

Table 4 shows the percentage of centres performing a specific operative procedure. Three centres selected total gastrectomy as the procedure to be employed on principle. In 83% of institutions total gastrectomy was indicated if the cancer was located in the upper two thirds of the stomach. From the available data it was calculated that only 3.7% of centres performed total gastrectomy as of necessity. A very high percentage of departments (69%) performed splenectomy and pancreatectomy on principle. Regarding the dissection of lymph nodes, classified according to JRSGC [4], no data were returned from 39% of centres. Para-aortic lymph nodes, never removed systematically, were evaluated by macroscopic examination in 17% of centres. Involvement of these nodes was considered to represent a very poor prognosis by the majority indicating palliative procedures.

A stapling device was employed in 5759 patients. In the last three years the number of institutions performing mechanical anastomosis increased from 61% to 72% to 89%. Regarding the intraoperative use, 69% used staplers in performing the oesophago-jejunal anastomosis only, 12% for all anastomoses and 61% resorted to manual sutures when instrumental suturing was impossible.

Table 4 Percentage of the 91 European centres performing a specific operative procedure in the treatment of gastric cancer

Procedure and conditions	*Percentage of centres*
Total gastrectomy "on principle"	3.3
Total gastrectomy for cancer of the upper two thirds of the stomach	83.0
Subtotal gastrectomy for cancer of the lower third of the stomach	83.0
Total gastrectomy "of necessity"	13.7[a]
Splenectomy and distal pancreatectomy	69.0
No data on lymph node dissection	39.5
Group 1[b] lymph node dissection[c]	19.5
Group 1, 2 and 3[b] lymph node dissection[d]	41.0

[a] Percentage calculated but not declared
[b] According to JRSGC [3]
[c] No data about resection of left cardiac lymph nodes
[d] No data about resection of lymph nodes at the posterior aspect of the pancreas and at the root of the mesentery

As regards nutritional support, total parenteral nutrition (TPN) was adopted in the preoperative period by 71% of institutions, however, based on unspecified parameters of the nutritional state. TPN was used routinely in the postoperative period in 86% of centres. Enteral nutrition (EN) was preferred by 14% of institutions which utilized TPN only in the presence of anastomotic leakage.

The preferred procedures for digestive reconstruction after partial or total gastrectomy in all 91 centres are presented in Table 5. After partial gastrectomy the preference was for Billroth II gastro-jejunostomy. After total gastrectomy only 9% of centres used a Roux-en-Y oesophago-jejunostomy exclusively. On the other hand only 6% of institutions used jejunal interposition in all procedures. The criteria for choice of method of reconstruction were not evaluated.

Table 5 Preferred procedures for digestive reconstruction after partial (PG) or total gastrectomy (TG) in 91 European centres

After PG	*Percentage*[a]	*After TG*	*Percentage*[a]
Billroth II	68	Roux-en-Y	52
Billroth I	27	Jejunal interposition	28
Roux-en-Y	5	Colonic interposition	9
		Pouches	7
		Other	4

[a] Percentages of centres performing a specific procedure.

Regarding adjuvant treatment for advanced gastric cancers radiotherapy was used in only three centres (3.3%), in each of which preoperative, intraoperative and postoperative radiotherapy was performed. Postoperative and/or preoperative chemotherapy was employed in 19% of centres. Intraoperative chemotherapy was used occasionally in only two centres.

Results

The operative mortality rates for gastric cancer surgery, or deaths which occurred within 30 postoperative days, varied remarkably, ranging between 2 and 26%, with a mean value of 9.6%. During the last five years the mortality decreased to a mean rate of 6.2% (range 0–11.4%).

The operative mortality rates according to tumour location, leaving aside the surgical procedure performed, were as follows: antrum 5.6%, body 10.8%, fundus 12.8%.

Total gastrectomy alone had a 3.8% mean operative mortality rate, while that for an extended total gastrectomy (including splenectomy and distal pancreatectomy) was 8.6%. Only 18 of the centres provided information about postoperative complications (567 resected patients), since many centres were carrying out prospective trials. In order of frequency the most common postoperative complications were respiratory failure 31% (176/567), severe in 97 patients; infections 28% (159/567); anastomotic leakage 23% (130/567) and wound contamination in 12% (68/567).

Figure 1 shows the 5-year survival rates for data collected from 12313 patients classified according to the system published by AJCC [2]. Postoperatively, stage 1 accounted for 985 (8%), stage II for 1191 (9.7%), stage III for 7090 (57.6%) and stage IV for 3047 (24.7%) of the total. Only 12% of patients with lymph node involvement survived 5 years. The 10-year survival rates are given in Figure 2.

Discussion

In evaluating the results of gastric cancer treatment in these European centres two phenomena must be carefully considered, especially if the results are to be compared to those obtained in Japan. First, although several centres involved in the study were located in countries with a high incidence of intestinal type gastric cancer, of 21355 adenocarcinomas collected a very high proportion (52%) were of the diffuse type of carcinoma. Based on these data, the percentage of non-intestinal type gastric cancers seems to be higher in Europe than in Japan. Second, only 7.9% of carcinomas were classified as early gastric cancers.

The collected information confirms the fact that in Europe the accuracy of preoperative and intraoperative staging of gastric cancer is still disappointing [5]. Tumour location was the most influential parameter determining the operative procedures. According to the locations listed in Table 1 and the surgical tactics adopted in these 91 European centres (Table 4) about 50% of patients underwent subtotal gastrectomy.

Forty percent of centres did not submit data on lymph node dissection. This strongly suggests that the use of a standardized lymphadenectomy is not as well recognized as it is in Japan. Such a difference could be one of the major causes for the poorer outcome after gastric cancer surgery in Europe [5].

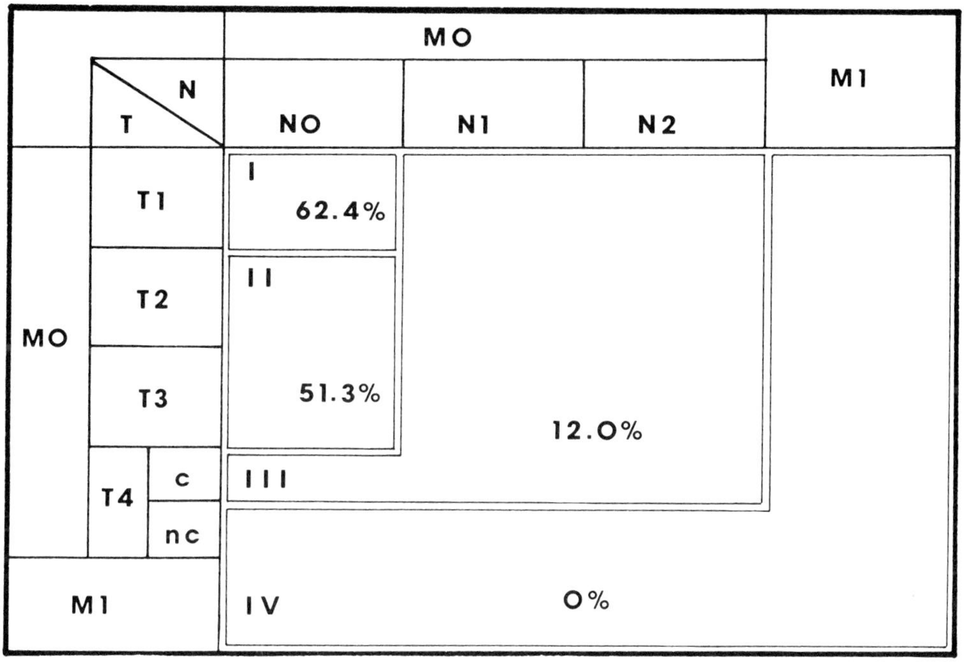

Figure 1 5-year survival rates of 12313 patients with gastric cancer according to stage grouping of UICC and AJCC (1978)

M0 No (known) distant metastases
M1 Distant metastases present
N0 No metastases to regional lymph nodes
N1 Involvement of perigastric lymph nodes within 3 cm of the primary tumour along the lesser or greater curvature
N2 Involvement of the regional lymph nodes that are more than 3 cm from the primary tumour and are removed or removable at operation, including those located along the left gastric, splenic, coeliac and common hepatic arteries
T1 Tumour limited to mucosa, or to the mucosa and submucosa regardless of its extent (or location)
T2 Tumour involves the mucosa and the submucosa (including the muscularis propria) and extends to or into serosa but does not penetrate through the mucosa
T3 Tumour penetrates through the serosa without invading contiguous structures
T4c Tumour penetrates through the serosa and involves immediately adjacent tissues such as the lesser omentum, perigastric fat, regional ligaments, greater omentum, transverse colon, spleen, oesophagus, or duodenum by way of intraluminal extension
T4nc Tumour penetrates through the serosa and involves the liver, diaphragm, pancreas, abdominal wall, adrenal glands, kidney, retroperitoneum, small intestine or oesophagus or duodenum by way of the serosa.

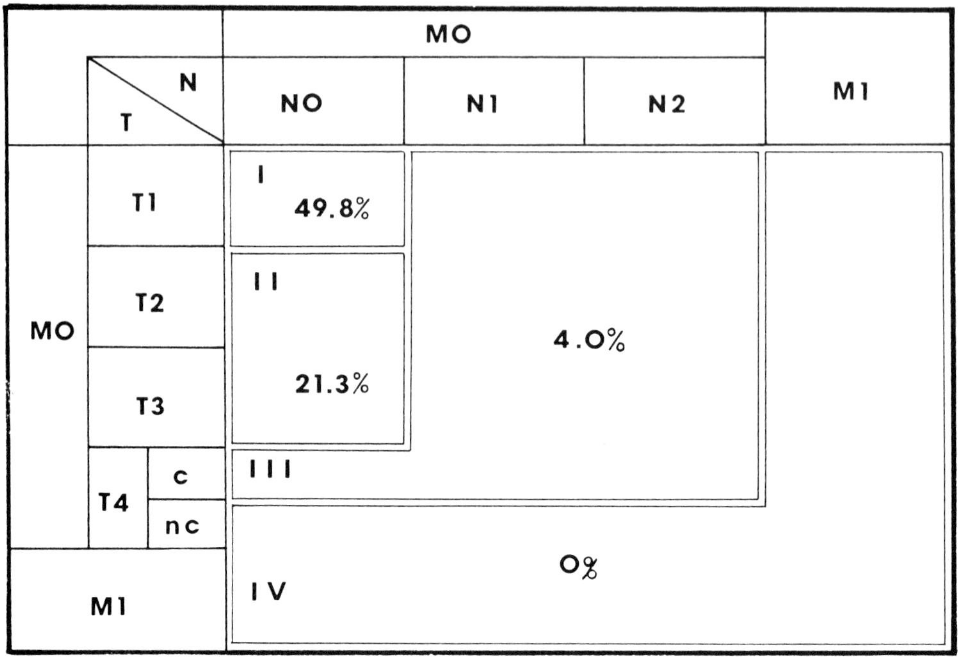

Figure 2 10-year survival rates of 12313 patients with gastric cancer according to stage grouping of UICC and AJCC (1978)

Although 70% of centres declared for combined distal pancreatectomy and splenectomy, the postoperative morbidity rate was lower than expected. Many centres related the decrease in morbidity to the increasing use of mechanical sutures.

Notwithstanding the decreasing trend of the last 5 years, mortality rates still remain higher than those reported from Japan [6], but it is remarkable that more than 80% of staged patients in this series were at stage III and IV.

From the literature it appears that none of the reconstructive procedures employed offers significantly better results in terms of nutritional and pathophysiological status [7] and data from the analysis of our questionnaire show that the choice is mostly based on personal safety criteria.

In the European centres represented in this study adjuvant treatment was employed less frequently than in Eastern institutions. However, several European prospective trials have recently been initiated to verify the effect of these treatments on the survival rate.

In conclusion, although questionnaire enquiries have some limitations they are undoubtedly useful in detecting trends regarding current management from widely different groups, given the alternative of a literature based review.

References

1. Lauren, P. (1965). The two histological types of gastric carcinoma: diffuse and so-called intestinal-type carcinoma. *Acta Pathol. Microbiol. Scand.*, **64**, 31-49
2. American Joint Committee on Cancer. (1978). Stomach cancer. *Manual for Staging Cancer*, JB Lippincott Co., Philadelphia, 71-76
3. Kennedy, B.J. (1985). Staging of gastric cancer. *Semin. Oncol.*, **12**, 19-20
4. Japanese Research Society for Gastric Cancer (1981). The general rules for gastric cancer, study in surgery and pathology. *Jpn. J. Surg.*, **11**, 127-145
5. Heberer, G., Teichmann, R.K., Kramling, H-J. and Gunther, B. (1988). Results of gastric resection for carcinoma of the stomach: the European experience. *World J. Surg.*, **12**, 374-381
6. Maruyama, K., Okabayashi, K. and Kinoshita, T. (1987). Progress in gastric cancer surgery in Japan and its limits of radicality. *World J. Surg.*, **11**, 418-425
7. Cuschieri, A. (1986). Reconstruction after gastric resection for cancer. In Preece, P.E., Cuschieri, A. and Wellwood, J.M. (eds.) *Cancer of the Stomach,* London, Grune & Stratton, 209-229

Chapter 14

Surgical Treatment of Gastric Cancer: Our Elective Procedures for Desirable Curability

M. CARBONI, S. GUADAGNI, M. CATARCI, F. GOSSETTI and P. NEGRO

Introduction

The incidence of gastric carcinoma is declining worldwide. Nevertheless, the death rate from this malignancy in Europe still makes it the fourth to sixth most common of all tumours.

Gastric carcinoma in western Europe is at an advanced stage in at least 90% of all cases by the time of diagnosis and treatment.

Surgery remains the most important method of therapy, but, during the last ten years, two more approaches to advanced gastric cancer have gained increasing importance: neo-adjuvant chemotherapy and intraoperative radiotherapy.

The failures of surgical treatment are usually predictable. It has been known for a long time that treatment outcome is dependent on the clinical stage of gastric cancer at the time of treatment.

In clinical practice, surgery for gastric cancer patients may be curative, palliative, or exploratory, with no possibility even of palliation.

Surgical treatment cannot be regarded as curative when one or more of the following conditions exist:

1. wide peritoneal dissemination
2. multiple liver metastases
3. wide invasion to neighbouring organs
4. lymph node metastases present at node 12 (hepatoduodenal), 13 (posterior pancreatic aspect), 14 (mesenteric root), 15 (along the middle colic artery), 16 (para-aortic) for all gastric cancers and at node 2 (left

cardiac), 10 (splenic hilus) and 11 (along the splenic artery) for tumours located in the lower third or lower plus middle third of the stomach.

The General Rules for Gastric Cancer Study of the Japanese Research Society for Gastric Cancer (JRSGC) [1] groups these lymph node stations as N_3 and N_4 and based on the unified staging system approved in 1985 by the Union Internationale Contre le Cancer (UICC), American Joint Committee on Cancer (AJCC) and in 1986 by the Japanese Joint Cancer Committee (JJCC), the involvement of these lymph nodes is regarded as distant metastases (M_1) [2].

When these conditions do not exist, the operative procedure must satisfy the following parameters to be considered to be curative.

1. absence of microscopic invasion at resection margins
2. dissection of a tier of lymph nodes beyond those containing secondary deposits (R>N)
3. absence of residual cancer in adjacent structures.

Infiltration at Resection Margins

Although different safe distances of macroscopic clearance at resection margins have been proposed [3,4] with the aim of resecting tumour free tissue, the surgeon's ability to achieve microscopic clearance at the resection margins is no better now than it was 40 years ago [5].

The use of frozen sections of the resection margins intraoperatively is useful to avoid microscopic infiltration of the margins, but despite this technique being recommended in 1948 by Pack and NcNeer [6] it is rarely used (1% according to the German Cooperative Study on Gastric Cancer [7]). The diagnostic accuracy is 80-90% with some limitations in scirrhous adenocarcinoma (Borrmann's IV) and skip submucosal diffusions. Recently immunostaining has been introduced to reduce the number of false negatives using this technique [8].

It is reported that positive resection margins are present in about 10% of cases [3,8]. It is not possible to assess the relationship between positive resection margins, site of the lesion and surgical procedure performed using the published series. For example, it is not possible to distinguish between stump carcinoma due to infiltration of the resection margins and that due to multicentricity of the lesion, which has recently been reported to be present in 10% of all cancers, increasing with the patient's age and being more common in early stage than advanced stage cancers [9]. In 1985, Noguchi *et al* [10] reported an incidence of multicentricity in the gastric fundus of 13 %

and 9% for lesions in the antrum and body. However, it was clearly shown that the presence of infiltration at the resection margins significantly lowers the 5-year survival in patients with and without nodal involvement [5].

Local Recurrence after Distal Subtotal Gastrectomy for Cancer

Published reports [4,11-25] do not allow evaluation of the effect of distal subtotal gastrectomy (DSG) compared to total gastrectomy (TG), taking tumour location into account, on the risk of local recurrence. A few papers in the last 10 years relate either to the incidence of isolated gastric stump recurrence or stump recurrence associated with local recurrence after DSG (Table 1), and the rates are 2.2% and 9.5% respectively. It is not true to state that total resection could avoid only a quarter of isolated gastric stump recurrences since some neoplastic cells could spread from the residual cancer on the gastric stump leading to other types of local recurrence. If a patient develops systemic or local recurrence, this is related more to the accuracy of pre- and perioperative staging than to the choice between DSG and TG.

Table 1 Incidence of isolated and local associated recurrences in the gastric stump after distal subtotal gastrectomy

Authors	*Year*	*n*	*IPM (%)*	*IR (%)*	*LAR (%)*
Iwanaga [16]	1978	647	12 (1.8)	12 (1.8)	64 (9.9)
Gunderson [20]	1982	105	?	3 (2.9)	28 (26.7)
Nagayo [23]	1986	330*	10 (3.0)	7 (2.1)	9 (2.7)
Irvin [24]	1988	37	2 (5.4)	2 (5.4)	3 (8.1)
Dent [25]	1988	37	?	2 (5.4)	6 (16.2)
Total		1156		26 (2.2)	110 (9.5)

IPM = infiltrated proximal margins
IR = isolated recurrences in the gastric stump
LAR = gastric stump recurrences associated with local recurrence
* = only early gastric cancers

Extended Lymph Node Dissection

The lymphatic drainage is extremely complex as reviewed by Tagliacozzo [26]. The advantage of extended lymph node dissection (ELD) is demonstrated by improved survival rates and an improved quality of life [27]. The routine adoption of lymphadenectomy extended to primary secondary and tertiary lymph nodes (R_3 according to JRSGC) significantly improves the survival rate compared with lymph node dissection limited to the primary nodes. Kodama *et al* [28] reported 5-year survival rates of 58% for $R_{2\text{-}3}$ gastrectomy and 33% for $R_{0\text{-}1}$ gastrectomy. Furthermore, this procedure does not cause a significant increase in the rate of operative mortality [29-31].

In curative resections for early gastric cancer (EGC) positive lymph nodes are encountered in 12.7% and N_3, N_4 in about 1% of cases, but there is no significant correlation between the extent of lymph node dissection and the 5-year survival rates [32]. ELD is thought to be more curative in submucosal EGC [33,34], but in contrast some authors still suggest ELD [35] for mucosal EGC, where others emphasize less aggressive lymphadenectomy [36].

Combined Resection of Adjacent Structures

Japanese authors have an interesting experience in these operative procedures. In 1970, Nishi and Kajitani [37] reported a 7.1% 5-year survival rate in patients with advanced cancers of the lower stomach invading the head of the pancreas and/or the duodenum and/or other neighbouring structures, treated by en-bloc dissection of the distal stomach, head of the pancreas, duodenum, transverse colon, gall bladder and common bile duct. The advantage of this operation for survival was also stressed by Miyazaki and Yonemura [38].

For advanced cancers of the upper stomach with invasion of surrounding structures, Ohashi and Kajitani [39] proposed left upper abdominal evisceration including removal of the stomach, spleen, distal pancreas, left hepatic lobe, lower part of the oesophagus, diaphragm, transverse portion and splenic flexure of the colon and, if indicated, the left adrenal gland and kidney and they report a 3-year survival rate of 10% for this operation. The same procedure combined with Appleby's method of coeliac axis resection has been suggested for Borrmann's type IV carcinoma [40].

Although the unified staging system [2] is still used in a limited number of centres, nowadays approximately 60-70% of all gastric cancers are detected and treated in stage III–IV in western countries. In Japan this figure is about 40%.

Based on these figures it is apparent that for tumours infiltrating the adjacent structures survival rate is increased by resection of the affected organs (Table 2).

Table 2 Results (operative mortality and 5-year survival rate) of resection of gastric cancer extending to adjacent organs (from Korenaga [41])

		OM	*5-year survival and staging**	
	n	*%*	*III (%)*	*IV (%)*
Extended operations (EO)	129	3.1	36.7	5.4
Not extended operations (NEO)	152	2.6	17.4[a]	2.8[b]

OM = operative mortality
* = 5-year survival rate according to the unified staging system [2]
EO = gastrectomy combined with complete removal of the invaded organs
NEO = gastrectomy alone or associated with incomplete removal of the invaded organs
[a] = $p < 0.05$ between operations
[b] = no significant difference between operations

Effect of the Choice between DSG and TG on the Patient's Outcome

Although there are many reports on the 5-year survival rates after DSG and TG for cancer (Table 3), the accuracy is doubtful because of several factors. First, the indications for choice of procedure vary markedly between centres; second, multivariate statistical evaluations have not taken into account important prognostic factors for gastric cancer, such as depth of invasion, lymph node status, macroscopic type, location and histology (according to Maruyama [48]). A third factor is that, although in recent years operative mortality rates following DSG and TG have been getting closer, differences still exist relating to the surgeon's experience and the number of operations performed (Table 4). The fourth factor is that none of these series represent a randomized controlled trial and there is inaccuracy in the preoperative staging and staging systems used. Therefore, it seems impossible to quantify any differences between DSG and TG for patient survival.

Table 3 5-year survival rate (% 5yr) after distal subtotal gastrectomy (DSG) and total gastrectomy (TG)

		DSG		TG	
Author	*Year*	*n*	*% 5yr*	*n*	*% 5yr*
Tagliacozzo [26]	1970	244	43.9	74	28.4
McNeer [42]	1974	422	21.6	94	21.2
Merkle [43]	1979	82	29.3	83	21.7
Yap [44]	1982	167	38.0	65	29.0
Nielsen [45]	1985	289	30.0	95	40.0
Santoro [46]	1986	432	54.2	312	33.0
Maruyama [47]	1987	2196	71.2	817	39.9
Soga [29]	1988	311	72.3	108	46.3

Table 4 Operative mortality rates (% OM) after DSG and TG for cancer

		DSG		TG	
Author	*Year*	*n*	*% OM*	*n*	*% OM*
Pichlmayr [49]	1979	190	14.2	216	12.5
Miwa [50]	1979	1609	3.1	933	6.2
Yamada [18]	1980	406	2.9	370	1.6
Papachistou [21]	1982	90	10.0	22	23.0
Gall [51]	1985	126	3.2	182	11.5
Battezzati [52]	1986	173	14.4	38	42.0
Rhode [53]	1987	386	7.1	529	10.4
Leggeri [54]	1988	73	5.0	69	12.0
Valen [55]	1988	151	2.0	351	2.0
Soga [29]	1988	331	0.9	115	0.0
Fass [56]	1989	21	4.8	65	3.1
Ballesta [57]	1989	72	11.1	51	7.8

OM = operative mortality (< 30 days post-operatively)

Critical evaluation of the published data shows that in patients who undergo operation for antral carcinoma with the intent to cure there is no difference between DSG and TG on 5-year survival (Table 5). We feel that in western countries the use of extended lymphadenectomy and removal of involved adjacent structures is more important for 5-year survival rates than the choice between DSG and TG.

Table 5 5-year survival rate (% 5yr) after elective DSG or TG for carcinoma of the distal third of the stomach

Author	*Year*	*n*	*DSG* *% 5yr*	*n*	*TG* *% 5yr*
McNeer [42,a]	1974[f]	55	29.0	16	43.0
Lortat-Jacob [58,b]	1975[f]	120	20.0	15	33.0
Le Treut [59,c]	1985[f]	37	49.0	36	45.0
Gennari [60,b,d]	1986[f]	361	51.0	41	40.0
Piat [61,e]	1986[f]	184	34.2	62	25.8
Leggeri [54,e]	1988[f]	58	24.8	16	33.3
Gouzi [62]	1989[s]	93	48.0	76	48.0

a = the DSG and TG groups do not only include adenocarcinomas
b = DSG and TG groups significantly different in size
c = DSG and TG groups dissimilar with respect to mean age
d = DSG and TG groups dissimilar with respect to site and/or tumour site
e = DSG and TG groups dissimilar with respect to stage
f = retrospective study
s = prospective study

Our Elective Procedures for Desirable Curability

If, according to preoperative and intraoperative (macroscopic findings, ultrasound, peritoneal lavage) staging a curative operation can be performed we always perform a total gastrectomy with R_3 lymphadenectomy on the premise that gastric carcinoma is often multicentric and this avoids the risk of stump recurrence. Moreover, standard adoption of extended lymph node dissection (R_3), with removal of lymph node groups at the splenic hilus and along the splenic artery and left subphrenic artery can endanger the blood supply to the gastric stump after a DSG.

For these reasons, and until the accuracy of pre- and intra-operative staging is increased in western centres, we believe that the rational choice in the treatment of all forms of EGC is also total gastrectomy with extended lymph node dissection [65].

Age is not a contraindication for TG; we are often faced with the need to treat patients older than 60 years with the changing age of onset of the disease. According to this trend high morbidity and accumulation of high risk factors can be expected. However, this increase in risk factors does not influence surgical mortality after TG [56,64].

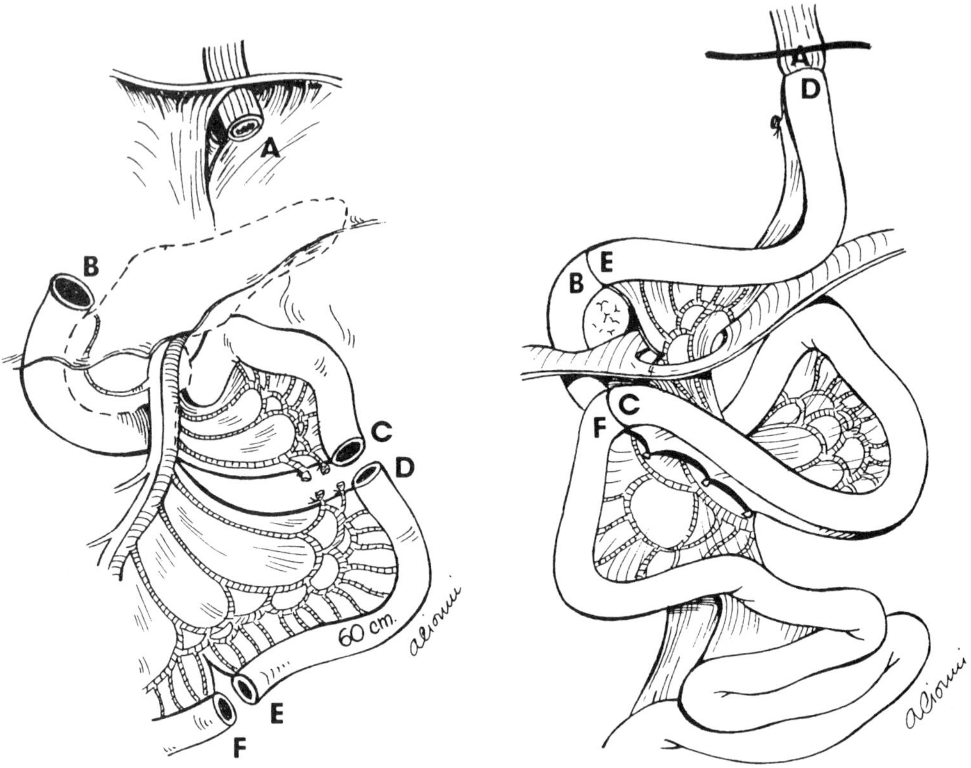

Figure 1 **A**, Oesophagus; **B**, duodenum; **C**, jejunal stump adjacent to the fourth vascular arcade; **D**, proximal end of the isolated loop; **E**, distal end of the isolated loop; **F**, proximal end of the jejunum; **AD**, oesophagojejunostomy; **EB**, jejunoduodenostomy; **CF**, jejunojejunostomy

Although, as shown in Table 4, many western authors report a higher postoperative mortality rate after TG for gastric cancer compared to DSG, in our experience [65], as in other studies [56,66,67] an impressive improvement in the safety has been reported so that now there is no difference between TG and SDG with respect to postoperative mortality.

We believe that quality of life in terms of functional and nutritional sequelae is less important than the risk of recurrence in the gastric remnant. It is commonly believed that quality of life after DSG is improved due to the remaining reservoir and gastroesophageal junction compared to after TG [68]. Quality of life after TG can be improved depending on the reconstructive technique. Amongst the various kinds of reconstruction [69] the two main models of reconstruction used are jejunal interposition with duodenal transit and Roux-en-Y reconstruction by-passing the duodenum.

Both procedures give satisfactory post-operative life and there are no differences in the incidence of dumping symptoms, reflux, oesophagitis and weight gain [70]. We prefer jejunal interposition using a personal method of reconstruction [65] (Figure 1), characterized by a minimal mesenteric incision at the foot of the jejunal interposed loop. This procedure preserves both the blood supply and innervation of the interposed loop as in the Roux-en-Y oesophagojejunostomy. In R_3 lymphadenectomy the superior mesenteric ganglion is dissected with the lymph nodes at the root of the superior mesenteric artery; in contrast our method conserves the fibres of the intermesenteric nerves interconnected to the aortorenal ganglion and inferior mesenteric ganglion.

Some authors [56,71] use Lauren's classification [72] to decide between the use of DSG and TG. For diffuse type gastric cancer TG is recommended. The use of this histopathological criterion to decide between TG and DSG seems to us to be too simplistic since it neglects other important prognostic factors and a lower 5-year survival rate for diffuse type carcinomas is not confirmed for EGC [73].

For cancers not involving the duodenum or the gastroesophageal junction, the duodenal resection line passes through the duodenal bulb and two centimetres of oesophagus are included in the resected specimen to avoid the presence of devascularized tissue at the anastomotic site. We routinely inspect the resection margins by the frozen section technique.

Omentobursectomy is a fundamental procedure for a correct extensive lymphadenectomy and, in general, for curative surgery for gastric cancer. Resection of the greater omentum together with the anterior sheet of the transverse mesocolon is a procedure employed by many Italian surgeons for many years. Bursectomy was recently recommended by Maruyama [47], and this is based on the dissection of the peritoneum covering the anterior surface of the pancreas to stop the dissemination of cancer cells to the omental bursa via the lymphatic vessels and/or the peritoneal cavity.

We use a lymphadenectomy extended to primary, secondary and tertiary lymph nodes (R_3 according to JRSGC). In addition to the right cardiac nodes, lymph nodes along the lesser and greater curvatures, suprapyloric and subpyloric nodes, we also remove the lymph nodes along the left gastric artery, common gastric artery and around the coeliac artery. Following a Kocher's mobilization we dissect the lymph nodes behind the head of the pancreas, those in the hepatoduodenal ligament and at the root of the superior mesenteric artery. If necessary we also dissect the lymph nodes along the abdominal aorta and around the middle colic artery. We always dissect the left cardiac lymph nodes with division of the left subphrenic artery at the root. Combined resection of the spleen and distal pancreas allows complete removal of the omental bursa, lymph nodes along the splenic artery and those at the splenic hilus. In this manner, the lymphatic connections between the lymph nodes along the splenic artery and the subserosal tissue of the pancreas are also removed.

The real incidence of lymph node metastases at the splenic hilus and along the splenic artery in relation to the location and depth of invasion of gastric cancers has not been clearly demonstrated (Tables 6 and 7). The

Table 6 Incidence of lymph node metastases at splenic hilus and along splenic artery in relation to the location of T_1, T_2, T_3, and T_4 gastric cancers

	Year	*C*	*M*	*A*
Soga [74]	1975	*n* = 75	*n* = 118	*n* = 220
Splenic hilus		24.2%	23.8%	28.6%
Along splenic artery		28.6%	21.4%	7.7%
Maruyama [75]	1985	*n* = 530	*n* = 1315	*n* = 1192
Splenic hilus		13.6%	3.6%	0.57%
Along splenic artery		11.7%	3.0%	2.43%

C = upper third of stomach
M = middle third of stomach
A = lower third of stomach

Table 7 Incidence of lymph node metastases at splenic hilus and along splenic artery in relation to the location of T_3 and T_4 gastric cancers

	Year	*C*	*M*	*A*
Soga [29]	1988	*n* = 91	*n* = 125	*n* = 150
Splenic hilus		17.8%	14.3%	0.0%
Along splenic artery		20.2%	5.4%	6.2%
Maruyama [75]	1988	*n* = 308	*n* = 471	*n* = 1228
Splenic hilus		21.7%	9.3%	0.8%
Along splenic artery		19.1%	7.2%	5.3%

C = upper third of stomach
M = middle third of stomach
A = lower third of stomach

phenomenon does exist so we recommend splenectomy for operations intended to be curative especially for advanced gastric cancers. The spleen has an important role in protection against infection and tumour growth [76,77]; however, it has been demonstrated recently that the spleen of patients with advanced gastric cancer participates in the induction of serum immunosuppressive factors, possibly due to a change in splenic lymphocyte subsets [78]. According to Viste [67], splenectomy combined with surgical treatment of gastric cancer is correlated with a significantly higher postoperative morbidity in the form of abscesses, pulmonary complications and thromboses. Suehiro [79], on the other hand, finds no difference between splenectomized and nonsplenectomized patients with respect to the incidence of early surgical complications and infections of later onset. Japanese [80] and western [81,82] retrospective trials demonstrated that performance of a splenectomy during gastric cancer surgery has an adverse effect on 5-year survival rate. Since the splenectomies were often necessary because of accidental injury and the extent and location of the primary tumour, it is difficult to determine whether this adverse effect is related to the immunological functions of the spleen or to the anatomical extent of the disease. Splenectomy, however, does not influence the survival rate up to 5 years after surgery [81,83].

The possibility of lymph node involvement along the splenic artery and the connections between these lymph nodes and the subserosal connective tissue of the pancreas is the rationale for a combined resection of the body and tail of the pancreas, but pancreatic resection is often dictated by adhesion of the neoplastic stomach wall to the gland. It is uncertain if pancreatectomy increases 5-year survival rate after gastrectomy for cancer [83,84], and an increased risk of postoperative complications has been reported [85]. In our experience the complications following pancreatectomy did not affect the postoperative mortality. The therapeutic benefit of resection of the pancreatic body and tail in curative gastric cancer surgery has yet to be validated by prospective randomized trials.

The frequency of distal (duodenal) resection margin cancer infiltration following DSG or TG has been reported as 2.6% [3], 7% [7], and 13% [86] . Pancreatoduodenectomy in addition to TG has been suggested where there is infiltration both of the duodenum and the head of the pancreas [37,38,87]. The excellent results in terms of 5-year survival rate and operative mortality [41] (Table 2) and the importance of the use of intensive adjuvant chemotherapy testify to the careful evaluation of this kind of operation.

A carcinoma of the fundus of the stomach which has reached the cardia or has crossed over to the distal oesophagus is a cardia carcinoma [88]. The infiltration of the oesophagus, the involvement of the abdominal and thoracic lymph nodes, the histological type, stage and other factors [89], necessitate the consideration of cardia carcinoma as a separate entity whose surgical treatment lies outside the topic of this paper.

References

1. Japanese Research Society for Gastric Cancer (1981). The general rules for gastric cancer study in surgery and pathology. *Jpn. J. Surg.*, **11**, 127-145
2. Maruyama, K. and Miwa, K. (1987). Japanese staging for gastric cancer. Evaluation and documentation of tumour extension. *Scand. J. Gastroenterol.*, **22** (Suppl. 133), 22-26
3. Bozzetti, F., Bonfanti, G., Bufalino, R., Menotti, V., Persano, S., Andreola, S., Doci, R. and Gennari, L. (1982). Adequacy of margins of resection in gastrectomy for cancer. *Ann. Surg.,* **196**, 685-690
4. Papachristou, D.N. and Fortner, J.G. (1981). Local recurrrence of gastric adenocarcinomas after gastrectomy. *J. Surg. Oncol.,* **18**, 47-53
5. British Stomach Cancer Group (1984). Resection line disease in stomach cancer. *Br. Med. J.*, **289**, 601-603
6. Pack, G.T. and McNeer, G. (1948). Surgical treatment of cancers of the gastric cardia. *Surgery*, **23**, 976
7. Kirchner, R., Hank, W., Wittekind, C. and Farthmann, E.H. (1987). The surgeon's estimation of radicality and results of pathologic examination at margins of resection in gastric cancer surgery. *Scand. J. Gastroenterol.*, **22** (Suppl. 133), 72-75
8. Yokota, T., Yamaguchi, T., Sawai, K. and Takahashi, T. (1989). Intraoperative immunostaining for detection of invasive cells at the resection margin of Borrmann type 4 gastric carcinoma using monoclonal antibody S202. *Br. J. Surg.*, **76**, 690-692
9. Mitsudomi, T., Watanabe, A., Matsusaka, T., Fujinaga, Y., Fuchigami, T. and Iwashita, A. (1989). A clinicopathological study of synchronous multiple gastric cancer. *Br. J. Surg.*, **76**, 237-240
10. Noguchi, Y., Ohta, H., Takagi, K., Ike, H., Takahashi, T., Ohashi, I., Kuno, K., Kajitani, T and Kato, Y. (1985). Synchronous multiple early gastric carcinoma: a study of 178 cases. *World J. Surg.*, **9**, 786-793
11. Warren, S. (1933). Studies on tumor metastasis IV. Metastases of cancer of the stomach. *N. Engl. J. Med.*, **209**, 825-833
12. Lefevre, H. (1947) Sur 15 cas de recidive de cancer gastrique dans le moignon restant; trois gastrectomies totales secondaires. *Rev. Chir.*, **85**, 257
13. McNeer, G., Vandenberg, H., Donn, F.Y. and Bowden, L.A. (1951). A critical evaluation of subtotal gastrectomy for the cure of cancer of the stomach. *Ann. Surg.*, **134,** 2-7
14. Thomson, F.B. and Robins, R.E. (1952). Local recurrence following subtotal resection for gastric carcinoma. *Surg. Gynecol. Obstet.,* **95**, 341-344
15. Lumpkin, W.M., Crow, R.L. Jr., Hernandez, C.M. and Cohn, I. Jr. (1964). Carcinoma of the stomach: review of 1035 cases. *Ann. Surg.*, **159**, 919
16. Iwanaga, T., Koyama, H., Furukawa, H., Taniguchi, H., Wada, A. and Tateishi, R. (1978). Mechanisms of late recurrence after medical surgery for gastric carcinoma. *Am. J. Surg.*, **135**, 637-640
17. Koga, S., Kishimoto, H., Tanaka, K. and Kawaguchi, H. (1978). Clinical and pathologic evaluation of patients with recurrence of gastric cancer more than five years postoperatively. *Am. J. Surg.*, **136**, 317-321

18. Yamada, E., Miyaishi, S., Nakazato, H., Kato, K., Kito, T., Takagi, H., Yasue, M., Kato, T., Morimoto, T. and Yamauchi, M. (1980). The surgical treatment of cancer of the stomach. *Int. Surg.*, **65**, 387-399
19. Tamura, R., Takahashi, T., Furushima, K., Ohta, H., Nakajima, T. and Takagi, K. (1981). Examination of patients with early gastric carcinoma who died. *Nippon Shokakibyo Gakkai Zasshi*, **14**, 345
20. Gunderson, L.L. and Sosin, H. (1982). Adenocarcinoma of the stomach: areas of failure in a re-operation (second or symptomatic look). Clinicopathologic correlation and implications for adjuvant therapy. *Int. J. Radiat. Oncol. Biol. Phys.*, **8**, 1-11
21. Papachristou, D.N. and Fortner, J.G. (1982). Choice of operative procedure for adenocarcinoma of the gastric antrum. A study based on TNM classification. *J. Surg. Oncol.*, **21**, 241-244
22. Suzuki, H., Endo, M. and Nakayama, K. (1983). A review of the five year survival rate and clinicopatholgic factors in stomach cancer treated by surgery alone. *Int. Adv. Surg. Oncol.*, **6**, 271-308
23. Nagayo, T. (1986). *Histogenesis and early precursors of human gastric cancer. Research and practice.* (Berlin & Heidelberg: Springer-Verlag)
24. Irvin, T.T. and Bridger, J.E. (1988). Gastric cancer: an audit of 122 consecutive cases and the results of R_1 gastrectomy. *Br. J. Surg.*, **75**, 106-109
25. Dent, D.M., Madden, M.V. and Price, S.K. (1988). Randomized comparison of R_1 and R_2 gastrectomy for gastric carcinoma. *Br. J. Surg.*, **75**, 110-112
26. Tagliacozzo, S. (1970). Linfoadanectomia e interventi allargati. In *Symposium sulla Cura Chirurgica del Carcinoma Gastrico – 72° Congresso della Societa' Italiana di Chirurgia.* Vol. 1, E.M.E.S., Rome, 129
27. Maruyama, K., Okabayashi, K. and Kinoshita, T. (1986). Radical operation for advanced gastric cancer. In *Gastric Cancer Surgery (The Latest Therapy)*, Vol.3, Igaku Kyoiku Shuppan, Tokyo, 358-367
28. Kodama, Y., Sugimachi, K., Soejima, K., Matsusaka, T. and Inokuchi, K. (1981). Evaluation of extensive lymph node dissection for carcinoma of the stomach. *World J. Surg.*, **5**, 241-248
29. Soga, J., Ohjama, S., Miyashita, K., Suzuki, T., Nashimoto, A., Tanaka, O., Sasaki, K. and Muto, T. (1988). A statistical evaluation of advancement in gastric cancer surgery with special reference to the significance of lymphadenectomy for cure. *World J. Surg.*, **12**, 398-405
30. De Aretxabala, X., Konishi, K., Yonemura, Y., Ueno, K., Yagi, M., Noguchi, M., Miwa, K. and Miyazaki, I. (1987). Node dissection in gastric cancer. *Br. J. Surg.*, **74**, 770-773
31. Ohta, H., Noguchi, Y., Takagi, K., Nishi, M., Kajitani, T. and Kato, Y. (1987). Early gastric carcinoma with special reference to macroscopic classification. *Cancer*, **60**, 1099-1106
32. Fujita, Y., Nishioka, B., Sakita, M., Kojima, O., Nomiyama, S., Ouchi, T., Yamane, T., Kasuga, M. and Majima, S. (1983). Conservative surgery for regional lymphadenectomy in the treatment of early gastric carcinoma. *Jpn. J. Surg.*, **13**, 184-190
33. Habu, H., Takeshita, K., Sunagawa, M. and Endo, M. (1987). Prognostic factors of early gastric cancer – results of long-term follow-up and analysis of recurrent cases. *Jpn. J. Surg.*, **17**, 248-255
34. Cordiano, C. and de Manzoni, G. (1988). La linfadenectomia nel carcinoma gastrico . In *90° Congresso della Societá Italiana di Chirurgia*, Vol. 1, Edizioni Luigi Pozzi, Rome, 63
35. Okamura, K., Tsujitani, S., Korenaga, D., Haraguchi, M., Baba, H., Hiramoto, Y. and Sugimachi, K. (1988). Lymphadenectomy for cure in patients with early gastric cancer and lymph node metastasis. *Am. J. Surg.*, **155**, 476-480

36. Iryama, K., Asakawa, T., Koike, H., Nishiwaki, H. and Susuki, H. (1989). Is extensive lymphadenectomy necessary for surgical treatment of intramucosal carcinoma of the stomach? *Arch. Surg.*, **124**, 309-311
37. Nishi, M. and Kajitani, T. (1970). Pancreaticoduodenectomy against gastric cancer. *Rinsho-Geka*, **32**, 887
38. Miyazaki, I. and Yonemura, Y. (1986). Radical operation for advanced lower gastric cancer . In *Gastric Cancer Surgery (The Latest Therapy)*. Vol. 3, pp.376-383. (Tokyo: Igaku Kyoiku Shuppan)
39. Ohashi, I. and Kajitani, T. (1986). Radical operation for advanced upper gastric cancer . In *Gastric Cancer Surgery (The Latest Therapy)*. Vol. 3, pp 344-350. (Tokyo: Igaku Kyoiku Shuppan)
40. Furukawa, H., Hiratsuka, M. and Iwanaga, T. (1988). A rational technique for surgical operation on Borrmann type 4 gastric carcinoma: left upper abdominal evisceration plus Appleby's method. *Br. J. Surg.*, **75**, 116-119
41. Kornenaga, D., Okamura, T., Baba, H., Saito, A. and Sugimachi, K. (1988). Results of resection of gastric cancer extending to adjacent organs. *Br. J. Surg.*, **75**, 12-15
42. McNeer, G., Bowden, L., Booher, R.J. and McPeak, J.C. (1974). Elective total gastrectomy for cancer of the stomach: end results. *Ann. Surg.*, **180**, 252-256
43. Merkle, P., Schlag, P. and Herfarth, Ch. (1979). Influence of the choice of surgical procedure in gastric cancer on the five-year survival time. In Herfarth, Ch, and Schlag, P. (eds.), *Gastric Cancer*, Springer-Verlag, Berlin, 217-219
44. Yap, P., Pantangco, E., Yap, A. and Yap, R. (1982). Surgical management of gastric carcinoma. Follow-up results in 465 consecutive cases. *Am. J. Surg.*, **143**, 284-287
45. Nielsen, J., Aagaard, J. and Toftgaard, C. (1985). Gastric cancer with special reference to prognostic factors. A review of 779 cases. *Acta Chir. Scand.*, **151**, 49-55
46. Santoro, E. and Garofalo, A., (1986). Prognosi del carcinoma gastrico dopo gastrectomia totale di principio e di necessitá. In *88° Congresso della Societá Italiana di Chirurgia.* Vol.1, Masson, Rome, 169
47. Maruyama, K., Okabayashi, K. and Kinoshita, T. (1987). Progress in gastric cancer surgery in Japan and its limits of radicality. *World J. Surg.*, **11**, 418-425
48. Maruyama, K. (1986). Results of surgery correlated with staging. In Preece, P.E., Cuschieri, A. and Wellwood, J.M. (eds.), *Cancer of the Stomach*, Grune & Stratton, London, 145-163
49. Pychlmayr, R. and Mayer, H.J. (1979). Value of the gastrectomy "de principe". In Herfarth, Ch. and Schlag, P. (eds.), *Gastric Cancer*, Springer Verlag, Berlin, 196-204
50. Miwa, K. (1979). Cancer of the stomach in Japan. *Gann Monograph on Cancer Research*, **22**, 61-75
51. Gall, F.P. and Hermanek, P. (1985). New aspects in the surgical treatment of gastric carcinoma – a comparative study of 1636 patients operated on between 1969 and 1982. *Eur. J. Surg. Oncol.*, **11**, 219-225
52. Battezzati, M., Percivale, P., Secco, G.B., Rovida, S., Santi, F. and Fardelli, R. (1986). Gastric cancer: a review of 400 consecutive cases. *Int. Surg.*, **71**, 27-31
53. Rhode, H., Rau, E., Gebbensleben, B., Stuttzer, H., Koster, R., Salzberger, B. and Ahrens, P. (1987). What causes in-hospital mortality of surgical patients with cancer of the stomach? *Scand. J. Gastroenterol.*, **22** (Suppl 133), 76-79
54. Leggeri, A., Liguori, G., Rodeano, M., Bortul, M. and Dellach, C. (1988). Il trattamento chirurgico del carcinoma gastrico antrale: gastrectomia totale o gastrectomia subtotale distale. In *First International Course on Oncologic Surgery and Perioperative Management,* University of Southern Europe, Rome, 83-94

55. Valen, B., Viste, A., Haugstvedt, T., Eide, G.E., Soreide, O. and Members of the Norwegian Stomach Cancer Trial (1988). Treatment of stomach cancer, a national experience. *Br. J. Surg.*, **75**, 708-721
56. Fass, J. and Schumpelick, V. (1989). Principles of radical surgery in gastric carcinoma. *Hepato-gastroenterol.*, **36**, 13-17
57. Ballesta-Lopez, C., Bastida-Vila, X., Nieto-Martinez, B. and Sanchez-Cano, J. (1989). Total extended gastrectomy for gastric cancer. When, how and why? *Video Revista de Cirurgia*, **6**, 7-18
58. Lortat-Jacob, J.L., Guili, R., Estenne, B. and Clot, P.H. (1975). Interet de la gastrectomie totale pour le traitment de cancers de l'estomac. *Chirurgie*, **101**, 59-67
59. Le Treut, Y.P., Echiman, A. and Hans, D. (1985). Cancer de l'antre gastrique: que peut-on attendre de l'elargissement de principe des exereses? *Press. Med.*, **14**, 1319-1327
60. Gennari, L., Bozzetti, F., Bonfanti, G., Morabito, A., Bufalino, R., Docimo, R. and Andreola, S. (1986). Subtotal versus total gastrectomy for cancer of the lower two-thirds of the stomach: a new approach to an old problem. *Br. J. Surg.*, **73**, 534-538
61. Piat, G. and Cangemi, V. (1986). Sopravvivenza a distanza dopo "resezione gastrica" e gastrectomia totale per cancro dell'antro. In *88° Congresso della Societá Italiana della Chirurgia,* Vol. 1, Masson Italia Editori, Milan, 155
62. Gouzi, J.L., Huguier, M., Fagniez, P.L., Launois, B., Flamant, Y., Lacaine, F., Paquet, J.C. and Hay, J.M. (1989). Total versus subtotal gastrectomy for adenocarcinoma of the gastric antrum. *Ann. Surg.*, **209**, 162-166
63. Carboni, M. Guadagni, S., Pistoia, M.A, De Bernardinis, G., Amicucci, G. and Catarci, M. (1988). Comparative evaluation between total gastrectomy and subtotal gastrectomy in the treatment of early gastric carcinoma. In *First International Course on Oncologic Surgery and Perioperative Management,* University of Southern Europe, Rome, 61-69
64. Mitsudomi, T., Matsusaka, T., Wakasugi, K., Takenaka, M., Kume, K., Fujinaga, Y., Teraoka, H. and Iwashita, A. (1989). A clinicopathological study of gastric cancer with special reference to age of the patients: an analysis of 1630 cases. *World J. Surg.,* **13**, 225-231
65. Moreno-Gonzalez, E. and Carboni, M. (1988). A safe and rapid esophagojejuno-duodenestomy after total gastrectomy. *Surg. Gynecol. Obstet.*, **167**, 72-74
66. Meyers, W., Damiano, R., Roptolo, F. and Postelthwaite (1987). Adenocarcinoma of the stomach. *Ann. Surg.*, **205**, 1-8
67. Viste, A., Haugstvedt, T., Eide, G. and Soreide, O. (1988). Postoperative complications and mortality after surgery for gastric cancer. *Ann. Surg.*, **207**, 7-13
68. Bittner, R., Schirrow, H., Roschner, H. and Beger, G. (1984). Billroth I-heute noch eine obsolete behandlungsmethode beim magenkarzinom? In Haring, R. (ed.) *Therapie des Magenkarzinoms,* Medizin Edition, Weinheim, 213-219
69. Tittel, A. and Schumpelick, V. (1989). History of gastric replacement. *Hepato-gastroenterol.,* **36**, 57-63
70. Schumpelick, V. and Fass, J. (1988). Magenersatz durch dunndarm. *Der Chirurg.,* **59**, 125-132
71. Inberg, M., Heinonen, R., Lauren, P., Rantakokko, V. and Viikari, S. (1981). Total and proximal gastrectomy in the treatment of gastric carcinoma: a series of 305 cases. *World J. Surg.*, **5**, 249-257
72. Lauren, P. (1965). The two histological main types of gastric carcinoma: diffuse and so-called intestinal-type carcinoma. *Acta Pathol. Microbiol. Scand.*, **64**, 31-49
73. Hermanek. P. (1987). Clinical significance of histologic classification in accordance with Lauren as an addition to pTMN. *Scand. J. Gastroenterol.*, **22** (Suppl. 133), 31-32

74. Soga, J., Kobayashi, K., Saito, J., Fujimaki, M. and Muto, T. (1979). The role of lymphadenectomy in curative surgery for gastric cancer, *World J. Surg.*, **3**, 701-708
75. Maruyama, K. (1985). *Surgical Treatment and End Results of Gastric Cancer*, National Cancer Center Press, Tokyo
76. Billiar, T., West, M., Hyland, B. and Simmons, R. (1988). Splenectomy alters Kupffer cell response to endotoxin. *Arch. Surg.*, **123**, 237-332
77. Cheslyn-Curtis, S., Aldridge, M.C., Biglin, J.E.J., Dye, J., Chadwick, S.J.D. and Dudley, H.A.F. (1988). Effect of splenectomy on gram-negative bacterial clearance in the presence or absence of sepsis. *Br. J. Surg.*, **75**, 177-180
78. Kanayama, H., Hamazoe, R., Osaki, Y., Shimizu, N., Maeta, M. and Koga, S. (1985). Immunosuppressive factor from the spleen in gastric cancer patients. *Cancer*, **56**, 1963-1966
79. Suehiro, S., Nagasue, N., Ogawa, Y., Yukiharu, S., Hirose, S. and Yukaya, H. (1984). The negative effect of splenectomy on the prognosis of gastric cancer. *Am. J. Surg.*, **148**, 645-648
80. Sugimachi, K., Kodama, Y., Kumashiro, R., Kanematsu, T., Noda, S. and Inokuchi, K. (1980). Critical evaluation of prophylactic splenectomy in total gastrectomy for the stomach cancer. *Gann*, **71**, 704-709
81. Gastrointestinal Tumor Study Group. (1985). Controlled trial of adjuvant chemotherapy following curative resection for gastric cancer. *Cancer*, **49**, 1116
82. Douglass, H.O. Jr. and Nava, H.R. (1985). Gastric adenocarcinoma – management of the primary disease. *Semin. Oncol.,* **12**, 32
83. Koga, S., Kaibara, N., Kimuara, O., Nishidoi, H. and Kishimoto, H. (1981). Prognostic significance of combined splenectomy or pancreaticosplenectomy in total and proximal gastrectomy for gastric cancer. *Am. J. Surg.*, **142**, 546-550
84. Shiu, M.H. and Decosse, J.J. (1987). The importance of the extent of resection for prognosis of stomach cancer patients. *Scand. J. Gastroenterol.*, **22** (Suppl. 133), 54-57
85. Lundell, L., Grip, I., and Olbe, L. (1986). Pancreatic resection additional to gastrectomy for gastric cancer. Effect on postoperative morbidity. *Acta Chir. Scand.*, **152**, 145-149
86. Schrock, T.R. and Way, L.W. (1978). Total gastrectomy. *Am. J. Surg.*, **135**, 348-355
87. Allegra, G. (1988). Total gastrectomy for gastric cancer. In *XXVI World Congress of the International College of Surgeons,* Vol. 1, Monduzzi Editore, Milan, 525
88. Huseman, B. (1989). Cardia carcinoma considered as a distinct clinical entity. *Br. J. Surg.* **76**, 136-139
89. Siewert, R., Holscher, A.H., Becker, K. and Gossner, W. (1987). Kardiacarcinom: versuch einer therapeutischen relevanten klassification. *Chirurg.*, **58**, 25-32

Chapter 15

"Regional" Gastrectomy

G. Di MATTEO, S. LUCCI, A. CANCRINI Jr, G. PALAZZINI, L. BOEMI and F.A. PERRI

Introduction

From our experience in gastric cancer surgery we believe that radical excision is essential. Based on the biological aggressiveness of the tumour and the peculiar drainage of the stomach to obtain an oncologically valid clearance, surgery must include total gastrectomy and extended lymphadenectomy.

Through progress in preparation, nutritional reintegration of patients and the use of stapling devices a correct degree of surgical aggressiveness is achieved. We routinely perform a total gastrectomy with extended lymphadenectomy and systematic removal of the structures adjacent to the stomach and call this "regional" gastrectomy.

Operative Procedure

The operation starts with the dissection of the cranial transverse mesocolon sheet together with the mesenteric lymph nodes, which may be involved particularly if the primary tumour is located on the posterior wall of the gastric body and antrum. The dissection is extended upwards to the anterior pancreatic aspect and to the posterior mesogastrium, thus removing the pre-pancreatic lymph nodes. Dissection is carried out below the pancreas along the mesenteric veins up to the portal trunk.

A wide Kocker's manoeuvre is necessary to allow complete removal of the posterior pancreaticoduodenal nodes. The left renal vein is demonstrated and the regional excision is extended to the aorto-caval lymph nodes to allow accurate staging of the tumour. However, in certain cases it may also be regarded as curative.

Lymphadenectomy is carried on to the hepatoduodenal ligament dissecting the hepatic artery and its branches up to the porta hepatis. After the complete dissection of the hepatic artery the right gastric artery is ligated. In some cases, ligation of the gastroduodenal artery can be performed to obtain a complete lymphadenectomy.

Lymphadenectomy of the coeliac axis and its branches is then undertaken.

After dissecting the duodenum using a stapling device, the stomach is widely mobilized to facilitate coeliac axis exposure. Once the suture is controlled, lymphadenectomy of the splenic artery is performed. The left gastric vein is ligated at its outlet, and the left gastric artery at its origin. Following this the coeliac axis and the anterior aortic aspect are dissected. The lymphadenectomy is extended to the left along the splenic artery. To get a better approach to the retroperitoneum the posterior gastric vessels are prepared and dissected. This procedure allows the dissection of the avascular plane which lies beneath the posterior parietal peritoneum, approximating to the gastrophrenic ligament or posterior mesogastrium. This type of dissection provides en bloc isolation of the stomach, free from its posterior diaphragmatic connections, the spleen and the other surrounding structures which drain to the posterior lymph nodes.

The spleen is mobilized, its vessels divided and it is pushed towards the stomach. The left triangular ligament is divided to obtain a wider approach to the distal portion of the oesophagus. Pulling the stomach downwards, the distal 10 cm of the oesophagus are dissected free and the vagus nerves are sectioned.

Once the oesophagus is prepared, a Roux-en-Y loop is constructed using the longer jejunal loop. From experience we have reached the conclusion that preservation of duodenal transit is not necessary after total gastrectomy for a good quality of life so a Roux-en-Y reconstruction is performed routinely.

Jejunojejunostomy is carried out with a circular stapler, without its anvil, inserted into the distal end of the Roux-en-Y loop. The central rod of the instrument is driven out of the intestinal lumen at the antimesenteric aspect of the bowel, approximately 70 cm from the cut edge. Once the anvil is screwed on, it is inserted into the proximal end of the small bowel and the anastomosis then constructed.

Mechanical anastomosis is quick, safe and satisfactory. A purse-string suture is sewn on to the distal end of the oesophagus with the aid of a special instrument. The mechanical oesophagojejunostomy has a diameter of 25 or

29 mm. Particular care should be taken in avoiding stretching the oesophagus beyond its muscular resistance and the organ should be sustained with a long vascular clamp to prevent it slipping from the thorax. A circular stapler is inserted into the lumen of the jejunal end and an end-to-side oeophagojejunostomy is then constructed using the usual procedure. If the muscular layer of the oesophagus is ripped this is not serious and it is generally not worth repairing it. This anastomosis is quick, easy and safe.

The remaining portion of the bowel is sutured with a linear stapler close to the anastomosis and resected with a lancet following the closed jaws of the instrument. The suture is checked for the correct setting of the metal staples and the mesenteric gap is sutured.

When the operation is complete the oeophagojejunal anastomosis, the fully dissected splenic artery, the stump of the posterior gastric artery, the tail of the pancreas, the portal vein with its roots, the antecolic Roux-en-Y loop, the sutured end of the duodenum, the stump of the left gastric artery and the aorta can be seen as well as the hepatic artery with the stumps of the gastroduodenal and right gastric artery.

The periportal space is completely dissected and it is ensured that the mesentery is not under tension.

Patients Studied

Our series includes 160 total gastrectomies, 57 using manual anastomosis and 103 using mechanical sutures. At the start of the series different methods of restoration of digestive continuity were used in order to provide a logical choice for future reconstructions by comparison of function postoperatively. In 3 cases an oesophagoduodenostomy was performed, in 10 cases an oesophagojejunoduodenostomy as described by Mouchet-Camey was performed. In another 34 cases an end-to-side oesophagojejunostomy with omega-shaped-loop according to Lahey and side-to-side entero-enterostomy between afferent and efferent limb according to Braun was performed. Finally in 10 cases an end-to-side Roux-en-Y oesophagojejunostomy was performed. Stapling devices were used in 13 cases of omega-shaped loop oesophagojejunostomy and in 90 cases of Roux-en-Y oesophagojejunostomy. A functional assessment consisting of physical examination, blood tests, stool examination, faecal fat determination, xylose test, gastrointestinal x-rays and endoscopy was carried out at 3, 6 and 12 months in the following patients:

1/3 oesophagoduodenostomy (OD)
6/10 oesophagojejunoduodenostomy (OJD)

27/47 omega-shaped-loop oesophagojejunostomy (Omega-OJ)
34/100 Roux-en-Y oesophagojejunostomies (Roux-en-Y)

Post-gastrectomy functional deficit recovery is usually complete 1 year post surgery so the data obtained at 1 year were taken to be indicative. Oncological follow-up is continuing at regular yearly intervals.

Results were compared using the Chi-square test.

Results

The post-gastrectomy functional results are summarized in Table 1. Significantly fewer patients had oesophagitis after Roux-en-Y than after either OJD ($p < 0.05$) or Omega-OJ ($p < 0.05$). There was no significant difference in the incidence of early satiety or in the number of daily meals taken which ranged from 3 to 7. Sideraemia values were below the lower limit of 80 μg% in significantly more patients after OJD and Omega-OJ that after Roux-en-Y reconstruction ($p < 0.05$). The fat malabsorption index was within the normal limits of 6 g/day in significantly more patients after OJD and Omega OJ than after Roux-en-Y ($p < 0.05$) and was elevated in the patient after OD (11 g/day). There was no difference in the proportion of patients with a carbohydrate malabsorption index (xylose test and urine determination) below the normal limit of 5 g/5 h between groups. The percentage weight loss was similar in all groups studied.

Table 2 shows the 5-year survival in Stage II-III patients who underwent subtotal gastrectomy and total "regional gastrectomy" between 1970 and 1986. Up to May 1989 163 regional gastrectomies were performed out of a total of 216 operations.

Discussion

A choice between total gastrectomy (TG) and subtotal gastrectomy (STG) is only available for tumours of the antrum, whereas tumours of the proximal gastric portion offer no other indication than total gastrectomy.

Some studies report an advantage of STG over TG for distal gastric tumours. In particular, they report no difference in the 5-year survival rates provided that the tumour is at a curable stage (I, II or III). Digestive function is also better after STG due to preservation of acid secretory capacity and reservoir function [1-4].

Table 1

Function			*Operative procedure*	
	OJ	*OJD*	*Omega OJ*	*Roux-en-Y*
Oesophagitis	1/1	6/27 (22.2%)	1/16 (16.6%)	1/34 (2.9%)
Dumping	0/1	3/27 (11%)	1/16 (16.6%)	2/34 (5.8%)
Early satiety	0/1	3/27 (11%)	1/16 (16.6%)	2/34 (5.8%)
Low sideraemia	100%	66.6%	88.8%	44%
Acceptable faecal fat	100%	83%	88.8%	52.9%
Acceptable carbohydrate Malabsorption index		83.3%	74%	55.8%
Percentage weight loss	12%	10%	11%	9%

Table 2

Operative procedure (number)	*Age mean (range)*	*Sex ratio M:F*	*Histology I*	*D*	*Survival (3-year)*
Subtotal gastrectomy (34)	60 (56-67)	26:8	20	14	7/34 (20%)*
Total gastrectomy (58)	63 (58-66)	43:13	33	25	25/58 (43.1%)

I = Intestinal type carcinoma; D = Diffuse carcinoma (Lauren)
* $p < 0.05$

It may be argued that since these studies used retrospective analysis of several series they have limited predictive value due to:

1. partially matched patients (age, sex, ethnic group, predisposing conditions, etc.)
2. number of surgeons (with different opinions, experience and technical skill)
3. different interpretations of histological findings and classification.

In our experience we have retrospectively examined patients, operated on between 1970 and 1986 by the same surgical and pathology teams, with a mean age of 62 years (range 54–67) and using Laurens unmodified classification. There was a significantly increased 5-year survival rate of 43.1% (25 of 58) for TG compared with 20% (7 of 34) in the STG group for stages II and III ($p < 0.05$). These results are in agreement with those of McNeer [5] who reported a 5-year survival of 43.7% for TG and 29.8% for STG, Lortat-Jacob [6] (5-year survival: TG 33%, STG 20%), Mazzeo [7] (5-year survival: TG 39.2%, STG 23.5%) and many other series reported in the literature [8-16].

The lower incidence of oesophagitis in our series after Roux-en-y reconstruction is in agreement with other studies [8,12,15,17-20].

Therefore, all available data suggest that Roux-en-Y is the best reconstruction to prevent oesophagitis and furthermore, other functional parameters, for example nutrition, are better preserved. We found no differences in dumping, early satiety or absorption. The findings of increased sideraemia values and minor excess faecal fat loss were therefore unexpected in the Roux-en-Y group.

From our experience, therefore, we believe that progress in preparation and nutritional reintegration of patients together with the advent of new surgical techniques have considerably reduced the mortality and morbidity rates compared with those for sub-total gastrectomy with limited lymphadenectomy. The effectiveness of total gastrectomy and extended lymphadenectomy in improvement of long term survival needs to be demonstrated. A 3-year follow-up study is in progress and the results of this will be reported in the near future.

References

1. Dent, D., Madden, S. and Price, S. (1988). Randomized comparison of R1 and R2 gastrectomy for gastric carcinoma. *Br. J. Surg.*, **75**, 110-115
2. Piat, D. and Cangemi, A. (1986). Sopravvivenza a distanza dopo resezione gastrica e gastrectomia totale per cancro dell' antro. *Soc. It. Chir.,* 155-167
3. Santora, E. and Garofalo, A. (1982). Prognosi del carcinoma gastrica. La sopravvivenza dopo gastrectomia totale dio principio e di necessita. *Atti. Soc. It. Chir.*, 169-184
4. Stipa, V., Di Giorgio, A., Bolognese, A., Angrisani, A. and Sammartino, P. (1982). Gastrectomie totale e subtotale per cancro; applicazione del metoda statistico nella valutazione comparitiva della sopravvivenza. *Giorn. Chir.*, **3**, 319
5. McNeer, G., Bowden, L., Booher, R. and McPeak, C. (1974). Elective total gastrectomy for cancer of the stomach. *Ann. Surg.*, **180**, 252-257
6. Lortat-Jacob, J. (1975). Interet de la gastrectomie totale pour le treitment des cancers de l'estomac. Etude de 482 interventions radicales. *Chirurgie*, **101**, 59-65
7. Mazzeo, F. and Forestieri, P. (1985). La gastrectomia totale. *Arch. Soc. It. Chir.*, **685**
8. Bradley, E. (1979). Total gastrectomy. *Clin. Gastroenterol.*, **8**, 354-360

9. De Cesare, A. and De Toma, E. (1981). Risultati comparativi dopo gastrectomia totale e parziale per cancro della meta inferiore dello stomaco. *Gior. Chir.*, **2**, 131-134
10. Gunderson. L. (1982). Adenocarcinoma of the stomach. Areas of failure in a reoperation series (second or symptomatic looks). Clinico-pathologic correlation and implications in adjuvant therapy. *Int. J. Radiol. Oncol. Biol. Phys.*, **8**, 1-7
11. McNeer, G., Bowden, L., Booher, R. and McPeak, C. (1974). Elective total gastrectomy for cancer of the stomach. *Ann. Surg.*, **180**, 252-256
12. Papachristou, D. (1981). Local recurrence of gastric adenocarcinoma after gastrectomy. *J. Surg. Oncol.*, **18**, 47-53
13. Piat, G. and Cangemi, V. (1986). Sopravvivenza a distanza dopo resezione gastrica e gastrectomia totale per cancro dell'antro. *Soc. It. Chir.*, 155-167
14. Hubens, A., Van Hee, R., Van Vooren, W. and Peeters, R. (1989). Reconstruction of the digestive tract after total gastrectomy. *Hepato-gastroenterol.*, **36**, 18-22
15. Saario, I., Schroder, T., Tolppanen, E-M. and Lempinen, M. (1986). Total gastrectomy with esophagojejunostomy: Analysis of 100 consecutive patients. *Am. J. Surg.*, **151**, 234-246
16. Samori, G., Bedoni, P., Moor, E. and Porto, E. (1986). Le sindromi post-gastrectomia totale. *Min. Chir.*, **41**, 1295-1301
17. Santoro, E. and Garofalo, A. (1986). Prognosi del carcinoma gastrico. La sopravvivensa dopo gastrectomia totale die principio e di necesita. *Atti. Soc. It. Chir.*, 169-184
18. Schrock, T. and Way, L. (1978). Total gastrectomy. *Am. J. Surg.*, **135**, 348-355
19. Schumpelick, V. and Foss, J. (1986). Magenersatz durch dunndarm. *Der. Chirurg.*, **59**, 125-132
20. Stipa, V., Di Giorgio, A., Bolognese, A., Angrisani, A. and Sammartino, P. (1982). Gastrectomia totale e sub-totale per cancro: applicazione del metodo statistico nella valutazione comparitave della sopravvivenza. *Giorn. Chir.*, **3**, 315-320

Invited Questions

Stipa (Italy) – Professor Di Matteo, when you use the linear stapler for stump closure I noticed that you applied manual sutures afterwards – do you think that this is safe and do you have any problems after this procedure?

Di Matteo – We never use manual sutures after mechanical ones and have never had any complications using this technique. It is important to avoid excessive crossing of multiple suture lines.

I do not think that it is possible to remove the peritoneum covering the superior aspect of the pancreas without any damage and an increase in the post-operative complications.

Chapter 16

Total Gastrectomy in the Surgical Treatment of Gastric Cancer

A. LEGGERI, G. LIGUORI, M. ROSEANO and M. BORTUL

Introduction

Nowadays the surgical treatment of gastric cancer is divided into two types of operation: subtotal and total gastrectomy. There has been an increased use of total gastrectomy due to the introduction of stapling devices which reduce the incidence of postoperative complications due to anastomotic leakage.

With the increasing use of total gastrectomy many groups have considered the analysis of the surgical experience with respect to its real therapeutic effectiveness in comparison with other surgical techniques. One must remember that the surgeons' behaviour has been influenced in the last few years by the greater knowledge of cancer biology and accuracy of staging.

Treatment used to be dominated by subtotal gastrectomy (proximal and distal) with total gastrectomy limited to "situations of necessity". Following this surgery has been influenced by the search for a more radical approach with complete removal of the stomach and regional lymphadenectomy regardless of the site of the tumour and depth of invasion. This period has been dominated by the favourable response to "total gastrectomy by choice". Most recently the choice of operation has been influenced by tumour location, spread to regional lymph nodes, the presence of distant metastases, while the dogma of total gastrectomy as the only curative procedure for gastric cancer has been denied.

There is agreement on the indications for total gastrectomy for tumours of the upper and middle portions of the stomach where it is necessary to maintain a minimum 6 cm tumour-free resection margin. Problems still remain with resections for lesions of the lower third of the stomach where most authors agree that it is possible to get a 6 cm tumour-free margin with a subtotal gastrectomy which is sufficient to prevent local recurrence [1,2].

The decision can be influenced, especially for distal tumours, by a decision regarding lymphadenectomy [3]. Whereas on one hand total gastrectomy permits a complete R3 lymphadenectomy including removal of the splenic and left para-oesophageal nodes this cannot be achieved with a subtotal gastrectomy, where only a partial R3 dissection is possible without dissection of the splenic and left para-oesophageal nodes.

As the risk of a local recurrence in the gastric stump is not considerable [4], the main issue is centred on the oncological role and effectiveness of a complete R3 lymphadenectomy.

In the case of early gastric cancer a complete R3 lymphadenectomy is thought to be unnecessary as N2 involvement is very low and N3 almost absent so that a R2 clearance is usually curative [5-7].

Extensive lymphadenectomy of a tumour with serosal involvement (T3), with infiltration of the surrounding organs (T4), or with distant metastases (M1) is probably of little value where surgery no longer has a curative intent [6,8]. Theoretically a complete R3 lymphadenectomy and total gastrectomy is justifiable in antral advanced cancer without serosal involvement (T2) in which N2 and N3 involvement is higher [6].

These theoretical assumptions have been partially verified by the analysis of studies, most of which are retrospective, which show similar survival after total and subtotal gastrectomy [4,7,9-12].

For early gastric cancer the long-term results are similar for the two surgical modalities [13]. In advanced cancer with serosal involvement (T3) the survival is poor regardless of the extent of resection [6,14,15]. However, one must stress that these results are based on retrospective studies and require validation in randomized prospective studies currently in progress.

Our personal choices have been influenced by the literature. To start with subtotal gastrectomy was performed on patients with lower third tumours. Subsequently we have limited this type of surgery to elderly and high-risk patients in whom an extensive clearance was contraindicated. A "total gastrectomy by choice" approach was then adopted. Currently the choice of operation is influenced by the characteristics of the tumour (depth of invasion and node status) which are the only discriminatory prognostic factors for the actual curative role of the operation and for the life expectancy of the patient [16].

The methods for total gastrectomy are standardized, although there is no agreement as to the most satisfactory reconstructive technique. Our choice of technique is based on the patient's age and the surgical risk. In this way jejunal interposition is only carried out on younger patients with a longer life expectancy. Roux-en-Y reconstruction is used in most other patients which guarantees functional and nutritional results almost equal to those obtained with reconnection of the duodenum [17].

The other factor which must be taken into account is the prevention of reflux oesophagitis which can lead to anastomotic stenosis. For this reason it is necessary to use an intestinal loop of 50 cm for the jejunal interposition and at least 60 cm for Roux-en-Y reconstructions.

Our experience is based on 239 patients with gastric cancer. Resections have been carried out in 144 of these patients of whom 69 underwent total gastrectomy and 73 subtotal gastrectomy. The operative mortality for total gastrectomy was 12%. Antral tumours were present in 74 patients of whom 16 underwent total and 58 subtotal gastrectomies – the high use of subtotal gastrectomy was dependent not only on the fact that this was the operation of choice up to 1980, but also on the age of the patients.

Global 5-year survival rates of 91.4% for stage 1, 24% for stage 2, 18% for stage 3 and nil for stage 4 have been observed. It is not possible to evaluate the results statistically if the antral tumours are considered alone.

A 5-year survival of 19% after subtotal gastrectomy for tumours involving the serosa (T3) was observed and nil after total gastrectomy. For early gastric cancer the 5-year survival rate of 91% was independent of the type of surgery.

Although there was a tendency towards longer survival rates after total gastrectomy for advanced cancers without serosal involvement (T2) the numbers are too small for evaluation.

Total gastrectomy occupies a fundamental role in the surgical treatment of gastric cancer. There is still a great need to define with better precision the determinants of tumour location, tumour depth and nodal involvement. Currently there are no results on this and we must await the results of randomized prospective trials in progress.

References

1. Santoro, E., Garofola, A. and Scutari, F. (1986). Gastrectomia totale e subtotale per cancro; analisi dei risultati in base al TNM. Studio policentrico su 2000 casi. *Chirurgia Generale*, **7**, 167-176
2. Allegri, C., Vittori, I., Maioran, F. and Mustaccioli, G. (1986). La diffusione intramurale del carcinoma gastrico. *Nuovo Giorn. It. Med.*, **1**, 151-154
3. Cordiano, E. and De Manzoni, G. (1988). La linfoadenectomia nel carcinoma gastrico. *Arch. Atti. Soc. It. Chir.*, 63-75
4. Gennari, L., Bozzetti, F., Marabito, A., Bufalino, R., Doci, R. and Andreola, S. (1986). Subtotal versus total gastrectomy for cancer of the lower third of the stomach: a new approach to an old problem. *Br. J. Surg.*, **73**, 534-538
5. Habu, H., Takeshita, K., Sunagawa, M. and Endo, M. (1986). Lymph node metastasis in early gastric cancer. *Int. Surg.*, **71**, 244-247

6. Crucitti, F., Bellantone, R., Pacelli, F., Perri, M. and Doglietto, G.B. (1988). Gastric cancer: The role of lymphadenectomy. *Atti. XXVI World Congress of the International College of Surgeons*, **1**, 518-524
7. Soga, J., Ohiama, S., Miyashita, K., Suzuchi, T., Nashimoto, A., Tanaka, O., Sasaki, K. and Muto, T. (1988). A statistical evaluation of advancement in gastric cancer surgery with special evaluation of the significance of lymphadenectomy for cure. *World J. Surg.,* **12**, 398-403
8. Longmire, W.P. (1988). Invited Commentary. *World J. Surg.,* **12**, 380-381
9. Gouzl, J.L., Fagniez, P.L., Hugueir, M., Chipponi, J. and Paquet, J.C. (1987). Traitement chirurgical curatif du cancer de l'antree gastrique: gastrectomie des 4/5emes ou gastrectomie totale? *Urg. Chir. Comment.*, **10**, 163-165
10. Stipa, V. (1982). Gastrectomia totale e subtotale per cancro: applicazione del metodo statistico nella valutazione comparitiva della sopravvivenza. *Il Giornale Di Chirurgia*, **3**, 315-320
11. Moreaux, J. and Msika, S. (1989). Gastric cancer surgery. State of art: French experience. *Atti del Corso di aggiornamento in Oncologia Digestiva "Stadiazione e trattamento del cancro gastrico".* Verona, 41-42
12. Tamames, S., De Vega, D.S., Tanames (jr), S. and Numez, J.R. (1988). Operative tactics in gastric cancer surgery. *Atti First International Course on Oncological Surgery and Perioperative Management,* Rome, 95-99
13. Santoro, E. and Garofolo, A. (1989). Early gastric cancer a localizazzione antrale: gastrectomia totale vs subtotale. *Atti del Corso di aggiornamento in Oncologia Digestiva "Stadiazione e trattamento del cancro gastrico"*, Verona, 59
14. Leggeri, A., Liguori, G., Roseano, M., Bortul, M. and Dellach, C. (1988). Il trattamento chirurgico del carcinoma gastrico antrale: gastrectomia totale o gastrectomia subtotale distale? *Atti First International Course on Oncological Surgery and Perioperative Management,* Rome, 83-94
15. Paletto, A., Namo, M., Ricci, E., Giaccone, M. and Bronda, M. (1989). Risultati del T3-T4 dei 2/3 inferiori dello stomaco (esperienza di 169 casi dal 1970 al 1984). *Atti del Corso di aggiornamento in Oncologia Digestiva "Stadiazione e trattamento del cancro gastrico".* Verona, 51-54
16. Maruyama, K. (1989). New stages in Hawaii 1984. *Atti del Corso di aggiornamento in Oncologia Digestiva "Stadiazione e trattamento del cancro gastrico".* Verona, 35
17. Basso, N., Materia, A. and Silecchia, G. (1989). Risultati nutrizionali dopa gastrectomia totale per cancro: interposizione d'ansa sec. Longmire-Mouchet vs ansa as y sec. Roux. *Atti del Corso di aggiornamento in Oncologia Digestiva "Stadiazione e trattamento del cancro gastrico".* Verona, 6-7

Chapter 17

The Role of Extensive Surgery in Advanced Gastric Cancer

D. KORENAGA, K. SUGIMACHI and T. MATSUMATA

Introduction

Peritoneal dissemination, hepatic metastasis, widespread nodal involvement, and direct invasion to adjacent organs present at a late stage of gastric carcinoma and greatly influence the prognosis [1]. Although an extensive en bloc resection can ensure a long-term survival, determining the extent of excision may present a problem when there is an advanced lesion with evidence of metastatic spread, as seen at laparotomy. The role of extensive surgery for advanced gastric cancer was given attention, from the stand-point of survival following resection.

Prognostic Factors Related to Cases of a Far Advanced Carcinoma

Of 1220 patients with gastric carcinoma who had undergone resection in the Department of Surgery II, Kyushu University Hospital, from 1965 to 1985, 432 (35.4%) had far advanced carcinoma, classed as stage IV and designated as a lesion with factors such as peritoneal dissemination, hepatic metastasis, widespread nodal involvement extending into tertiary (hepatoduodenal, retropancreatic and mesenteric) or quaternary (middle colic and para-aortic) nodes, or direct invasion into adjacent organs [2]. The overall 5-year survival rate in these 432 patients was 10.2%. To evaluate the influence of each factor on survival, the survival rates were calculated, according to the different number of factors (Figure 1). The 5-year survival rates in patients with a single factor were 16.3%, significantly higher than the 2.8% in those with 2 factors ($p < 0.01$) and 1.5% in those with 3 factors ($p < 0.01$). Table 1 summarizes the survival rates in cases of stage IV carcinoma with a single

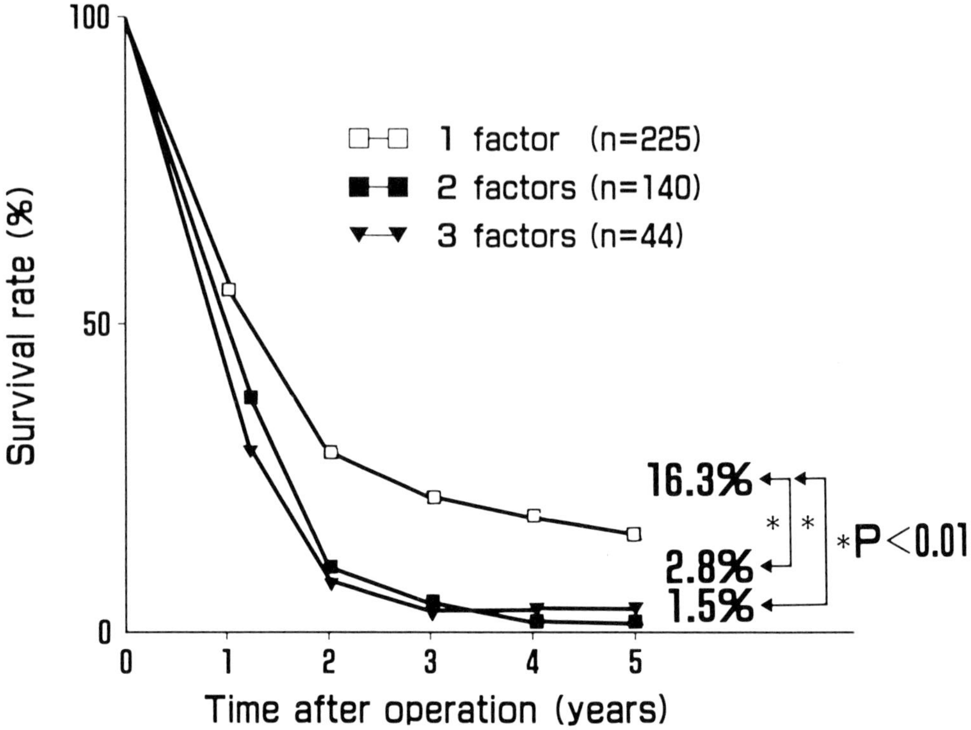

Figure 1 Survival in case of far advanced gastric carcinoma with different numbers of prognostic factors

Table 1 Survival rates in cases of far advanced gastric carcinoma with a single factor

Factors	*No. of patients*	*Survival rate* 1 year	3 years	5 years
n3	55	78.9%	34.2%	26.1%*
si	83	62.1%	31.5%	21.8%*
n4	39	35.2%	9.0%	9.0%
H	18	28.2%	7.1%	–
P	30	40.0%	3.3%	–

n3: tertiary nodal involvement; si: direct invasion to adjacent organs; n4: quaternary nodal involvement; H: hepatic metastasis; P: peritoneal dissemination
*Statistical differences compared with the other three groups
($p < 0.01$: n3 versus n4, H, P., si versus n4, H, P).

factor. Patients with tertiary nodal involvement of directly invaded organs alone had a 5-year survival of 26.1% and 21.8% respectively. These survival rates were high, and a statistically significant difference ($p < 0.01$), compared with the 9.0% or less in case of peritoneal dissemination, hepatic metastasis or quaternary nodal involvement alone ($p < 0.01$). In patients with tertiary nodal involvement or directly invaded organs alone, radical procedures such as extensive lymphadenectomy and combined resection of invaded organs led to a substantial increase in survival time. However, there are limitations to surgery. The prognosis in the case of a lesion with tertiary nodal involvement plus directly invaded organs was extremely poor. The 3-year survival rates were only 4.2% and all patients died within 5 years of operation (Figure 2). Thus, there appear to be two subgroups for whom the rates of survival differ: potentially "curable" and "noncurable" patients. In the former group with a 5-year survival rate of over 20% extensive surgery should be considered.

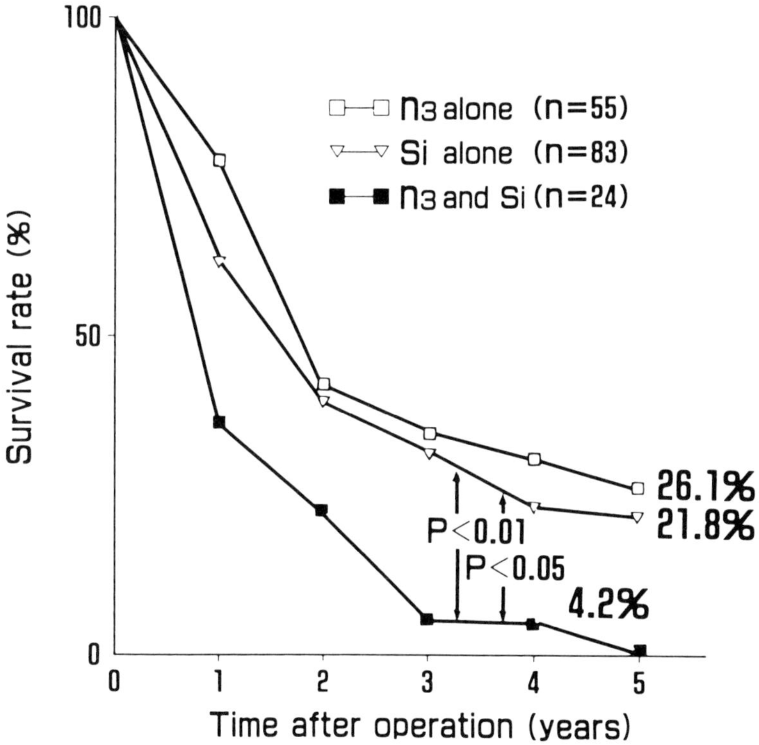

Figure 2 Survival in case of far advanced gastric carcinoma with tertiary nodal involvement (n3) and direct invasion to adjacent organs (si) factors

Comcomitant Resection of the Stomach and Invaded Organs

Of the 1262 patients who had undergone resection in the Department of Surgery II, Kyushu University Hospital, between 1964 and 1978, there were 281 with a lesion extending to adjacent organs [3]. They were classified into two groups according to whether there was evidence of "incurable" factors, such as peritoneal dissemination, hepatic metastases, widespread nodal involvement. These two groups, with or without incurable factors, were further divided into two subgroups, according to the extent of surgical excision: namely, complete and incomplete excision. In the 92 patients without "incurable" factors, the 5-year survival rate was 36.7% in those treated by gastrectomy and complete removal of the invaded organ. This is significantly higher than the 17.4% recorded for those undergoing gastrectomy alone or with incomplete removal of the invaded organs ($p < 0.05$) (Figure 3). There was no statistical difference between complete and incomplete excisions with regard to background factors. In 189 patients with "incurable" factors, the 5-year survival rates were 5.4% and 2.8% in cases of complete and incomplete excisions respectively (Figure 3). This tendency was similar in patients with a single invaded organ and in those with plural organ involvement. Table 2 shows a further analysis of the prognosis in terms of site of organs in patients, without "incurable" factors. If the lesions invaded the pancreas, peritoneum, liver and colon, relatively favourable results were observed in those patients undergoing a complete excision, compared with an incomplete excision. Of great importance is that the 5-year survival rates were much the same in cases of complete excision, regardless of the affected organ. In the light of these findings we recommend complete excision of

Table 2 5-year survival according to site of organs and extent of excision in patients without incurable factors

Invaded organs	*5-year survival rate* *Complete excision*	 *Incomplete excision*
Pancreas	33.1% (19)	18.2% (11)
Mesocolon	43.0% (27)	50.0% (4)
Peritoneum*	33.3% (3)	0 % (3)
Liver	25.0% (4)	0 % (2)
Colon	35.7% (4)	- (0)

Numbers in parentheses indicate the number of patients
*Peritoneum included the lining of the abdominal wall, retroperitoneum and diaphragm.

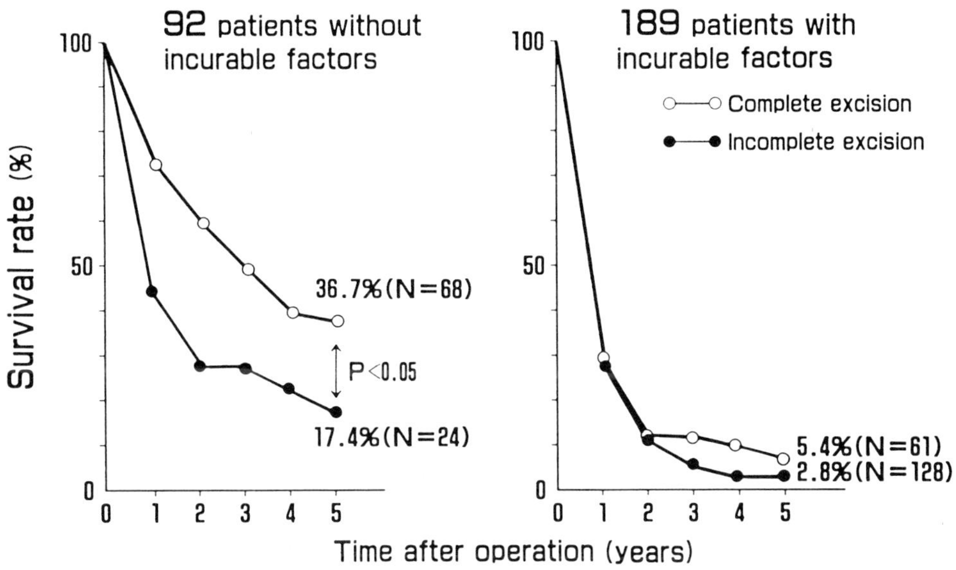

Figure 3 Survival curves following complete and incomplete excisions according to evidence of incurable factors.

invaded organs, irrespective of the number or site of organs involved, provided that incurable factors are not evident.

Secondly, we examined retrospectively the long-term results of adjuvant chemotherapy for 50 patients without incurable factors, for whom a complete excision had been performed, with the intent of potential cure (unpublished work). In these patients, evidence of direct invasion was confirmed histologically. These patients were classified into 3 groups, according to the dose regimen of mitomycin-C (MMC): group A (n = 12) received prolonged intermittent administration of the drug, given every 3 months in a total dose of 40 mg or more: group B (n = 19) were given a bolus injection of the drug at the time of surgery and/or on the following day in a total dose of less than 40 mg and group C (n = 19) were given no anticancer drugs. The 5-year survival rate was 50.0% in group A, 32.3% in group B and 16.8 % in group C. There was a statistical difference between groups A and C ($p < 0.05$) (Figure 4). Thus, extensive en bloc resection, plus intensive adjuvant chemotherapy does prolong the survival time for those with gastric carcinoma with invasion into adjacent organs.

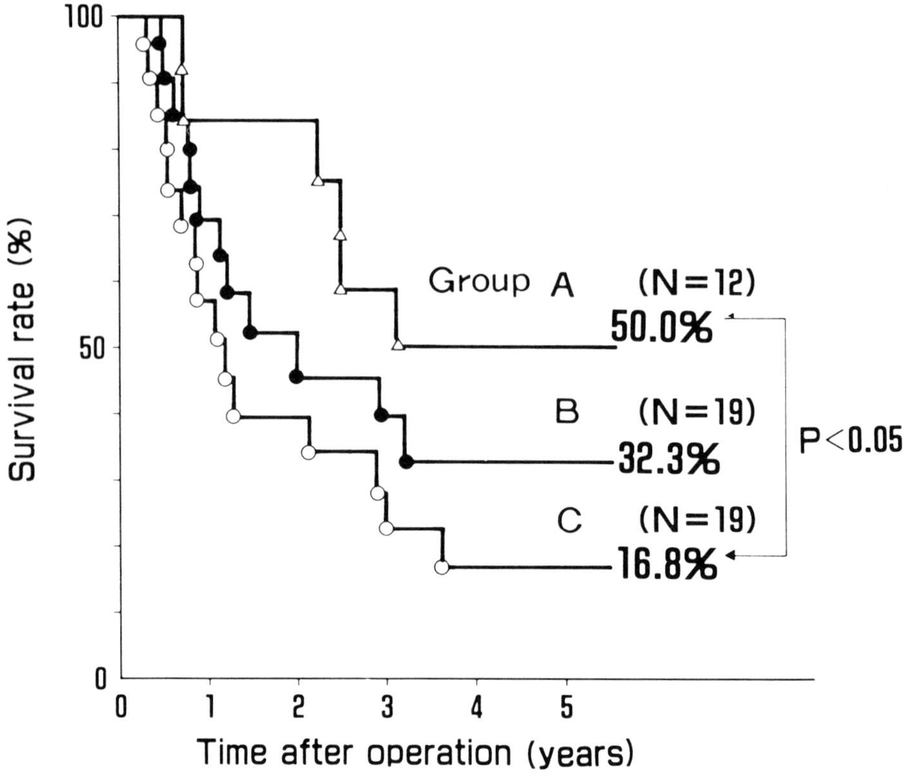

Figure 4 Survival curves in terms of adjuvant chemotherapy in cases of curative surgery for gastric carcinoma extending to adjacent organs.

Extensive Lymph Node Dissection

In the 1950s, simple gastrectomy with removal of the perigastric nodes only was the standard procedure. Since the 1960s, we have introduced extensive lymphadenectomy, that is a complete removal of secondary and tertiary nodes in addition to the primary nodes, regardless of the presence or absence of metastases [4].

Two groups of patients undergoing curative surgery were selected from the Registry of Gastric Cancer in our department. The simple gastrectomy group (SG) included 254 patients treated between 1950 and 1957. The extended lymph node dissection (ELD) group included 454 patients treated between 1964 and 1972. The operative mortality was 3.7% in the SG group and 1.7% in the ELD group. The overall 5-year survival rate in the ELD group was 58%, significantly higher than the 33% in the SG group

(p <0.001). The relationship between depth of invasion and the extent of lymph node metastases, as analysed in the ELD group, is shown in Figure 5. The incidence of metastases in the secondary, tertiary and quaternary nodes increased in proportion to invasion into the deeper layers. Table 3 shows the 5-year survival rates in terms of depth of invasion and lymph node metastases. In patients with a carcinoma invading the serosa, the 5-year survival rate was 45% in the ELD group compared with only 18% in the SG group and this difference was statistically significant (p < 0.001). In those with lymph node metastases, the 5-year survival was 39% in the ELD group, significantly higher than the 18% in the SG group (p < 0.001). Thus, ELD seems effective as a "curative " procedure, particularly in the case of lesions with serosal invasion and lymph node metastases.

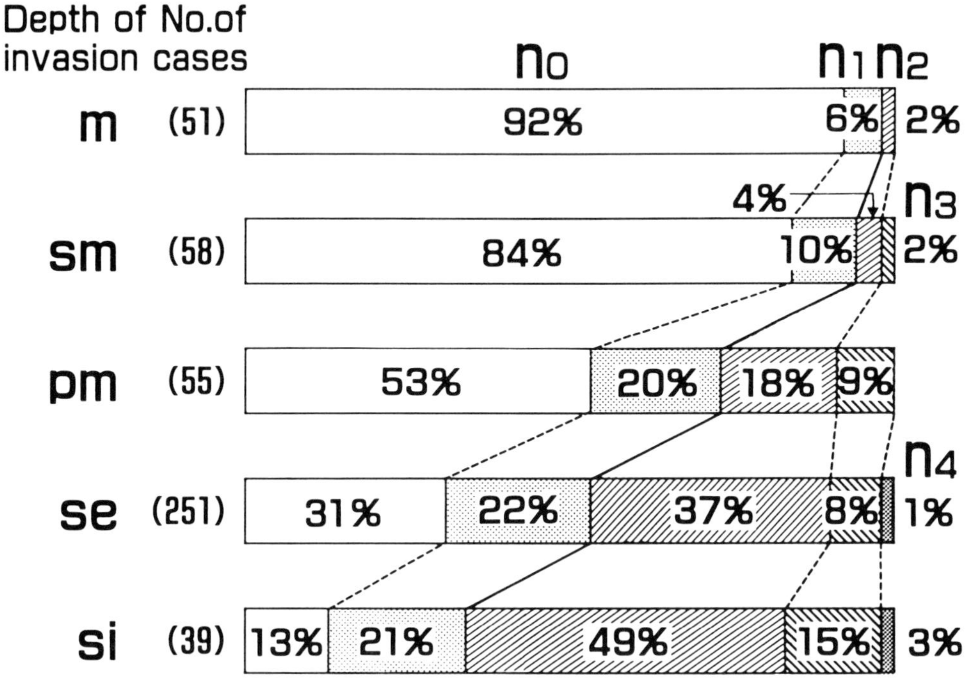

Figure 5 Relationship between depth of invasion and extent of lymph node metastasis.

The probability of survival for patients with a carcinoma who underwent "curative" surgery with ELD was further studied from the stand-point of adjuvant chemotherapy [5]. Group A included 106 patients treated between 1972 and 1976 who were given MMC every 3 months in a total dose of 40 mg or more. Group B included 155 patients given a bolus injection of the drug at the time of surgery and/or on the following day, in a total dose of less than 40 mg. The 226 patients in group C were not given anticancer drugs during the period 1966-1971. The 5-year survival rates according to evidence of serosal invasion and extent of lymph node metastases in patients who were prescribed different therapeutic regimens are shown in Table 4. In the case

Table 3 5-year survival following simple gastrectomy (SG) and extended lymph node dissection (ELD) according to depth of invasion and evidence of lymph node metastases

	5-year survival rate	
	SG group	*ELD group*
Depth of invasion		
Mucosa	100% (7)	96% (51)
Submucosa	100% (10)	90% (58)
Muscularis propria	74% (46)	80% (55)
Serosa	18% (179)	45%* (251)
Adjacent organs	8% (8)	18% (39)
Lymph node metastases		
Negative	73% (73)	81% (209)
Positive	18% (181)	39%* (245)

Numbers in parentheses indicate the number of patients
* Statistical differences compared with SG group ($p < 0.001$)

Table 4 5-year survival according to evidence of serosal invasion and extent of lymph node metastases in case of different chemotherapeutic regimens

Serosal invasion	*Therapeutic group*	*5-year survival rate*		
		n0	*n1*	*n2-3*
Negative	A	95.5% (22)	100% (9)	– (0)
	B	100% (27)	90% (10)	66.7% (6)
	C	97.6% (85)	100% (12)	33.3% (12)
Positive	A	78.6% (14)	42.9% (14)	54.8% (42)*
	B	76.9% (26)	45.8% (24)	27.5% (51)
	C	69.2% (26)	48.6% (35)	25.7% (35)

Numbers in parentheses indicate the number of patients.
* Statistical differences compared with the other 2 groups ($p < 0.01$: group A versus B, group A versus C)

of lesions without metastases or with primary lymph node metastases, the survival rates were much the same among the three groups. In contrast, in patients with serosal carcinoma plus secondary and/or tertiary lymph node metastases, the 5-year survival rate was significantly higher in group A at 54.8%, compared with 27.5 % in group B ($p < 0.01$) and 25.7% in group C ($p < 0.01$). The effectiveness of adjuvant chemotherapy is evident in the case of lesions invading the serosa and with extensive nodal involvement.

Discussion

In the last 2 decades, there has been a striking improvement in Japan in the prognosis of gastric cancer. Although much of the improvement is attributed to the increased rates of detection of early gastric cancer, we obtained evidence that the extent of surgical excision also seemed to influence the prognosis. In potentially curable patients without metastatic spread, radical procedures such as extensive lymphadenectomy and combined resection of invaded organs led to a substantial increase in survival time. However, there are limitations to surgery when complete elimination of the metastatic foci is being attempted. Even use of radical procedures did not always eliminate these lesions.

There is general agreement that carcinomas with extension to the serosal surface or to adjacent organs have a greater prognostic significance than those with invasion confined to the gastric wall. On the other hand, the prognosis in patients with metastasis to the secondary and tertiary nodes was much poorer than that for those without metastasis or with a primary lymph node metastasis [1,6]. The addition of anticancer drugs is mandatory for such patients even when a curative operation is carried out. The current study suggested that the survival time is more likely to be prolonged when drugs are aggressively administered following a complete excision of the primary tumour, namely gastrectomy with concomitant resection of invaded organs and/or extensive lymphadenectomy. It seems reasonable to consider that the role of adjuvant chemotherapy will complete the elimination of disseminated microscopic disease or micrometastases in the peritoneal cavity. Although these observations are encouraging it must be stressed that these were sequential nonrandomized series.

In the light of these findings, our present policy is to make efforts to excise all the malignant tissues, including metastatic lesions, when "curative" operation seems feasible. Postoperative adjuvant chemotherapy will further lengthen the survival time. When the surgery is palliative, due to the presence of various incurable factors, extensive excision is not recommended. Here an aggressive combined therapy has to be considered.

References

1. Miwa, K. (1979). Cancer of the stomach in Japan. In Kajitani, T., Koyama, T. and Umegaki, T. (eds), *Gann Monograph. No 22, Recent Results of Cancer Treatment in Japan.*, Japan Scientific Societies Press, Tokyo; University Park Press, Baltimore, 61-75
2. Korenaga, D., Tsujitani, S., Haraguchi, M., Okamura, T., Tamada, R., Sugimachi, K., Akazawa, K. and Nose, Y. (1988). Long-term survival in Japanese patients with far advanced carcinoma of the stomach. *World J. Surg.*, **12**, 236-40
3. Korenaga, D., Okamura, T., Baba, H., Saito, A. and Sugimachi, K. (1981). Evaluation of resection of gastric cancer extending to adjacent organs. *Br. J. Surg.*, **75**, 12-15
4. Kodama, Y., Sugimachu, K., Matsusaka, T. and Inokuchi, K. (1981). Evaluation of extensive lymph node dissection for carcinoma of the stomach. *World J. Surg.*, **5**, 241-8
5. Kodama, Y., Kano, T., Tamada, R., Kumashiro, R., Okamura, T. and Inokuchi, K. (1982). Combined effect of prophylactic lymphadenectomy and long-term combination chemotherapy for curatively resected carcinoma of the stomach. *Jpn. J. Surg.*, **12**, 244-8
6. Baba, H., Korenaga, D., Okamura, T., Saito, A. and Sugimachi, K. (1989). Prognostic factors in gastric cancer with serosal invasion. Univariate and multivariate analyses. *Arch. Surg.*, **124** (in press)

Invited Questions

Di Paola – Dr Korenaga, in your series is the operative mortality included in the 5-year survival rates? The operative mortality was higher in these extended operations. Why, in this case for advanced cancer, can an extended lymphadenectomy increase the survival rate?

Korenaga – We have analysed the survival rate in 11 patients who underwent reoperation. For peritoneal dissemination without other palliative prognostic factors the progression to reoperation is rather better, but if there is a gastric stump carcinoma with peritoneal dissemination, liver metastases or widespread lymph node involvement the prognosis is very poor so I recommend re-operation even when incurable factors are present. It is worthwhile doing a radical procedure for primary, secondary and tertiary nodal involvement but in the case of quaternary involvement there is limited value of extensive surgery.

Stipa (Italy) – Dr Korenaga, do you use or know of any intraoperative diagnostic method for the assessment of lymph node involvement? and what parameters do you look at to establish pre- or intra-operatively the lymph node involvement?

Korenaga – In my opinion it is impossible to detect evidence of lymph node metastases operatively especially for infiltrative type carcinoma or early gastric cancer so we perform radical extended lymph node dissection for nearly every case of gastric cancer.

Chapter 18

The Importance of Extended Lymphadenectomy in Gastric Cancer Surgery

C. BALLESTA-LOPEZ, X. BASTIDA-VILA, B. NIETO-MARTINEZ and J. SANCHEZ-CANO

Introduction

The usefulness of extended lymphadenectomy in gastric cancer is dependent on four main factors: (1) There is no precise pre- or intraoperative diagnostic method to accurately assess lymph node involvement at an early stage since computed tomography, ultrasonography and endosonography can only assess the volume of lymph nodes and cannot distinguish between inflammatory and malignant involvement [1]. (2) An accurate staging of the lesion can only be obtained via an extended lymphadenectomy, taking into account the possible "jump" of neoplastic cells to distant lymph nodes so varying the stage [2]. (3) Five-year survival rates can only be compared after an accurate preoperative staging disregarding the type of resection (total or subtotal) performed, achievable only by extended lymphadenectomy. (4) Lymphadenectomy alone does not increase the operative mortality rate. In the analysis of the causes leading to operative mortality, there appear to be two major factors, anastomotic failure and infection, both of which are unrelated to the extent of lymphadenectomy [3,4].

Based on these criteria, we carried out a prospective study on 51 patients with gastric cancer (age range 21–86 years) who underwent total extended gastrectomy including resection of the whole stomach, 2 cm of the distal oesophagus and proximal duodenum, the body and tail of the pancreas, and spleen, together with the omentum *en bloc*. Lymphadenectomy was performed as illustrated in Figure 1.

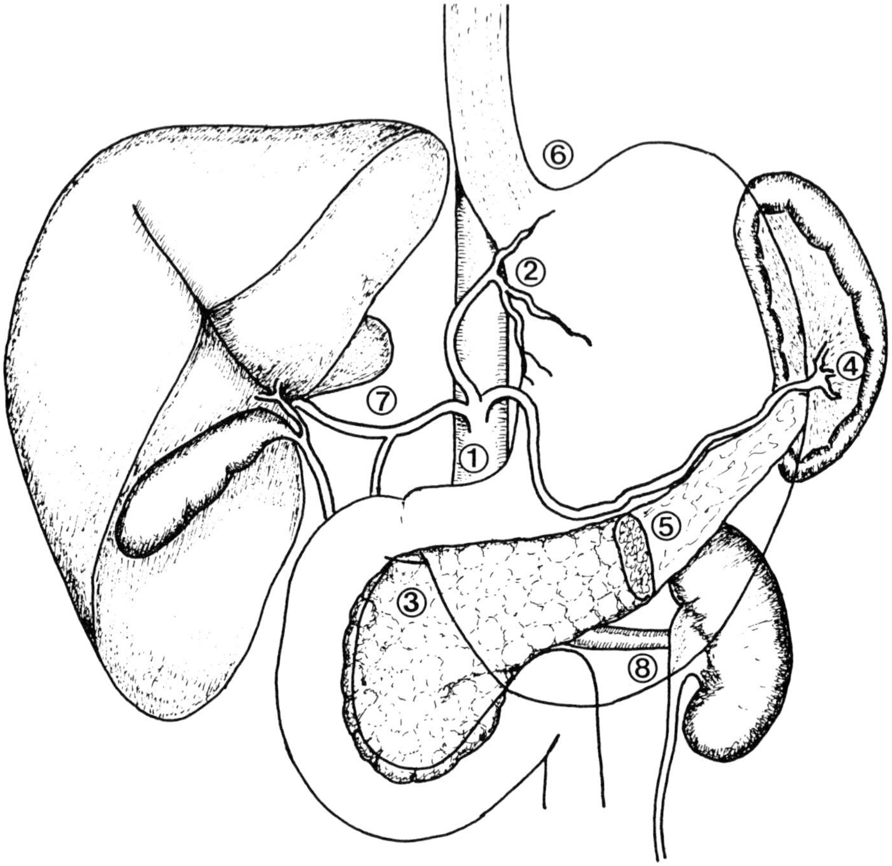

Figure 1 Lymph node groups in our study:
N-0 absence of lymph nodal involvement
N-1 involvement of lymph nodes along the left gastric artery
N-2 involvement of right cardiac lymph nodes
N-3 involvement of retropancreatic and pericholedochal lymph nodes
N-4 involvement of lymph nodes along the splenic hilus
N-5 involvement of lymph nodes along the splenic artery
N-6 involvement of left cardiac lymph nodes
N-7 involvement of lymph nodes along hepatic artery and vena cava
N-8 involvement of para-aortic and left renal artery lymph nodes

Results

Table 1 shows the nodal involvement related to tumour location based on postoperative histological examination of the resected specimens. The number of lymph nodes resected in this series ranged from 21 to 36. Lesions involving the gastric cardia seemed to be more prone to diffuse lymph node involvement.

Tumours located in the gastric body can spread to all lymph node stations irrespective of the depth of infiltration. For example, one patient with tumour confined to the submucosa (T1 or early gastric cancer), had nodal involvement in the retropancreatic and peri-choledochal nodes and is now asymptomatic 3 years post-resection.

Table 1 Lymph node metastases related to tumour location

Location	*N*	*N-0*	*N-1*	*N-2*	*N-3*	*N-4*	*N-5*	*N-6*	*N-7*	*N-8*
Cardia	21	2	4	12	4	5	2	7	1	1
Body	19	3	10	6	3	2	3	1	3	-
Antrum	9	1	2	4	4	2	2	-	2	-
Diffuse	2	-	1	2	-	-	-	-	-	-
Total	51	6	17	24	11	9	7	8	6	1

Metastases to the lymph nodes at the splenic hilus were found in 22% (2 of 9) patients with antral carcinoma.

None of the four operative deaths (7.8%) were due to the extended lymphadenectomy; one 86 year old patient's death was related to pneumonia, another to intraoperative cardiac arrest during a Pinottis's approach for a cardiac neoplasm and the other two to myocardial infarction.

Analysis of this prospective study confirmed the hypothesis previously reported in a retrospective study [5], supporting the usefulness of routine extended lymphadenectomy.

References

1. Tio, T.L. and Shouwink, M.H. (1989). Preoperative TNM classification of gastric carcinoma by endosonography in comparison with the pathological TMN system: a prospective study of 72 cases. *Hepato-gastroenterology*, **36**, 51-56
2. Jinnai, D. (1968). Evaluation of extended radical operation for gastric cancer with regard to lymph node metastasis and follow-up results. *Gann*, **3**, 225
3. Viste, A., Haugstvedt, T., Eide, G.E., Soreide, O. and The Norwegian Stomach Cancer Trial Members (1988). Postoperative complication and mortality after surgery for gastric cancer. *Ann. Surg.*, **207**, 7-13

4. Soga, J., Ohjama, S., Miyashita, K., Suzuki, T., Nashimoto, A., Tanaka, O., Sasaki, K. and Muto, T. (1988). A statistical evaluation of advancement in gastric cancer surgery with special reference to the significance of lymphadenectomy for cure. *World J. Surg.*, **12**, 398-405
5. Ballesta-Lopez, C., Bastida-Vila, X., Nieto-Martinez, B. and Sanchez-Cano, J. (1989). Total extended gastrectomy for gastric cancer. When, how and why? *Video Revista de Cirurgia,* **6**, 7-18

Chapter 19

Duodenopancreatectomy for Gastric Cancer

F.P. CAMPANA, M. MARCHESI, G. PALAZZINI, M. BIFFONI,
F. TARTAGLIA, F.R. PUGLIESE and A. ORTENSI

Introduction

Duodenopancreatectomy for gastric cancer is a well recognized surgical procedure essentially motivated by the need for a radical approach in cases of neoplasms infiltrating the head of the pancreas [1-3]. Despite the indications of various Japanese authors [4] we believe that total gastrectomy should be associated with duodenopancreatectomy [5] with the aim of achieving a R3 resection [6-9]. Nevertheless some clinical situations do require duodenopancreatectomy not only for oncological reasons. The following case report represents such a problem.

Clinical Description

An 82 year old man presented with anaemia (Hb 9 g/dl, RBC 2.5 x 10^{12}/l and haematocrit 22%). Endoscopy demonstrated the presence of a stenotic haemorrhagic neoplastic lesion on the posterior wall of the gastric antrum.

No lesions were noted on ultrasound in the liver, biliary tract or pancreas. Urgent surgery was necessary because of continued bleeding.

At operation a gastric neoplasm infiltrating the head of the pancreas was seen and a duodenopancreatectomy with a wide gastric resection performed. The pancreatic stump was sutured using a linear stapler. A low flow pancreatic fistula appeared on the fifth postoperative day. The patient died 3 months later of respiratory failure.

Surgical Technique

A bilateral subcostal incision was made. A bulky neoplastic mass was seen in the abdomen arising from the posterior surface of the stomach infiltrating the pancreas and partially involving the wall of the superior mesenteric vein. The posterior surface of the pancreatic isthmus was dissected from the portal vein and the pancreatic body sutured using a 60 mm linear stapler, separated using a lancet from the head following the stapler's cartridge.

The superior mesenteric vein wall which was adherent to the neoplasm was resected and sutured. The intestine was derotated and the ligament of Treitz freed after an accurate dissection of the duodenum and part of the root of the mesentery together with dissection of the ascending colon from the posterior abdominal wall allowing a clear view of the duodenojejunal loop thus making the duodenal and pancreatic resection easier to perform. The jejunum was severed between the first and second loop using a stapler and cut device. Since the cystic duct was very thin a laterolateral cholecystojejunostomy with the jejunal stump was carried out. Next using a 90 mm linear stapler a wide gastric resection was performed, yielding a specimen which included 2/3 of the stomach, head of the pancreas, duodenum and first loop of jejunum. A laterolateral gastrojejunostomy was performed using a stapler and cut device to complete the operation.

Discussion

Duodenopancreatectomy in this patient controlled the clinical emergency and also resulted in complete macroscopic removal of the tumour, although this finding could not be confirmed because of the short follow-up. A pancreatojejunal anastomosis was not performed because of the friability of the pancreatic tissue (the pancreatic stump was of normal texture) and the reduced diameter of the pancreatic duct. In these circumstances the suture of the pancreatic stump using a stapling device was preferred. The operation is simple, quick and although complications are frequent these usually have a favourable course. Based on our experience a dehiscence of a stapled suture leads to a pure pancreatic fistula, which is generally less dangerous than a pancreatojejunal anastomosic leakage which has a high mortality rate.

References

1. Korenaga, D., Tsujiatani, S., Haraguchi, M., Okamura, T., Tamada, R., Sugimachi, K., Arakawa, K. and Nose, Y. (1988). Long-term survival in Japanese patients with far advanced cancer of the stomach. *World J. Surg.*, **12**, 236-240
2. Maruyama, K., Okabayashi, K. and Kinoshita, T. (1987). Progress in gastric cancer surgery in Japan and its limits of radicality. *World J. Surg.*, **11**, 418-425
3. Shiu, M., Moore, E., Sanders, M., Huvos, A., Freedman, B., Goodbold, J., Chaiyaphruk, S., Wesdorp, R. and Brenna, M.F. (1987). Influence of the extent of resection on survival after curative treatment of gastric carcinoma. *Arch. Surg.*, **122**, 1347-1351
4. Japanese Research Society for Gastric Cancer. (1981). The general rules for the gastric study in surgery and pathology. *Jpn. J. Surg.*, **11**, 127-145
5. Campana, F.P., Marchesi, M., Tartaglia, F., Biffoni, M., Bellotti, C., Catania, A., Picchi, P. and Pugliese, F.R. (1989). Indicazioni alla gastrectomia totale e valutazioni funzionali dell metodiche riconstruttive nel trattamento del cancro dello stomaco. *Chir. Gastroent.* In press
6. Dent, D., Madden, V. and Price, S. (1988). Randomized comparison of R1 and R2 gastrectomy for gastric cancer. *Br. J. Surg.*, **75**, 110-112
7. Kodoma, Y., Sugimachi, K. and Soejima, K. (1981). Evaluation of extensive lymph node dissection for carcinoma of the stomach. *World J. Surg.*, **5**, 241-248
8. Mishima, Y. and Hirayama, R. (1987). The role of lymph node surgery in gastric cancer. *World J. Surg.*, **11**, 406-411

Invited Questions

Ribotta (Italy) – Prof Campana, in the case that you presented after your video you just sutured the pancreatic stump to the cephalic duodeno-pancreatectomy thereby continuing the pancreatic secretion for some days after the operations creating pancreastic ductal hypertension and a high risk of developing post-operative acute pancreatitis. Why didn't you inject a synthetic sealant into the pancreatic ductal system to stop pancreatic secretion?

Campana – The incidence of post-operative acute pancreatitis is the same regardless of the use of sealants. Sealants increase the incidence of post-operative diabetes as they induce a rapid sclerosis of the pancreatic stump so I prefer the simple suture of the pancreatic stump.

Chapter 20

Reconstruction after Total Gastrectomy

N.J. LYGIDAKIS and T.A. MIHAS

Introduction

Total gastrectomy was first performed by Kaiser in a dog in 1876 [1]. However, subsequent investigations showed the stomach was not completely removed. The dog survived for 5 years.

In 1884 Connor performed a total gastrectomy and proceeded to reconstruction of gastrointestinal continuity via a oesophagoduodenectomy [2], but the patient died on the table. The first successful total gastrectomy was carried out on September 6th 1897 in Zurich by Schlatter [3]. It is interesting to note that in the absence of his Professor, Kronklein, he removed the whole stomach and restored alimentary continuity via an antecolic end-to-side oesophagojejunostomy. Schlatter was the first to foresee the nutritional problems after total gastrectomy and took care to overcome these problems via early alimentation using red wine, milk, eggs and clear broth one day after surgery.

To anticipate nutritional problems after total gastrectomy, a number of procedures for reconstruction of alimentary tract continuity were devised [4]. These procedures can be classified into two main groups:

1. Those which by-pass the duodenum
2. Those which preserve the duodenum [4]

Both groups have advantages and disadvantages. It is clear today that reconstruction with a jejunal pouch on a Roux-en-Y principle offers satisfactory short- and long-term results and merits consideration [4].

Technique

The various technical options regarding fashioning of a gastric reservoir using a jejunal loop on a Roux-en-Y principle are described elsewhere [4].

Since 1963, we have developed our own technique in Athens, Greece (Figure 1) which we have used on a number of patients undergoing total gastrectomy for malignant or benign gastric diseases.

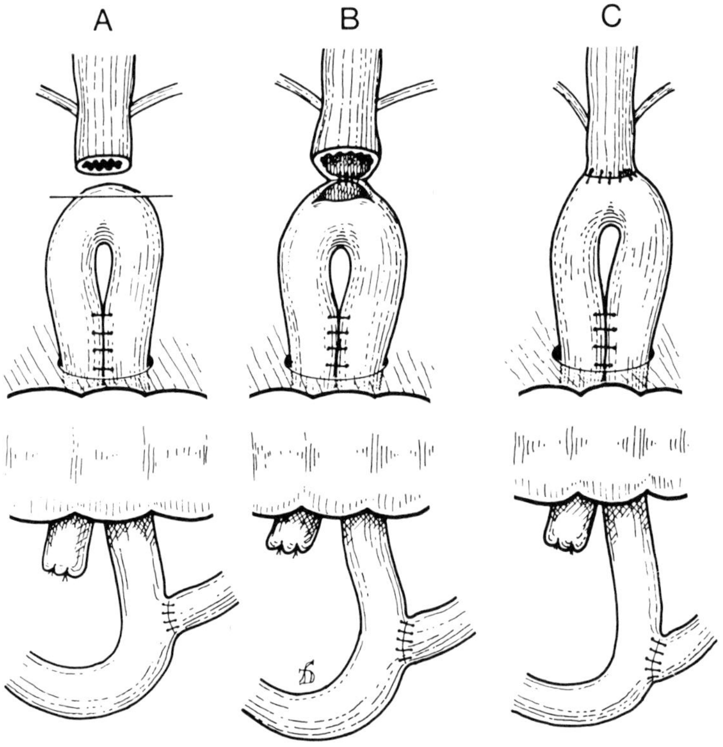

Figure 1 A jejunal loop is transferred via the mesocolon to the upper abdomen, oesophagojejunostomy is fashioned

In principle the technique consists of the following. The jejunal loop is transected 20 cm from the ligament of Treitz. The distal end of the jejunal loop is closed and transferred via an opening on the mesocolon to the upper abdomen (Figure 2). The loop is folded onto itself to form a two-limb jejunal pouch of approximately 18 cm per limb. The apex of the pouch is opened and an end-to-side anastomosis is fashioned using interrupted 4-0 Vicryl full thickness sutures between the transected margin of the oesophagus and the opening of the jejunal loop (Figure 2). Five cm distal to the oesophagojejunostomy a 4 cm side-to-side jejunojejunostomy is fashioned using a running 4-0 Vicryl suture (Figure 2). Five cm distal to the first jejunojejunostomy a second 4 cm long jejunojejunostomy is fashioned using the same technique.

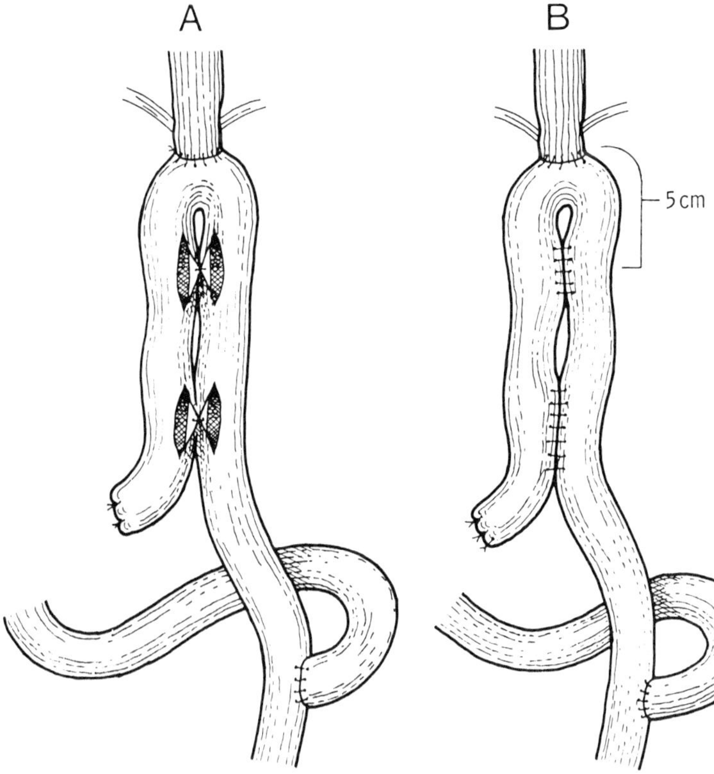

Figure 2 Two side-to-side jejunojejunostomies are carried out and the gastric substitute is created

Discussion

Using the above technique the patient is provided with a stomach substitute which offers a number of advantages.

1. By fashioning the end-to-side jejunojejunostomy (Figure 2) 60 cm from the oesophagojejunostomy the incidence of reflux oesophagitis is eliminated, which is a very troublesome and embarrassing complication encountered after total gastrectomy.

2. Due to interposition of a jejunal segment with anastomosis (impaired motility) with a intact segment (normal motility) the propelling of food is delayed, but avoids undue delay which leads to stagnation of the food in the reservoir as is seen after other types of reconstruction (Figure 3).

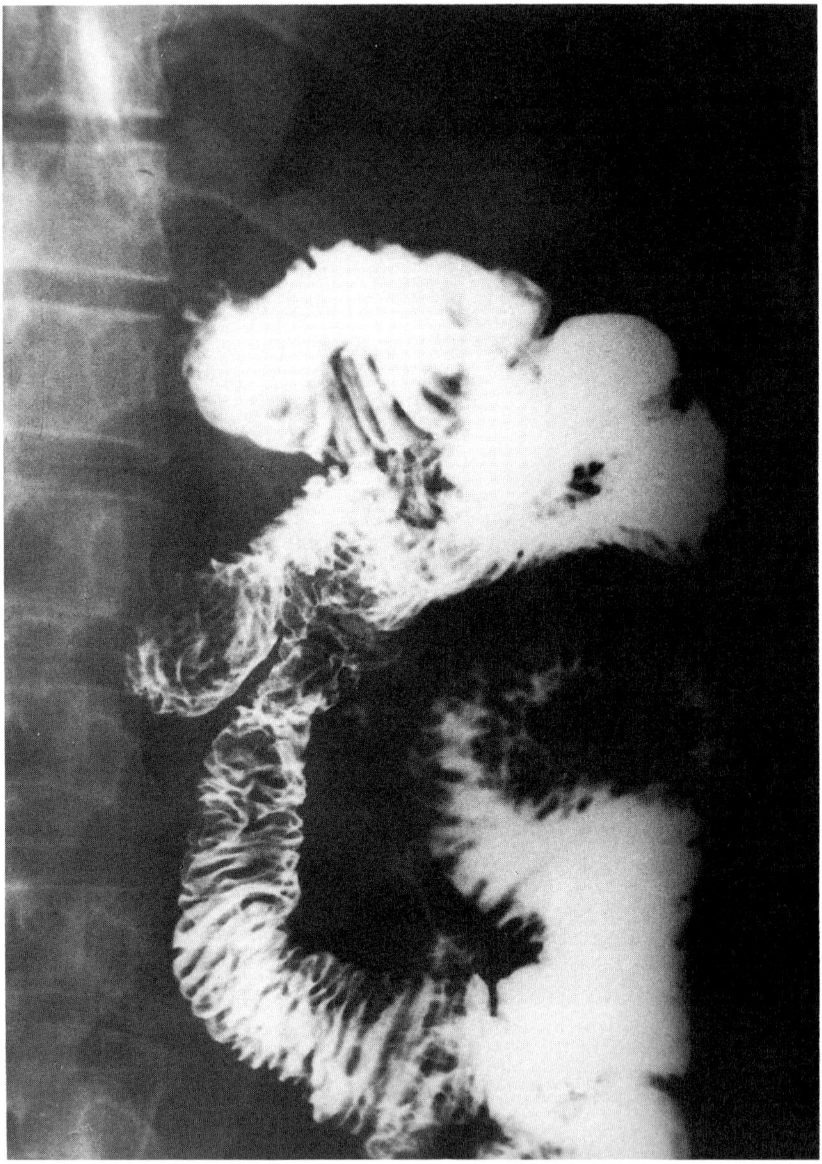

Figure 3 Barium meal of a patient who after total gastrectomy had a reconstruction of the alimentary continuity using our technique

As a result we were able to reduce the incidence of dumping and also the sense of filling in the epigastrium and of vomiting that represent sequelae encountered after reconstruction of alimentary continuity using different techniques [4].

In conclusion, we believe that this technique remains simple and can be further simplified by the use of a stapler. The fact that not only in our experience, but in the experience of others [5] it offers a good quality of post-operative life and ensures a satisfactory nutritional state, this should be taken into consideration when deciding how to proceed in the reconstruction of the alimentary tract to give continuity after total gastrectomy. Is it enough just to perform a Roux-en-Y reconstruction or do we really need an additional gastric reservoir? Looking objectively to the results so far, we believe that the addition of a reservoir to a Roux-en-Y reconstruction is warranted because without additional mortality, early and late morbidity, it contributes to a good quality of life post-operatively which is important for every patient, particularly those who have undergone total gastrectomy for benign disease.

References

1. Allen, A.W. (1938). Total gastrectomy for carcinoma of the stomach. *Am. J. Surg.*, **40**, 35-41
2. Connor, P.S. (1984). Report of a case of complete resection of the stomach. *Med. News*, **45**, 578
3. Schlatter, C. (1987). Ueber Ernaehrung und Verdauung nach vollstaendiger Entfernung des Magens und Osopgagoenterostomie bei Menschen. *Beitr. sur Klin. Chir.*, **19**, 757
4. Lygidakis, N.J. (1981). Total gastrectomy for gastric carcinoma: a retrospective study of different procedures and assessment of a new technique for gastric reconstruction. *Br. J. Surg.*, **68**, 649-655
5. Hubens, A., van Hee, A., van Vooren, W. and Peeters, A. (1989). Reconstruction of the digestive tract. *Hepato-gastroenterology*, **36**, 18-22

Invited Questions

Stipa (Italy) – Professor Lygidakis, you demonstrated a personal reconstruction technique which we all know. How do you know that this is the correct one or is it only tentative in your mind to find new methods of reconstruction, bearing in mind that there are lots of other satisfactory techniques of reconstruction. Why do you leave such a long "cul-de-sac" on the oesophago-jejunal anastomosis which could allow stasis and bacterial overgrowth? I note that you use manual techniques in the film – do you still do this or have you changed to the mechanical device?

Lygidakis – I started using this technique and published it in 1981 – my experience in reconstruction started in 1964. It is not an experimental technique and is certainly not new. Since the publication many people in England, Belgium and Germany are using this technique and it is also used in Greece. We prefer to use manual suture techniques although the use of stapling devices is effective and safe – the decision is at the discretion of the surgeon.

The advantages of the technique are based on the physiological considerations. If a long anastomosis like the one present in the Hunt-Lawrence pouch is done then motility is impaired and the jejunal segment becomes dilated and static like a sac, empties inefficiently and the patient complains of a sense of fullness in the epigastric area and this reduces the quality of life. In my technique, which is technically simple, the patients achieve a good quality of life, having a good capacity for food. This is the main difference between my technique and the simple Roux-en-Y reconstruction.

Index